主编◎谢宇 郭志刚

社会学教材教参方法系列

回归分析

Regression Analysis

谢　宇／著

社会科学文献出版社
SOCIAL SCIENCES ACADEMIC PRESS (CHINA)

序　言

“社会学不像物理学。唯独物理学才像物理学，因为一切近似于物理学家对世界的理解都将最终成为物理学的一部分。”

——奥迪斯·邓肯

我一直认为，社会科学与物理学存在本质上的差别。社会科学的分析单位是异质性的或彼此区别的，而物理学的分析单位则被假定为同质性的或可相互替换的。我将社会科学这一重要而普遍的属性称作“变异性原理”（Variability Principle）①。

由于变异性原理的存在，社会科学要发掘出“放之四海而皆准”的规律注定是困难的，甚至是不可能的，尤其在个体层次上更是如此。正因为这个原因，社会科学似乎是一门软性的、不严谨的科学。这也是许多学者一直对社会科学中的定量方法提出质疑而偏好定性方法的主要原因。

然而，那些主张定性方法的学者并没有意识到，使定量方法遭到质疑的特性——变异性——也同样使定性研究遭到质疑，甚至问题更为严重。例如，因为每一个分析单位都不同于另一个分析单位，建立在单一个案基础上的定性研究得出的结论很可能会因案例的选择而发生根本性的改变。

我曾说过，“尽管带有自身的缺陷、局限和不完善，定量方法依然是理解社

---

① 谢宇，2006，《社会学方法与定量研究》，北京：社会科学文献出版社，第15~16页。

会及其变迁的最佳途径。在黑格尔哲学的意义上，那些使定量社会学不可靠、成问题的特征恰恰同时使它成为研究社会现象的不可缺少的工具，即……变异性原则。变异是人类社会的本质。没有一种定量的方法，我们就无法表述这种变异性。其他可供选择的方法，比如思辨、内省、个人体验、观察和直觉，确实也能增进我们的理解。不过，我大胆地提出，它们能够起到补充作用，但不应取代定量方法成为当代社会学的核心”①。

本书所介绍的统计方法常用于描述社会现象的属性、规律性以及变异性，这些方法可被纳入回归分析这一广义范畴中。毋庸讳言，这些方法都有缺陷，因为它们都难以精确地反映复杂的社会现实，但这并不妨碍它们成为社会科学研究的有用工具。有的学生或许会有这样的错觉，即社会科学研究中存在某种完美的方法，或者某些方法本质上优于另一些方法。事实并非如此。没有一种完美的方案可以解决社会科学中所有方法论上的难题，也没有哪种方法能在一切情境中都必然地优于另一些方法。最好的方法就是最适用于既定研究情境的方法。

所有社会科学中的统计方法都存在这样或那样的缺陷。因此，对我们而言，重要的是能够在将这些方法有效地运用到研究情境之前就知道它们的局限以及为什么会有这些局限。在本书中，我们特别关注了社会科学应用中各种统计方法的局限性以及在适用条件下改进这些方法的途径。权衡取舍在实践中普遍可见，因此，我希望学生们能够以灵活的思维来学习这些统计方法。通常，方法论上更大的解释力来自更多的信息——或是更丰富的数据，或是更强的理论基础。1996年，我在《美国社会学杂志》上评论 Charles Manski 发表于 1995 年讨论社会科学中识别问题的著作时，曾指出，“当观测数据不足时，我们只有通过强假定来获得清晰的结果。统计学中没有免费的信息。要么你收集它，要么你假定它”。

本书是根据我于 2007 年夏季在北京大学—密歇根大学学院举办的“调查方法与定量分析实验室项目”中教授回归分析课程时的讲义编写而成。我知道，目前中国国内有关回归分析的教材、专著和译著不胜枚举，这些著作都为中国学生与研究者了解和学习回归方法提供了有益的帮助。我认为，在社会科学领域，一本好的定量研究教材，既要涵盖量化研究与统计方法的重要理论，又要将方法原理与示范案例紧密相联，与此同时，对中文教材而言，最好还能结合中国的实际调查数据，以帮助读者对这些方法有更全面、更深入的了解。这本书是以

---

① 谢宇，2006，《社会学方法与定量研究》，北京：社会科学文献出版社，第 7 ~ 8 页。

CHIP88 数据作为主要的示例数据，之所以选用该数据，一方面是因为我在 1996 年与韩怡梅合作的文章中使用过这一数据，对其有较为详细的了解；另一方面是因为 CHIP88 数据也是许多其他学者做中国研究时常用的数据来源，因为该数据的全部原始个案和相关技术文档均可公开获得。我希望，借助对 CHIP88 原始数据所做的实例分析，读者既能将回归方法的基本原理和应用场合牢记于心，同时也能结合中国的实际研究数据来从事规范的社会科学定量研究。

这本书是许多人共同努力的成果。王广州教授在协调初稿写作阶段起了重要作用，我课堂上的六位学生——宋曦、刘慧国、王存同、李兰、傅强、巫锡炜，根据讲义编写了本书初稿中的部分章节。作为本身就有很强学术取向的学生和学者，这七人均是本书的合作者。我也从於嘉、赖庆、穆峥、周翔、黄国英、陶涛、任强、张春泥、程思薇在本书初稿读校的参与中获益良多。后记中细述了他们对本书所做的贡献。我对这些参与者的出色工作，还有历时三年的编写过程中他们同我的友谊以及对我的支持表示深深的感谢。对本书可能仍然存在的纰漏，我将独立承担责任。

本书的出版也得益于社会科学文献出版社的支持与鼓励。我在此感谢该社的谢寿光社长和杨桂凤编辑。正是他们致力于为中国社会科学界出版学术书籍的决心与付出鼓舞着我完成此书。

在此，还要感谢北京大学长江学者特聘讲座教授基金和密歇根大学 Fogarty 基金的资助。

最后，我还要感谢在我学术生涯中历经的无数老师与学生。他们让我知道，我对回归分析的理解仍旧有限。如果要论及此书的价值的话，它反映的是那些曾与我合作或共过事的人的集体智慧。我深知，与他们的合作和共事是我的幸运。

谢 宇

于安娜堡，2010 年 5 月 20 日

目录
CONTENTS

第 1 章

基本统计概念

1.1 统计思想对于社会科学研究的重要性

社会科学和自然科学存在本质的区别：自然科学以“发现”永恒的、抽象的、普遍的真理为最终目的，这是其精华所在；而社会科学则以“理解”暂时的、具体的、特定的社会现实为最终目的。历史上很多人曾希望在社会科学领域找到一种能够适用于各个方面的真理，并且为之做过许多尝试，但都没有成功。其实，定量研究方法并不可能使我们找到像自然科学那样的普遍真理。在社会科学研究中，我们的目的是理解现实社会（谢宇，2006）。

自然科学中真理的存在实质上反映了自然界中不同个体之间的同质性，即具体个体之间没有本质的差异。这一信念使自然科学家们认为，具体的、个体间的、看得见的差异只不过是表面的、人为的和微不足道的。然而，经验常识和从古到今的尝试表明，对于社会现象而言，异质性才是其突出的特性。由于具体个体间存在本质的差异，从而导致人们在社会科学研究中不能将所有个体等同对待。因此，社会科学中并不存在普遍真理，只存在一些原则和规律。对这些原则和相关逻辑进行探讨就是社会科学理论的任务。同时，受制于道德伦理和实际可行性，社会科学研究者基本上无法像自然科学家那样通过对实验室中的各种相关变量进行控制，从而寻找到社会现象的规律。因此，社会科学往往要依靠社会调查，通过样本来推断总体中的规律。这时，借用统计方法来完成研究工作便成为一种必要的手段。

社会现象的异质性是研究者在社会科学研究中面临的最大难题，它使社会科学的任何研究方法都具有局限性，统计方法也不例外。正因为如此，社会科学的任何结论，凡是利用统计方法得到的，都必然包含一定的假设条件。可以说，学习定量研究方法①的一个关键就是了解定量研究方法本身的缺陷、局限和不完善。而这些都根源于社会现象的异质性。

尽管定量研究得到的结论都建立在一定的假设条件上，也不一定具有普遍意义，但定量研究方法却是研究社会现象不可缺少的工具。这是因为，如果没有这种方法，我们就无法很好地捕捉和表述研究对象的变异性。其他可供选择的方法（比如思辨、内省、个人体验、观察和直觉等）确实也能增进我们对社会现象的理解，但这些方法都不能很好地反映社会现象的异质性。当然，它们能够起到一定的补充作用，但不应取代定量研究方法成为当代社会科学的核心。换言之，定量研究方法依然是理解社会及其变迁的最佳途径，它可以使我们避免一些因意识形态或先入之见而导致的偏见，确保研究活动的“价值中立”，从而得到更为客观和全面的认识。比如，它可以让我们知道从某一研究得出的结论在总体层面上是否有偏差或在多大范围内是有效的；它也使我们可以通过统计方法发现组间差异和组内个体差异。而关于组间差异和组内差异的统计信息就是我们想得到的有关社会现象的规律。

定量研究方法已成为现代西方社会科学研究的主要手段，但其在中国的发展仍处于初期阶段，在各种研究中的应用还很少见，这导致中国社会科学与国外主流社会科学之间的脱节和交流的匮乏。当前，中国正处在一个迅速变化的社会背景下，各种社会问题和矛盾不断涌现，这为社会科学研究提供了极好的契机。对研究者而言，学习并使用定量研究方法来研究、解决问题将是非常有价值的。

定量研究方法的核心内容之一是统计学。而统计学本身就是一门专业学科，具有自己的学科体系、逻辑推理和符号语言。对从事社会科学研究的人来说，我们需要掌握这一学科体系、逻辑推理和符号语言。但我们同时也应该知道统计学的知识只是社会科学的工具，它本身并不能取代对所研究社会现象的了解和社会科学研究所必需的研究设计。本书仅讨论社会科学研究中常见的与回归分析有关的统计学问题，而不讨论社会科学理论和社会科学的研究设计方法。所以，本书

---

① 本书会交替使用“统计方法”和“定量研究方法”两个术语，我们将其等同对待。

所讨论的主要内容与具体研究问题和理论取向无关。我们希望那些对定量研究持负面态度和批评意见的学者也能学习统计知识，因为只有在真正理解了统计学思想之后，一个人才能对定量研究方法进行评价。

1.2　本书的特点

本书主要针对已经修读过基础社会统计学课程或者具有一定统计学基础知识的学生或研究者，希望读者通过学习本书能够对社会科学中回归模型的理论和实际操作有更全面、更深入的了解。除了讲解统计理论外，本书还将结合具体问题，利用统计软件，指导读者如何利用这些方法解决实际研究问题。本书具有两大特点：第一，除了对经典的多元回归模型进行比较深入的讲解外，对一些重要的、非经典的回归模型也进行了扩展和补充；第二，不是仅仅停留在理论层面，同时更强调实际操作的重要性。在大部分章节中我们都会使用实际研究数据，通过实例分析和相应的 Stata 程序来讲解统计知识在研究中的应用以及对数据研究结果给出阐释。在数据使用上，我们选用了 1988 年和 1995 年两次中国居民收入调查（CHIP）数据，1990 年美国综合社会调查（GSS）数据，1998 年、2000 年、2002 年和 2005 年“中国老年人健康长寿影响因素调查”（CLHLS）项目数据，以及 1972 年美国高中毕业生有关职业选择问题的调查数据。其中，使用最多的是 1988 年中国居民收入调查（以下简称 CHIP88）数据中城市居民的部分。

CHIP88 数据来自 1988 年由中国社会科学院经济研究所主持的“中国居民收入分配”调查。它是中国改革早期较具规范性的社会调查数据，因此在中、英文文献中被广泛采用。CHIP88 包括两个部分：一个是针对城市居民的调查，另一个是针对农村居民的调查。此次调查采用分阶段抽样的方法：先从 30 个省级行政单位中抽选出 10 个省份，然后再从这 10 个省份的 434 个城市中抽选出 55 个城市作为代表。城市部分的调查在 1988 年 3 ~ 4 月进行，共调查 9009 户，调查问卷收集了每一户中所有家庭成员的资料，包括其基本情况、受教育情况和就业情况。在删除缺失数据和不完整观测个案之后，总共得到 15862 条居民个体的观测数据。

在本书中，我们统一使用 Stata 9.0 作为示例数据的统计分析软件。由于算法和默认设定上可能存在的差异，采用不同软件和同一软件的不同版本对复杂模型进行参数估计所得的结果可能会存在细微差异。

1.3 基本统计概念

本书假定读者已经对社会统计学有一定程度的了解，下面将简要回顾社会统计学中的一些基本概念以及它们的性质，对这些内容的理解将有助于我们更好地学习回归理论。

1.3.1 总体与样本

在社会科学定量研究中，我们首先需要建立区分总体（population）和样本（sample）的敏锐意识。本章开篇提到，异质性问题是在个体间普遍存在的，但如果不同的个体在分类上确实满足某种定义，那么我们就将它们组成的总和称为总体。需要注意的是，总体是一个封闭的系统，它具有时间上和空间上的清晰界限。例如，2005 年的所有中国人在定义上就是一个界定完好的总体。2005 年所有年龄在 20 ~ 35 周岁拥有北京户口的已婚妇女也是一个界定完好的总体。后一个例子可以看作是前一个例子对应总体的子总体。

样本是总体的一个子集。比如，我们关心 2005 年中国居民的受教育程度和收入之间的关系，那么这项研究的总体就应该是 2005 年的所有中国居民。但在实际研究过程中，由于研究技术和经费的限制，我们不可能对所有中国居民进行分析，这时我们就需要从总体中按一定方式抽取一部分个体（比如一万人）进行调查，那么这一万人就构成了该总体的一个样本。当然，从理论上讲，我们从同一总体中可以抽取出若干个不同的样本。

由于个体异质性的存在，来自总体的某一个体并不能代表总体中的另一个体，而个体之间也是不能相互比较的。因此，我们不能利用样本对总体中的个体进行任何推断。但是，概括性的总体特征是相对稳定的。总体的这种特征就被称为参数（parameter）。总体参数可以通过总体中的一个样本来进行估计。通过样本计算得到的样本特征叫做样本统计量（sample statistic）。① 当然，样本提供的信息是有限的。那么，接下来的问题就在于如何依据样本信息来认识所研究的总体。统计推断（statistical inference）在这里扮演着关键角色。所谓统计推断，就是通过样本统计量来推断未知的总体参数。统计学的主要任务就是关注这种被称

① 这里，我们应该建立另一种敏锐意识：参数与总体相联系，统计量与样本相联系。

作“统计推断”的工作。尽管可以通过不同的样本统计量对总体参数进行估计，但是为了方便起见，在本章中，我们主要讨论把原来适用于总体数据的计算式运用到样本数据，所得到的样本统计量被称为“样本模拟估计式”（sample analog estimator）。根据稍后将要讲到的大数定理，随着样本量的增加，样本逐渐趋于总体，而样本统计量（样本模拟估计式）和总体参数之间的差别也会逐渐消失。

1.3.2　随机变量

随机变量（random variable）是指由随机实验结果来决定其取值的变量。它具有两个关键属性：随机性和变异性。随机性也就是“不确定性”。在社会科学研究中，这种“不确定性”主要来自两个方面：一方面是由受访者个体行为或态度本身的不确定性造成的；另一方面来自群体中个体间的异质性，因随机取样而产生。

在实际研究中，作为随机变量的因变量的测量类型决定了研究者应该选择何种统计分析方法。[①] 丹尼尔·A. 鲍威斯和谢宇（Powers & Xie，2008）在《分类数据分析的统计方法》一书中曾经根据三种标准将因变量划分为四种测量类型，如图1－1所示。

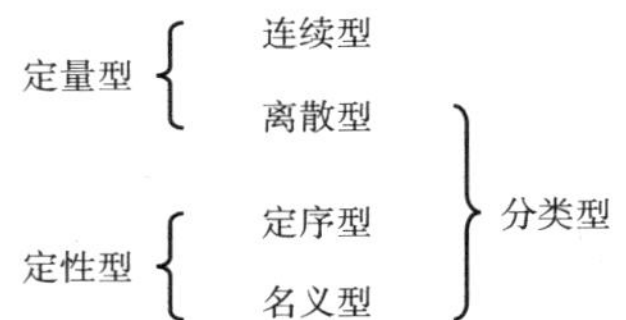

图1－1　随机变量的测量类型

首先，就定量和定性这一划分而言，在定量变量（quantitative variable）中，变量的数字取值具有实质性的意义；然而在定性变量（qualitative variable）中，变量的数字取值本身并没有什么实质意义，只是为了表明类别间的互斥性。例如，在贫困问题研究中，将贫困状况编码为“1＝贫困”和“0＝非贫困”，这里的数值1和0仅仅是划分研究对象是否处于贫困状态的标识而已，并没有表达贫困程度的含义。换句话说，定性变量的数字取值只是不同类别的代号。因此，定性变量都属于分类变量（categorical variable）。

---

① 更多的有关这部分的内容请参考Powers & Xie（2008）一书的前言。

其次，对定量变量而言，可以进一步将其划分为连续变量（continuous variable）和离散变量（discrete variable）。连续变量也称为定距变量[①]（interval variable）。连续型随机变量的取值可以是某个区间中的任意一个数值。诸如收入和社会经济地位指数这种变量，在其可能的取值范围内，通常都可以将它们当作连续变量对待。一般情况下，离散变量的取值都为整数，并且代表事件发生的次数。比如家庭子女数、某地区在某一年中发生的犯罪案件数以及某中学在某一年份考上重点大学的人数等。定量变量中的离散变量也属于分类变量。

再次，对定性变量而言，可以进一步将其划分为定序变量（ordinal variable）和名义变量（nominal variable）。定序变量利用了变量取值次序先后的信息，但这些数值也仅仅反映着排列次序，对任意两个相邻取值之间的距离却没有过多的要求。举例来讲，我们将人们对于同性恋关系的态度按照以下规则进行编码：1 = 强烈赞成，2 = 赞成，3 = 中立，4 = 反对，5 = 强烈反对。这里，1 ~ 5 的取值就是人们对于同性恋关系所持反对态度由弱到强的排序，但是相邻数值之间的距离并不是相应态度在真实程度上的差异的体现。对于名义变量而言，它的取值分类之间不涉及任何排序信息，取值之间的距离也没有任何实质意义。比如，婚姻状况（1 = 未婚，2 = 已婚，3 = 离婚，4 = 丧偶）或者性别（1 = 男性，2 = 女性）取值之间的差值并不具有任何意义。很多情况下，名义变量和定序变量之间的界限并不很清晰。出于不同的研究目的，同一个变量有时可以作为定序变量处理，有时也可以作为名义变量处理。在第 12 章当中，我们将进一步讨论该问题。

1.3.3 概率分布

对于一个离散型随机变量 X，由于总体异质性的存在，来自同一总体中的各个元素互不相同。令 i（$i = 1, 2, \cdots, N$，N 表示总体的大小）表示任意一个（第 i 个）元素，那么随机变量 X 的概率分布（probability distribution）是指对应每一个元素的值 x_i 都存在一个概率。也就是说，概率分布中对于变量 X 的每一个取值 x，都有一个与之对应的概率 $P(X = x)$，且所有互斥事件的概率大于 0，这些概率的合计为 1。

比如，我们将个体的收入 X 划分成高（$X = 1$）、中（$X = 2$）、低（$X = 3$）三个类别，各类别收入的概率如下表 1 - 1 所示。

---

① 实际上，定比变量（ratio variable）也属于连续变量。

表 1－1　收入的概率分布

$X=x$	$P(X=x)$
1＝高	0.3
2＝中	0.4
3＝低	0.3

则三者合起来就构成了收入变量 X 的一个概率分布。离散型随机变量的常见概率分布类型有二点分布、二项分布、超几何分布、泊松分布等。

由于连续型随机变量 X 的取值 x_i 是连续不间断的，因而，对于其概率分布，我们无法像对离散型随机变量那样一一列出，此时，我们用概率密度函数 $f(x)$（probability density function，简称 pdf）来描述其概率分布。概率密度函数具有以下性质：

（1）$\int_{-\infty}^{\infty} f(x)dx = 1$。这表明连续型随机变量在区间（$-\infty$，$\infty$）上的概率为 1。

（2）$\int_{a}^{b} f(x)dx = P(a < X \leqslant b) = F(b) - F(a)$。这表明连续型随机变量在区间（$a$，$b$］上的概率值等于密度函数在区间（$a$，$b$］上的积分。我们将在下文中对 $F(\cdot)$ 函数进行解释。

常见的连续型随机变量的概率分布类型有均匀分布、指数分布、正态分布（高斯分布）等。比如，对于标准正态分布，其概率密度函数为：

$$f(x) = \frac{1}{\sqrt{2\pi}} e^{-\frac{1}{2}x^2}$$

1.3.4　累积概率分布

一个离散型随机变量 X 的累积概率分布（cumulative probability distribution）是指对于所有小于等于某一取值 x_i 的累积概率 $P(X \leqslant x_i)$。比如，对于上面提到的收入的例子，其累积概率分布如下表 1－2 所示。

表 1－2　收入的累积概率分布

$X=x_i$	$P(X=x_i)$	$P(X \leqslant x_i)$
1＝高	0.3	0.3
2＝中	0.4	0.7
3＝低	0.3	1.0

对于离散型随机变量，我们可以很清楚地对各个具体取值的概率进行描述，因此也可以很容易地根据其概率分布得到对应的累积概率分布。但是对于连续型随机变量，其取值是无穷无尽的，所以不可能将其一一列举出来，但我们可以通过对其概率密度函数求积分得到其累积概率分布，即：

$$F(x) = P(X \leqslant x) = \int_{-\infty}^{x} f(x)\,dx$$

图 1－2 和图 1－3 分别给出了随机变量 X 的概率密度函数与其累积概率分布的示意图。

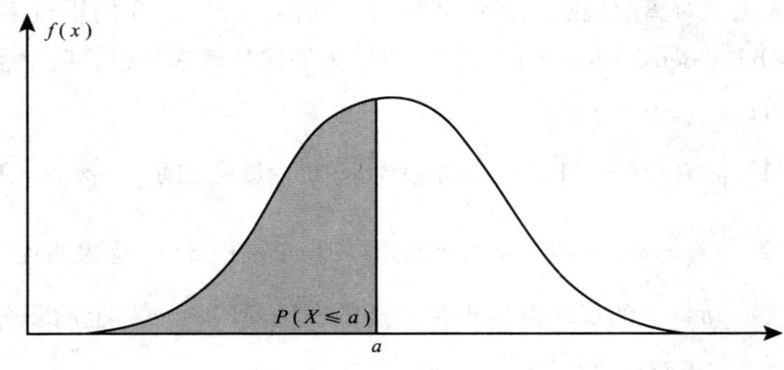

图 1－2　概率密度函数图

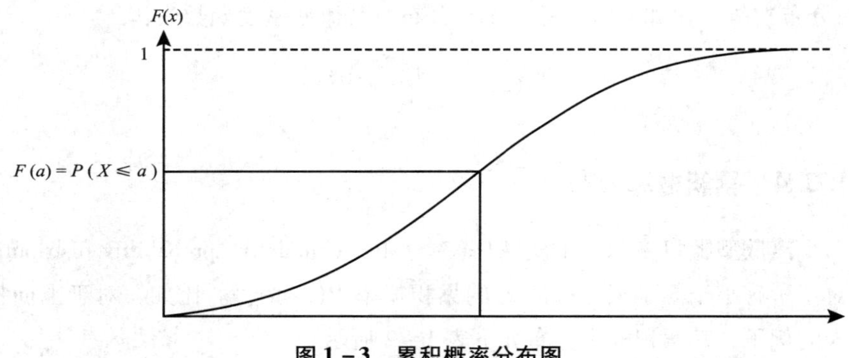

图 1－3　累积概率分布图

1.3.5　随机变量的期望

对于离散型随机变量 X，其期望（expectation）［记作 $E(X)$］的数学定义为：

$$E(X) = \sum_{i=1}^{n} x_i P(x_i)$$

其中：$P(x_i)$ 表示 $X = x_i$ 的概率。符号 $E(\cdot)$（读作“……的期望”），被称为期望运算符。

期望其实与均值类似，是一个平均数，但两者之间的区别在于：均值是根据某一变量的一系列已知取值求得的，因此，均值往往被特定地用来指称样本的一个特征；而期望代表的是整个总体的平均数、一个未知的总体参数，因此，它只是一个理论值。比如，掷一个质地均匀的硬币，当试验次数无穷大时，正面出现的比例应该是 0.5，或者说期望值为 0.5。但即使我们试验掷硬币很多次（如 10000 次），得到正面的比例也不太可能正好是 0.5。一般情况下，得到的会是一个接近 0.5 的值。但此时，期望值仍然是理论上的 0.5，而不是实际得到的一个接近 0.5 的值。

计算连续型随机变量的期望需要用到概率密度函数。如果连续型随机变量 X 的数学期望存在，且其密度函数为 $f(x)$，那么其期望为：

$$E(X) = \int_{-\infty}^{+\infty} x f(x)\,dx$$

但就社会科学研究而言，在现实生活中几乎没有绝对的连续型随机变量存在。比如收入这个变量，虽然我们把它看作是连续变量，但也不可能存在收入为无穷的情况。所以，在实际应用中，我们有时把它作为离散型随机变量来处理。

比如，假设我们把 CHIP88 数据①看作一个总体，而不是来自总体的一个样本，那么 1988 年中国城市居民年平均收入（*earn*）的期望为 1871.346 元。在这里，收入被视为一个连续型随机变量。

```
. summarize earn

    Variable |       Obs        Mean    Std. Dev.       Min        Max
-------------+--------------------------------------------------------
        earn |     15862    1871.346     1077.32         50   33673.78
```

① 这里的 CHIP88 数据是已经按照《改革时期中国城市收入不平等与地区差异》（Xie & Hannum, 1996）一文中的数据要求处理后的结果，而不是原始数据。

对于一个离散型变量，比如 CHIP88 数据中的性别这个二分变量（dichotomous variable）①，我们将其编码为一个虚拟变量（dummy variable）②，其中，1 = female，0 = male，并计算该变量的期望：

```
. sum sex

    Variable |       Obs        Mean    Std. Dev.       Min        Max
-------------+--------------------------------------------------------
         sex |     15862     .4782499    .4995425          0          1
```

计算出的性别的期望为 0.4782。我们通过观察性别这一虚拟变量的分布可以发现，其期望实际上等于女性人数占总人数的比例。希望读者注意这一点，因为正是该特性使得虚拟变量在回归分析中具有特殊的意义。

```
. tabulate sex

        sex |      Freq.     Percent        Cum.
------------+-----------------------------------
          0 |      8276       52.18       52.18
          1 |      7586       47.82      100.00
------------+-----------------------------------
      Total |     15862      100.00
```

1.3.6 条件期望

随机变量的条件期望（conditional expectation）是指，当其他随机变量取特定值时某一随机变量的期望。设 X、Y 是两个离散型随机变量。当 $X = x_i$ 时，Y 的期望被称作 Y 的条件期望，记作：

$$E(Y \mid X = x_i) = \sum_{i=1}^{n} y_i p(Y = y_i \mid X = x_i)$$

① 所谓二分变量指的是仅包含两种可能取值的这样一类特殊变量，比如：性别、是否就业、是否在校等。

② 虚拟变量是指可能取值仅为 0 和 1 的变量，第 12 章将会对其加以详细介绍。

条件期望具有以下性质：

（1）若 C 为常数，那么 $E(C \mid X) = C$；

（2）若 k_1，k_2 为常数，则 $E[(k_1Y_1 + k_2Y_2) \mid X] = k_1E(Y_1 \mid X) + k_2E(Y_2 \mid X)$；

（3）若 X 与 Y 相互独立，则 $E(Y \mid X) = E(Y)$；

（4）$E(Y) = E[E(Y \mid X)]$（即全期望公式，或迭代期望定律）。

我们仍将 CHIP88 数据看作一个总体，那么，我们可以计算得到女性年平均收入（$earn$）的条件期望为 $E(earn \mid sex = 1) = 1702.654$ 元，即：

```
. sum earn if sex==1

    Variable |       Obs        Mean    Std. Dev.       Min        Max
-------------+--------------------------------------------------------
        earn |      7586    1702.654    998.0661         50   30062.43
```

1.3.7 迭代期望定律

迭代期望定律（law of iterated expectations，简称 LIE）表达的是，条件期望的期望等于非条件期望，即：

$$E(Y) = E_x[E(Y \mid X)]$$

注意：符号 E_x 读作"对 X 求期望"，这个期望是基于 X 的边缘分布下随机变量 Y 的期望。在不致引发混淆的情况下，下标可以省略。我们将在第 5 章的有关证明中用到这一定律。

1.3.8 随机变量的方差

离散型随机变量 X 的方差（variance）被定义为：

$$Var(X) = \sum_{i=1}^{n} [x_i - E(X)]^2 P(x_i)$$

其中，$P(x_i)$ 表示 $X = x_i$ 的概率，即 $P(X = x_i)$。符号 $Var(\cdot)$（读作"……的方差"）被称为方差运算符。

根据上述定义，我们可以看到随机变量 X 的方差其实就是其离差平方 $[x_i -$

$E(X)]^2$的加权平均，所以也可以用期望的形式将其定义为：

$$Var(X) = E\{[X - E(X)]^2\}$$

也可表示为：

$$Var(X) = E(X^2) - [E(X)]^2$$

后一表达式在实际计算过程中经常会用到。

期望是总体重要但未知的特征之一，我们往往根据样本均值对其加以估计。样本均值（记作 $\overline{X}$）是反映样本数据集中趋势的统计量，其计算公式为：

$$\overline{X} = \frac{1}{n}\sum_{i=1}^{n} x_i$$

与此相同，总体方差（记作 σ^2）作为总体的另一特征，也是未知的，也往往需要通过样本方差来估计得到。不过，计算样本方差时我们必须使用修正自由度的样本方差（记作 S^2）来作为总体方差 σ^2 的无偏估计。其计算公式为：

$$S^2 = \frac{1}{n-1}\sum_{i=1}^{n}(x_i - \overline{X})^2$$

这里，分母使用 $n-1$ 而不是 n，这是因为计算样本方差需要先估计期望值，这样便损耗了一个自由度。因此，该样本方差也被称为样本的调整方差。

Stata 的命令 summarize 能够直接得到变量的样本标准差（下面会马上对此进行解释），即上面公式中的 S。将标准差平方后即可得到样本的调整方差 S^2。

1.3.9 随机变量的标准差

随机变量 X 的方差的正平方根被称作 X 的标准差（standard deviation），记作 $\sigma(X)$。其数学表达为：

$$\sigma(X) = \sqrt{Var(X)}$$

符号 $\sigma(X)$（读作“……的标准差”）被称为标准差运算符。在统计分析中，我们一般用 $\sigma(X)$表示总体的标准差，用 $S.D.$ 或 S 表示样本的标准差。从前面 Stata 给出的结果我们得知，根据 1988 年中国城市居民样本得到的年平均收入的样本标准差为 1077.32 元，我们可以将其视为总体标准差的估计值。

非常容易和标准差混淆的一个概念是标准误（standard error，简称 $S.E.$）。

标准差是总体中所有个体与期望之间离差平方的加权平均的正平方根。样本标准差是从总体抽取的某个样本的特征，而标准误则与抽样分布有关，它被用来测量使用统计量来估计参数时的抽样误差。前面已经提到，对于某一总体，我们可以得到若干个规模为 n 的随机样本，我们可以分别对这些样本用同样的计算得到不同的反映某同一特征（即参数）的统计量（比如期望或方差），这些不同的统计量本身就会构成一个分布。我们称该分布为“抽样分布”。实际上，所谓抽样分布也就是（想象中的）样本统计量的分布。作为一种特殊的分布，抽样分布也有标准差。为了与样本标准差相区别，我们将该标准差称作标准误，用 $S.E.$ 表示。它表示的是样本统计量所构成的分布的离散程度。根据中心极限定理（Central Limit Theorem）①，对于大样本，用样本均值来估计期望时，样本标准误和总体标准差之间的关系为：$S.E. = \sigma/\sqrt{n}$。在下面两个 Stata 命令中，我们分别计算得到了 CHIP88 数据中城市居民年平均收入的标准差和标准误。Std. Dev. 一列表明，在 CHIP88 这个样本中，收入分布的标准差为 1077.32 元。Std. Err. 一列给出了平均收入的标准误，它表示如果我们抽取样本量为 $n = 15862$ 的多个随机样本，每一个样本都能得到一个相应的收入均值，这些样本均值将构成一个新的分布，其标准差为 8.5539。在统计分析上，标准误越小，测量的可靠性越大；反之，测量就不大可靠。因此，在统计分析中，一般都希望统计量的标准误越小越好。

```
. sum earn

    Variable |       Obs        Mean    Std. Dev.       Min        Max
-------------+--------------------------------------------------------
        earn |     15862    1871.346     1077.32         50   33673.78

. mean earn
Mean estimation                     Number of obs    =    15862

--------------------------------------------------------------
             |       Mean   Std. Err.     [95% Conf. Interval]
-------------+------------------------------------------------
        earn |   1871.346    8.55393      1854.579    1888.113
--------------------------------------------------------------
```

① 有关中心极限定理的内容将在本书的第 2 章中进一步谈到。

由此我们看到，统计分析经常会涉及总体分布、样本分布和抽样分布的问题，我们在第2章中还会对这些内容进行详细介绍。在表1－3中，我们以均值和标准差为例，列出这三种分布的关系。

表1－3　总体分布、样本分布和抽样分布之间的关系

	均值	标准差
总体分布	μ	σ
样本分布	$\overline{X}$	$S.D.$
抽样分布	μ	$S.E.=\sigma/\sqrt{n}$

1.3.10　标准化随机变量（standardized random variable）

如果一个随机变量 X 具有期望 $E(X)$ 和标准差 $\sigma(X)$，那么，新的变量：

$$z=\frac{X-E(X)}{\sigma(X)}$$

被看作随机变量 X 的标准化形式。其含义在于，以标准差为单位来测量观测值距离平均值的距离。因此，标准分是一个无量纲的纯数。比如，对于CHIP88数据，我们想对年平均收入（*earn*）进行标准化。首先计算出收入的均值和标准差作为参数估计。

```
. sum earn

    Variable |       Obs        Mean    Std. Dev.     Min        Max
-------------+--------------------------------------------------------
        earn |     15862    1871.346     1077.32      50    33673.78
```

然后生成新的变量 *earn_st*。

```
. generate earn_st = (earn - 1871.346)/1077.32
```

标准化以后的新变量变成了一个均值为0、方差为1的变量。在多元线性回归中，由于不同自变量的测量单位通常并不一致，因而得到的回归系数通常也不能直接进行相对大小的比较。但如果我们对随机变量进行标准化，消除了变量各自测量单位的影响，得到的标准化回归系数之间就能够进行比较了。标准化经常被用来解决由于变量测量单位不同而导致的结果不可比的问题。

1.3.11 协方差

两个离散型随机变量 X 和 Y 的协方差（covariance）［记作 $Cov(X,Y)$］被定义为：

$$Cov(X,Y) = \sum_i \sum_j [x_i - E(X)][y_j - E(Y)]P(x_i,y_j)$$

其中：$P(x_i,y_j)$ 表示 $X=x_i$ 且 $Y=y_j$ 的概率，即 $P(X=x_i \cap Y=y_j)$。符号 $Cov(\cdot)$（读作“……的协方差”）被称为协方差运算符。

当 X 和 Y 彼此独立时，有 $Cov(X,Y) = 0$。协方差用于测量两个随机变量之间的线性关系。注意，这里强调了“线性”这个词。这意味着，如果两个变量的协方差等于 0，它们之间不存在线性关系，但还可能存在其他形式的关系（比如曲线关系）。

与方差的定义类似，我们也可以利用期望的运算式来定义协方差，即：

$$Cov(X,Y) = E\{[X - E(X)][Y - E(Y)]\}$$

或者表示为：

$$Cov(X,Y) = E(XY) - E(X)E(Y)$$

其实，方差是协方差的一个特例，也就是说，X 的方差就是 X 与其自身的协方差。

以变量年平均收入 *earn* 和变量受教育年限 *edu* 两者的协方差为例，可以利用 Stata 的如下命令计算协方差：

```
. corr earn edu, cov
(obs=15862)

             |       earn        edu
-------------+----------------------
        earn |    1.2e+06
         edu |    271.465     9.7496
```

计算结果输出的是一个 2×2 的方差－协方差矩阵。其中，对角线元素为变量的方差，非对角线元素则是对应变量之间的协方差。由此，我们看到，年平均收入与受教育年限的方差分别为 1.2×10^6 和 9.7496，两者的协方差为 271.465。

1.3.12 相关系数

相关系数（correlation coefficient）是用来度量变量间相关关系的一类指标的统称。但就参数值而言，常用的是皮尔逊积矩相关系数（简称相关系数），它是对两个连续型随机变量之间线性关系的标准化测量。将随机变量 X 和 Y 的相关系数记作 $\rho(X,Y)$ [①]，可根据下式计算得到：

$$\rho(X,Y) = \frac{Cov(X,Y)}{\sigma(X)\sigma(Y)}$$

其中：$\sigma(X)$ 和 $\sigma(Y)$ 分别表示 X 和 Y 的标准差，$Cov(X,Y)$ 表示 X 和 Y 的协方差，且始终满足 $|\rho(X,Y)| \leqslant 1$。因此，我们看到，某两个变量的相关系数在数量上等于它们之间的协方差除以各自标准差之积。用样本数据计算时，相关系数的常用计算公式为：

$$r(X,Y) = \frac{N\sum(XY) - (\sum X)(\sum Y)}{\sqrt{N\sum X^2 - (\sum X)^2}\sqrt{N\sum Y^2 - (\sum Y)^2}}$$

需要注意的是：根据定义，当 X 与 Y 相互独立的时候，$Cov(X,Y)=0$，从而 $\rho(X,Y)=0$。但是，当 $\rho(X,Y)=0$ 时，并不能就此认为 X 与 Y 独立。两个随机变量相互独立表明两个随机变量的取值之间不存在任何联系，而 $\rho(X,Y)=0$ 仅表明 X 与 Y 之间不存在线性关系，因此，我们这时称其为 X 与 Y 不相关。此外，协方差是有量纲的，但相关系数是没有量纲的，所以相关系数之间可以直接进行比较。

类似于协方差的算法，我们可以在 Stata 中计算年平均收入 *earn* 和受教育年限 *edu* 两者的相关系数：

```
. corr earn edu
(obs=15862)

             |        earn          edu
-------------+-----------------------
        earn |      1.0000
         edu |      0.0807       1.0000
```

① 一般情况下习惯于用 ρ 表示总体的相关系数，用 r 表示样本的相关系数。

这样我们便得到两个变量的相关系数矩阵。非对角线元素 0.0807 即为受教育年限与年平均收入两个变量之间的相关系数。

1.4　随机变量的和与差

上面我们提到了随机变量的定义和与其相关的一系列统计概念，接下来介绍随机变量的一些运算法则。

（1）如果 X 和 Y 是两个随机变量，那么 $X+Y$ 的期望与方差为：

期望：$E(X+Y) = E(X) + E(Y)$；

方差：$Var(X+Y) = Var(X) + Var(Y) + 2Cov(X,Y)$。

作为特例，如果 X 和 Y 相互独立，并且都服从正态分布，它们的和将服从均值为 $\mu_1+\mu_2$、方差为 ${\sigma_1}^2+{\sigma_2}^2$ 的正态分布。

（2）如果 X 和 Y 是两个随机变量，那么 $X-Y$ 的期望与方差为：

期望：$E(X-Y) = E(X) - E(Y)$；

方差：$Var(X-Y) = Var(X) + Var(Y) - 2Cov(X,Y)$。

同理，作为特例，如果 X 和 Y 相互独立，并且都服从正态分布，它们的差将服从均值为 $\mu_1-\mu_2$、方差为 ${\sigma_1}^2+{\sigma_2}^2$ 的正态分布。

（3）依此类推，如果 $T=X_1+X_2+\cdots+X_S$ 是 S 个独立随机变量的和，那么 T 的期望与方差为：

期望：$E(T) = \sum_{i=1}^{S} E(X_i)$；

方差：$Var(T) = \sum_{i=1}^{S} Var(X_i)$。

1.5　期望与协方差的性质

1.5.1　期望的简单代数运算性质

$$E(a+bX) = a + bE(X)$$

这就是说，随机变量的线性转换形式对其期望值也是成立的。

如果令 $X^*=a+bX$，则 X^* 被称为 X 的线性转换，或测度转换（rescaling）：

a 代表位置（location）参数，b 代表测度（scale）参数。

对于这一计算，存在如下特例：

对于一个常数，有 $E(a)=a$；

对于不同的测度，有 $E(bX)=bE(X)$。比如，对于居民的家庭年收入，以千元为测量尺度计算出的期望是以元为测量尺度下期望的 1/1000 倍。

1.5.2　方差的简单代数运算性质

$$Var(a+bX)=b^2Var(X)$$

这一公式说明了两点：（1）给变量加一个常数并不改变这个变量的方差；（2）变量乘以一个常数，那么这个变量的方差的变化将是这个常数的平方倍。正因如此，我们经常使用标准差，而不使用方差。值得注意的是，标准差的测量单位与变量 X 的测度相同。

1.5.3　协方差和相关系数的简单代数运算性质

(1) $Cov(X,X)=Var(X)$

(2) $Cov(X,Y)=Cov(Y,X)$

(3) $Cov(C,X)=0$，C 为任意常数

(4) $Cov(X_1+X_2,Y)=Cov(X_1,Y)+Cov(X_2,Y)$

(5) $Cov(a+bX,c+dY)=bd[Cov(X,Y)]$

再次强调，对于方差和协方差，其变化只涉及测度，而不涉及位置。

(6) $\rho(a+bX,c+dY)=\rho(X,Y)$

这个性质表明，无论是测度变化还是位置变化都不会影响相关系数。

1.6　本章小结

统计学并不是社会科学研究的对象，而是社会科学定量研究必不可少的一种工具，即：统计学方法本身并不能取代研究者对社会现象的了解和社会科学所必需的研究设计。理解这种思维方式有助于研究者更好地思考和解决研究问题。同时还需要注意，各种统计方法都有其内在的假定，都会有不同的缺陷，不可能做到十全十美，只有真正理解这些方法背后的原理，才能更好地批评和改进它。

本章着重介绍一些最基本的统计概念，比如总体、样本、随机变量、概率、期望、方差、标准差、协方差和相关系数等。这些概念看似简单，但却是线性回归方法的基础。只有真正熟练掌握并理解这些概念，才能在后面的学习中游刃有余。因此，我们还会在后面的章节中不断重复这些概念，并深入讲解如何通过这些概念建立统计模型来解决实际问题。

参考文献

Powers, Daniel A. & Yu Xie. 2008. *Statistical Methods for Categorical Data Analysis* (Second Edition). Howard House, England: Emerald. [〔美〕丹尼尔·A. 鲍威斯、谢宇，2009，《分类数据分析的统计方法》（第 2 版），任强等译，北京：社会科学文献出版社。]

Xie, Yu & Emily Hannum. 1996. "Regional Variation in Earnings Inequality in Reform-Era Urban China." *American Journal of Sociology* 101: 950 – 992.

谢宇，2006，《社会学方法与定量研究》，北京：社会科学文献出版社。

第 2 章 统计推断基础

统计学有两个目的，一个是描述，即仅限于对收集到的资料进行概括；另一个是推断，也就是根据所抽取样本的统计量对总体参数进行推断。由于受到抽样误差的影响，我们当然不能把统计量当作总体参数来使用。所以我们需要进行统计推断，需要引入抽样分布这一概念。统计推断一般通过两种手段来实现：一种是基于样本数据来估计总体的参数值，被称作参数估计；另一种是基于样本数据来检验关于总体参数的假设，被称作假设检验。这些内容都是更高级统计知识的基础，本章将对统计推断的基本问题加以讨论。

2.1 分布

2.1.1 总体参数和样本统计量

我们在第 1 章中已经提到总体和样本的概念。由于社会科学定量研究关心的问题是建立在总体层面上的，而实际的分析却是基于样本数据的，这样就需要建立总体和样本之间的关系，也就是利用样本信息对总体特征进行推断。统计推断的过程涉及两个指标：一个是（总体）参数，一个是（样本）统计量。参数（parameter）是对总体特征的概括性描述，比如总体均值 μ、总体标准差 σ 等，通常用希腊字母表示。统计量（statistic）是对样本特征的概括性描述，比如样

本均值 $\overline{X}$ 、样本标准差 S 等，通常用英文字母表示。此外，为了进行统计检验，我们也需要构造一些检验统计量，比如 Z 统计量、F 统计量和 t 统计量等。

由于总体是固定的，因此总体的参数值为常数，并不会随着样本的改变而变化，但它们在研究过程中通常是未知的。样本统计量可以通过样本计算得到，但会随着每次所抽取样本的不同而变化。那么，我们为什么能够根据有不确定性的样本统计量来推断总体参数呢？这就需要了解总体和样本之间的区别与联系。

2.1.2　总体分布、样本分布和抽样分布

总体中所有个体的某种观测值的频数构成了一个总体分布。从总体中抽取一个容量为 n 的样本，由这 n 个观测值构成的频数分布，被称为样本分布。

假如我们将 CHIP88 数据的 15862 个城市居民看成一个总体，那么从中抽出一个容量为 100 的样本和一个容量为 1000 的样本，对比其分布可以发现：随着样本容量的增大，样本分布将越来越接近总体分布，如图 2 - 1、图 2 - 2 和图 2 - 3所示。

```
histogram earn if earn < 6000, bin(50) start(0) percent normal
```

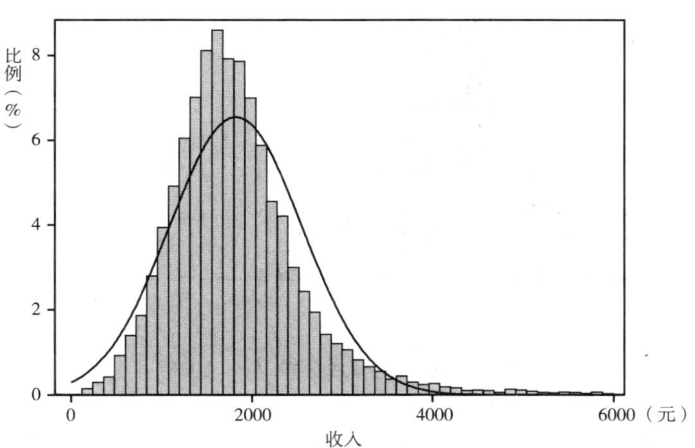

图 2 - 1　收入的总体分布（n = 15862）

注：为了图形比较的方便，我们保留了年收入小于 6000 元的这部分人。实际上，这部分人占到了整个总体的 99.46%。

由于每次抽取样本的不同，样本统计量并不能完全精确地等于总体参数，于是我们需要考虑的问题是：样本统计量是如何变化的？在什么样的基础上，可以

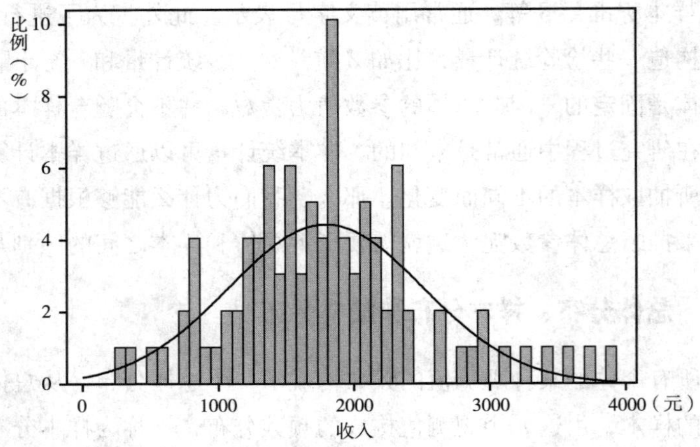

图 2－2　收入的样本分布（n＝100）

注：我们将 CHIP88 数据看作一个总体，利用 Stata 程序从中随机抽选出一个样本量为 100 的样本和一个样本量为 1000 的样本。

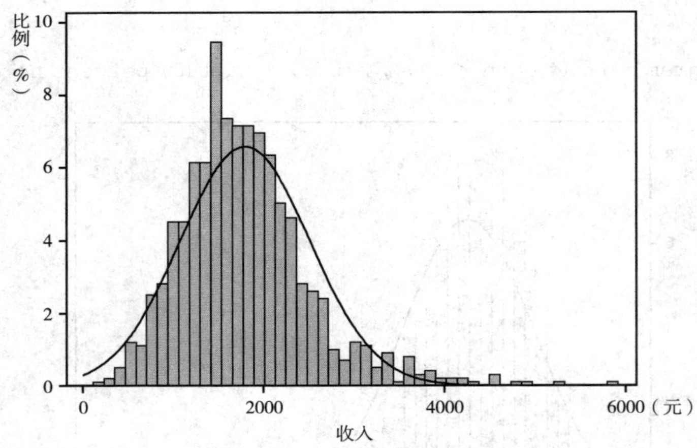

图 2－3　收入的样本分布（n＝1000）

根据样本来推断总体？这个问题的答案就是抽样分布。

假设我们对总体进行重复抽样，每次用同样的公式计算样本统计量，那么从所有这些样本中得到的统计量就构成了一个分布，该分布被称为抽样分布。它只是一种理论上存在的概率分布，由基于无数不同样本的统计量组成。依靠抽样分布，我们就能够将实际观测到的样本结果与其他所有可能的样本结果进行比较，从而建立起单一样本和总体之间的联系。这就是统计推断的理论依据。

2.1.3　连续变量的常用分布

1. 正态分布

正态分布（normal distribution），又称为高斯分布（Gaussian distribution），是一个常被用到的连续型随机变量分布，其分布图呈对称的钟形。如果变量 Y 遵守正态分布，则 Y 被称作正态随机变量。其密度函数的数学表达式为：

$$f(Y)=\frac{1}{\sqrt{2\pi}\sigma}e^{-\frac{1}{2}\left(\frac{Y-\mu}{\sigma}\right)^2},-\infty<Y<\infty \tag{2-1}$$

这个公式比较复杂，不过在实际中并不会经常被用到。只需要记住任何一个正态分布都是由均值 μ 和方差 σ^2 这样两个参数决定的。因此，正态分布常常被简记作 $N(\mu,\sigma^2)$ 。

正态分布具有如下主要性质：

（1）如果 $X\sim N(\mu,\sigma^2)$ 而 $Y=aX+b$（这里，a 和 b 为常数，且 $a\neq 0$），那么有 $Y\sim N(a\mu+b,a^2\sigma^2)$ 。这意味着，如果对某一正态随机变量进行线性转换，那么转换后的新变量仍然服从正态分布。

（2）如果 X 和 Y 相互独立，并且 $X\sim N(\mu_1,{\sigma_1}^2)$ 、$Y\sim N(\mu_2,{\sigma_2}^2)$ ，那么有 $X\pm Y\sim N(\mu_1\pm\mu_2,{\sigma_1}^2+{\sigma_2}^2)$ 。

任何一个服从正态分布的随机变量 X 都可以通过

$$z=\frac{(X-\mu)}{\sigma} \tag{2-2}$$

变换为标准正态随机变量，这样计算得出的 Z 值也被称作标准分。z 服从均值为 0、方差为 1 的标准正态分布（见图 2－4），Z 值在 0 点左边为负、右边为正。

计算出 Z 值以后，通过查正态分布表就可以知道正态曲线下的各部分面积在整个图形中所占的比例，也就是该范围内的个案数在总个案数中所占的比例。

对于正态分布，需要记住的是：

- 大约有 68% 的数据位于均值附近 ±1 个标准差的范围内；
- 大约有 95% 的数据位于均值附近 ±2 个标准差的范围内；
- 大约有 99.7% 的数据位于均值附近 ±3 个标准差的范围内。

此外，在任何一个正态分布中，当 $P(X\geqslant x_\alpha)=\alpha$ 时，我们将 x_α 称为 α 上侧分位数。同理，当 $P(X\leqslant x_\alpha)=\alpha$ 时，则将 x_α 称为 α 下侧分位数。显然，两

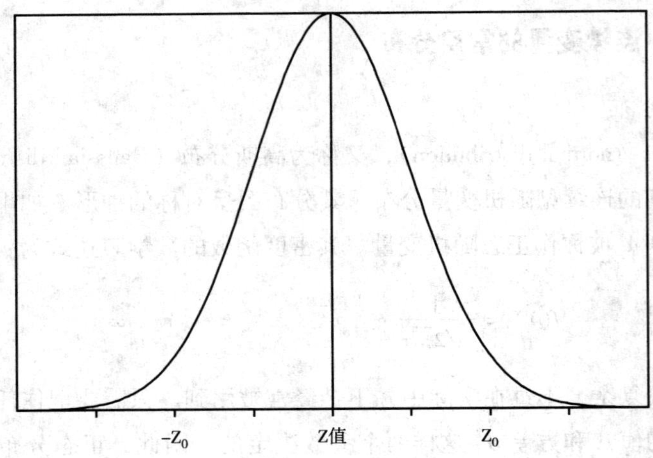

图 2-4 标准正态分布图

者之间是互补关系，即 α 上侧分位数等于 $(1-\alpha)$ 下侧分位数（参见图 2-5）。由于对称关系，如果 $x_\alpha=\mu+c, x_\alpha'=\mu-c$〔这里，$c$ 为任意参数〕，则 $P(X\geqslant x_\alpha)=P(X\leqslant x_\alpha')=\alpha$。在假设检验的时候，还会经常用到正态分布的这些概念。

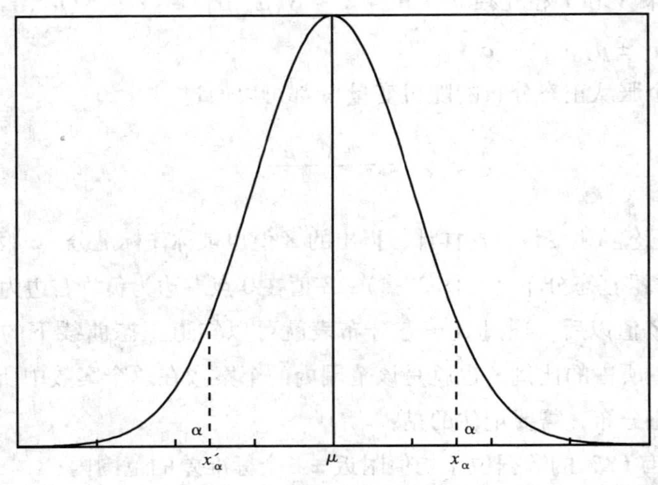

图 2-5 正态分布分位数图

2. χ^2 分布

如果 X_1，X_2，…，X_n 是 n 个相互独立的随机变量，且都服从正态分布，即

$X_i \sim N(\mu_i, \sigma_i^2)$，其中，$i=1, 2, \cdots, n$，那么将 X_i 分别标准化并对所得的 n 个标准分平方求和，即：

$$Q = \left(\frac{X_1-\mu_1}{\sigma_1}\right)^2 + \left(\frac{X_2-\mu_2}{\sigma_2}\right)^2 + \cdots + \left(\frac{X_n-\mu_n}{\sigma_n}\right)^2 \quad (2-3)$$

则该总和作为一个随机变量，服从自由度为 n 的 χ^2 分布（读作"卡方分布"），记作 $Q \sim \chi^2(n)$。对于一个总体，如果其中每个观测值都来自符合 i. i. d.（即独立同分布，详细解释见第 3 章）的正态分布，那么从中随机抽取一个样本 x_1，x_2，$\cdots$，x_n，只需稍作变换就可以发现：

$$\frac{n-1}{\sigma^2}S^2 \sim \chi^2(n-1) \quad (2-4)$$

其中，S^2 为样本方差，σ^2 为总体方差，n 为样本容量。

若 $Q \sim \chi^2(n)$，则 $E(Q)=n$，$Var(Q)=2n$。从图 2-6 中可以直观地看到，χ^2 分布不是对称的，且 χ^2 分布的值不可能为负；另外，不同的自由度会形成不同的 χ^2 分布。随着自由度的增加，χ^2 分布在形状上将趋近于正态分布。

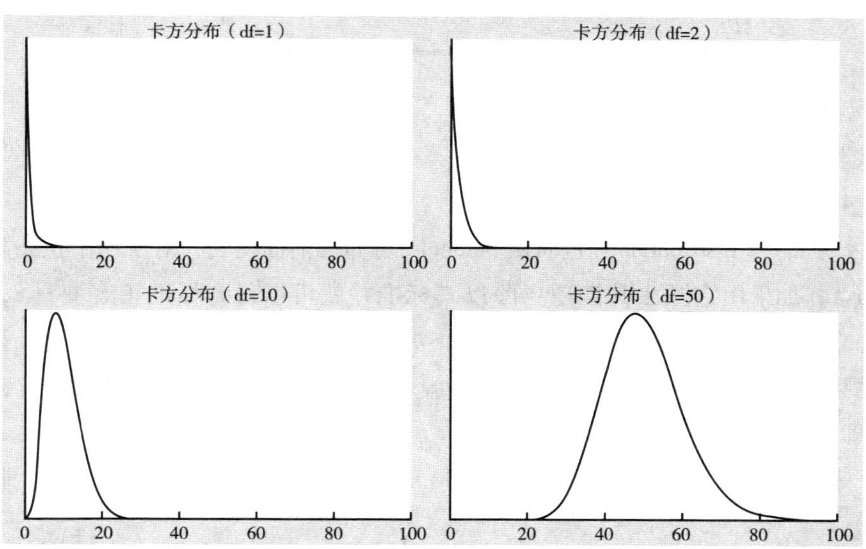

图 2-6　不同自由度的卡方分布图

3. F 分布

如果将两个独立的服从χ^2 分布的随机变量 X 和 Y 分别除以它们各自的自由度并求它们的比值，该比值作为一个随机变量将服从 F 分布（F distribution）。需要注意的是，与χ^2 分布不同，F 分布有两个自由度。

采用数学的语言，如果 $X \sim \chi^2(m)$，$Y \sim \chi^2(n)$，且 X，Y 相互独立，那么

$$W = \frac{(X/m)}{(Y/n)} \sim F(m,n) \tag{2-5}$$

就服从第一个（分子）自由度为 m，第二个（分母）自由度为 n 的 F 分布。从图 2－7 中可以看到，F 分布也是不对称的，且 F 分布的值也不可能为负。

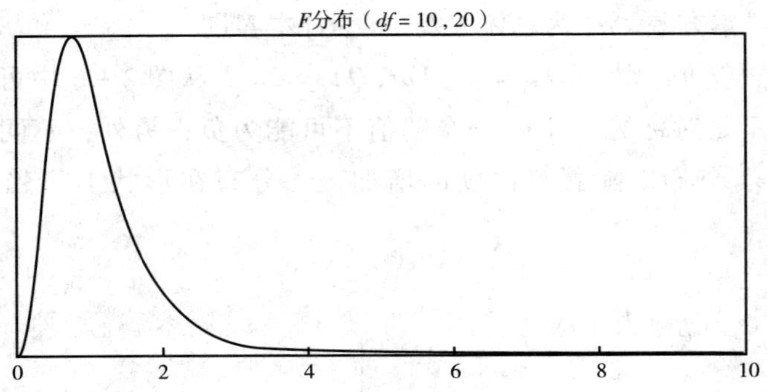

图 2－7　自由度为（10，20）的 F 分布图

4. t 分布

t 分布（t distribution）也叫做 Student t 分布。前面提到，对于一个正态随机变量 X，如果用它减去其期望再除以其标准差就可以得到标准正态变量 z，即 $z = (X-\mu)/\sigma$。但是当我们用样本标准差 S 代替未知的总体标准差 σ 时，得到的结果就不再服从标准正态分布，而是服从 t 分布，其自由度等于样本量 n 减去 1，即 $n-1$。

采用数学的语言，如果 $X \sim N(0,1)$、$Y \sim \chi^2(n)$，且 X，Y 相互独立，那么

$$T = \frac{X}{\sqrt{Y/n}} \tag{2-6}$$

就服从自由度为 n 的 t 分布。

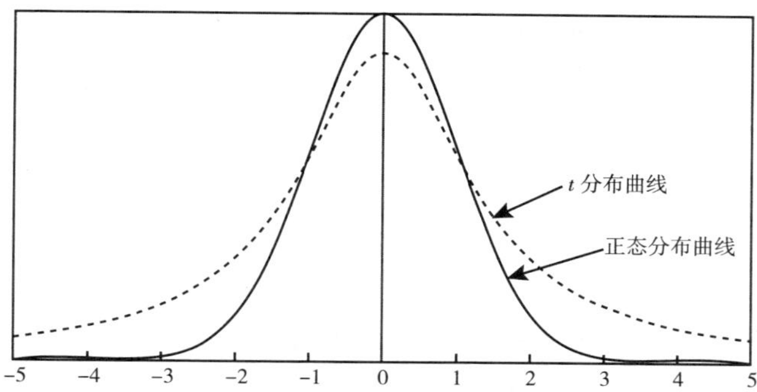

图 2-8　自由度为 2 的 t 分布曲线与正态曲线

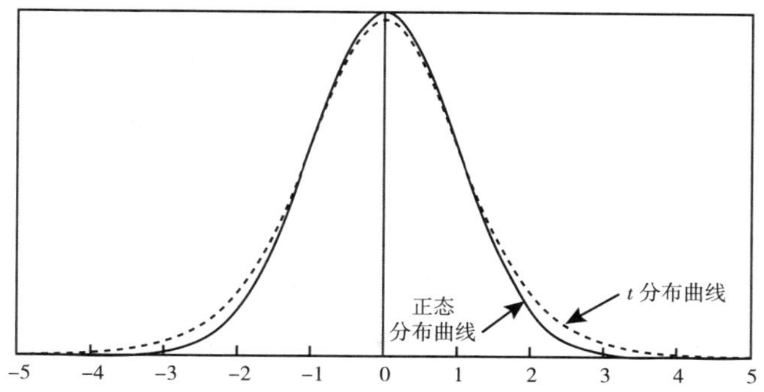

图 2-9　自由度为 20 的 t 分布曲线与正态曲线

从图 2-8 和图 2-9 可以发现，t 分布和正态分布很相似，只是尾部比标准正态分布的尾部包括更大的概率值（或面积）。当 n 越来越大时，t 分布的密度曲线就越来越接近正态分布。

t 分布与 F 分布之间具有密切的关系。基于公式（2-6），这一关系可以表示为：

$$t^2 = \frac{X^2}{Y/n} \sim F(1,n) \tag{2-7}$$

这意味着，自由度为 n 的 t 分布的平方就是第一自由度为 1、第二自由度为 n 的 F 分布。

2.1.4　自由度

从上面的介绍中我们可以发现，对于随机变量的分布而言，自由度是一个非常重要的特征。自由度（degree of freedom）是通过样本统计量来估计总体参数时必须涉及的一个基本概念。在现代统计学中，自由度的概念最初源自 1908 年一篇署名为“Student”的文章对“t 分布”的讨论。R. A. Fisher 在 1915 年发表的讨论相关系数分布的文章中首次对自由度明确地加以说明，之后这一概念很快便得到了统计学家们的普遍认同（Walker，1940），今天，这几乎已成为最基础的统计学常识。

简单地讲，自由度指的是计算样本统计量时能自由取值的数值的个数，通常被简写成 df。设想我们有一个服从 i. i. d. 正态分布的随机变量 X 的总体。从中随机抽取样本数据 x_1，x_2，…，x_n，样本规模为 n，观测值为 x_i，均值为 a。现在要求我们利用样本方差对总体方差进行估计。为此，我们需要计算离差 $x_i - a$。由于均值 a 来自 n 个观测值 x_i，样本中只有 $n-1$ 个数可以自由取值。换句话说，一旦 $n-1$ 个数被选取出来，基于均值 a，第 n 个数一定是已知的。所以，在计算离差 $x_i - a$ 的过程中，只有 $n-1$ 个观测值 x_i 是可以自由取值的，因此其自由度为 $n-1$。这也是需要采用公式 $S=\sqrt{\frac{\sum\left(X-\bar{X}\right)^2}{n-1}}$ 而不是 $\sqrt{\frac{\sum\left(X-\bar{X}\right)^2}{n}}$ 来估计总体方差的原因所在。之所以自由度减少了 1，是因为存在着均值必须等于 a 这一约束条件。①

按照这一思路，一般来说，丧失的自由度数目也就是需要估计的参数的数目，或者是约束条件的数目。比如，在单一样本 t 检验中，只需要估计一个参数（即均值），所以自由度为 $n-1$；在比较两样本均值 t 检验中，观测数为 n_1+n_2（n_1 和 n_2 分别为样本 1 和样本 2 的观测数），且需要估计两个均值（即每个样本各自的均值），所以自由度为 n_1+n_2-2；在 g 个组的单因素方差分析中，总观测数为 $n_1+n_2+\cdots+n_g$（同样，n 为每一组的观测数），且需要估计 g 个组的均值，所以总的自由度为 $(n_1+n_2+\cdots+n_g)-g$；在包含 p 个解释变量的多元回归中，共有 n 个观测值，且需要估计 $p+1$ 个参数（与每个解释变量相对应的一个回归系数以及模型截距），所以模型的自由度为 $n-p-1$。请注意，所谓自由度，就是对变异（variability）进行估计时可以自由取值的数值个数。所以，回归模型

---

① 我们还可以这样来理解自由度的约束问题：设想有一个方程 $x+y+z=10$，x 和 y 两者可以取任意值，但是，一旦 x 和 y 的取值被确定下来，z 的值就随之被决定了，因为它们三者之和必须等于 10。因此，这里的自由度就是 2。

的自由度为 $n-p-1$，意味着还剩下 $n-p-1$ 个可自由取值的数值可以用来对模型误差进行估计。

2.1.5　中心极限定理

现在，让我们回到前面 2.1.2 节的问题。抽样分布虽然建立起了单一样本和总体之间的联系，但它也只是一种理论上存在的概率分布，因为我们实际上不可能也不会进行无数次抽样。那么，如何才能得到抽样分布呢？有关样本均值抽样分布的问题就是通过以下要讲到的中心极限定理（Central Limit Theorem）来解决的，它在总体参数估计和假设检验中都被广泛地应用。

有限总体有放回抽样。假想有容量为 N 且遵守 i. i. d. 条件的变量的有限总体（不一定服从正态分布），其均值为 μ，标准差为 σ；有放回地抽取所有容量为 n 的随机样本。对每一个样本计算其均值，如果 n 足够大，则得到的样本均值的抽样分布理论上近似于均值为 μ、标准差为 $\sigma/\sqrt{n}$ 的正态分布。

无限总体有放回或无放回抽样。假设在 i. i. d. 条件下，所有容量为 n 的随机样本均取自均值为 μ、标准差为 σ 的无限总体，并对每一个样本计算均值，则如果 n 足够大，得到的样本均值的理论分布将近似于均值为 μ、标准差为 $\sigma/\sqrt{n}$ 的正态分布。

有限总体无放回抽样。同样，假设在 i. i. d. 条件下，所有容量为 n 的随机样本均无放回地取自容量为 N〔N 至少是 n 的两倍（$N\geqslant 2n$）〕、均值为 μ、标准差为 σ 的有限总体，并对每一个样本计算均值，则如果 n 足够大，样本均值的理论抽样分布近似于均值为 μ、标准差为 $\frac{\sigma}{\sqrt{n}}\times\sqrt{\frac{N-n}{N-1}}$ 的正态分布。

在上面三种情形中，需要区别样本数量和样本容量。样本数量是无限的，而样本容量是 n。如果样本容量足够大（通常以 $n\geqslant 30$ 为标准），就可以使用中心极限定理。选取的样本容量 n 越大，抽样分布的标准差就越小（一般为 $1/\sqrt{n}$ 的倍数）。虽然总体分布和抽样分布的标准差直接相关，但它们却是完全不同的分布。

事实上，对于一个服从 i. i. d. 正态分布的总体（均值为 μ、标准差为 σ），如果重复抽取容量为 n 的随机样本，样本均值的抽样分布就服从均值为 μ、标准差为 $\sigma/\sqrt{n}$ 的正态分布，且与 n 的大小无关。这一定理将在后面小样本数据的检验中用到。

中心极限定理非常重要，后面我们使用样本数据来估计总体均值，以及使用样本数据来检验关于总体均值的假设时，都将应用这个定理。

2.2 估计

估计（estimation）是指从总体中随机抽取一个样本，利用样本统计量推算总体参数的过程。利用样本统计量 $\hat{\theta}$ 对总体参数 θ 进行估计，主要有两个过程：点估计（point estimation）和区间估计（interval estimation）。点估计是指根据样本数据中计算出的样本统计量对未知的总体参数进行估计，得到的是一个确切的值。比如，我们利用 CHIP88 数据计算出人均年收入为 1871.35 元，以此作为 1988 年全国城市居民的人均年收入水平，这就属于一个点估计。而区间估计是指对总体未知参数的估计是基于样本数据计算出的一个取值范围。如果利用 CHIP88 数据估计出城市居民人均月基本工资收入在 100～120 元之间，这便是一个区间估计。在估计过程中，$\hat{\theta}$ 被称为总体参数 θ 的估计量（estimator）。

2.2.1 点估计

在回归模型中，比较常用的点估计方法主要有三种：最小二乘估计（ordinary least squares，简称 OLS）、最大似然估计（maximum likelihood estimation，简称 MLE）和矩估计（method of moments）。

（1）最小二乘估计

最小二乘估计法的基本思想是：对于 n 个点 (x_i, y_i)，$i=1, 2, \cdots, n$，如果 $y_i=\beta_0+\beta_1 x_i+\varepsilon_i$，$\varepsilon_i$ 为随机项，那么估计一条直线 $\hat{y}_i=\hat{\beta}_0+\hat{\beta}_1 x_i$，使得位于估计直线上的点 $(x_i, \hat{y}_i)$ 与观测点 (x_i, y_i) 之间铅直距离的平方和最小，即 $\min\sum_{i=1}^{n}(y_i-\hat{y}_i)^2=\min_{\hat{\beta}_0,\hat{\beta}_1}\sum_{i=1}^{n}(y_i-\hat{\beta}_0-\hat{\beta}_1 x_i)^2$。此时 $\hat{\beta}_0$，$\hat{\beta}_1$ 就是对 β_0，β_1 的最小二乘估计。一般线性回归模型的建立多使用这种方法，其应用将在第 3 章和第 5 章中进一步谈到。

（2）最大似然估计

最大似然估计法的基本思想是：我们对 i. i. d. 的总体 X 进行 n 次观测可以得到一组观测值 $(x_1, x_2, \cdots, x_n)$，将得到这组观测值的概率看作一个似然函

数 $L(\theta)$，而将使 $L(\theta)$ 达到最大化时的 $\hat{\theta}$ 作为参数 θ 的估计值。这种方法要求我们事先知道总体分布的类型。

设（x_1，x_2，…，x_n）相互独立且组成来自 i. i. d. 的总体 X 的一个样本。X 的分布已知，参数 θ 未知。当 X 为离散型随机变量时，X 的概率分布服从 $P(X=x)=p(x;\theta)$，则样本取值的概率分布就可以表示为 $P(X_1=x_1,\cdots,X_n=x_n)=\prod_{i=1}^{n}p(x_i;\theta)$。当 θ 未知时，$L(\theta)=\prod_{i=1}^{n}p(x_i;\theta)$ 即为最大似然函数。同理，当 X 为连续型随机变量、其密度函数为 $f(x;\theta)$ 时，似然函数为 $L(\theta)=\prod_{i=1}^{n}f(x_i;\theta)$。这种估计方法在第 18 章二分因变量的 logit 模型中会用到。

（3）矩估计

矩估计是围绕以下几个概念产生的：总体原点矩 $a_k=E(X^k)$；样本原点矩 $A_k=\frac{1}{n}\sum_{i=1}^{n}x_i^k$；总体中心矩 $a_k=E[X-E(X)]^k$；样本中心矩 $A_k=\frac{1}{n}\sum_{i=1}^{n}(x_i-\bar{x})^k$。

矩估计的基本思想就是利用样本矩来估计总体矩，但这种方法并不需要知道总体分布的类型。根据第 1 章的内容可知，样本均值 $\bar{x}$ 是总体均值 μ 的矩估计量，样本的未修正方差 $\frac{1}{n}\sum_{i=1}^{n}(x_i-\bar{x})^2$ 是总体方差 σ^2 的矩估计量。

2.2.2　点估计的评判标准

点估计产生的误差是必然的，但是我们可以通过一些方法来尽可能地减小误差。原则上有三条标准可以用来评判一个估计量的好坏，它们是无偏性（unbiasedness）、有效性（efficiency）和一致性（consistency）。

（1）无偏性

由于我们希望估计量的取值不要偏高也不要偏低，这就要求估计量的平均值与总体参数基本一致。如果估计量 $\hat{\theta}$ 的期望（即所有可能样本得到的 $\hat{\theta}$ 所组成的抽样分布的均值）等于被估计的总体参数 θ，那么此估计量就是“无偏的”。如，样本均值 $\bar{x}$ 就是总体均值 μ 的无偏估计量，而样本的调整方差 $S^2=\frac{\sum_{i=1}^{n}(x_i-\bar{x})^2}{n-1}$ 才是总体方差 σ^2 的无偏估计量。

（2）有效性

当一个总体参数存在多个无偏估计量的时候，仅靠无偏性作为评判一个估计量好坏的标准是不够的。在这种情况下，我们还需要看它所在的抽样分布是否具有尽可能小的方差，这被称为估计量的“有效性”。方差越小，说明估计值的分布越集中在被估参数的周围，估计的可靠性也就越高。

（3）一致性

有些总体的未知参数不一定存在无偏估计量，而有些参数却存在不止一个无偏估计量。对大样本来说，评判一个估计量还有一个重要的标准就是“一致性”。这是指随着样本容量 n 的增大，估计量越来越接近总体参数的真实值。

2.2.3 区间估计

前面提到，点估计是对单一数值的估计。虽然我们可以根据无偏性、有效性和一致性这三个标准对点估计进行衡量以尽可能地减小误差，但是我们并不知道测量误差的大小。区间估计就将这种误差通过置信度和置信区间表示出来，从而得到参数估计的一个取值区间，而不仅仅是一个确切值。用数学形式来表达即 $P(\hat{\theta}_1 < \theta < \hat{\theta}_2) = 1 - \alpha$，这里将 $(\hat{\theta}_1, \hat{\theta}_2)$ 称作参数估计 θ 的置信区间（confidence interval），$\hat{\theta}_1$ 和 $\hat{\theta}_2$ 分别为置信下限和置信上限。$1 - \alpha$ 被称为置信水平或置信度（confidence level），α 为显著性水平或显著度（significance level）。

对于一个 i. i. d. 的正态总体，其均值的置信区间可以利用下面的公式计算：

$$CI = \overline{X} \pm z_{\alpha/2} \times (S.E.) = \overline{X} \pm z_{\alpha/2} \times \left(\frac{\sigma}{\sqrt{n}}\right) \tag{2-8}$$

其中，z 是显著性水平为 α 时标准正态分布的 Z 值，$S.E.$ 为均值 $\overline{X}$ 的抽样分布的标准误，σ 为总体标准差，n 为样本容量。这个公式其实是公式（2－2）的变形。由图 2－10 可以看出，置信区间的大小与置信度成正比。也就是说，降低推断中犯错误风险的一个途径是：提高置信水平。但这样的代价是扩大置信区间，即降低估计的精确度。

而如果我们增加样本容量，从公式（2－8）可以看出，抽样分布的标准误将会减小，从而导致置信区间减小、估计的精确度提高。以 95% 的置信度为例，表 2－1 给出了样本量加倍对总体均值的区间估计的影响。

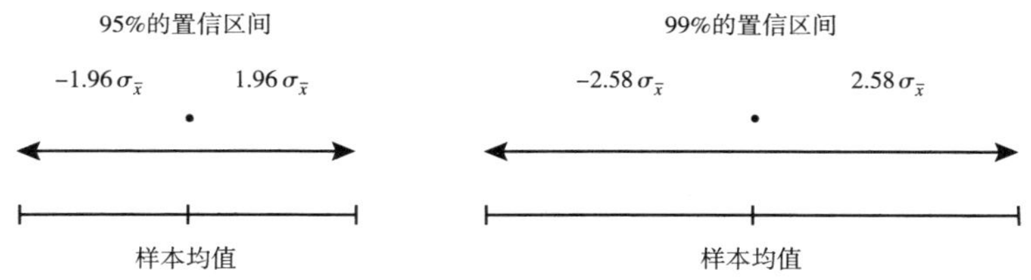

图 2－10　不同置信水平下置信区间大小的比较

表 2－1　95%置信水平下样本对总体均值的估计

样本量 N	置信区间 CI	区间大小	样本标准差 S	标准误 $S.E.$
n	$(\bar{x}-1.96\times\frac{\sigma}{\sqrt{n}},\ \bar{x}+1.96\times\frac{\sigma}{\sqrt{n}})$	$3.92\times\frac{\sigma}{\sqrt{n}}$	S_x	$\frac{\sigma}{\sqrt{n}}$
$2n$	$(\bar{x}-1.96\times\frac{\sigma}{\sqrt{2n}},\ \bar{x}+1.96\times\frac{\sigma}{\sqrt{2n}})$	$3.92\times\frac{\sigma}{\sqrt{2n}}$	S_x	$\frac{\sigma}{\sqrt{2n}}$

[例题 2－1]　下面我们用1988 年 CHIP 数据中居民的年平均收入为例，估计在置信水平为 95% 的条件下，年收入均值的置信区间：

```
. sum earn

    Variable |       Obs        Mean    Std. Dev.       Min        Max
-------------+--------------------------------------------------------
        earn |     15862    1871.346     1077.32        50   33673.78
```

根据样本可以计算出样本均值 $\overline{X}=1871.35$，为了估计总体均值还需要计算出抽样标准误。但是一般情况下，关于总体的信息都是未知的，因此我们需要利用前面的知识——样本调整方差是总体方差的无偏估计。这样，我们可以计算出该均值的标准误 $S.E.=\frac{S_x}{\sqrt{n}}=\frac{1077.32}{\sqrt{15862}}=8.55$。至此，根据公式（2－8），可以得到 1988 年中国城市居民年收入均值的 95% 置信区间为：（1871.35 － 1.96 × 8.55，1871.35 + 1.96 × 8.55）＝（1854.59，1888.11）。这里，考虑到大样本的情况，可以用 Z 分位数代替 t 分布的分位数。这一结果表示，1988 年全国城市居民的年收入均值有 95% 的可能性落在 1854.59 ~ 1888.11 元之间。

我们可以借助统计软件直接得到置信区间，比如，利用 Stata 计算 1988 年中国城市居民年收入均值的 95% 置信区间的结果如下：

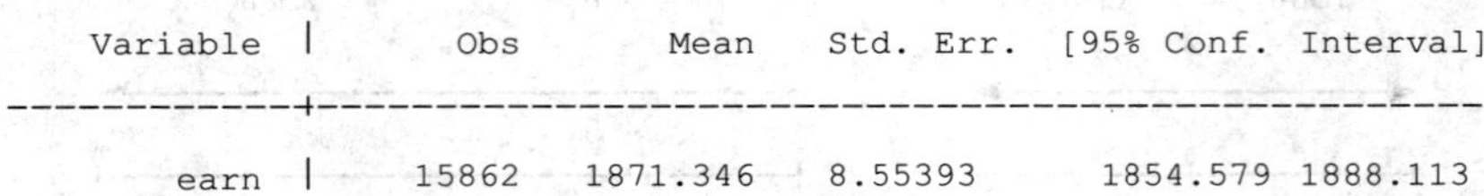

```
. ci earn

    Variable |        Obs        Mean    Std. Err.   [95% Conf. Interval]
-------------+---------------------------------------------------------------
        earn |      15862    1871.346    8.55393       1854.579  1888.113
```

这与我们手动计算得到的结果完全一致。

2.2.4 求解置信区间的步骤小结

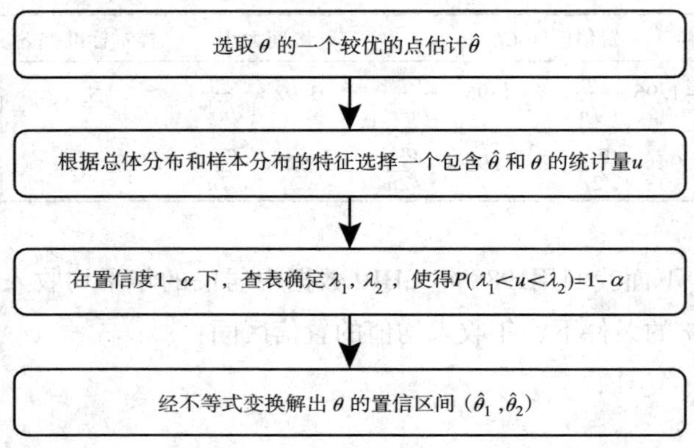

2.3 假设检验

统计推断的另一个重要内容就是假设检验（hypothesis testing）。参数估计是利用样本信息推断未知的总体参数。假设检验则是先对总体参数提出一个假设，然后利用样本信息来判断这一假设是否成立。在回归分析中，我们将检验有关回归系数的假设。

2.3.1 研究假设与零假设

研究假设（research hypothesis，H_1）是指在研究过程中希望得到支持的假设。在利用随机样本对总体进行推论时，不是直接检验研究假设 H_1，而是通过检验与其相对立的假设，来间接获取研究假设 H_1 正确的可能性。我们称这个与研究假设相对立的假设为零假设（null hypothesis，H_0）。在研究过程中，零假设往往是研究者希望被否定的假设。这是因为零假设往往假定变量之间的关系在总体中不存在，而研究者的目的通常都是希望基于样本所得到的变量之间存在某种关系的结论在总体中成立。① 研究者所担心的是基于样本的结论可能是由抽样误差造成的。通过检验可以让我们知道样本中与 H_0 相违的统计数据并不是由抽样误差造成的。也就是说，H_0 正确的可能性很小，从而也就间接地肯定了 H_1。

2.3.2　两类错误

在用样本推断总体的时候，总是存在犯错误的可能性。我们可以将所犯的错误划归为以下两类。

第Ⅰ类错误（或 α 错误）：在假设检验中否定了本来是正确的零假设。这类错误也叫做弃真错误。通常我们把犯这种错误的概率记为 α。

第Ⅱ类错误（或 β 错误）：在假设检验中没有否定本来是错误的零假设。这类错误也叫做纳伪错误。我们把犯这种错误的概率记作 β。

要完全消除这两类错误是不可能的，但是我们可以在一定程度上减少这两类错误发生的可能性。一个最常用的方法就是增加样本量。另外，第Ⅰ类错误在检验过程中是可以由研究者自行设定的，这也就是下面将谈到的显著性水平问题。除去第Ⅰ类错误以后，检验是否有效就取决于 β 的大小。在统计学中，将 $1-\beta$ 称作检验效能（power of test）。

2.3.3　否定域与显著性水平

假设检验的步骤概括来说就是：假设零假设正确的情况下，将样本统计量（比如样本均值 $\bar{x}$）转化为服从某一分布的检验统计量（比如 Z 值），然后对点估计量和零假设下总体参数之间的差异程度进行度量。如果零假设成立情况下得到的检验统计值落在某区域内，则接受零假设，这块区域就被称为接受域（region of acceptance），同时将接受域之外的区域称为否定域（region of rejection）。如果零假设成立情况下得到的检验统计值落在否定域内，则否定零假设。另外，否定域在整个抽样分布中所占的比例，叫做显著性水平，或显著度，代表样本的统计值落在否定域内的可能性。在社会科学研究中可以看到，显著度越小说明越难以否定零假设，即越难以支持研究假设。

否定域的大小与显著性水平有一定关系，在确定了显著性水平 α 以后，就

① 请注意，也是存在例外的，还要取决于具体研究目的。

可以计算出否定域的临界值。在实际研究中，假设零假设正确时利用观测数据得到与零假设相一致结果的概率称为 p 值（p-value）。比如我们的零假设为1988 年中国城市居民月平均基本工资为100 元，那么从 CHIP88 数据得到的结果和月平均基本工资为100 元假设相吻合的概率，就是 p 值。

p 值并不是零假设正确的概率，而是指假如零假设正确的话，样本观测结果在抽样分布中可能发生的概率。显著性水平 α 和 p 值的关系在于，显著性水平 α 是研究者设定的理论值，而 p 值是利用样本计算得出的实际值。

在实际研究中，如果零假设被否定了，就可以认为样本结果是统计显著的。实际上，“显著”与“不显著”之间是没有清楚的界限的。只是随着 p 值的减小，结论的可靠性越来越强而已。在社会科学研究里通常把 $p \leqslant 0.05$ 作为“显著水平”的标准，[①] 但是实际上0.049 和0.051 之间并没有什么本质的差别，因此，有的研究者选择仅仅报告 p 值，而将结论留给读者。有的研究者则喜欢将 p 值与显著性水平 α 相比较进而给出结论：如果 p 值小于或等于显著性水平 α，则否定零假设；如果 p 值大于显著性水平 α，则不否定零假设。

当假设检验的结果在接受域中，即结果有 $1-\alpha$ 的可能性与零假设相吻合，我们就只能说样本没有提供充分的证据来否定零假设，同时，由于可能存在第Ⅱ类错误，这并不能表明零假设就是正确的。因此习惯的说法是，不能否定零假设。

2.3.4 单尾检验与双尾检验

假设检验可以进一步分为单尾检验（也称单侧检验，one-tailed test）和双尾检验（也称双侧检验，two-tailed test）。

单尾检验是指否定域在曲线的左端或右端区域的情况，双尾检验是指否定域在曲线的两端区域的情况，如图2－11 和图2－12 所示。

一个检验是双尾还是单尾取决于对应于零假设的备择假设 H_1（研究假设）。在单尾检验中，可选任一方向的单侧备择假设：如果选 H_1：$\theta < \theta_0$，则称此单尾检验为左侧检验；如果选 H_1：$\theta > \theta_0$，则称此单尾检验为右侧检验。在双尾检验中，备择假设是无方向或双向的 H_1：$\theta \neq \theta_0$。

---

① 社会科学研究中，一般将 α 设定为0.05 或0.01，然后将实际得到的 p 值与0.05 或者0.01 进行比较，根据 p 值大于还是小于0.05 或0.01 来进行统计决策。

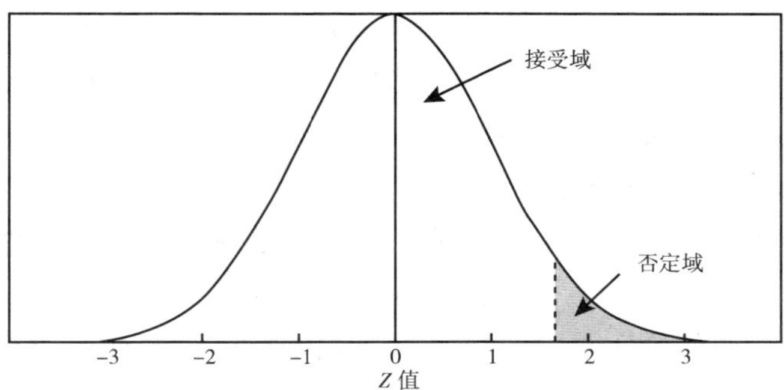

图 2-11　单尾检验（右侧）

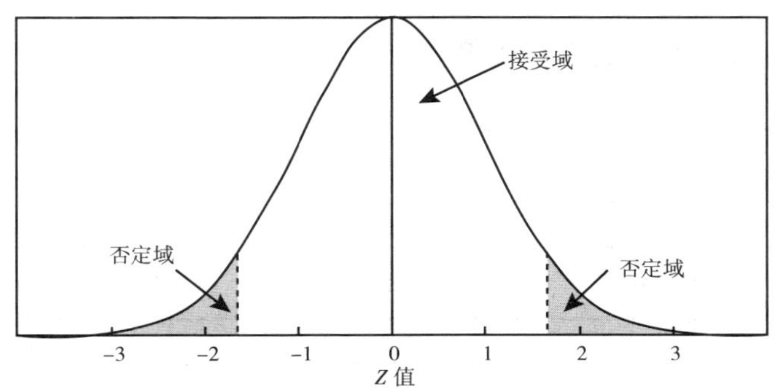

图 2-12　双尾检验

在 Z 检验（正态检验）中，常用的显著度 α 与否定域 $[|Z|,\infty)$ 有如下的对应关系（见表 2-2）。

表 2-2　常用显著度下的否定域

$\alpha\leq$	$\|Z\|\geq$	
	单侧检验	双侧检验
0.05	1.65	1.96
0.01	2.33	2.58
0.005	2.58	2.81
0.001	3.09	3.30

2.3.5　参数检验与非参数检验

统计推断中假设检验的方法可以分为两大类：参数检验和非参数检验。

参数检验的基础是假设我们已经知道总体分布的既有特征。Z 检验、t 检验和 F 检验都属于参数检验法。在研究具体问题时，参数检验通常都是我们的首选。这是因为它具有较大的检验效力，也就是犯第Ⅱ类错误的概率 β 更小，因此使用它能够从数据中提取更多的信息。

参数检验的条件要求较高，通常称为“参数条件”。当参数条件得不到满足时，这种检验就不准确。另一种检验方法则不需要参数条件，它被称为非参数检验法。由于它对总体的分布形状没有任何特别的要求，因此也称其为自由分布检验法。社会科学研究中常用的对分类变量的 χ^2 检验就是一种非参数检验法。有关非参数检验法，在此暂不详加讨论。下面将着重探讨如何进行参数检验。

2.3.6 假设检验的步骤小结

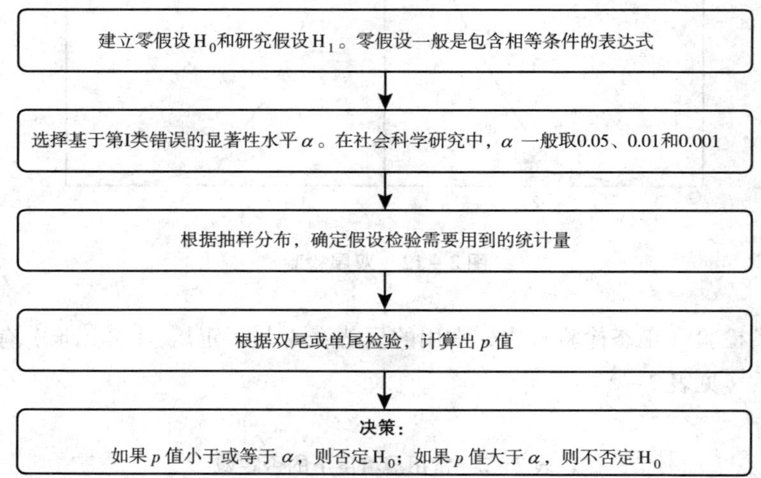

2.3.7 单总体均值的检验

在对单一总体进行均值检验时，我们首先需要判断样本的大小。一般来说，当 $n>30$ 时，就将样本视为大样本；当 $n\leqslant 30$ 时，就将样本视为小样本。

1. 大样本

根据中心极限定理：在大样本情况下，如果总体均值为 μ_0、方差为 σ^2，则样本均值 $\bar{x}$ 的抽样分布近似服从均值为 μ_0、方差为 $\frac{\sigma^2}{n}$ 的正态分布。对 $\bar{x}$ 进行标准化以后就可以得到总体均值的 Z 检验统计量：

$$z = \frac{\bar{x} - \mu_0}{\sigma / \sqrt{n}} \tag{2-9}$$

当总体方差 σ^2 未知的时候，需要用样本方差 S^2 来代替总体方差，得到 t 检验统计量。当 n 越来越大时，t 分布的密度曲线就越来越接近正态分布，所以这时总体均值的 Z 检验统计量近似为①：

$$z = \frac{\bar{x} - \mu_0}{S / \sqrt{n}} \tag{2-10}$$

参照前面 2.2.4 节列出的求解置信区间的步骤，得出总体均值 μ 在置信水平 $1-\alpha$ 下的置信区间为：

$$\left(\bar{x} - z_{\alpha/2}\frac{\sigma}{\sqrt{n}},\ \bar{x} + z_{\alpha/2}\frac{\sigma}{\sqrt{n}}\right)$$

［**例题 2－2**］　假设有人提出1988 年全国城市居民年平均收入为 1900 元，而在 1988 年的 CHIP 数据中，我们发现居民的年收入均值为 1871.35 元，标准差为 1077.32，那么在 0.05 的显著性水平下，这一样本结果和 1900 元的提法一致吗？

首先建立零假设与研究假设：

H_0：$\mu = 1900$ 和 H_1：$\mu \neq 1900$。

其次，根据样本数据，$\bar{x} = 1871.35$，$S = 1077.32$，$n = 15862$，利用公式（2－10）计算 Z 检验统计量为：

$$z = \frac{1871.35 - 1900}{1077.32 / \sqrt{15862}} = -3.35$$

通过查标准正态分布表或者利用表 2－2 可以看到 $Z_{\alpha/2} = Z_{0.025} = 1.96$，并且 Z 的绝对值不仅大于 $Z_{0.025}$ 而且大于 $Z_{0.0005} = 3.29$，所以我们否定零假设，即认为 1988 年中国城市居民的年收入均值不是 1900 元。这说明不仅在 95% 的置信水平，而且在 99.9% 的置信水平上我们都可以认为样本结果和 1900 元的提法不一致。这样的结果的出现可能是由于两种可能：一是 1900 元的提法不对；二是尽管 1900 元的提法是对的（如果来自更可靠的数据），但 CHIP88 数据的样本是有

① 这里使用 Z 检验是为了方便查表和人工计算。当我们利用 Stata 对回归系数进行检验时，输出的是 t 检验的数值而不是 Z 检验的数值。实际上，在大样本情况下，两种检验几乎是相同的。

偏的。在95%的置信水平上，均值的置信区间为$\left(1871.35-1.96\times\frac{1077.32}{\sqrt{15862}},\ 1871.35+1.96\times\frac{1077.32}{\sqrt{15862}}\right)$，即（1854.59，1888.12）。

在Stata中仍然采用t检验，但是可以看到上面的Z值（－3.35）和下表中的t值（－3.3498）是非常接近的。

```
. ttest earn = 1900

One-sample t test
------------------------------------------------------------------------------
Variable |     Obs        Mean   Std. Err.   Std. Dev.  [95% Conf. Interval]
---------+--------------------------------------------------------------------
    earn |   15862    1871.346    8.55393     1077.32    1854.579  1888.113
------------------------------------------------------------------------------

    mean = mean(earn)                                         t =  -3.3498
 Ho: mean = 1900                             degrees of freedom =    15861

   Ha: mean < 1900            Ha: mean != 1900              Ha: mean > 1900
 Pr(T < t)= 0.0004        Pr(|T| > |t|)= 0.0008          Pr(T > t)= 0.9996
```

2. 小样本

对于$n\leqslant 30$的小样本数据，我们假设样本来自按正态分布的总体。我们在2.1.5节的最后提到，当总体分布服从正态分布时，抽样分布也是服从正态分布的。如果方差σ^2已知，可以按照公式（2－2）对总体均值进行检验，则

$$z=\frac{\bar{x}-\mu_0}{\sigma/\sqrt{n}} \tag{2-11}$$

这时，总体均值μ在置信水平$1-\alpha$下的置信区间为$\left(\bar{x}-z_{\alpha/2}\frac{\sigma}{\sqrt{n}},\ \bar{x}+z_{\alpha/2}\frac{\sigma}{\sqrt{n}}\right)$。但是均值未知而方差已知的情况比较少见。

当σ未知时，用样本方差S^2代替总体方差σ^2，此时给出的检验统计量服从自由度为$n-1$的t分布，且不能将其近似为正态分布进行计算。此时，

$$t=\frac{\bar{x}-\mu_0}{S/\sqrt{n}},\ df=n-1 \tag{2-12}$$

同理，可以将总体均值μ在置信水平$1-\alpha$下的置信区间改写为：

$$\left(\bar{x} - t_{\alpha/2}\frac{S}{\sqrt{n}},\ \bar{x} + t_{\alpha/2}\frac{S}{\sqrt{n}}\right)$$

[**例题 2－3**]　如果将1988 年的 CHIP 数据看作一个总体，当年的居民年平均收入为 1871.4 元。从中随机抽出来自 A 市 B 社区居民的一个样本，样本容量为 20。假设这些个案的月平均基本工资数据如下：

1348.5　1192.4　2160　1101.8　1586.9　1078.2　1461　1313　1095.7　1150
1441.6　3882.5　580.1　2096.7　788　4089　964　1944　828.6　5109.3

我们现在想知道这个社区居民的年平均收入是否与全国城镇居民的年平均收入相等。对于这个检验，零假设是 H_0：$\mu = 1871.4$，备择假设是 H_1：$\mu \neq 1871.4$。

根据样本数据计算得：均值 $\bar{x} = 1760.6$，标准差 $S = 1212.1$。

由于 $n < 30$，因此，统计量为：

$$t = \frac{1760.6 - 1871.4}{1212.1/\sqrt{20}} = -0.41$$

根据自由度 $n-1=19$，查 t 分布表得 $t_{0.025}(19) = 2.093$ 。因为 $|t| < t_{0.05}(19)$ ，所以不能否定原假设，即不能否定 B 社区中居民的年平均收入和全国的年平均收入相等。

对于上述过程，我们也可以采用一些统计软件来完成，以下是采用 Stata 来完成上述假设检验的结果：

```
. ttest earn = 1871.3

One-sample t test
------------------------------------------------------------------------------
Variable |   Obs      Mean    Std. Err.   Std. Dev.   [95% Conf. Interval]
---------+--------------------------------------------------------------------
    earn |    20  1760.565    271.0402    1212.129    1193.271   2327.859
------------------------------------------------------------------------------

    mean = mean(earn)                                           t =  -0.4086
Ho: mean = 1871.3                              degrees of freedom =       19

    Ha: mean < 1871.3         Ha: mean != 1871.3          Ha: mean > 1871.3
 Pr(T < t)= 0.3437       Pr(|T|>|t|)= 0.6874          Pr(T > t)= 0.6563
```

2.3.8　单总体方差的检验

对于总体方差的检验，不管是大样本还是小样本，都要求总体服从正态分布，否则推论会有很大的偏差。根据 2.1.3 节，我们选取χ^2作为总体方差的检验统计量，其计算如下：

$$\chi^2 = \frac{n-1}{\sigma^2}S^2 \tag{2-13}$$

由此可以得到，总体方差σ^2在置信水平$1-\alpha$下的置信区间为：

$$\left(\frac{(n-1)S^2}{\chi^2_{\alpha/2}}, \frac{(n-1)S^2}{\chi^2_{1-\alpha/2}}\right)$$

方差的检验一般用右侧检验比较多，因为在实际研究中经常希望了解总体不确定程度的上限。

2.3.9 两总体均值差的检验

1. 独立大样本

设两个独立总体的均值分别为μ_1和μ_2，方差分别为σ_1^2和σ_2^2，从中随机抽取两个样本。若两个样本容量都很大，即$n_1>30$且$n_2>30$，则根据中心极限定理，两个样本均值$\bar{x}_1$和$\bar{x}_2$的抽样分布分别服从$N\left(\mu_1, \frac{\sigma_1^2}{n_1}\right)$和$N\left(\mu_2, \frac{\sigma_2^2}{n_2}\right)$的正态分布。那么，两个样本均值差$\bar{x}_1-\bar{x}_2$的抽样分布则服从$N\left(\mu_1-\mu_2, \frac{\sigma_1^2}{n_1}+\frac{\sigma_2^2}{n_2}\right)$的正态分布。这样，检验总体均值差可以采用$Z$检验统计量：

$$z = \frac{(\bar{x}_1-\bar{x}_2)-(\mu_1-\mu_2)}{\sqrt{\frac{\sigma_1^2}{n_1}+\frac{\sigma_2^2}{n_2}}} \tag{2-14}$$

因此，两个总体的均值差$(\mu_1-\mu_2)$在置信水平$1-\alpha$下的置信区间为：

$$\left((\bar{x}_1-\bar{x}_2)-z_{\alpha/2}\sqrt{\frac{\sigma_1^2}{n_1}+\frac{\sigma_2^2}{n_2}}, (\bar{x}_1-\bar{x}_2)+z_{\alpha/2}\sqrt{\frac{\sigma_1^2}{n_1}+\frac{\sigma_2^2}{n_2}}\right)$$

由于实际情况下，σ_1与σ_2很少是已知的，因此大样本情况下我们通常都用S_1与S_2来直接替代σ_1和σ_2。

2. 独立小样本

这里还是需要两个样本相互独立。当两个样本中至少有一个是小样本（即

$n \leqslant 30$）时，我们就需要用到小样本假设检验。需要假设小样本来自正态总体。

情形 1：两个总体的方差都是已知的

这种情况在实际研究中很少出现。如果出现，我们可以运用和大样本一样的方法进行检验，即采用公式（2－14）计算检验统计量。

情形 2：两个总体方差未知，但已知两者相等

因为两个样本方差相等，所以通常的做法是将两个样本数据合并，然后给出总体方差的合并估计量 $S_p^2 = \frac{(n_1 - 1)S_1^2 + (n_2 - 1)S_2^2}{n_1 + n_2 - 2}$，其中，$S_p^2$ 是两个样本方差的加权平均，也称为两个样本的联合方差。两个样本均值之差标准化以后服从自由度为 $n_1 + n_2 - 2$ 的 t 分布，因此采用的检验统计量为：

$$t = \frac{(\bar{x}_1 - \bar{x}_2) - (\mu_1 - \mu_2)}{S_p \sqrt{\frac{1}{n_1} + \frac{1}{n_2}}} \tag{2-15}$$

在置信度为 $1 - \alpha$ 的水平下，置信区间为：

$$\left((\bar{x}_1 - \bar{x}_2) - t_{\alpha/2}(n_1 + n_2 - 2) S_p \sqrt{\frac{1}{n_1} + \frac{1}{n_2}}, (\bar{x}_1 - \bar{x}_2) + t_{\alpha/2}(n_1 + n_2 - 2) S_p \sqrt{\frac{1}{n_1} + \frac{1}{n_2}} \right)$$

情形 3：两个总体方差未知，但已知两者不相等

如果两个总体的方差不相等，一种近似的方法是使用如下统计量：

$$t = \frac{(\bar{x}_1 - \bar{x}_2) - (\mu_1 - \mu_2)}{\sqrt{\frac{S_1^2}{n_1} + \frac{S_2^2}{n_2}}} \tag{2-16}$$

其中 t 检验的自由度采用 Scatterthwaite 校正方法，即：

$$df = \frac{\left(\frac{S_1^2}{n_1} + \frac{S_2^2}{n_2} \right)^2}{\frac{\left(\frac{S_1^2}{n_1} \right)^2}{n_1 - 1} + \frac{\left(\frac{S_2^2}{n_2} \right)^2}{n_2 - 1}} \tag{2-17}$$

不过，采用该方法计算出的自由度有时会出现不是整数的情况。所以，一个更简单、更直接的方法是利用 GLS 回归，我们会在第 14 章中介绍这一方法。

我们如何判断两个总体的方差是否相等呢？常用的方法是 F 初步检验法。

根据前面讲过的有关统计分布的知识，由于 $\chi^2 = \frac{n-1}{\sigma^2}S^2$，因此 $\frac{S_1^2/\sigma_1^2}{S_2^2/\sigma_2^2} \sim F(n_1-1, n_2-1)$。而要检验总体方差是否相等，就可以转化为检验两个总体方差之比是否等于1。利用检验统计量：

$$F = \frac{S_1^2}{S_2^2} \tag{2-18}$$

由于 F 统计量不对称，使用双尾检验计算临界值和判断左侧还是右侧检验相对麻烦。一般情况下，为了方便起见，在进行检验的时候，将 S_1^2 定义为两个样本中较大的那个样本方差。这样所有的检验都变成了右侧检验。如果两个总体确实具有相等的方差，那么 S_1^2 与 S_2^2 的值趋于相等，S_1^2/S_2^2 就趋近于1。因此，一个接近于1的 F 统计量通常将是支持 $\sigma_1^2=\sigma_2^2$ 的证据。

[例题2-4]　在CHIP88数据中，有女性（$sex=1$）7586人，其年收入均值为1702.654，标准差为998.066。男性（$sex=0$）有8276人，其年收入均值为2025.973，标准差为1123.176。那么在95%的置信水平下，是否存在收入的性别差异呢?

这实际上是有关双总体均值差的假设检验问题。根据上面的内容，我们知道对均值差的检验应该区分为方差相等和方差不相等两种情况。因此，我们需要先对方差是否相等加以检验。

首先检验方差是否相等，检验统计量：

$$F = \frac{S_1^2}{S_2^2} = \frac{1123.2^2}{998.1^2} = 1.27$$

在95%置信水平下的 F 值为1.04。[①] 因此，我们看到，计算得到的 F 值1.27要大于95%置信水平下的临界值1.04，这表明两个总体的方差不相等。这一检验也可以借助统计软件来完成，以下为相关的Stata命令和输出结果。[②]

```
. sdtest earn, by(sex)

Variance ratio test
------------------------------------------------------------------------------
   Group |     Obs        Mean    Std. Err.   Std. Dev.   [95% Conf. Interval]
---------+--------------------------------------------------------------------
       0 |    8276    2025.973    12.34632    1123.176     2001.771    2050.175
```

① Stata的命令为：display invF(8276, 7586, 0.95)。

② 实际上，在Stata的计算中对大样本和小样本的计算采用的都是 t 检验方法。

```
           1 |    7586   1702.654   11.45916    998.0661    1680.191    1725.117
------------+------------------------------------------------------------------
    combined |   15862   1871.346    8.55393     1077.32    1854.579    1888.113
-------------------------------------------------------------------------------
    ratio = sd(0) / sd(1)                                       f =   1.2664
 Ho: ratio = 1                              degrees of freedom = 8275, 7585

    Ha: ratio < 1             Ha: ratio != 1             Ha: ratio > 1
  Pr(F < f)= 1.0000        2*Pr(F > f)= 0.0000        Pr(F > f)= 0.0000
```

其次，既然方差不相等，那么我们就采用公式（2－16）来计算总体均值差的检验统计量：

$$t = \frac{(\bar{x}_1 - \bar{x}_2) - (\mu_1 - \mu_2)}{\sqrt{\frac{S_1^2}{n_1} + \frac{S_2^2}{n_2}}} = \frac{(2026.0 - 1702.7) - 0}{\sqrt{\frac{1123.2^2}{8276} + \frac{998.1^2}{7586}}} = 19.2$$

根据公式（2－17）中的 Scatterthwaite 自由度校正法，计算得到 $df =$ 15844.8。在 95% 的置信水平下，t 的临界值为 －1.64。①

由于 $t = 19.2 > 1.64$，所以我们否定原假设，而接受备择假设，即认为男性和女性的年收入均值是不相等的。

下面给出了用 Stata 直接进行计算的输出结果，与上面我们通过手动计算所得到的结论完全一致。

```
. ttest earn, by(sex) unequal

Two-sample t test with unequal variances
------------------------------------------------------------------------------
   Group |     Obs        Mean    Std. Err.   Std. Dev.   [95% Conf. Interval]
---------+--------------------------------------------------------------------
       0 |    8276    2025.973    12.34632    1123.176    2001.771    2050.175
       1 |    7586    1702.654    11.45916    998.0661    1680.191    1725.117
---------+--------------------------------------------------------------------
combined |   15862    1871.346     8.55393     1077.32    1854.579    1888.113
---------+--------------------------------------------------------------------
    diff |            323.3192    16.84471                290.3017    356.3368
------------------------------------------------------------------------------
    diff = mean(0) - mean(1)                                      t =  19.1941
H0: diff = 0                     Scatterthwaite's degrees of freedom =  15844.8

    Ha: diff < 0                 Ha: diff != 0                 Ha: diff > 0
 Pr(T < t)= 1.0000         Pr(|T|>|t|)= 0.0000          Pr(T > t)= 0.0000
```

① Stata 中的相关计算命令为 display invttail(15858.2, 0.95)。

在双独立样本均值差的检验中，判断使用何种统计量进行检验的步骤小结：

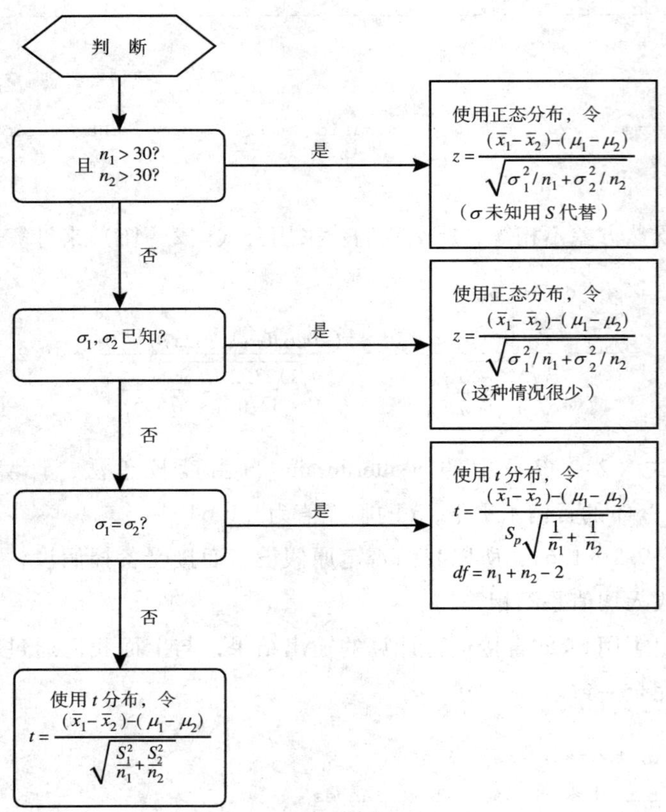

3. 配对样本

前面谈到的都是两个独立样本的检验问题，但在社会科学研究中，还会经常碰到配对样本的问题。比如在历时研究中，就会在不同时期对同一个体进行重复访问。如果仍使用两个独立样本的检验方法，不仅与实际情况严重不符，也会浪费成对数据的重要信息。这时就需要用到配对样本的检验。

大样本情况下（即 $n>30$ 时），采用检验统计量：

$$z=\frac{\bar{d}-\mu_d}{S_d/\sqrt{n}} \tag{2-19}$$

其中，μ_d 表示成对数据总体差值 d 的均值；

$\bar{d}$ 表示成对样本数据差值 d 的均值（即$\overline{x_1 - x_2} = \bar{x}_1 - \bar{x}_2$）；

S_d 表示成对样本差值 d 的标准差；

n 表示成对数据的个数，即有多少配对。

因此，两个总体均值差 $\mu_1 - \mu_2$ 在置信水平为 $1-\alpha$ 下的置信区间为：

$$\left(\bar{d} - z_{\alpha/2}\frac{S_d}{\sqrt{n}}, \bar{d} + z_{\alpha/2}\frac{S_d}{\sqrt{n}}\right)$$

在小样本情况下（即 $n \leqslant 30$ 时），须假设差值的总体服从正态分布，采用检验统计量：

$$t = \frac{\bar{d} - \mu_d}{S_d / \sqrt{n}} \tag{2-20}$$

因此，两个总体均值差 $\mu_1 - \mu_2$ 在置信水平为 $1-\alpha$ 下的置信区间为：

$$\left(\bar{d} - t_{\alpha/2}(n-1)\frac{S_d}{\sqrt{n}}, \bar{d} + t_{\alpha/2}(n-1)\frac{S_d}{\sqrt{n}}\right)$$

[例题 2－5]　基于1990 年美国 GSS 调查数据，我们想检验家庭中父亲和母亲的受教育程度是否有差异。这实际上就是一个配对样本检验的情况。父亲受教育年限的变量为 *paeduc*，母亲受教育年限的变量为 *maeduc*。

这个检验的零假设为：H_0：$\mu_p - \mu_m = 0$。由于这个检验用手动计算会比较麻烦，所以下面采用 Stata 来完成此检验。以下是输出的统计结果：

```
. ttest paeduc == maeduc

Paired t test
------------------------------------------------------------------------------
Variable |     Obs        Mean    Std. Err.   Std. Dev.   [95% Conf. Interval]
---------+--------------------------------------------------------------------
  paeduc |     925    10.75135    .1374219    4.179523    10.48166    11.02105
  maeduc |     925    10.93405    .1123006    3.415488    10.71366    11.15445
---------+--------------------------------------------------------------------
    diff |     925   -.1827027    .0992904    3.019798   -.3775635    .0121581
------------------------------------------------------------------------------
     mean(diff)= mean(paeduc - maeduc)                           t =  -1.8401
 Ho: mean(diff)= 0                              degrees of freedom =      924

 Ha: mean(diff) < 0         Ha: mean(diff) != 0           Ha: mean(diff) > 0
  Pr(T < t)= 0.0330        Pr(|T|>|t|)= 0.0661            Pr(T > t)= 0.9670
```

输出结果第四行中的 diff 一栏就包含了公式（2－20）中 d 的均值和标准差，据此，可以计算得到检验统计量 $t=\frac{-0.18-0}{3.02/\sqrt{925}}=-1.84$。根据最后两行信息，可以看到，在0.05的显著性水平下，我们可以认为，父亲的平均受教育年限和母亲的平均受教育年限相差不大。

2.4 本章小结

本章我们主要讲解了与统计推断有关的内容——参数估计和假设检验以及与其相联系的一系列概念，比如参数、统计量、分布、自由度以及中心极限定理等。需要掌握的是有关单总体和两总体在大样本和小样本情况下，对均值和方差的参数估计与假设检验的原理。尽管在实际研究中，使用统计软件（比如 Stata）可以便利地得到这些结果，而不需要手动计算，但在参数估计和假设检验之前我们仍然需要弄清楚以下内容。

对于单总体：（1）根据样本规模判断是大样本还是小样本；（2）如果是小样本，总体是否可假定为正态分布；（3）总体方差 σ 是否已知。

对于更复杂的两总体，需要考虑如下问题：（1）两个样本是不是配对样本；（2）根据各自样本规模判断两者是大样本还是小样本；（3）如果是小样本，两个总体是否可以假定为正态分布；（4）两个总体的方差 σ_1 和 σ_2 是否都已知；（5）方差未知情况下是否 $\sigma_1^2=\sigma_2^2$（即方差齐性）。

最后，对输出结果实质意义的解释和理解也是非常重要的。

参考文献

Walker, Helen M. 1940. "Degrees of Freedom." *Journal of Educational Psychology* 31: 253－269.

第3章

一元线性回归

“回归”这一概念是19世纪80年代由英国统计学家弗朗西斯·高尔顿（Francis Galton）在研究父代身高与子代身高之间的关系时提出来的。他发现在同一族群中，子代的平均身高介于其父代的身高和族群的平均身高之间。具体而言，高个子父亲的儿子的身高有低于其父亲身高的趋势，而矮个子父亲的儿子的身高则有高于其父亲的趋势。也就是说，子代的身高有向族群平均身高“回归”的趋势。这就是统计学上“回归”的最初含义。

如今，回归已经成为社会科学定量研究方法中最基本、应用最广泛的一种数据分析技术。它既可以用于探索和检验自变量与因变量之间的因果关系，也可以基于自变量的取值变化来预测因变量的取值，还可以用于描述自变量和因变量之间的关系。很多看上去不像是回归的量化方法（比如分组分析），其实也可以用回归来表示。在现实生活中，影响某一现象的因素往往是错综复杂的。由于社会科学研究不可能像自然科学研究那样采用实验的方式来进行，为了弄清和解释事物变化的真实原因与规律，就必须借助一些事后的数据处理方法来控制干扰因素。而回归的优点恰恰就在于它可以通过统计操作手段来对干扰因素加以控制，从而帮助我们发现自变量和因变量之间的净关系。这一章里，我们将先从理解“回归”这一概念入手，随后讨论只有一个因变量和一个自变量的一元线性回归模型（或称作简单回归），并给出实际的研究案例。

3.1 理解回归概念的三种视角

研究者在分析数据时，总是希望尽可能准确地概括数据中的关键信息。但社会科学的数据一般都很复杂，要完全理解和表达数据中的信息几乎是不可能的。所以我们常常利用诸如频数表或者分组计算均值和方差等方法来达到简化数据的目的。与大多数统计方法一样，回归也是一种简化数据的技术。回归分析的目的是利用变量间的简单函数关系，用自变量对因变量进行“预测”，使“预测值”尽可能地接近因变量的“观测值”。很显然，由于随机误差和其他原因，回归模型中的预测值不可能和观测值完全相同。因此，回归的特点就在于它把观测值分解成两部分——结构部分和随机部分，即：

观测项 = 结构项 + 随机项

观测项部分代表因变量的实际取值；结构项部分表示因变量和自变量之间的结构关系，表现为“预测值”；随机项部分表示观测项中未被结构项解释的剩余部分。一般说来，随机项又包含三部分：被忽略的结构因素（包括结构项的差错）、测量误差和随机干扰。首先，在社会科学研究中，忽略一部分结构因素是不可避免的，因为我们不可能完全掌握和测量出所有可能对因变量产生影响的因素。其次，测量误差是由数据测量、记录或报告过程中的不精确导致的。最后，随机干扰的存在反映了人类行为或社会过程不可避免地受到不确定性因素的影响。

那么，如何根据回归模型的构成形式理解回归模型的现实意义呢？在此，我们提出理解回归的三种视角：

因果性： 观测项 = 机制项 + 干扰项

预测性： 观测项 = 预测项 + 误差项

描述性： 观测项 = 概括项 + 残差项

这三种理解方式提供了定量分析的三种不同视角。第一种方式最接近于古典计量经济学的视角。在这里，研究者的目的在于确立一个模型并以此发现数据产生的机制，或者说发现“真实”的因果模型。这种方法试图找出最具有决定性的模型。但当前更多的方法论研究者认为，所谓的“真实”模型并不存在，好的模型只是相对于其他模型而言更实用、更有意义或者更接近真实。

第二种方式更适用于工程学领域。它通常用于在已知一组自变量和因变量之间的关系后，应用新的数据给出有用的预测回答。譬如，已知某种物质的强度与其在制造过程中的温度和压强相关。再假定我们通过系统性地改变温度和压强后得到由该物质所组成的一个样本。此时，建立模型的一个目标就是找到何种温度和压强能够使该物质获得最大的强度。社会科学家有时也会应用这种方法预测人类行为的发生。这一理解方法的特点是：我们只是通过经验规律来做预测，而对因果关系的机制不感兴趣或不在乎。

第三种方式反映了当今定量社会科学和统计学的主流观点。它希望在不曲解数据的情况下利用模型概括数据的基本特征。这里经常用到的一个原则被称作“奥卡姆剃刀定律”（Occam's razor）或者“简约原则”。它被用来评判针对同一现象的不同解释之间的优劣程度。在统计模型中，这种原则的具体含义是：如果许多模型对所观察事实的解释程度相当，除非有其他证据支持某一模型，否则我们将倾向于选择最简单的模型。这种方法与第一种方法的不同之处在于：它并不关注模型是否“真实”，而只关注其是否符合已被观察到的事实。

总的说来，这三种视角并不相互排斥，而是需要我们在实际运用中根据具体的情况，尤其是研究设计和研究目的，来决定选取哪种视角最合适。在社会科学研究中，我们倾向于采用第三种视角，即统计模型的主要目标在于用最简单的结构和尽可能少的参数来概括大量数据所包含的主要信息。此时，我们需要特别注意在精确性和简约性两者间加以权衡。一方面，精确的模型意味着我们可以保留尽可能多的信息并最大限度地降低因残差而导致的错误；另一方面，我们又倾向于选择更为简约的模型。但通常情况下，要想保留信息就要建立复杂的模型，从而以牺牲简约作为代价。有关精确性和简约性这两者的冲突在社会科学研究中会经常碰到，本书也将多次讨论到这个问题。下面我们开始讨论如何建立一元线性回归模型。

3.2　回归模型

本章我们使用的例子是个人受教育程度（*edu*）对收入（*earn*）的影响。这种只含有一个自变量的线性回归模型叫做一元回归或者简单回归。所谓的“线性”是指自变量和因变量基于自变量的条件期望之间呈线性规律，且结构项对未知参数而言是线性的。

3.2.1 回归模型的数学表达

一般地，一元线性回归模型可以表示为：

$$y_i = \beta_0 + \beta_1 x_i + \varepsilon_i \tag{3-1}$$

这里，

y_i 表示第 i 名个体在因变量 Y（也称结果变量、反应变量或内生变量）上的取值，Y 是一个随机变量。

x_i 表示第 i 名个体在自变量 X（也称解释变量、先决变量或外生变量）上的取值。注意，与 Y 不同，X 虽然被称作变量，但它的各个取值其实是已知的，只是其取值在不同的个体之间变动。

β_0 和 β_1 是模型的参数，通常是未知的，需要根据样本数据进行估计。$\beta_0 + \beta_1 x_i$ 也就是前面所讲的结构项，反映了由于 x 的变化所引起的 y 的结构性变化。

ε 是随机误差项，也是一个随机变量。而且，有均值 $E(\varepsilon) = 0$、方差 $\sigma_\varepsilon^2 = \sigma^2$ 和协方差 $Cov(\varepsilon_i, \varepsilon_{i'}) = 0$。注意，它就是前面所讲的随机项，代表了不能由 X 结构性解释的其他因素对 Y 的影响。

公式（3-1）定义了一个简单线性回归模型。“简单”是因为该模型只包含一个自变量。但是，在社会科学研究中，导致某一社会现象的原因总是多方面的，因此，我们在很多情况下都必须考虑多个自变量的情况。当模型纳入多个自变量时，公式（3-1）就扩展为第5章要讲到的多元回归模型。“线性”一方面指模型在参数上是线性的，另一方面也指模型在自变量上是线性的。很明显，在公式（3-1）中，没有一个参数是以指数形式或以另一个参数的积或商的形式出现，自变量也只是以一次项的形式存在。因此，公式（3-1）所定义的模型也被称作一阶模型（first-order model）（见 Kutner，Nachtsheim，Neter，& Li，2004）。

对应指定的 x_i 值，在一定的条件下，对公式（3-1）求条件期望后得到：

$$E(Y \mid X = x_i) = \mu_i = \beta_0 + \beta_1 x_i \tag{3-2}$$

我们将公式（3-2）称为总体回归方程（population regression function，简称 PRF）。它表示，对于每一个特定的取值 x_i，观测值 y_i 实际上都来自一个均值为 μ、方差为 σ^2 的正态分布，而回归线将穿过点（x_i，μ_i），如下图3-1所示。由公式（3－2）不难看到，β_0 是 $x_i=0$ 时的期望，而 β_1 则反映着 X 的变化对 Y 的期望的影响。在几何上，公式（3－2）所确定的是一条穿过点（x_i，μ_i）的直线，这在统计学上被称作"回归直线"或"回归线"。所以，β_0 就是回归直线在 y 轴上的截距（intercept），而 β_1 则是回归直线的斜率（slope）。因此，我们将 β_0 和 β_1 称作回归截距和回归斜率。图3－2直观地展示了 β_0 和 β_1 的含义。

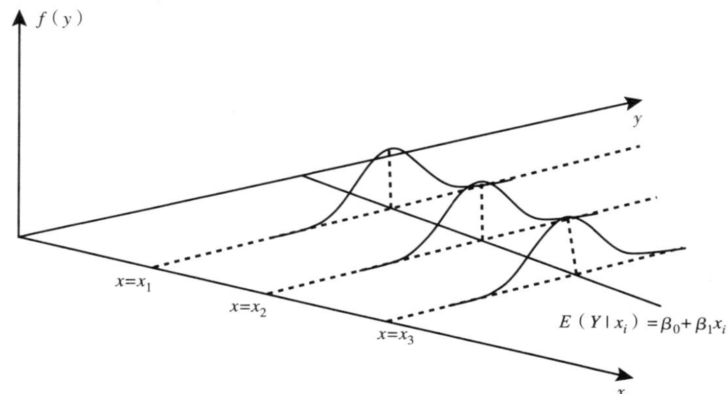

图3－1 特定 x_i 下 Y 的分布图

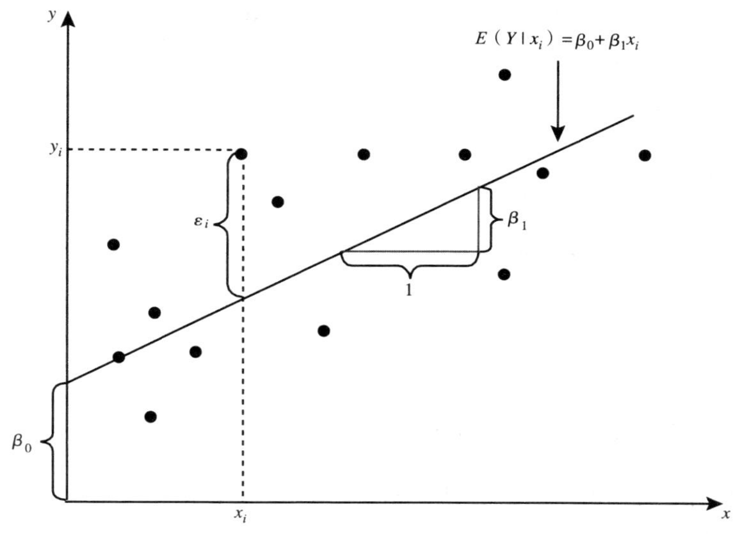

图3－2 β_0 和 β_1 的几何含义

无论回归模型还是回归方程，都是针对总体而言，是对总体特征的总结和描述。所以，参数β_0和β_1也是总体的特征。但是在实际研究中我们往往无法得到总体的回归方程，只能通过样本数据对总体参数β_0和β_1进行估计。比如1988年的CHIP数据只是来自当年全部总体的一个样本，我们需要通过对CHIP数据进行统计推断来建立对总体的认识。当利用样本统计量b_0和b_1代替总体回归方程中的β_0和β_1时，就得到了估计的回归方程或经验回归方程，其形式为：

$$\hat{y}_i = b_0 + b_1 x_i \tag{3-3}$$

同时，我们也可以得到观测值与估计值之差，称为残差，记作e_i，它对应的是公式（3-1）中的总体随机误差项ε_i。观测值、估计值和残差这三者之间的关系可用图3-3加以说明。

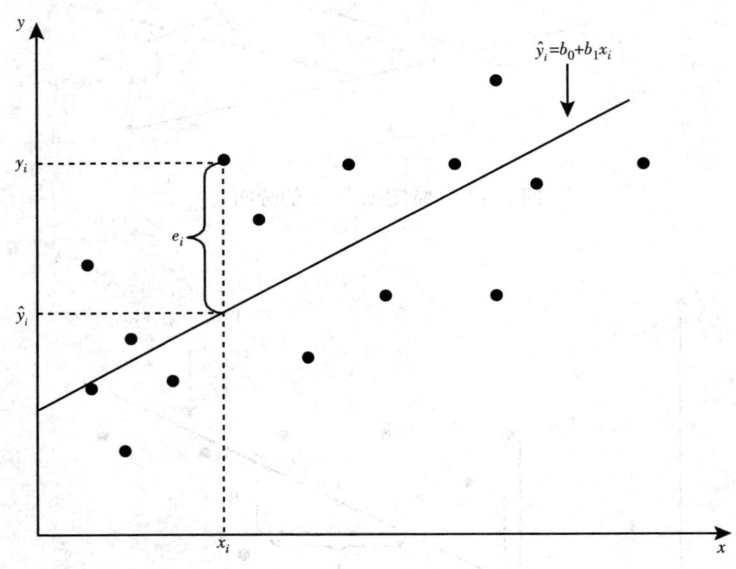

图3-3 回归中观测值y_i、拟合值$\hat{y}_i$与残差e_i的关系

3.2.2 回归系数的最小二乘估计

以上我们对简单回归模型中的一些基本概念进行了简要介绍。接下来的问题便是，如何估计回归方程中的截距系数β_0和斜率系数β_1呢？为了找到好的β_0和β_1估计量，我们采用常规最小二乘法（ordinary least squares，简称OLS）。该方法的基本思路为：根据从总体中随机抽出的一个样本，在平面直角坐标系中找到一条直线 $\hat{y} = b_0 + b_1 x_i$，使得观测值 y_i 和拟合值 $\hat{y}_i$ 之间的距离最短，即两者之间残差（$e_i = y_i - \hat{y}_i$）的平方和（记为 D）最小。数学上，我们可以将残差平方和表示为：

$$D = \sum_{i=1}^{n} e_i^2 = \sum_{i=1}^{n} (y_i - \hat{y}_i)^2 = \sum_{i=1}^{n} (y_i - b_0 - b_1 x_i)^2 \tag{3-4}$$

根据微积分知识，我们知道，要想使公式（3－4）取得最小值，须满足以下两个条件：

$$\frac{\partial D}{\partial b_0} = -2 \sum_{i=1}^{n} (y_i - b_0 - b_1 x_i) = 0 \tag{3-5a}$$

$$\frac{\partial D}{\partial b_1} = -2 \sum_{i=1}^{n} x_i (y_i - b_0 - b_1 x_i) = 0 \tag{3-5b}$$

进一步将公式（3－5a）和（3－5b）加以整理得到以下正态方程组：

$$n b_0 + b_1 \sum_{i=1}^{n} x_i = \sum_{i=1}^{n} y_i \tag{3-6a}$$

$$b_0 \sum_{i=1}^{n} x_i + b_1 \sum_{i=1}^{n} x_i^2 = \sum_{i=1}^{n} (x_i y_i) \tag{3-6b}$$

求解公式（3－6a）和（3－6b）组成的正态方程组，我们可以得到：

$$b_0 = \frac{\sum x_i^2 \sum y_i - \sum x_i \sum x_i y_i}{n \sum x_i^2 - (\sum x_i)^2} \tag{3-7a}$$

$$b_1 = \frac{n \sum x_i y_i - \sum x_i \sum y_i}{n \sum x_i^2 - (\sum x_i)^2} = \frac{\sum (x_i - \bar{x})(y_i - \bar{y})}{\sum (x_i - \bar{x})^2} \tag{3-7b}$$

这样，我们就得到了回归系数的最小二乘估计。另外，细心的读者也许能注意到，根据公式（3－7b），回归斜率系数的估计值实际上会等于自变量和因变量之间的样本协方差与自变量的样本方差之比，即：

$$b_1 = \frac{\sum (x_i - \bar{x})(y_i - \bar{y})}{\sum (x_i - \bar{x})^2} = \frac{\sum (x_i - \bar{x})(y_i - \bar{y})/n}{\sum (x_i - \bar{x})^2/n} \tag{3-8}$$

所以，b_1 可以被看作是应用样本数据来计算比例

$$\frac{Cov(x,y)}{Var(x)}$$

而这一比例可用来估计总体未知的参数 β_1。

在知道了回归斜率系数的估计值的情况下，我们也可以采用下式来计算回归截距系数的估计值：

$$b_0 = \frac{\sum y_i - b_1 \sum x_i}{n} = \bar{y} - b_1 \bar{x} \tag{3-9}$$

在计算量很小的情况下，利用公式（3－8）和公式（3－9），我们可以通过手动计算便利地得到回归截距和斜率系数的估计值。

请注意，“最小平方和”并不是“最佳估计”的唯一标准。直观地看，如果仅仅表示观测值和预测值之间距离最短，那么计算两者间距离绝对值的最小和似乎会是一种更好的估计。实际上，用距离绝对值的最小和做标准可以得到具有更好统计性质的估计值①。但是，最常用的估计法还是最小二乘法，因为这种方法的公式简单，计算方便，得到的回归系数 b_0 和 b_1 具有更好的统计性质②：线性、无偏性和有效性。下面，我们将对 b_0 和 b_1 的线性特性加以证明。

3.2.3 回归模型的基本假定

为了能够唯一地识别模型参数及进行有关的统计检验，任何统计模型都需要假定条件。本书所介绍的回归分析及其扩展情形也不例外。本节将对公式（3－1）所示的简单回归模型所需的假定加以说明。理解这些假定条件是理解多元回归模型乃至其他更复杂模型的基础。

A0 模型设定假定（线性假定）

该假定规定 Y 的条件均值③是自变量 X 的线性函数：$\mu_i = \beta_0 + \beta_1 x_i$。注意，

---

① 得到的估计值叫“最小绝对偏差法”（LAD）估计值。它的主要优点是不太容易受异常值对回归参数估计值的影响。

② 这里，更好的统计性质主要是指残差和 $\sum \hat{e}_i$ 总是等于零，或者说误差的样本均值为零。不管样本中散点的分布如何，最小二乘直线总是穿过散点的质心（$\bar{x}$，$\bar{y}$）。然而，最小平方和也会造成一种不好的结果。由于误差被平方化了，这种方法将会放大异常值对回归参数估计值的影响。不过，我们将在第 17 章有关回归诊断的内容中专门对这一问题进行讨论。

③ 这里的条件均值相当于第 1 章 1.3.6 节中提到的条件期望的含义，也就是 X 取特定值时 Y 的平均数。

β_0，β_1 为未知的总体参数。在某些情况下，我们可能会碰到非线性函数的情形。借助于数学上的恒等变换，我们有时可以将非线性函数转换成线性函数的形式。例如，对于 $y_i = \alpha x_i^{\gamma} \sigma_i$，通过变换可以得到：

$$\ln y_i = \beta_0 + \beta_1 \ln x_i + \varepsilon_i \tag{3-10}$$

其中，$\beta_0 = \ln \alpha$，$\beta_1 = \gamma$，$\varepsilon_i = \ln \sigma_i$。经过转换后的方程便可以运用最小二乘法，并使得估计值仍然保持最小二乘法估计值的性质。

A1 正交假定

正交假定具体包括：（1）误差项 ε 和 x 不相关，即 $Cov(X, \varepsilon) = 0$；（2）误差项 ε 的期望值为 0，即 $E(\varepsilon) = 0$。根据正交假定还可以得到：$Cov(\hat{Y}, \varepsilon) = 0$。

在 A0 和 A1 假定下，我们可以将一元回归方程中 y 的条件期望定义为：

$$E(Y \mid x) = \beta_0 + \beta_1 x \tag{3-11}$$

请注意，A1 假定是一个关键的识别假定，它帮助我们从条件期望 $E(Y \mid x)$ 中剥离出残差项。在这一假定下，利用最小二乘估计得到的 β_0 和 β_1 的估计值 b_0 和 b_1 是无偏的，即：

$$E(b_0) = \beta_0$$
$$E(b_1) = \beta_1$$

注意，不管正交假定是否成立，最小二乘估计在计算中已运用了这一假定。换句话说，这一假定是计算公式（3－5a）和（3－5b）的理论依据。因为最小二乘估计是由公式（3－5a）和（3－5b）得到的，最小二乘估计的结果一定无例外地满足如下条件：

$$\sum_{i=1}^{n} e_i = 0$$
$$\sum_{i=1}^{n} e_i x_i = 0$$

A2 独立同分布假定

独立同分布假定，也称 i. i. d. 假定，是指误差项 ε 相互独立，并且遵循同一分布。这一假定意味着误差项具有两个重要的特性：

（1）任何两个误差项 ε_i 和 ε_j（$i \neq j$）之间的协方差等于 0，即 $Cov(\varepsilon_i, \varepsilon_j) = 0$ 且 $i \neq j$；

(2) 所有误差项 ε_i 的方差都相同，且为 σ^2，即 $\sigma_{\varepsilon_i}^2 = \sigma^2$，这也被称作等方差假定。

尽管在没有 i. i. d. 假定的情况下，最小二乘估计已经可以满足无偏性和一致性，但是同时满足 A0、A1 和 A2 假定时，最小二乘估计值将是总体参数的最佳线性无偏估计值，也就是通常所说的 BLUE（best linear unbiased estimator）。这里，“最佳”表示“最有效”，即抽样标准误最小。

A3 正态分布假定

尽管 i. i. d. 假定规定误差项 ε 独立且同分布，但是它仍然无法确定 ε 的实际分布。不过，对于大样本数据，我们可以根据中心极限定理对 β 进行统计推断。然而在小样本情况下，我们只有在假定 ε 服从正态分布时才能使用 t 检验。即：

$$\varepsilon_i \sim N(0, \sigma^2) \tag{3-12}$$

此外，在误差项 ε 服从均值为 0、方差为 σ^2 的正态分布的情况下，最小二乘估计与总体参数的最大似然估计（MLE）结果一致（Lehmann & Casella, 1998）。在所有无偏估计中，最大似然估计是最佳无偏估计值（best unbiased estimator，BUE）。也就是说，b_0 和 b_1 不仅是 β_0 和 β_1 的最佳线性无偏估计，而且是所有的 β_0 和 β_1（线性和非线性的）无偏估计中的最佳选择。需要注意的是，由于最大似然估计可以是非线性的，因此最大似然解释的有效性将比最小二乘解释的有效性更广。进一步讲，最大似然估计的统计推断在大样本情况下具有渐近性质。也就是说，当样本规模趋于无穷大时，最大似然估计不仅满足一致性（渐近无偏），而且能够取得一致估计量中的最小方差。

3.3 回归直线的拟合优度

根据以上回归模型的基本假定并利用最小二乘法，我们就可以得到一条拟合回归直线 $\hat{y}_i = b_0 + b_1 x_i$。那么，如何测量自变量 X 对因变量 Y 的解释程度呢？这就涉及回归直线或回归模型的拟合优度（goodness of fit）评价，也就是判断该直线与样本各观测点之间的接近程度，或者说因变量的差异能够被回归模型所解释的程度。在一般线性回归中，通常利用判定系数作为拟合优度的度量指标。

3.3.1　拟合优度的计算

样本中因变量 Y 有不同的取值 y_i（$i=1, 2, \cdots, n$），我们将特定的观测值 y_i 与均值 $\bar{y}$ 之间的差异定义为离差。将这些离差（$y_i-\bar{y}$）的平方和称为总平方和，记作 SST（sum of squares total），

$$\mathrm{SST} = \sum_{i=1}^{n} (y_i - \bar{y})^2 \tag{3-13}$$

由于 $y_i-\bar{y}=(\hat{y}_i-\bar{y})+(y_i-\hat{y}_i)$，其中，$\hat{y}_i=b_0+b_1x_i$。因此，公式（3-13）可以进一步表示为：

$$\begin{aligned}\mathrm{SST} &= \sum_{i=1}^{n} (y_i - \bar{y})^2 \\ &= \sum_{i=1}^{n} [(\hat{y}_i - \bar{y}) + (y_i - \hat{y}_i)]^2 \\ &= \sum_{i=1}^{n} [(\hat{y}_i - \bar{y})^2 + (y_i - \hat{y}_i)^2 + 2(\hat{y}_i - \bar{y})(y_i - \hat{y}_i)] \\ &= \sum_{i=1}^{n} (\hat{y}_i - \bar{y})^2 + \sum_{i=1}^{n} (y_i - \hat{y}_i)^2 + 2\sum_{i=1}^{n} (\hat{y}_i - \bar{y})(y_i - \hat{y}_i)\end{aligned}$$

根据前面讲到的正交假定 $\sum_{i=1}^{n}(\hat{y}_i-\bar{y})(y_i-\hat{y}_i)=\sum_{i=1}^{n}(\hat{y}_i-\bar{y})e_i=0$，这样，SST 就被分解为：

$$\mathrm{SST} = \sum_{i=1}^{n} (\hat{y}_i - \bar{y})^2 + \sum_{i=1}^{n} (y_i - \hat{y}_i)^2 \tag{3-14}$$

其中，$\sum_{i=1}^{n}(\hat{y}_i-\bar{y})^2$ 被称为回归平方和，记作 SSR（sum of squares regression）；$\sum_{i=1}^{n}(y_i-\hat{y}_i)^2=\sum_{n=i}^{n}e_i^2$ 被称为残差平方和，记作 SSE（sum of squares error）。因此，公式（3-14）也可以简写为：

$$\mathrm{SST} = \mathrm{SSR} + \mathrm{SSE} \tag{3-15}$$

这里，总平方和（SST）表示因变量上的总变异，回归平方和（SSR）表示总变异中被回归方程解释了的那部分变异，而残差平方和（SSE）表示总变异中仍未被解释的那部分变异。因此，公式（3-15）实际上意味着：总变异=被解释的变异+未被解释的变异。那么，如果将回归平方和（SSR）除以总平方和

(SST)，就得到回归平方和占总平方和的比例。我们将该比例定义为判定系数(coefficient of determination)，记作 R^2：

$$R^2 = \frac{SSR}{SST} = \frac{\sum(\hat{y}_i - \bar{y})^2}{\sum(y_i - \bar{y})^2} \quad (3-16)$$

根据公式（3－15）所揭示的 SST、SSR 和 SSE 三者之间的关系，判定系数也可以根据下式进行计算：

$$R^2 = \frac{SST - SSE}{SST} = 1 - \frac{SSE}{SST} = 1 - \frac{\sum(y_i - \hat{y}_i)^2}{\sum(y_i - \bar{y})^2} \quad (3-17)$$

作为回归直线拟合优度的测量指标，判定系数反映了回归方程所解释的变异在因变量总变异中所占的比例。图 3－4 以示意图的形式直观地揭示了判定系数的含义。

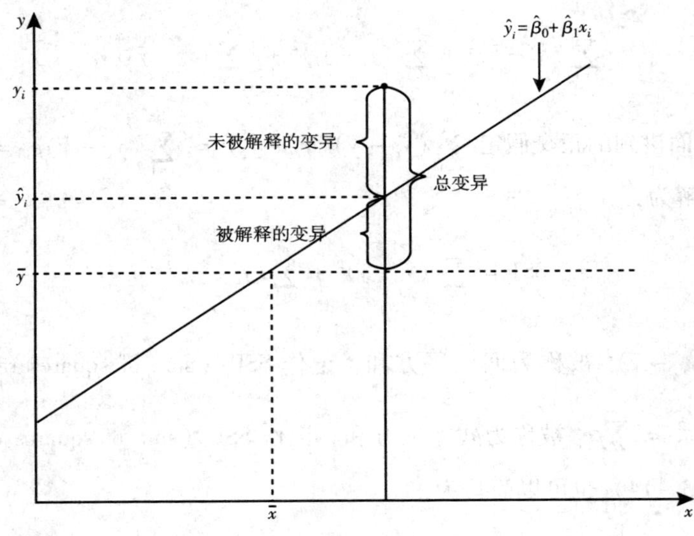

图 3－4 判定系数 R^2 的含义

因此，回归直线拟合得好坏或者回归方程解释能力的大小就反映在 SSR 与 SST 的比例上。R^2 的取值范围是［0，1］。各观测点越是靠近回归直线，SSR/SST 就越大，判定系数便越接近 1，直线拟合得就越好。以收入对受教育年限的回归为例，下图3－5和图3－6分别给出了 $R^2=0$ 和 $R^2=1$ 两种极端情形下回归直线的拟合情况。

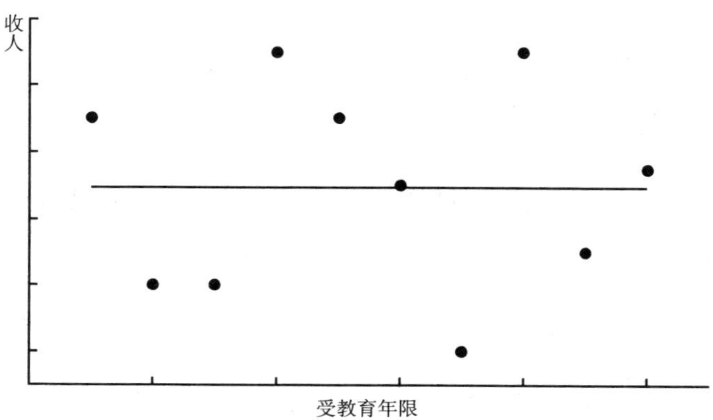

图3－5 判定系数为0的情形

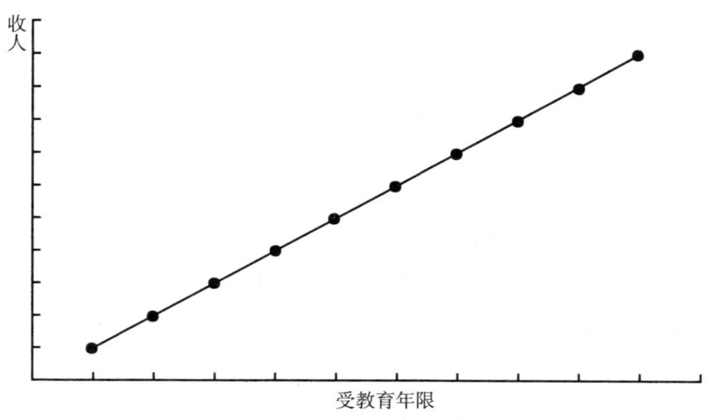

图3－6 判定系数为1的情形

3.3.2 判定系数、皮尔逊相关系数与标准化回归系数的关系

将公式（3－8）和公式（3－9）代入 R^2 的计算公式（3－16），可以得到：

$$R^2=\frac{SSR}{SST}=\frac{\sum_{i=1}^{n}(\hat{y}_i-\bar{y})^2}{\sum_{i=1}^{n}(y_i-\bar{y})^2}=\frac{\left[\sum_{i=1}^{n}(y_i-\bar{y})(x_i-\bar{x})\right]^2}{\sum_{i=1}^{n}(x_i-\bar{x})^2\sum_{i=1}^{n}(y_i-\bar{y})^2} \tag{3-18}$$

对比公式（3－18）和第一章 1.3.12 节中相关系数的计算公式①，我们可以得到判定系数 R^2 实际上就是样本皮尔逊相关系数的平方：

$$R^2 = \frac{\left[\sum_{i=1}^{n}(y_i - \bar{y})(x_i - \bar{x})\right]^2}{\sum_{i=1}^{n}(x_i - \bar{x})^2 \sum_{i=1}^{n}(y_i - \bar{y})^2} = \left[\frac{Cov(x,y)}{\sqrt{Var(x)}\sqrt{Var(y)}}\right]^2 = r_{X,Y}^2 \quad (3-19)$$

因为因变量的拟合值是自变量的线型函数，判定系数 R^2 也可以看作是观测值 y_i 和拟合值 $\hat{y}_i$ 的相关系数的平方。公式（3－18）在手动计算中经常用到。

如果我们将回归系数标准化，则有 $\text{Beta}_1 = b_1 \times \frac{\sqrt{Var(x)}}{\sqrt{Var(y)}}$。我们在对系数进行标准化时一般都采用样本统计量，但为方便起见，我们在这里使用总体参数的符号。注意到由于公式（3－8），$b_1 = \frac{Cov(x,y)}{Var(x)}$，故有

$$\begin{aligned}\text{Beta}_1 &= b_1 \times \frac{\sqrt{Var(x)}}{\sqrt{Var(y)}} = \frac{Cov(x,y)}{Var(x)} \times \frac{\sqrt{Var(x)}}{\sqrt{Var(y)}} \\ &= \frac{Cov(x,y)}{\sqrt{Var(x)}\sqrt{Var(y)}} = \rho(X,Y)\end{aligned} \quad (3-20)$$

这正好是两变量间的相关系数。请注意，该式的平方即为 R^2。由于消除了变量单位的影响，标准化回归系数实际上是无量纲的，因此可用于比较自变量对因变量影响作用的大小。由于简单回归中只有一个自变量，因此一般不涉及需要对回归系数进行标准化的问题。但在稍后的多元回归讨论中，我们还会提及标准化回归系数在比较多个自变量的相对作用大小时的用途。

前面讲到，拟合优度测量指标 R^2 的值越接近于 1，意味着回归直线拟合得越好或者回归模型的解释力越大。不过，在社会科学中，R^2 通常都偏低，尤其是在横截面数据分析当中，情况更是如此。因此需要注意的是，低的 R^2 并不必然意味着 OLS 回归是无效的。比如，在教育对收入的简单回归当中，一个较低的 R^2 并不能表明教育对收入没有作用。

---

① $\rho(X,Y) = \frac{Cov(X,Y)}{\sigma(X)\sigma(Y)} = \frac{\sum_{i=1}^{n}(y_i - \bar{y})(x_i - \bar{x})}{\sqrt{\sum_{i=1}^{n}(x_i - \bar{x})^2 \sum_{i=1}^{n}(y_i - \bar{y})^2}}$

3.4 假设检验

回归分析的目的在于对总体中自变量和因变量之间的关系加以描述或解释，但是，回归直线或回归方程的拟合却是基于某一具体样本数据进行的。那么，接下来的问题就是，我们如何将基于样本数据的变量之间的关系推论到研究总体中去呢？前面已经讲过，这就涉及统计推断问题。我们先讨论假设检验。

回归分析中的假设检验包括两方面的内容：其一，模型整体检验，即检验根据样本数据建立的回归方程在总体中是否也有解释力；其二，回归系数检验，即检验该方程中自变量 X 对因变量 Y 的影响在总体中是否存在。不过，由于一元回归模型只涉及单个自变量，模型整体检验和回归系数检验是一回事。

3.4.1 模型整体检验

模型整体检验关心的是，基于样本数据所确立的自变量和因变量之间的线性关系在总体中是否真实存在，或者说回归方程在总体中是否也具有解释力。我们已经知道，回归方程的解释力是由判定系数 R^2 来测量的，所以，模型整体检验就是通过对 R^2 进行检验来实现的，或者说，对模型的检验可以看作是对 R^2 的检验。不过，R^2 并不是一个可以直接检验的量，这就需要重新构造一个与 R^2 相联系的统计量。

回顾上文，我们将因变量 Y 的总变异分解为两个部分：被解释的变异和未被解释的变异。这里，被解释的变异是回归模型中的结构项或系统性变动，反映着自变量和因变量之间的线性关系；而未被解释的变异是回归模型中的随机项，它体现了来自自变量之外的影响。利用这一关系，我们将回归平方和（SSR）和残差平方和（SSE）分别除以各自的自由度，就得到回归均方（mean square regression，简称 MSR）和残差均方（mean square error，简称 MSE），即：①

① 在简单回归的情况下，只有一个自变量，故回归平方和（SSR）的自由度为 1。而对于残差平方和（SSE），我们需要以回归直线为基准进行计算（即对 $y_i - \hat{y}_i$ 进行估计）。同时，由于决定这条直线需要截距 b_0 和斜率 b_1 两个参数，故其自由度为 $n-2$。另外，MSE 是总体误差的方差的无偏估计，稍后将会讲到。

$$\mathrm{MSR} = \frac{\mathrm{SSR}}{1}$$

$$\mathrm{MSE} = \frac{\mathrm{SSE}}{n-2}$$

然后求两者的比值，这就形成了一个可以对模型进行整体检验的统计量：

$$F = \frac{\mathrm{SSR}/1}{\mathrm{SSE}/(n-2)} = \frac{\mathrm{MSR}}{\mathrm{MSE}} \tag{3-21}$$

因为该统计量服从自由度为1和 $n-2$ 的 F 分布，因此可以直接用它做检验。①

具体做法如下：首先根据公式（3－21）计算出 F 值，然后，在选定的显著性水平下，根据公式（3－21）中分子自由度 $df_1=1$ 和分母自由度 $df_2=n-2$ 查 F 分布表，找到相应的临界值 F_a。若 $F>F_a$，则表明两个变量之间的线性关系显著存在；若 $F<F_a$，则表明两个变量之间的线性关系不显著。请注意，这里检验的仅仅是线性关系。即使 F 检验不显著，也不能认为两个变量之间没有关系，因为它们之间也可能存在其他非线性关系。

3.4.2 回归系数检验

回归系数检验就是单独考查一个自变量对因变量的影响是否显著。在一元线性回归方程 $y=\beta_0+\beta_1 x$ 中，如果 $\beta_1=0$，那么 x 与 y 没有线性关系。所以，我们需要检验这种关系是否具有统计上的显著性。

表3－1 回归系数估计的统计量和标准误

检验值	估计量	估计标准误*
截距 $b_0,\hat{\beta}_0$	$b_0=\bar{y}-b_1\bar{x}$	$S_{b_0}=\sigma_\varepsilon\times\sqrt{\frac{1}{n}+\frac{\bar{x}^2}{\sum(x_i-\bar{x})^2}}$
斜率 $b_1,\hat{\beta}_1$	$b_1=\frac{\sum(x_i-\bar{x})(y_i-\bar{y})}{\sum(x_i-\bar{x})^2}$	$S_{b_1}=\sigma_\varepsilon/\sqrt{\sum(x_i-\bar{x})^2}$

＊有关此估计标准误的推导过程，有兴趣的读者可以参阅 Wooldridge（2009：55）。

从表3－1中可以看出：第一，误差项的标准差 σ_ε 越大，估计标准误 $\sqrt{Var(b_1)}$ 也越大。也就是说，如果误差项的变异越大，那么我们就越难准确地

① 有关 F 检验，在第7章“方差分析和 F 检验”中还将有专门的论述。

预测出 β_1。第二，当 X 有越多变异的时候，$\sqrt{Var(b_1)}$ 将减小。也就是说，变异大的 X 能使我们更容易发现 Y 和 X 的关系，从而预测出的 β_1 更准确。另外，随着样本量的增加，估计的准确性也会随之增加。在大样本情况下，我们更容易得到较小的 $\sqrt{Var(b_1)}$。

由于总体中误差的方差 σ_ε^2 是未知的，这里需要利用前面提到的残差均方（MSE）作为其无偏估计，即：

$$\sigma_\varepsilon^2 = \text{MSE} = \frac{\sum e_i^2}{n-2} = \frac{\sum (y_i - \hat{y}_i)^2}{n-2} = \frac{\text{SSE}}{n-2}$$

这里，$n-2$ 为总体误差方差的自由度。因为我们需要以回归直线为基准来计算 e_i（即以 $y_i - \hat{y}_i$ 进行估计），而决定这条直线需要估计截距和斜率两个参数，所以消耗了两个自由度。MSE 的正平方根叫做误差标准差的样本估计，记作 S_e。在零假设成立的条件下，估计量 b_0 和 b_1 均服从自由度为 $n-2$ 的 t 分布。

注意，当检验结果没能拒绝零假设 H_0：$\beta_1 = 0$ 时，我们也并不能就此得出 Y 不受 X 影响的结论。首先，这种线性关系不存在仅仅是基于样本数据中的 X，也就是一定的取值范围内的 X。但在更宽的取值范围内，X 与 Y 可能是存在线性关系的。其次，我们检验的仅仅是线性关系，而 X 与 Y 之间还可能存在曲线关系。这时就需要借助散点图来发掘这种可能。

3.5 对特定 X 下 Y 均值的估计

在 3.2.1 节中我们曾提到，对于每一个特定的 x_i，观测值 y_i 实际上都来自一个均值为 $\beta_0 + \beta_1 x$、标准差为 σ_ε 的分布。对特定 x_i（记为 x^*）下 y_i 均值的估计是 $\hat{y}_i = b_0 + b_1 x^*$。在一定条件（包括正态分布条件）下，可以对 y_i 均值的估计进行统计推断（见表 3－2）。

表 3－2　对 Y 均值估计的统计量和标准误

未知的总体参数	估计量	估计标准误
给定 x^* 下的均值	$\hat{y}_i = b_0 + b_1 x^*$	$S_{\hat{y}_i} = \sigma_\varepsilon \times \sqrt{\frac{1}{n} + \frac{(x^* - \bar{x})^2}{\sum (x_i - \bar{x})^2}}$

根据表 3 - 2，在 95% 的置信水平下，均值的区间 $\hat{y}_i = b_0 + b_1 x^*$ 的区间估计为：

$$(b_0 + b_1 x^*) \pm t_{0.025} \times \sigma_\varepsilon \times \sqrt{\frac{1}{n} + \frac{(x^* - \bar{x})^2}{\sum (x_i - \bar{x})^2}} \quad (3-22)$$

由于总体误差的标准差 σ_ε 是未知的，用误差标准差的样本估计 $S_e = \sqrt{MSE}$ 作为 σ_ε 的估计，则可以得到在 95% 置信水平下，对特定 X 下 Y 均值的区间估计为：

$$(b_0 + b_1 x^*) \pm t_{0.025} \times S_e \times \sqrt{\frac{1}{n} + \frac{(x^* - \bar{x})^2}{\Sigma (x_i - \bar{x})^2}} \quad (3-23)$$

需要注意的是，这里的 n 是样本的所有个案数，而不仅仅是 $x = x^*$ 时的个案数。

3.6 对特定 X 下 Y 单一值的预测

在 3.5 节中，我们根据样本中的 X，对回归直线上相应的 Y 值进行估计，得到的估计结果实际上是 Y 的条件均值或条件期望。如果我们希望基于一个新的 X 值预测对应的 Y 的值，不难想象在这种情况下 Y 的取值将会有更大的置信区间。由于随机项 ε 的存在，特定 x_i（仍记为 x^*）下的 y^* 不落在回归直线 $\hat{y}_i = b_0 + b_1 x^*$ 上，而是服从于以回归直线 $\hat{y}_i = b_0 + b_1 x^*$ 为均值、以 σ_ε^2 为方差的分布。估计量和相应的估计标准误见表 3 - 3。

表 3 - 3　对 Y 值预测的统计量和标准误

未知的总体参数	估计量	估计标准误
给定 x^* 下单一 y^* 值	$\hat{y}_i = b_0 + b_1 x^*$	$S_{\hat{y}_i} = \sigma_\varepsilon \times \sqrt{1 + \frac{1}{n} + \frac{(x^* - \bar{x})^2}{\sum (x_i - \bar{x})^2}}$

根据表 3 - 3，在 95% 的置信水平下，预测某 x^* 下 y^* 的置信区间为：

$$(b_0 + b_1 x^*) \pm t_{0.025} \times \sigma_\varepsilon \times \sqrt{1 + \frac{1}{n} + \frac{(x^* - \bar{x})^2}{\sum (x_i - \bar{x})^2}} \quad (3-24)$$

同样地，由于总体误差的标准差 σ_ε 是未知的，用误差标准差的样本估计 S_e 作为 σ_ε 的估计，则可以得到在 95% 置信水平下，对特定 X 下 Y 单一值的区间估计为：

$$(b_0 + b_1 x^*) \pm t_{0.025} \times S_e \times \sqrt{1 + \frac{1}{n} + \frac{(x^* - \bar{x})^2}{\sum (x_i - \bar{x})^2}} \tag{3-25}$$

[例题 3-1]　假设我们试图对某一社区中个人的受教育程度（$X = edu$）对年平均收入（$Y = earn$）的影响进行研究。我们从该社区中随机地收集到 11 名个体的受教育年限（单位：年）和年平均收入（单位：千元）数据（见表 3-4）。

利用该数据：

（1）判断最佳拟合直线方程；

（2）计算直线的拟合优度；

（3）检验数据是否支持年平均收入受到个人受教育程度的影响（显著度 $\alpha = 0.05$）这一假设；

（4）在 95% 置信水平下，估计受教育年限为 12 年者的年平均收入；

（5）预测当 $edu = 20$ 时，某个人的年平均收入。

表 3-4　某小区 11 个个体的年平均收入与受教育年限

受教育年限(年) $X = edu$	年平均收入(千元) $Y = earn$	受教育年限(年) $X = edu$	年平均收入(千元) $Y = earn$
6	5	16	13
10	7	5	5
9	6	10	10
9	6	12	12
16	9	8	10
12	8		

（1）通过上表计算出：

$$\bar{x} = 10.27$$

$$\bar{y} = 8.27$$

$$\sum (x - \bar{x})^2 = \sum x^2 - (\sum x)^2 / n = 126.18$$

$$\sum (y - \bar{y})^2 = \sum y^2 - (\sum y)^2 / n = 76.18$$

$$\sum (x - \bar{x})(y - \bar{y}) = \sum xy - (\sum x)(\sum y) / n = 70.18$$

$$b_1 = \frac{n \sum xy - \sum x \sum y}{n \sum x^2 - (\sum x)^2} = \frac{\sum xy - (\sum x)(\sum y)/n}{\sum x^2 - (\sum x)^2 / n} = \frac{70.18}{126.18} = 0.56$$

$$b_0 = \bar{y} - b_1\bar{x} = 8.27 - 0.56 \times 10.27 = 2.56$$

因此，回归直线为：$\hat{y}_i = 2.56 + 0.56x_i$

（2）拟合优度的判定系数 R^2 的计算。可以先计算受教育年限与年平均收入之间的相关系数，然后利用简单回归情况下 $R^2 = r_{x,y}^2$ 这一关系式得到相关系数：

$$r = \frac{\sum(x-\bar{x})(y-\bar{y})}{\sqrt{\sum(x-\bar{x})^2}\sqrt{\sum(y-\bar{y})^2}} = \frac{70.18}{\sqrt{126.78} \times \sqrt{76.18}} = 0.71$$

所以，上述回归直线拟合优度的判定系数 $R^2 = 0.51$。也就是说，回归方程能够解释年平均收入总方差中的51%。

（3）检验受教育年限对年平均收入的影响是否显著，实际上就是检验 β_1 是否等于零。

零假设 H_0：$\beta_1 = 0$

备择假设 H_1：$\beta_1 \neq 0$

计算检验统计量：

$$t = \frac{b_1}{S\Big/\sqrt{\sum(x-\bar{x})^2}}$$

由于

$$SSE = \sum(y-\bar{y})^2 - \frac{\left[\sum(y-\bar{y})(x-\bar{x})\right]^2}{\sum(x-\bar{x})^2} = 76.18 - \frac{70.18^2}{126.18} = 37.15$$

则 $S = \sqrt{MSE} = \sqrt{\frac{SSE}{n-2}} = \sqrt{\frac{37.15}{11-2}} = 2.03$，所以 $t = \frac{0.56 - 0}{2.03/\sqrt{126.18}} = 3.10$。

因为在 $\alpha = 0.05$ 处，$t_{0.025}(9) = 2.26 < 3.10$，所以，拒绝零假设 $\beta_1 = 0$。这表明受教育年限对年平均收入有显著影响。

（4）当 $edu = 12$ 时，估计的期望年平均收入为：

$$E(earn \mid edu = 12) = \hat{\beta}_0 + \hat{\beta}_1 x^* = 2.56 + 0.56 \times 12 = 9.28$$

并且估计标准误 $S.E. = S\sqrt{\frac{1}{11} + \frac{(12-10.27)^2}{126.18}}$，另根据第（3）问求解中的计算结果 $S = 2.03$，所以，$S.E. = 0.687$。由公式（3－23）可知，$t_{0.025}(9) = 2.26$，则受过12年教育的个体年平均收入（*earn*）的95%置信区间为：

$$(9.28-2.26\times 0.687, 9.28+2.26\times 0.687)=(7.73, 10.83)$$

（5）由于 $edu=20$ 已经超出样本中自变量的取值范围［5，16］，因此利用回归拟合直线预测 $edu=20$ 时个体年平均收入的取值是很危险的。

当预测值的范围超出了样本中 x 的取值范围时，利用回归直线预测要千万小心。这时，不仅因为预测值的置信区间变得过大而不可靠，更重要的是，自变量与因变量之间的关系可能在超出样本取值范围的某个 x 处突然转变，（如图3－7所示）。但是，我们无法从已有的样本数据中得知这种趋势是否存在。

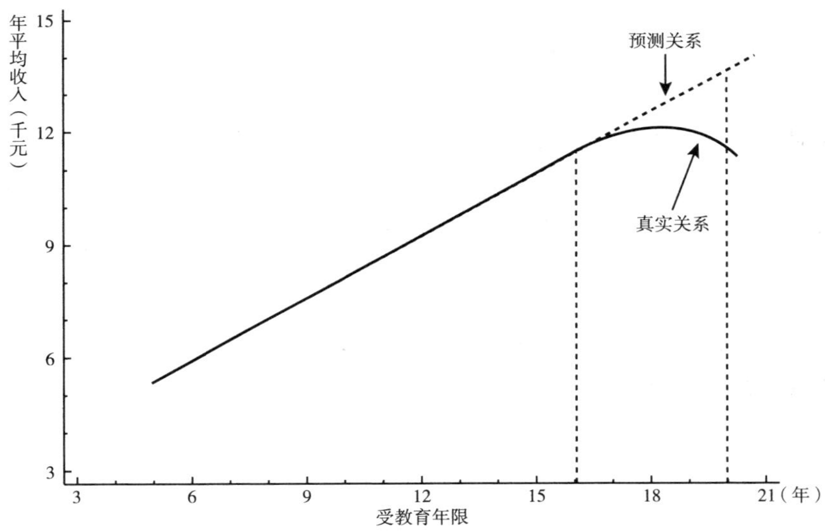

图3－7　预测值与真实值之间可能出现的关系

在图3－7的例子中我们可以看到，超出数据范围 $edu=16$ 以后，受教育年限与年平均收入之间可能呈曲线关系，而不再是简单的线性关系。如果这时仍然按照原有的拟合直线对 $edu=20$ 进行估计，就会使预测结果出现很大的偏误。

3.7　简单线性回归中的非线性变换

前面我们讨论了自变量和因变量为线性关系时的一元回归方程，但是，如图3－7所示，因变量和自变量之间还可能存在非线性关系。通过某些恰当的转换，这些非线性关系可以被表示为线性关系，从而可以应用线性回归作为研究工具。所以，在实际应用中我们经常会碰到非线性变换的情形。这里我们将简要介绍回归分析中常见的两种变换形式：对数变换和二次项变换。

3.7.1 对数变换

在例题 3－1 中，我们得到年平均收入和受教育年限之间的关系为 $\hat{y}_i = 2.56 + 0.56x_i$。这就是说，平均而言，受教育年限每增加 1 年，个人年收入增长 560 元。由于方程的线性性质，不管个人的受教育年限是从 6 年增加到 7 年，还是从 12 年增加到 13 年，年收入的平均增长量都是固定不变的 560 元。但是这种情况可能并不符合真实情况。另一种可能的情况是，受教育年限对年收入的相对影响不是一个固定的加减关系，而是一个稳定的比例关系。这可以理解为：在其他条件相同的情况下，例如个人受教育年限从 6 年增加到 7 年，年收入平均增长 6%，而当受教育年限从 12 年增加到 13 年的时候，个人年收入同样平均增长 6%。这种描述稳定比例增长的理论模型可以表示为：

$$\log(y) = b_0 + b_1 x \tag{3-26}$$

这里，$\log(\cdot)$ 表示对因变量取自然对数，也就是所谓的对数变换。
而当 $b_1 \Delta x$ 很小时，我们有如下的近似值

$$b_1 \Delta x = \log\left(\frac{y + \Delta y}{y}\right) \approx \frac{\Delta y}{y} \tag{3-27}$$

也就是说，随着每一个单位 x 的增加，y 会按 b_1 这一比例增加。

此外，对数变换还有其他的好处。比如，当 $Y > 0$ 的时候，Y 的分布出现正向偏倚，在这种情况下，通常将 $\log(Y)$ 作为因变量更容易满足回归模型中因变量符合正态分布的假定。另外，对因变量取对数还可以缩小因变量的取值范围，从而削弱一些很大的异常值对回归方程估计的影响。

在对因变量进行对数变换的时候，我们还需要注意以下两个问题：第一，对数变换并不适用于因变量取值中的零和负值。对于那些包含少量零值的变量，我们可以采用 $\log(\alpha + Y)$ 的变换来保留零值，其中 α 是一个对因变量来说很小的常数（如 1 或 50）。当然，如果这些零值没有什么实际意义（比如，因为随机因素而产生的缺失值），我们也可以将这些观察点忽略掉。第二，当因变量为 $\log(Y)$ 时，利用估计出的回归方程只能预测在特定 X 取值下 $\log(Y)$ 的均值，即 $\log(Y)$

的算术平均值；但如果我们将该值转换成 Y 的时候，我们得到的是 Y 的几何平均值。如果想得到 Y 的算术平均值，则需要进行一定的修正。①

3.7.2　二次项变换

前面讲到的一元线性回归方程适用于处理自变量 X 以固定量对因变量 Y 产生影响的情况，即无论 X 的取值如何，每增加（或减少）一个单位的 X，Y 的改变量都是固定的 b_1 个单位。但在有些情况下，这种固定影响并不符合实际情况。比如，Mincer（1958）在研究工作年限对个人年收入对数的影响时就发现，个人年收入对数随着工作年限的增加首先出现增加的趋势，但增加的幅度逐渐减小，然后在超过某一个时间点以后便开始出现下降的趋势。为了描述这种边际效应递增或者递减的情况，我们可以将理论模型表示成二次方程的形式，即：

$$y = b_0 + b_1x + b_2x^2 \tag{3-28}$$

当 X 在整个取值范围内变化时，负的系数意味着二次函数是一个倒 U 形曲线。Mincer 发现的工作年限与年收入对数之间的关系即属于这一情形，即 X 对 Y 的边际效应随着的 X 增加逐渐减小。也就是说，总是存在当 X 为某一取值的时候，Y 取得最大值，此时 X 对 Y 的影响为零。而在这一点之前，X 对 Y 存在正影响；在这一点之后，X 对 Y 存在负影响。反过来，当系数 b_2 为正的时候，二次函数是一个 U 形曲线，Y 有最小值；在这一点之后，X 对 Y 的边际效应随着 X 的增加逐渐增加。

3.8　实例分析

下面我们将结合上述有关简单回归模型的介绍，利用 CHIP88 数据来讨论 1988 年中国城市居民的教育与收入之间的关系。目前有关教育对收入影响的估计大都是在 Mincer（1958，1974）方程的基础上发展起来的。该方程认为教育与收入的对数之间存在以下关系：

$$\log(earn) = b_0 + b_1edu + b_2exp + b_3exp^2$$

其中，edu 代表受教育年限，exp 代表工作经历，以工作年限进行测量，exp^2 代表

---

① 对修正方法有兴趣的读者可以参阅 Wooldridge（2009：210－212）。

工作年限的平方。考虑到本章的主题，下面的讨论仅限于因变量为收入对数、自变量为受教育年限的情况。随后的章节将会对更一般的情况加以讨论。

3.8.1 变量处理策略

经过筛选，[①] 基于 CHIP88 数据，分析样本由 15862 名城市居民构成。对于教育这一变量，由于原始问卷中询问的受教育程度是分类变量，原则上可以更为保守地采用一组对应的虚拟变量。我们将在第 12 章中介绍如何将分类变量转换成虚拟变量。这里，我们把教育这一变量处理为受教育年限这一定距变量。具体编码方式是：少于 3 年 = 1、3 年以上但未完成小学教育 = 4、小学教育 = 6、初中 = 9、高中 = 12、技校 = 13、大专 = 15、本科和研究生 = 17。[②] 此外，收入变量也不是问卷中原本就存在的变量，而是通过将各项收入相加所得到的总和。比如，对于工作人员，其收入主要包括标准工资、浮动工资、承包收入、奖金、津贴、补助和其他现金收入；而对于私营或个体企业主，其收入则主要指税前净收入。

考虑到收入变量（*earn*）的分布呈现右偏的情况（见图 3－8），我们对因变量收入取自然对数，得到新变量 *logearn*，以使其服从正态分布（见图 3－9），这样更有利于获得可靠的分析结果。在模型基本假定部分我们曾提到，经过这种转换，最小二乘估计仍然有效。

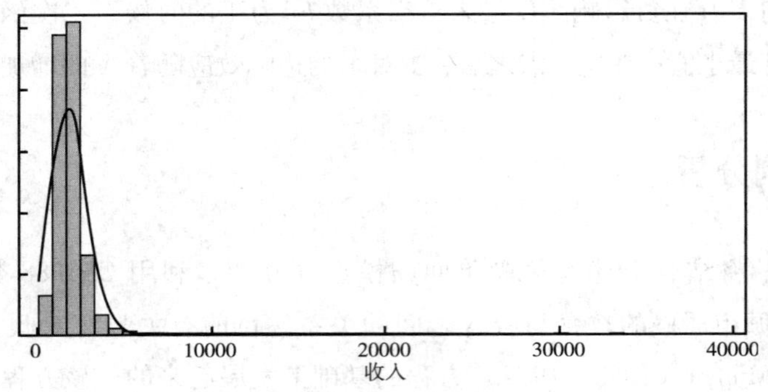

图 3－8 收入变量（*earn*）分布

---

① 这里是按照谢宇和韩怡梅文章（Xie & Hannum，1996）中的要求来确定的。因为该文主要利用 CHIP 数据考查地区间收入不平等的情况，所以该数据其实是根据多层模型的要求筛选得出的结果。

② 实际上，这种编码转换是可以进行检验的，具体说明请参见谢宇和韩怡梅的论文（Xie & Hannum，1996），或参考鲍威斯和谢宇有关分类变量分析的专著（Powers & Xie，2008）。本书第 12 章对此也略有涉及。

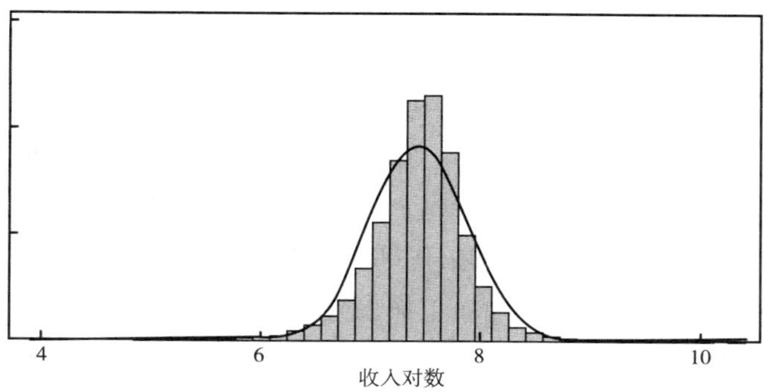

图3-9　收入对数变量（*logearn*）的分布

3.8.2　回归结果分析

对数据进行适当处理后，经过回归分析就可以得到如下的输出结果：

```
. reg logearn edu

   Source |       SS         df       MS        Number of obs   =   15862
----------+------------------------------       F(  1, 15860)   =  247.66
    Model |  45.3658698       1  45.3658698     Prob > F        =  0.0000
 Residual |  2905.15529   15860  .183174987     R-squared       =  0.0154
----------+------------------------------       Adj R-squared   =  0.0153
    Total |  2950.52116   15861  .186023653     Root MSE        =  .42799

---------------------------------------------------------------------------
  logearn |     Coef.   Std.Err.        t    P>|t|    [95% Conf.  Interval]
----------+----------------------------------------------------------------
      edu |   .017128   .0010884    15.74   0.000     .0149947   .0192613
    _cons |  7.255791   .0121011   599.60   0.000     7.232071    7.27951
---------------------------------------------------------------------------
```

输出结果由三部分组成：方差分析、模型检验拟合统计量和参数估计结果。我们看到，输出结果基于15862个观测案例。模型的F值为247.66，同时检验结果（Prob > F = 0.0000）表明，个人年收入和受教育程度之间具有很强的线性关系。判定系数R^2显示，受教育程度解释了个人年收入总变异中的1.54%。根据模型的参数估计结果，年收入对数和受教育年限之间的回归方程可以写作：

$$\widehat{logearn} = 7.26 + 0.017edu$$

模型中受教育程度的回归系数为 0.017，这意味着，个人受教育年限每增加 1 年，个人年收入对数就增加 0.017。如果转换成对收入的影响的话，也就是说，个人的受教育年限每增加 1 年，其收入就增加 1.7%。而且，对应的 p 值小于 0.001，这表明，教育的这一影响在 0.001 水平上统计显著。所以，可以认为，教育对收入的影响在 1988 年中国城市居民这一研究总体中也存在。图 3－10 以图形的形式直观地展示了分别基于原始数据和所得回归方程，受教育年限与收入对数之间所呈现的关系。另外，回归方程模型的截距系数的估计值为 7.26，它表示，当受教育年限为 0 时，1988 年中国城市居民个人年平均收入的估计值为 1422.26（即 $e^{7.26}$）元。

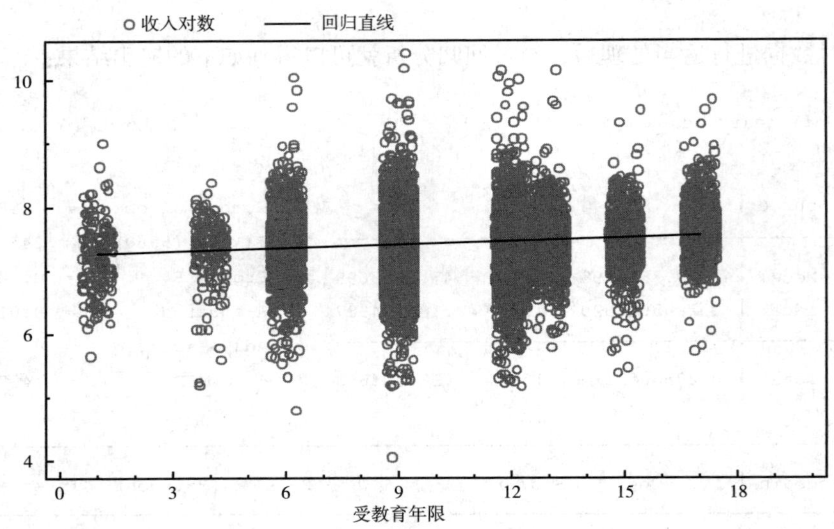

图 3－10 回归直线与散点图

3.8.3 估计与预测

输出结果中 95% Conf. Interval 一栏代表回归系数的置信区间。β_1 的置信区间为［0.015，0.019］。预测值 $\hat{y}$ 的 95% 的置信区间如图 3－11 所示。

下面将基于 CHIP88 数据拟合得到的回归直线，估计出收入对数 *logearn* 均值的置信区间，并对单一 y 值的置信区间进行预测。利用 Stata 命令中的 predict xb 取得

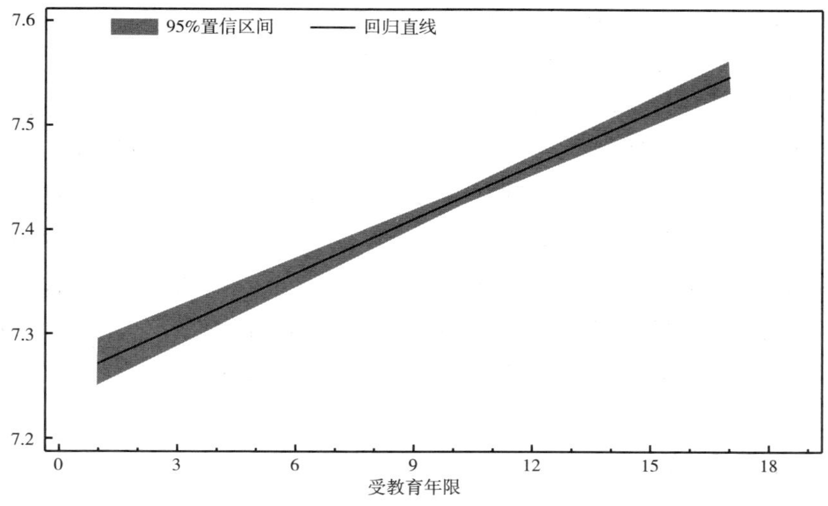

图 3－11　回归直线的置信区间

回归拟合值，用 predict se1，stdp 取得估计值的标准误，并用 predict se2，stdf 取得预测值的标准误。所得结果（仅列出前 10 个个体的情况）如下：

```
. list logearn edu xb se1 se2 in 1/10

     +--------------------------------------------------+
     |  logearn   edu         xb        se1         se2 |
     |--------------------------------------------------|
  1. | 8.139732     9   7.409942   .0038544    .4280068 |
  2. | 7.291384     9   7.409942   .0038544    .4280068 |
  3. | 7.070894     9   7.409942   .0038544    .4280068 |
  4. | 7.777374    13   7.478454   .0042393    .4280105 |
  5. |  7.74431    13   7.478454   .0042393    .4280105 |
     |--------------------------------------------------|
  6. | 7.525101     9   7.409942   .0038544    .4280068 |
  7. | 7.390182     9   7.409942   .0038544    .4280068 |
  8. | 7.644536    17   7.546966   .0076807    .4280584 |
  9. | 7.655959    15    7.51271    .005809    .4280289 |
 10. |  7.03773    12   7.461326   .0036932    .4280054 |
     +--------------------------------------------------+
       ......
```

注意，利用-predict-命令估计出的 se1，se2，xb 的缺失值个数等于变量 *edu* 的缺失值个数，而不是没有参与到回归中的缺失个案数。

如果我们要估计受教育年限为 12 年者的年收入均值，那么利用公式计算收入对数均值的置信区间 7.46 ± 1.96 × 0.0037 = 7.46 ± 0.0073，即（7.453，7.467）。取指数以后得到此人年收入均值的置信区间为（1724.60，1749.79）。

如果对某个受教育年限为 12 年的人的年收入进行预测，那么收入对数的置信区间为 7.46 ± 1.96 × 0.428 = 7.46 ± 0.839，即（6.621，8.299）。取指数以后得到对此人年收入进行预测的置信区间为（750.79，4019.37）。由此可以看出，对单一值预测所得的置信区间要比对均值估计的置信区间大得多。

3.9 本章小结

本章主要介绍了一元线性回归的原理及其在实际研究中的应用。为了帮助读者对回归概念有一个清晰的理解，我们介绍了理解回归概念的三种视角：因果性、预测性和描述性。在社会科学研究中，我们倾向于使用第三种视角。这种视角的特点在于，它并不关注模型是否“真实”，而更在意它是否符合已被观察到的事实。但是对“事实”的强调并不意味着我们可以为了追求精确而把现实生活中能够找到的影响因素都纳入回归模型中，相反，研究者应该利用尽可能少的参数来估计尽可能精确的模型。因此，回归应用的一个重要方面就是研究者需要在精确性和简约性之间进行权衡，从而找出最佳模型。

对于回归模型的原理及其应用，需要掌握的主要内容有以下五个方面：模型的表达形式、模型的基本假定、模型的估计、模型的检验以及利用回归结果进行预测。回归模型由概括项和残差项两部分组成。根据线性假定、正交假定和独立同分布假定这三个假定建立模型后，首先基于样本数据采用最小二乘估计得到模型参数的估计值，然后可以对模型和回归系数进行假设检验，从而判断自变量对因变量的影响是否显著，并进一步估计和预测在自变量的特定取值下因变量的取值范围。在模型拟合评价中，判定系数 R^2 是用来判断回归模型拟合优度的指标。R^2 越大，表明回归直线拟合得越好，也意味着模型对实际数据的解释能力越强。此外，尽管我们可以根据基本假定估计出回归模型，但是我们不知道这些假定是否成立。诊断数据仍然是必不可少的一个环节。这部分内容我们将留到第 17 章“回归诊断”中进行详细讨论。

需要提醒的是，OLS 回归方法找出的是两个变量间最佳的线性关系，但实际情况中两个变量间可能并不是简单的线性关系。这时，尽管我们仍然可以估计出回归方程，但它并不能恰当地反映两者间的真实关系。最后，我们提醒读者，在经验研究中，简单回归的应用是非常有限的。因为社会现象往往受到诸多因素的共同影响，单一因素造成某一社会现象的情况几乎不存在。但是，了解简单回归的原理是学习多元回归乃至其他更复杂统计方法的基础。

参考文献

Kutner, Michael H. , Christopher J. Nachtsheim, John Neter, & William Li. 2004. *Applied Linear Regression Models* (Fourth Edition) . Boston: McGraw-Hill/lrwin.

Lehmann, Erich L. & George Casella. 1998. *Theory of Point Estimation* (Second Edition) . New York: Springer.

Mincer, Jacob. 1958. "Investment in Human Capital and Personal Income Distribution." *Journal of Political Economy* 66: 281 – 302.

Mincer, Jacob. 1974. *Schooling, Experience and Earnings.* New York: Columbia University Press.

Powers, Daniel A. & Yu Xie. 2008. *Statistical Methods for Categorical Data Analysis* (Second Edition) . Howard House, England: Emerald. [〔美〕丹尼尔·A. 鲍威斯、谢宇，2009，《分类数据分析的统计方法》（第 2 版），任强等译，北京：社会科学文献出版社。]

Wooldridge, Jeffrey M. 2009. *Introductory to Econometrics: A Modern Approach* (Fourth Edition) . Mason, OH: Thomson/South-Western.

Xie, Yu & Emily Hannum. 1996. "Regional Variation in Earnings Inequality in Reform-Era Urban China." *American Journal of Sociology* 101: 950 – 992.

第 4 章

线性代数基础

作为初等线性代数的核心内容，矩阵的应用非常广泛。在统计学中，尤其是多元回归中，矩阵简化了对数据及运算的表达。鉴于矩阵在多元回归中的重要作用，本章将对矩阵的基本知识及应用进行介绍，从而为后面介绍回归分析的各个章节打下基础。

4.1 定义

4.1.1 矩阵

简单地讲，矩阵（matrix）就是一张长方形的元素表，通常用大写字母表示，而其中的元素则用小写字母表示。例如：

$$\mathbf{X} = \begin{bmatrix} x_{11} & x_{12} & \cdots & x_{1m} \\ x_{21} & x_{22} & \cdots & x_{2m} \\ \vdots & \vdots & \ddots & \vdots \\ x_{n1} & x_{n2} & \cdots & x_{nm} \end{bmatrix}$$

表示一个包含 n 行、m 列的矩阵 $\mathbf{X}$。此时，矩阵 $\mathbf{X}$ 的维数是 $n \times m$。我们称 $\mathbf{X}$ 为 $n \times m$ 矩阵，它实际上是一张 $n \times m$ 的长方形表。

一个矩阵包含的元素个数就等于其行数乘以列数所得的积，即 $n \times m$ 维的

矩阵共有 $n \times m$ 个元素。每个元素都有其在行和列中的确定位置。通常在元素的右下角标以相应的数字来表明该元素在矩阵中的行列位置，其中，第一个数字表示该元素所处的行号，第二个数字表示该元素所处的列号。比如，在上面的示例矩阵 $\mathbf{X}$ 中，元素 x_{12} 中的下角标 12 表明该元素位于矩阵的第 1 行第 2 列。

4.1.2　向量

向量（vector）是一种特殊的矩阵。向量可以分为行向量（row vector）和列向量（column vector）。仅由一行元素构成的矩阵为行向量，而仅由一列元素构成的矩阵为列向量。

向量可以用小写字母表示，如

$$\mathbf{y} = \begin{bmatrix} y_1 \\ y_2 \\ y_3 \end{bmatrix}$$

就是一个列向量。$\mathbf{x}' = [x_1 \quad x_2 \quad x_3]$ 就是一个行向量。它可以由列向量

$$\mathbf{x} = \begin{bmatrix} x_1 \\ x_2 \\ x_3 \end{bmatrix}$$

转置而成。也就是说，一个列（行）向量通过转置可以变成一个行（列）向量。矩阵的转置通过在向量右上角添加一个撇号来表示。比如，上面的 $\mathbf{x}'$ 就表示对列向量 $\mathbf{x}$ 进行转置。下面具体介绍矩阵的转置。

4.1.3　转置

转置（transpose）是对矩阵所做的一种行列变换，从而使得一个矩阵变成一个新的矩阵。具体而言：假设有一个 $n \times m$ 维的矩阵 $\mathbf{X}$，我们将其中的行变换成列、列变换成行，从而得到一个新矩阵。用 $\mathbf{X}'$ 表示这个新矩阵，它是一个 $m \times n$ 维的矩阵。矩阵转置其实就是把原矩阵的第 i 行第 j 列元素作为新矩阵的第 j 行第 i 列元素。简单地讲，就是对原矩阵进行行列对调。

例如，假设有：

$$\mathbf{X} = \begin{bmatrix} x_{11} & x_{12} & \cdots & x_{1m} \\ x_{21} & x_{22} & \cdots & x_{2m} \\ \vdots & \vdots & \ddots & \vdots \\ x_{n1} & x_{n2} & \cdots & x_{nm} \end{bmatrix}$$

那么，通过对矩阵进行转置可以得到：

$$\mathbf{X}' = \begin{bmatrix} x_{11} & x_{21} & \cdots & x_{n1} \\ x_{12} & x_{22} & \cdots & x_{n2} \\ \vdots & \vdots & \ddots & \vdots \\ x_{1m} & x_{2m} & \cdots & x_{nm} \end{bmatrix}$$

其中，$\mathbf{X}$ 是 $n \times m$ 维的矩阵，而 $\mathbf{X}'$是 $m \times n$ 维的矩阵。

向量作为特殊的矩阵，可以进行同样的操作。下面，我们再举一个对向量进行转置的例子。设有向量：

$$\mathbf{x} = \begin{bmatrix} 1 \\ 2 \\ 3 \end{bmatrix}$$

则转置之后，得到：

$$\mathbf{x}' = [1 \quad 2 \quad 3]$$

这也就是之前所说的列向量转置后就变为行向量；反之，行向量转置后就变为列向量。

4.2 矩阵的运算

矩阵的可运算性扩大了矩阵的用途。后面的章节会大量涉及矩阵的运算，所以，熟练掌握矩阵的运算法则是十分必要的。最基本的矩阵运算包括加法、减法与乘法。

4.2.1 矩阵的加法与减法

矩阵的加法与减法要求参与运算的两个矩阵具有相同的维数。不同维数的矩阵之间不能进行加减法运算。

对具有相同维数的矩阵进行加法与减法运算时，只需在相应的行列位置对元素进行加法或者减法运算，得到的和或差就是结果矩阵中相应位置上的元素。

假设有两个 $n \times m$ 维的矩阵 $\mathbf{X}$ 与 $\mathbf{Y}$：

$$\mathbf{X} = \begin{bmatrix} x_{11} & x_{12} & \cdots & x_{1m} \\ x_{21} & x_{22} & \cdots & x_{2m} \\ \vdots & \vdots & \ddots & \vdots \\ x_{n1} & x_{n2} & \cdots & x_{nm} \end{bmatrix}，\text{和 } \mathbf{Y} = \begin{bmatrix} y_{11} & y_{12} & \cdots & y_{1m} \\ y_{21} & y_{22} & \cdots & y_{2m} \\ \vdots & \vdots & \ddots & \vdots \\ y_{n1} & y_{n2} & \cdots & y_{nm} \end{bmatrix}$$

则：

$$\mathbf{X} \pm \mathbf{Y} = \begin{bmatrix} x_{11} \pm y_{11} & x_{12} \pm y_{12} & \cdots & x_{1m} \pm y_{1m} \\ x_{21} \pm y_{21} & x_{22} \pm y_{22} & \cdots & x_{2m} \pm y_{2m} \\ \vdots & \vdots & \ddots & \vdots \\ x_{n1} \pm y_{n1} & x_{n2} \pm y_{n2} & \cdots & x_{nm} \pm y_{nm} \end{bmatrix}$$

举一个具体的例子。假设有：

$$\mathbf{X} = \begin{bmatrix} 1 & 2 \\ 3 & 4 \end{bmatrix}，\text{和 } \mathbf{Y} = \begin{bmatrix} 5 & 6 \\ 7 & 8 \end{bmatrix}$$

则：

$$\mathbf{X} - \mathbf{Y} = \begin{bmatrix} 1-5 & 2-6 \\ 3-7 & 4-8 \end{bmatrix} = \begin{bmatrix} -4 & -4 \\ -4 & -4 \end{bmatrix}$$

4.2.2 矩阵的乘法

1. 矩阵的数乘

顾名思义，矩阵的数乘就是用一个数去乘矩阵，运算得到的结果就是用这个数与矩阵中的每个元素相乘。一般地，假设有常数 c 和矩阵

$$\mathbf{X} = \begin{bmatrix} x_{11} & x_{12} & \cdots & x_{1m} \\ x_{21} & x_{22} & \cdots & x_{2m} \\ \vdots & \vdots & \ddots & \vdots \\ x_{n1} & x_{n2} & \cdots & x_{nm} \end{bmatrix}$$

则：

$$c\mathbf{X}=\begin{bmatrix} cx_{11} & cx_{12} & \cdots & cx_{1m} \\ cx_{21} & cx_{22} & \cdots & cx_{2m} \\ \vdots & \vdots & \ddots & \vdots \\ cx_{n1} & cx_{n2} & \cdots & cx_{nm} \end{bmatrix}$$

举一个具体的例子：

$$2\begin{bmatrix} 1 & 2 & -1 \\ 2 & 1 & -1 \\ 0 & 1 & 0 \end{bmatrix}=\begin{bmatrix} 2\times1 & 2\times2 & 2\times(-1) \\ 2\times2 & 2\times1 & 2\times(-1) \\ 2\times0 & 2\times1 & 2\times0 \end{bmatrix}=\begin{bmatrix} 2 & 4 & -2 \\ 4 & 2 & -2 \\ 0 & 2 & 0 \end{bmatrix}$$

2. 矩阵相乘

假设有维数为 $n\times m$ 的矩阵 **X**，以及维数为 $l\times k$ 的矩阵 **Y**，则

（1）当 $m=l$ 时，矩阵 **X** 乘以矩阵 **Y** 才是可行的，结果矩阵 **XY** 才存在；

（2）当 $k=n$ 时，矩阵 **Y** 乘以矩阵 **X** 才是可行的，结果矩阵 **YX** 才存在。

也就是说，两个矩阵相乘时，只有当左矩阵列的数目等于右矩阵行的数目时，它们才是可乘的；否则，无法对它们进行乘法运算。

下面假设 $m=l$ 成立，则矩阵 **Y** 的维数可以表示成 $m\times k$。设矩阵 **X** 乘以矩阵 **Y** 得到的结果矩阵为 **C**；矩阵 **C** 的维数为 $n\times k$，其第 i 行第 j 列元素遵循如下计算公式：

$$c_{ij}=\sum_{h=1}^{m}x_{ih}y_{hj}$$

即结果矩阵 $\mathbf{C}=\mathbf{XY}$ 的第 i 行第 j 列元素为矩阵 **X** 的第 i 行和矩阵 **Y** 的第 j 列的对应元素的乘积之和。

这种运算需要左矩阵列的数目等于右矩阵行的数目，它同时也决定了结果矩阵的维数：行的数目等于左矩阵行的数目，列的数目等于右矩阵列的数目。

所以在进行矩阵乘法运算之前，需要判断矩阵是否可乘，即需考虑左矩阵的列数和右矩阵的行数是否相等。

下面，我们举一个矩阵乘法运算的具体例子。假设有矩阵 **A** 和矩阵 **B**：

$$\mathbf{A}=\begin{bmatrix} 1 & -1 \\ 0 & 2 \\ 3 & -1 \end{bmatrix}，和\ \mathbf{B}=\begin{bmatrix} 1 & -1 \\ -1 & 1 \end{bmatrix}$$

由于 **A** 的维数是 3×2，**B** 的维数是 2×2，因而矩阵 **A** 乘以矩阵 **B** 是可行的，且结果矩阵的维数应为 3×2。矩阵 **A** 乘以矩阵 **B** 的结果为：

$$\mathbf{AB}=\begin{bmatrix}1\times1+(-1)\times(-1) & 1\times(-1)+(-1)\times1\\ 0\times1+2\times(-1) & 0\times(-1)+2\times1\\ 3\times1+(-1)\times(-1) & 3\times(-1)+(-1)\times1\end{bmatrix}=\begin{bmatrix}2 & -2\\ -2 & 2\\ 4 & -4\end{bmatrix}$$

注意，矩阵 **B** 乘以矩阵 **A** 是不可行的，因为 **B** 矩阵的列数（2）和矩阵 **A** 的行数（3）不相等。因此，矩阵乘法中左右矩阵的顺序是不能任意颠倒的。

4.2.3 矩阵的分块

从一个矩阵中抽取若干行、若干列位置上的元素并按原有顺序排成的新矩阵即构成了这个矩阵的某一子矩阵。于是，我们可以利用子矩阵把一个矩阵分成若干块。而这种由子矩阵组成的矩阵就是分块矩阵。

实际上，分块矩阵只是矩阵的一种表达方式，分块的选择一般以计算处理中的方便为标准，而矩阵在本质上没有任何的变化。尽管我们将矩阵的分块放在矩阵的运算这一节中进行介绍，但必须注意的是，矩阵的分块并不是一种运算，而是一种为了方便运算而采取的表示矩阵的方法。

下面，我们提供一个用分块矩阵表示乘法运算的例子。设矩阵

$$\mathbf{A}=\begin{bmatrix}1 & 2 & 3\\ 0 & 1 & 0\\ 1 & 0 & 4\end{bmatrix},\ \mathbf{B}=\begin{bmatrix}1 & 0\\ 0 & 1\\ 2 & 0\end{bmatrix},\ \text{则矩阵}\ \mathbf{AB}=\begin{bmatrix}7 & 2\\ 0 & 1\\ 9 & 0\end{bmatrix}。$$

分别用分块矩阵表示矩阵 **A** 和矩阵 **B**，则：

$$\mathbf{A}=\begin{bmatrix}\mathbf{A}_1 & \mathbf{A}_2\\ \mathbf{A}_3 & \mathbf{A}_4\end{bmatrix},\mathbf{B}=\begin{bmatrix}\mathbf{B}_1\\ \mathbf{B}_2\end{bmatrix}$$

其中：$\mathbf{A}_1=\begin{bmatrix}1 & 2\\ 0 & 1\end{bmatrix}$，$\mathbf{A}_2=\begin{bmatrix}3\\ 0\end{bmatrix}$，$\mathbf{A}_3=[1\quad 0]$，$\mathbf{A}_4=[4]$，$\mathbf{B}_1=\begin{bmatrix}1 & 0\\ 0 & 1\end{bmatrix}$，$\mathbf{B}_2=[2\quad 0]$。

然后，我们可以这样来进行矩阵的乘法运算：先计算 $\mathbf{A}_1\mathbf{B}_1$、$\mathbf{A}_2\mathbf{B}_2$、$\mathbf{A}_3\mathbf{B}_1$ 和 $\mathbf{A}_4\mathbf{B}_2$，再分别计算 $\mathbf{A}_1\mathbf{B}_1+\mathbf{A}_2\mathbf{B}_2$ 和 $\mathbf{A}_3\mathbf{B}_1+\mathbf{A}_4\mathbf{B}_2$，则 $\mathbf{A}_1\mathbf{B}_1+\mathbf{A}_2\mathbf{B}_2=\begin{bmatrix}1 & 2\\ 0 & 1\end{bmatrix}+$

$\begin{bmatrix}6 & 0\\0 & 0\end{bmatrix}=\begin{bmatrix}7 & 2\\0 & 1\end{bmatrix}$，$\mathbf{A}_3\mathbf{B}_1+\mathbf{A}_4\mathbf{B}_2=[1\quad 0]+[8\quad 0]=[9\quad 0]$，于是合在一起就得到了 $\mathbf{AB}=\begin{bmatrix}7 & 2\\0 & 1\\9 & 0\end{bmatrix}$。上面的例子演示了如何用分块矩阵表示矩阵和如何用分块矩阵进行乘法运算。分块矩阵相乘时需要满足如下条件（注意，前提是两矩阵本来就是可以相乘的）：

（1）左矩阵的列组数等于右矩阵的行组数；

（2）左矩阵的每个列组所含的列数等于右矩阵相应的行组所含的行数。

总而言之，左矩阵列的分法应当与右矩阵行的分法相同。在适当进行分组之后，可以把子矩阵看作新的元素进行乘法运算，就如同上面的例子在计算 $\begin{bmatrix}\mathbf{A}_1 & \mathbf{A}_2\\\mathbf{A}_3 & \mathbf{A}_4\end{bmatrix}\begin{bmatrix}\mathbf{B}_1\\\mathbf{B}_2\end{bmatrix}$时，就可以将其看作是两个维度为 2×2 和 2×1 的矩阵相乘。

4.3 特殊矩阵

本节主要介绍几种具有特殊性质的矩阵。

4.3.1 方阵

具有相同行数和列数的矩阵就是方阵（square matrix）。方阵是一张正方形的数表。$n\times n$ 维方阵称为 n 阶方阵。比如，

$$\mathbf{A}=\begin{bmatrix}1 & 2 & 3\\0 & 1 & 0\\1 & 0 & 4\end{bmatrix}$$

就是一个 3×3 维方阵，或称 3 阶方阵。

4.3.2 对称矩阵

对称矩阵（symmetric matrix）满足：对于所有 i，j，矩阵的第 i 行第 j 列元素与矩阵的第 j 行第 i 列元素相等。由此不难看出，对称矩阵必须是方阵，而且对称矩阵的转置与原矩阵相等。

4.3.3 对角矩阵

对角矩阵（diagonal matrix）是指除主对角线元素之外，其他元素均为 0 的方阵。其中，主对角线元素是指矩阵中那些行数等于列数的元素。设维数为 5 ×5 的矩阵 **D** 为对角矩阵，则 **D** 为

$$\mathbf{D} = \begin{bmatrix} d_1 & 0 & 0 & 0 & 0 \\ 0 & d_2 & 0 & 0 & 0 \\ 0 & 0 & d_3 & 0 & 0 \\ 0 & 0 & 0 & d_4 & 0 \\ 0 & 0 & 0 & 0 & d_5 \end{bmatrix}$$

也可以将其简记为：$\mathbf{D} = \text{diag}\{d_1, d_2, d_3, d_4, d_5\}$。

此外，根据矩阵乘法法则，不难发现对角矩阵的乘法具有特殊的性质。设有维数为 $n \times m$ 的矩阵 **X**：

$$\mathbf{X} = \begin{bmatrix} x_{11} & x_{12} & \cdots & x_{1m} \\ x_{21} & x_{22} & \cdots & x_{2m} \\ \vdots & \vdots & \ddots & \vdots \\ x_{n1} & x_{n2} & \cdots & x_{nm} \end{bmatrix}$$

则：

$$\mathbf{DX} = \begin{bmatrix} d_1x_{11} & d_1x_{12} & \cdots & d_1x_{1m} \\ d_2x_{21} & d_2x_{22} & \cdots & d_2x_{2m} \\ \vdots & \vdots & \ddots & \vdots \\ d_nx_{n1} & d_nx_{n2} & \cdots & d_nx_{nm} \end{bmatrix}$$

即把矩阵 **X** 的第 1 行都乘 d_1，第 2 行都乘 d_2，依此类推，直到第 n 行都乘 d_n，则为相乘得到的矩阵。

同理，如果矩阵 **X** 右乘一个对角矩阵 **C**（注意，由于此时 **X** 是 $n \times m$ 维，所以右乘的对角矩阵 **C** 应该是 $m \times m$ 维，不妨设 $\mathbf{C} = \text{diag}\{c_1, c_2, \cdots, c_m\}$），则有：

$$\mathbf{XC} = \begin{bmatrix} c_1x_{11} & c_2x_{12} & \cdots & c_mx_{1m} \\ c_1x_{21} & c_2x_{22} & \cdots & c_mx_{2m} \\ \vdots & \vdots & \ddots & \vdots \\ c_1x_{n1} & c_2x_{n2} & \cdots & c_mx_{nm} \end{bmatrix}$$

即把矩阵 **X** 的第 1 列都乘 c_1，第 2 列都乘 c_2，依此类推，直到第 m 列都乘 c_m，则为相乘得到的矩阵。

4.3.4 数量矩阵

主对角线上的元素都相等的对角矩阵被定义为数量矩阵（scalar matrix），比如对角矩阵 $\mathbf{D} = \text{diag}\{c, c, \cdots, c\}$，其中 c 为实数。

4.3.5 单位矩阵

对角线元素都为 1 的对角矩阵被定义为单位矩阵（identity matrix）。不难看出，单位矩阵是一种特殊的对角矩阵。一般用字母 **I** 来表示单位矩阵。根据前面提到的对角矩阵左乘和右乘的性质，不难得知，对任何矩阵 $\mathbf{X}_{n\times m}$，都有 $\mathbf{I}_{n\times n} \times \mathbf{X}_{n\times m} = \mathbf{X}_{n\times m} \times \mathbf{I}_{m\times m} = \mathbf{X}_{n\times m}$。也就是说，只要原矩阵与单位矩阵可以进行矩阵乘法运算，无论进行左乘或右乘，所得矩阵仍为原矩阵。

4.3.6 零矩阵与零向量

所有元素都为 0 的矩阵是零矩阵。向量作为一种特殊矩阵，当其所有元素都为 0 时，该向量就是零向量。不难证明，在可以进行矩阵乘法运算时，零矩阵或零向量与任何矩阵相乘的结果都是零矩阵。

4.3.7 幂等矩阵

如果 n 阶方阵 **A** 满足 $\mathbf{A}^2 = \mathbf{A}$，则称矩阵 **A** 为幂等矩阵（idempotent matrix）。

4.3.8 元素全部为 1 的矩阵与向量

有一个各元素均为 1 的 n 行列向量，

$$\mathbf{1}_{n\times 1} = \begin{bmatrix} 1 \\ \vdots \\ 1 \end{bmatrix}$$

另有一个各元素均为 1 的 $n \times n$ 矩阵，

$$\mathbf{J}_{n\times n} = \begin{bmatrix} 1 & 1 & \cdots & 1 & 1 \\ 1 & 1 & \cdots & 1 & 1 \\ \vdots & \vdots & \ddots & \vdots & \vdots \\ 1 & 1 & \cdots & 1 & 1 \\ 1 & 1 & \cdots & 1 & 1 \end{bmatrix}$$

很明显，

$\mathbf{1}'\mathbf{1} = n$

同时

$$\mathbf{1}\mathbf{1}' = \mathbf{J}_{n\times n} = \begin{bmatrix} 1 & 1 & \cdots & 1 & 1 \\ 1 & 1 & \cdots & 1 & 1 \\ \vdots & \vdots & \ddots & \vdots & \vdots \\ 1 & 1 & \cdots & 1 & 1 \\ 1 & 1 & \cdots & 1 & 1 \end{bmatrix}$$

4.4　矩阵的秩

在矩阵中，线性无关的最大行数等于线性无关的最大列数，这个数目就是矩阵的秩（rank of matrix）。注意，这个定义同时保证了矩阵的秩不大于矩阵行的数目且不大于列的数目。读者对由此定义得出的推论应当并不陌生。比如，

$$\mathbf{B} = \begin{bmatrix} 1 & 2 & 3 & 4 \\ 1 & 0 & 1 & 1 \\ 2 & 2 & 4 & 5 \end{bmatrix}$$

由于第3行=第1行+第2行，所以第3行与第1行和第2行线性相关。同时，第1行与第2行明显不成比例，因此该矩阵中真正独立的只有2行。另外，我们也可以通过列的最大线性无关数目来看矩阵的秩。由于第3列=第1列+第2列，第4列=第1列+第2列的1.5倍，而第1列和第2列彼此不成线性关系，于是线性无关的最大列数也是2列。这样我们就通过一个例子验证了矩阵线性无关的最大行数等于线性无关的最大列数，这个数目即为矩阵的秩。

当 $n\times n$ 维方阵 $\mathbf{A}$ 的秩等于 n 时，我们称这个矩阵为非奇异（nonsingular）矩阵或满秩矩阵。如果 $\mathbf{A}$ 的秩小于 n，那么这个矩阵就是奇异的（singular）。

4.5　矩阵的逆

只有当一个 n 阶方阵 $\mathbf{A}$ 非奇异时，其逆矩阵才存在，此时可称 $\mathbf{A}$ 是可逆的，且其逆矩阵是唯一的。其逆矩阵 $\mathbf{A}^{-1}$ 定义为：

$$\mathbf{A}^{-1}\mathbf{A} = \mathbf{A}\mathbf{A}^{-1} = \mathbf{I}$$

逆矩阵是否存在可以用如下三个条件中的任何一个条件来判断：(1) **A** 的秩为 n，(2) 矩阵的 n 行之间线性无关，和 (3) 矩阵的 n 列之间线性无关。

设有矩阵 $\mathbf{X}_{n\times p}$ 且 $n>p$，即矩阵的行数大于矩阵的列数。我们来看矩阵 $(\mathbf{X}'\mathbf{X})_{p\times p}$ 的情况。当矩阵 $\mathbf{X}_{n\times p}$ 不是满秩矩阵的时候，即当矩阵 $\mathbf{X}_{n\times p}$ 的最大无关列数小于 p 时，矩阵 $(\mathbf{X}'\mathbf{X})_{p\times p}$ 是奇异的。读者应当牢记这个结论，在后面的多重共线性问题中会再次涉及。注意，我们之所以假定 $n>p$，是因为如果 $n<p$，根据前面关于矩阵秩的定义，秩不会超过行的数目和列的数目中的任何一个，所以在这里，矩阵秩的数目不超过行的数目 n 必然造成矩阵的最大无关列的数目小于 p，因而也会造成矩阵 $(\mathbf{X}'\mathbf{X})_{p\times p}$ 是奇异的。

求逆矩阵是个很复杂的操作，我们可以用统计软件来进行。这里只介绍一个简单的特例。对于 2 阶方阵 $\mathbf{A}=\begin{pmatrix} a & b \\ c & d \end{pmatrix}$，有 $\mathbf{A}^{-1}=\frac{1}{ad-bc}\begin{pmatrix} d & -b \\ -c & a \end{pmatrix}$，其中 $ad-bc$ 是方阵 **A** 的行列式。下面我们对行列式加以介绍。

4.6 行列式

行列式的具体定义有着更深的线性代数背景，这里只做简单描述，读者学会应用即可。具体计算可通过软件来进行。

必须指出，只有方阵才有行列式。对行与列数目不相等的矩阵不存在行列式的概念。矩阵的行列式是某一矩阵的一个值，它是这一矩阵的一个尺度。需要注意的是，只有非奇异矩阵才有非零的行列式。

下面具体来看 2×2 矩阵行列式的求法。设有 2 阶方阵 $\mathbf{A}=\begin{pmatrix} a & b \\ c & d \end{pmatrix}$，则 **A** 的行列式为 $ad-bc$，也就是主对角线（从左上到右下的对角线）上两个元素的乘积减去非主对角线上（从右上到左下的对角线）两个元素的乘积。矩阵 **A** 的行列式通常用符号 $|\mathbf{A}|$ 或 $\mathbf{D}(\mathbf{A})$ 表示。在本例中，$|\mathbf{A}|=\det(\mathbf{A})=\begin{vmatrix} a & b \\ c & d \end{vmatrix}=ad-bc$。

行列式有一些基本的性质，下面逐一加以介绍。

(1) 行列互换，行列式的值不变。即：

$$\det\begin{bmatrix} a_{11} & a_{12} & \cdots & a_{1n} \\ a_{21} & a_{22} & \cdots & a_{2n} \\ \vdots & \vdots & \ddots & \vdots \\ a_{n1} & a_{n2} & \cdots & a_{nn} \end{bmatrix} = \det\begin{bmatrix} a_{11} & a_{21} & \cdots & a_{n1} \\ a_{12} & a_{22} & \cdots & a_{n2} \\ \vdots & \vdots & \ddots & \vdots \\ a_{1n} & a_{2n} & \cdots & a_{nn} \end{bmatrix}$$

即对任何方阵 $\mathbf{A}$，有 $|\mathbf{A}| = |\mathbf{A}'|$。例如，

$$\det\begin{bmatrix} 1 & 0 \\ 1 & 2 \end{bmatrix} = \det\begin{bmatrix} 1 & 1 \\ 0 & 2 \end{bmatrix} = 2$$

（2）行列式一行的公因子可以提出去。即：

$$\det\begin{bmatrix} a_{11} & a_{12} & \cdots & a_{1n} \\ ka_{21} & ka_{22} & \cdots & ka_{2n} \\ \vdots & \vdots & \ddots & \vdots \\ a_{n1} & a_{n2} & \cdots & a_{nn} \end{bmatrix} = k\det\begin{bmatrix} a_{11} & a_{12} & \cdots & a_{1n} \\ a_{21} & a_{22} & \cdots & a_{2n} \\ \vdots & \vdots & \ddots & \vdots \\ a_{n1} & a_{n2} & \cdots & a_{nn} \end{bmatrix}$$

例如，

$$\det\begin{bmatrix} 1 & 0 \\ 2 & 4 \end{bmatrix} = 2\det\begin{bmatrix} 1 & 0 \\ 1 & 2 \end{bmatrix} = 4$$

由行列式的性质（1）和（2）不难得知，行列式一列的公因子同样可以提出去。

（3）行列式中若有某一行是两组数的和，则此行列式等于两个行列式的和，且这两个行列式的这一行分别是第一组数和第二组数，而其余各行与原来行列式相应的各行相同，即：

$$\det\begin{bmatrix} a_{11} & a_{12} & \cdots & a_{1n} \\ \vdots & \vdots & \ddots & \vdots \\ b_1 + c_1 & b_2 + c_2 & \cdots & b_n + c_n \\ \vdots & \vdots & \ddots & \vdots \\ a_{n1} & a_{n2} & \cdots & a_{nn} \end{bmatrix} = \det\begin{bmatrix} a_{11} & a_{12} & \cdots & a_{1n} \\ \vdots & \vdots & \ddots & \vdots \\ b_1 & b_2 & \cdots & b_n \\ \vdots & \vdots & \ddots & \vdots \\ a_{n1} & a_{n2} & \cdots & a_{nn} \end{bmatrix} + \det\begin{bmatrix} a_{11} & a_{12} & \cdots & a_{1n} \\ \vdots & \vdots & \ddots & \vdots \\ c_1 & c_2 & \cdots & c_n \\ \vdots & \vdots & \ddots & \vdots \\ a_{n1} & a_{n2} & \cdots & a_{nn} \end{bmatrix}$$

（4）两行互换，则行列式反号。即：

$$\det\begin{bmatrix} a_{11} & a_{12} & \cdots & a_{1n} \\ \vdots & \vdots & \ddots & \vdots \\ a_{i1} & a_{i2} & \cdots & a_{in} \\ \vdots & \vdots & \ddots & \vdots \\ a_{k1} & a_{k2} & \cdots & a_{kn} \\ \vdots & \vdots & \ddots & \vdots \\ a_{n1} & a_{n2} & \cdots & a_{nn} \end{bmatrix} = -\det\begin{bmatrix} a_{11} & a_{12} & \cdots & a_{1n} \\ \vdots & \vdots & \ddots & \vdots \\ a_{k1} & a_{k2} & \cdots & a_{kn} \\ \vdots & \vdots & \ddots & \vdots \\ a_{i1} & a_{i2} & \cdots & a_{in} \\ \vdots & \vdots & \ddots & \vdots \\ a_{n1} & a_{n2} & \cdots & a_{nn} \end{bmatrix}$$

（5）两行相同，则行列式的值为0。即：

$$\det\begin{bmatrix} a_{11} & a_{12} & \cdots & a_{1n} \\ \vdots & \vdots & \ddots & \vdots \\ a_{i1} & a_{i2} & \cdots & a_{in} \\ \vdots & \vdots & \ddots & \vdots \\ a_{i1} & a_{i2} & \cdots & a_{in} \\ \vdots & \vdots & \ddots & \vdots \\ a_{n1} & a_{n2} & \cdots & a_{nn} \end{bmatrix} = 0$$

（6）两行成比例，则行列式的值为0。即：

$$\det\begin{bmatrix} a_{11} & a_{12} & \cdots & a_{1n} \\ \vdots & \vdots & \ddots & \vdots \\ a_{i1} & a_{i2} & \cdots & a_{in} \\ \vdots & \vdots & \ddots & \vdots \\ la_{i1} & la_{i2} & \cdots & la_{in} \\ \vdots & \vdots & \ddots & \vdots \\ a_{n1} & a_{n2} & \cdots & a_{nn} \end{bmatrix} = 0$$

（7）把一行的倍数加到另一行上，行列式的值不变。即：

$$\det\begin{bmatrix} a_{11} & a_{12} & \cdots & a_{1n} \\ \vdots & \vdots & \ddots & \vdots \\ a_{i1} & a_{i2} & \cdots & a_{in} \\ \vdots & \vdots & \ddots & \vdots \\ a_{k1}+la_{i1} & a_{k2}+la_{i2} & \cdots & a_{kn}+la_{in} \\ \vdots & \vdots & \ddots & \vdots \\ a_{n1} & a_{n2} & \cdots & a_{nn} \end{bmatrix} = \det\begin{bmatrix} a_{11} & a_{12} & \cdots & a_{1n} \\ \vdots & \vdots & \ddots & \vdots \\ a_{i1} & a_{i2} & \cdots & a_{in} \\ \vdots & \vdots & \ddots & \vdots \\ a_{k1} & a_{k2} & \cdots & a_{kn} \\ \vdots & \vdots & \ddots & \vdots \\ a_{n1} & a_{n2} & \cdots & a_{nn} \end{bmatrix}$$

这个性质能够通过性质（3）和性质（6）推导得出，读者可以自己尝试。

4.7 矩阵的运算法则

矩阵的加法与数乘满足以下 8 条运算法则。对于数域 $\mathbf{K}$ 上任意 $s \times n$ 维矩阵 $\mathbf{A}$，$\mathbf{B}$，$\mathbf{C}$，以及任意 k，$l \in \mathbf{K}$，有：

（1）$\mathbf{A}+\mathbf{B}=\mathbf{B}+\mathbf{A}$；

（2）$(\mathbf{A}+\mathbf{B})+\mathbf{C}=\mathbf{A}+(\mathbf{B}+\mathbf{C})$；

（3）零矩阵 $\mathbf{0}$ 使得 $\mathbf{A}+\mathbf{0}=\mathbf{0}+\mathbf{A}=\mathbf{A}$；

（4）设 $\mathbf{A}=(a_{ij})$，矩阵 $(-a_{ij})$ 称为矩阵 $\mathbf{A}$ 的负矩阵，记作 $-\mathbf{A}$，且有 $\mathbf{A}+(-\mathbf{A})=(-\mathbf{A})+\mathbf{A}=0$；

（5）$1\mathbf{A}=\mathbf{A}$；

（6）$(kl)\mathbf{A}=k(l\mathbf{A})$；

（7）$(k+l)\mathbf{A}=k\mathbf{A}+l\mathbf{A}$；

（8）$k(\mathbf{A}+\mathbf{B})=k\mathbf{A}+k\mathbf{B}$。

矩阵的相乘满足：

（1）结合律：设 $\mathbf{A}=(a_{ij})_{s\times n}$，$\mathbf{B}=(b_{ij})_{n\times m}$，$\mathbf{C}=(c_{ij})_{m\times r}$，则 $(\mathbf{AB})\mathbf{C}=\mathbf{A}(\mathbf{BC})$；

（2）在相应矩阵乘法可行的情况下，满足左分配律：$\mathbf{A}(\mathbf{B}+\mathbf{C})=\mathbf{AB}+\mathbf{AC}$，和右分配律：$(\mathbf{B}+\mathbf{C})\mathbf{D}=\mathbf{BD}+\mathbf{CD}$；

（3）矩阵的乘法与数乘满足下述关系式：$k(\mathbf{AB})=(k\mathbf{A})\mathbf{B}=\mathbf{A}(k\mathbf{B})$。

矩阵的加法、数乘、乘法三种运算与矩阵转置的关系如下：

（1）$(\mathbf{A}')'=\mathbf{A}$；

（2）$(\mathbf{A}+\mathbf{B})'=\mathbf{A}'+\mathbf{B}'$；

（3）$(k\mathbf{A})'=k\mathbf{A}'$；

（4）$(\mathbf{AB})'=\mathbf{B}'\mathbf{A}'$。

有关矩阵逆运算的关系如下：

（1）$(\mathbf{A}^{-1})^{-1}=\mathbf{A}$；

（2）在矩阵 $\mathbf{A}$ 和 $\mathbf{B}$ 均为满秩矩阵的情况下，$(\mathbf{AB})^{-1}=\mathbf{B}^{-1}\mathbf{A}^{-1}$；

（3）$(k\mathbf{A})^{-1}=k^{-1}\mathbf{A}^{-1}$；

（4）$(\mathbf{A}')^{-1}=(\mathbf{A}^{-1})'$。

4.8 向量的期望和协方差阵的介绍

在第 1 章中，我们介绍了随机变量的期望和方差。对于随机向量，也就是每一个元素都是随机变量的向量，也具有类似的概念。

设 $\mathbf{b}=(b_1, b_2, \cdots, b_p)'$，其中 $b_1, b_2, \cdots, b_p$ 都是随机变量。不难看出，**b** 是一个列向量，且因其每一个元素都是随机变量，从而 **b** 就是一个随机向量。

我们定义 $E(\mathbf{b})=[E(b_1), E(b_2), \cdots, E(b_p)]'$（即认定随机向量的期望存在），即对随机向量求期望就是对它的每一个随机元素求期望。

对于随机向量也有类似方差的概念。对随机向量 $\mathbf{b}=(b_1, b_2, \cdots, b_p)'$求方差 $Var(\mathbf{b})$，其中 $b_1, b_2, \cdots, b_p$ 都是随机变量。将随机变量 b_i 的方差记为 $Var(b_i)$，两个不同的随机变量 b_i 和 b_j（$i \neq j$）的协方差记为 $Cov(b_i, b_j)$，则 $Var(\mathbf{b})$ 是随机向量 **b** 中各变量的方差、协方差构成的矩阵，为：

$$Var(\mathbf{b})=\begin{bmatrix} Var(b_1) & Cov(b_1,b_2) & \cdots & Cov(b_1,b_p) \\ Cov(b_2,b_1) & Var(b_2) & \cdots & Cov(b_2,b_p) \\ \vdots & \vdots & \ddots & \vdots \\ Cov(b_p,b_1) & Cov(b_p,b_2) & \cdots & Var(b_p) \end{bmatrix}$$

不难看出，当 $i=j$ 时，协方差阵的第（i, j）元素为随机变量 b_i 的方差；当 $i \neq j$ 时，第（i, j）元素是随机变量 b_i 和 b_j 的协方差。换句话说，对角线元素为相应随机变量的方差，而非对角线元素则为相应两个随机变量的协方差。值得注意的是，由于对于任意 $i \neq j$，都有 $Cov(b_i, b_j)=Cov(b_j, b_i)$，所以协方差矩阵是对称矩阵。

4.9 矩阵在社会科学中的应用

矩阵的优点在于它是一种方便的表示方法，一个矩阵可以用来表示很多信息，所以它在包括社会科学在内的很多学科中都有着大量的应用。在本节，我们举两个具体的应用例子。

矩阵在社会关系网络分析中是基本的表示方式。如果这种关系是无向的，比如两个人之间是否存在朋友关系（这里默认如果 **A** 是 **B** 的朋友，则 **B** 也是

A 的朋友），用 1 表示这种关系存在、0 表示这种关系不存在，那么可以将若干人关系的网络图用一个仅由 0、1 元素组成的矩阵表示出来。比如，第 2 个人和第 3 个人是朋友关系，和第 4 个人不是朋友关系，那么在矩阵中，第 2 行第 3 列和第 3 行第 2 列的元素都用 1 表示、第 2 行第 4 列和第 4 行第 2 列的元素都用 0 表示。这样，一个系统中所有人之间的朋友关系就可以用一个矩阵来表达。注意，这种表达无向关系的矩阵一定是对称矩阵。如果关系是有向的，比如调查的问题是“向谁寻求帮助”，那么得到的关系矩阵就不一定是对称矩阵。

此外，矩阵在应用随机过程理论的研究中也会经常出现。一个矩阵可以表示在一个马尔科夫链中从一个状态转移到下一个状态的转移概率分布，这种矩阵被称为转移概率矩阵。这在随机过程的研究中很常见。比如，可以用第 i 行第 j 列的元素表示当现在的状态为 i 时，下一时刻的状态变为 j 的概率。显然，转移概率矩阵的元素都不小于零且不大于 1，并且每行元素之和为 1（因为每个行为表示某一时刻、某一状态下的条件概率）。比如，人口学中关于人口结构变化的研究（Keyfitz，1985）、传染病学以及语音识别等研究都会用到这种转移概率矩阵。

4.10　本章小结

与其他章节不同，本章并没有涉及统计学，而是就矩阵以及线性代数的知识向读者进行了简单的介绍。由于我们接下来将介绍多元回归的内容，而多元回归的学习需要一定的矩阵和线性代数的基础，所以本章实际上是稍后讲述内容的背景知识。读者也许不一定需要学习非常多的关于矩阵以及线性代数的知识，但是要想学好多元统计学，本章提供的内容是值得掌握的。

简单地讲，矩阵就是一张长方形的元素表。行向量与列向量都可以看作是特殊的矩阵。矩阵的运算需要遵守特殊的运算法则。并不是任何两个矩阵都可以进行运算，因而要注意进行矩阵的加法、减法、乘法及逆运算的条件。

矩阵的秩在一定程度上反映了矩阵的信息量，它等于矩阵最大线性无关的行数或列数。这个概念在后面讨论多重共线性问题时很有用。满秩的方阵就是可逆矩阵，也即非奇异阵。矩阵的求逆在多元回归模型的求解中很有用。另外，我们介绍了与随机变量的期望和方差相对应的概念——由若干随机变量组成的随机向量的期望与协方差阵。在本章的最后，我们简略地介绍了矩阵在社会科学中的一些应用。

参考文献

Keyfitz, Nathan. 1985. *Applied Mathematical Demography* (Second Edition). New York: Springer.

第 5 章

多元线性回归

在第 3 章我们介绍了简单线性回归，并以教育和收入之间的关系为例对其应用加以说明。然而，在实际研究中，仅含有一个自变量的模型往往不能对我们所研究的问题给出恰当的描述，因为任何一个社会现象总是同时受到多个因素的影响。譬如，在第 3 章的例子中，除了教育之外，性别、工作年限、党员身份、地区等因素都会对个人收入产生影响。如果我们仅考虑个别因素（比如，教育）对结果变量（比如，收入）的影响，而忽略了其他有关变量的影响，则回归模型的参数估计可能是有偏的，或至少是不够精确的。换句话说，在社会研究中，由于许多变量之间都存在一定程度的相关，所以一元回归分析无法确定某一自变量对结果变量的净效应或者偏效应。而偏效应对于社会研究而言是非常重要的，因为它表达了某个因素对结果变量的独立贡献。因此，本章将介绍包含多个自变量的多元回归模型（multiple regression model）。我们将利用第 4 章介绍的线性代数知识来进行讨论，这将大大简化有关的推导过程。

5.1 多元线性回归模型的矩阵形式

多元线性回归模型适用于分析一个因变量和多个自变量之间的关系。假设一个回归模型有 $p-1$ 个自变量，即 x_1，x_2，…，x_{p-1}，则该回归模型可以表示为：

$$y_i = \beta_0 + \beta_1 x_{i1} + \beta_2 x_{i2} + \cdots + \beta_k x_{ik} + \cdots + \beta_{(p-1)} x_{i(p-1)} + \varepsilon_i \quad (5-1)$$

这里，y_i 表示个体 i（$i=1, 2, \cdots, n$）在因变量 y 中的取值，β_0 为截距的总体参数，β_1，β_2，…，β_k，…，β_{p-1} 为斜率的总体参数。由于该回归模型包含多个自变量，因此将式（5－1）称作多元回归模型，以便于与第 3 章所讲的简单线性回归模型相区别。

如果我们定义以下矩阵：

$$\mathbf{y}_{n\times 1} = \begin{bmatrix} y_1 \\ y_2 \\ \vdots \\ y_i \\ \vdots \\ y_n \end{bmatrix} \qquad \mathbf{X}_{n\times p} = \begin{bmatrix} 1 & x_{11} & x_{12} & \cdots & x_{1(p-1)} \\ 1 & x_{21} & x_{22} & \cdots & x_{2(p-1)} \\ \vdots & \vdots & \vdots & \cdots & \vdots \\ 1 & x_{i1} & x_{i2} & \cdots & x_{i(p-1)} \\ \vdots & \vdots & \vdots & \cdots & \vdots \\ 1 & x_{n1} & x_{n2} & \cdots & x_{n(p-1)} \end{bmatrix}$$

$$\boldsymbol{\beta}_{p\times 1} = \begin{bmatrix} \beta_0 \\ \beta_1 \\ \vdots \\ \beta_k \\ \vdots \\ \beta_{p-1} \end{bmatrix} \qquad \boldsymbol{\varepsilon}_{n\times 1} = \begin{bmatrix} \varepsilon_1 \\ \varepsilon_2 \\ \vdots \\ \varepsilon_i \\ \vdots \\ \varepsilon_n \end{bmatrix}$$

那么，采用矩阵的形式，一般线性回归模型（5－1）就可以简单地表示为：

$$\mathbf{y}_{n\times 1} = \mathbf{X}_{n\times p}\boldsymbol{\beta}_{p\times 1} + \boldsymbol{\varepsilon}_{n\times 1} \qquad (5-2)$$

该式也常常简记为：$\mathbf{y} = \mathbf{X}\boldsymbol{\beta} + \boldsymbol{\varepsilon}$。这里，$\mathbf{y}$ 表示因变量的向量，$\boldsymbol{\beta}$ 表示总体参数的向量，$\mathbf{X}$ 表示由所有自变量和一列常数 1 所组成的矩阵，$\boldsymbol{\varepsilon}$ 则表示随机误差变量的向量。

5.2 多元回归的基本假定

与简单回归一样，我们对多元回归方程（5－2）进行参数估计时仍采用常规最小二乘法（ordinary least squares，OLS）。同样，使用这种估计方法进行回归参数估计需要满足以下几个基本假定。

A0 模型设定假定（线性假定）

这不是一个统计假定，而是一个模型设定。该假定要求 Y 的条件均值是所有

自变量 X 的线性函数：

$$E(\mathbf{y} \mid \mathbf{X}) = \mathbf{X}\boldsymbol{\beta} \tag{5-3}$$

其中，$\mathbf{y}$ 是由因变量观测值组成的 $n \times 1$ 的列向量，$\mathbf{X}$ 是由自变量观测值组成的一个 $n \times p$ 的矩阵，且 $p < n$。也就是说，$\mathbf{y}$ 在 $\mathbf{X}$ 下的条件期望可以表示为 $\mathbf{X}$ 的线性组合。这个条件期望式即所谓的回归方程。注意，模型要求 $\mathbf{X'X}$ 必须是非奇异矩阵，下面会对此进行解释。

A1 正交假定

我们假定误差项矩阵 $\boldsymbol{\varepsilon}$ 与 $\mathbf{X}$ 中的每一个 $\mathbf{x}$ 向量都不相关。也就是说：

$$Cov(\mathbf{X}, \boldsymbol{\varepsilon}) = 0 \tag{5-4}$$

注意 $\mathbf{X}$ 的第一列都是 1，使式（5－4）等价于

$$E(\boldsymbol{\varepsilon}) = 0 \tag{5-5}$$

和

$$E(\mathbf{X'}\boldsymbol{\varepsilon}) = 0 \tag{5-6}$$

该假定保证了我们对回归模型参数的 OLS 估计是无偏的。这点在后面还将谈到。

A2 独立同分布假定（i. i. d. 假定）

该假定是针对总体回归模型的误差项，要求它们满足彼此之间相互独立，并且服从同一分布的条件。具体来说，

（1）独立分布：每一个误差项 ε_i 为独立分布，即 $Cov(\varepsilon_i, \varepsilon_j) = 0$，其中 $i \neq j$；

（2）同方差性：$Var(\varepsilon_i) = \sigma_i^2 = \sigma^2$，其中，$i = 1, 2, \cdots, n$。

以矩阵形式，这两个性质也可以表示成：

$$Var(\boldsymbol{\varepsilon} \mid \mathbf{X}) = \sigma^2\mathbf{I} \tag{5-7}$$

其中，$\mathbf{I}$ 为 $n \times n$ 阶单位矩阵。

高斯－马尔科夫定理（Gauss-Markov Theorem）

该定理表明，若满足 A1 和 A2 假定，则采用最小二乘法得出的回归参数估计 $\mathbf{b}$ 将是所有估计中的最佳线性无偏估计（best linear unbiased estimator，简称 BLUE）。

线性估计值是指，估计值 θ 可以表示成因变量的线性函数，即：

$$\theta = \sum_{i=1}^{n} w_i y_i \tag{5-8}$$

这里，w_i 可以是样本中自变量的函数。下面我们很快就会知道，OLS 的估计结果为，$\mathbf{b}=(\mathbf{X}'\mathbf{X})^{-1}\mathbf{X}'\mathbf{y}$，因此满足线性估计的条件。至于如何得到这个估计结果，我们将在下一节中演示推导过程。

在 A1 假定下，利用最小二乘法可以得到回归参数的无偏估计 $\mathbf{b}$，也就是 $E(\mathbf{b})=\boldsymbol{\beta}$。线性无偏估计可能会有多个，那么，如何选出其中最佳的估计呢？这就需要用到我们在前面提到的另一个评判标准——有效性（efficiency）。在满足 A2 假定的情况下，依据高斯－马尔科夫定理，我们可以证明 OLS 的估计结果是所有线性无偏估计中方差最小的。

小结：如果样本违反 A1 假定，那么得到的估计值将是有偏的。如果 A1 假定成立，但 A2 假定不成立，那么得到的虽然是无偏估计，但却不是最有效的。本书第 14 章会专门对这一问题及其相应的解决办法加以讨论。

A3 正态分布假定

在 A2 假定的基础上，这个假定进一步要求 ε_i 服从正态分布 $N(0, \boldsymbol{\sigma}^2)$。正态分布假定使得 OLS 估计可以被理解成最大似然估计——最佳无偏估计。

但正态分布假定主要应用于对回归参数的 OLS 估计值进行统计检验，而且只有在小样本情况下才需要特别注意这个问题。对于大样本来说，根据中心极限定理，即使误差项不满足正态分布，我们仍然可以对回归参数的估计值进行统计推断。

5.3 多元回归参数的估计

对于回归模型 $\mathbf{y}=\mathbf{X}\boldsymbol{\beta}+\boldsymbol{\varepsilon}$，我们可以将其残差平方和表示为：

$$\begin{aligned}\text{SSE} &= \boldsymbol{\varepsilon}'\boldsymbol{\varepsilon}\\ &= (\mathbf{y}-\mathbf{X}\boldsymbol{\beta})'(\mathbf{y}-\mathbf{X}\boldsymbol{\beta})\\ &= \mathbf{y}'\mathbf{y}-\boldsymbol{\beta}'\mathbf{X}'\mathbf{y}-\mathbf{y}'\mathbf{X}\boldsymbol{\beta}+\boldsymbol{\beta}'\mathbf{X}'\mathbf{X}\boldsymbol{\beta}\\ &= \mathbf{y}'\mathbf{y}-2\mathbf{y}'\mathbf{X}\boldsymbol{\beta}+\boldsymbol{\beta}'\mathbf{X}'\mathbf{X}\boldsymbol{\beta}\end{aligned} \tag{5-9}$$

根据常规最小二乘法（OLS）的原理，通过对上述残差平方和进行最小化，就可得到总体参数的最小二乘估计 $\mathbf{b}$。对式（5－9）求 $\boldsymbol{\beta}$ 的一阶导数并令其等于 0，即：

$$\frac{\partial(\text{SSE})}{\partial(\boldsymbol{\beta})}=-2\mathbf{X}'\mathbf{y}+2\mathbf{X}'\mathbf{X}\boldsymbol{\beta}=0$$

解出上式，就可得到回归参数的 OLS 估计量为：$\mathbf{b}=(\mathbf{X}'\mathbf{X})^{-1}\mathbf{X}'\mathbf{y}$。

接下来，我们来证明在满足 A1 假定的情况下，上述 $\mathbf{b}$ 为式（5－2）中总体参数 $\boldsymbol{\beta}$ 的无偏估计。我们知道所谓无偏估计就是 $E(\mathbf{b})=\boldsymbol{\beta}$。根据前面得到的回归参数的估计向量，我们可以将其期望值表示为：

$$\begin{aligned} E(\mathbf{b}) &= E[(\mathbf{X}'\mathbf{X})^{-1}\mathbf{X}'\mathbf{y}] \\ &= E[(\mathbf{X}'\mathbf{X})^{-1}\mathbf{X}'(\mathbf{X}\boldsymbol{\beta}+\boldsymbol{\varepsilon})] \\ &= E[(\mathbf{X}'\mathbf{X})^{-1}\mathbf{X}'\mathbf{X}\boldsymbol{\beta}] + E[(\mathbf{X}'\mathbf{X})^{-1}\mathbf{X}'\boldsymbol{\varepsilon}] \\ &= (\mathbf{X}'\mathbf{X})^{-1}\mathbf{X}'\mathbf{X}E(\boldsymbol{\beta}) + (\mathbf{X}'\mathbf{X})^{-1}E(\mathbf{X}'\boldsymbol{\varepsilon}) \end{aligned} \tag{5-10}$$

根据前面的 A1 正交假定，我们有 $E(\mathbf{X}'\boldsymbol{\varepsilon})=0$，因此式(5－10)可进一步简化为：

$$E(\mathbf{b}) = (\mathbf{X}'\mathbf{X})^{-1}\mathbf{X}'\mathbf{X}E(\boldsymbol{\beta}) = \boldsymbol{\beta} \tag{5-11}$$

这意味着，从样本估计得到的最小二乘估计 $\mathbf{b}$ 是总体回归模型中 $\boldsymbol{\beta}$ 的无偏估计。

5.4 OLS 回归方程的解读

假设回归模型中只包含两个自变量，我们可以把估计后的回归方程表示为：

$$\hat{y}_i = b_0 + b_1 x_{i1} + b_2 x_{i2} \tag{5-12}$$

该方程中的截距项 b_0 是 $x_{i1}=0$ 且 $x_{i2}=0$ 时，y_i 的预测值。在实际研究中，截距项并非总是有意义的，因为社会研究中自变量取 0 值在很多情况下是没有意义的。譬如，我们在研究教育、年龄对收入的影响时，假设 x_1 为受教育年限，x_2 为年龄，那么回归估计的截距则表示一个受教育年限为 0 且年龄为 0 岁的人的平均收入。很显然，这种情况没有任何实际意义。尽管如此，在回归方程估计中，截距项仍然是必不可少的。

与简单回归的情况有所不同，我们将方程的估计值 b_1 和 b_2 称作偏回归系数，它们被看作是相应自变量对 y 的一种偏效应（partial effect）。所谓偏效应，是指在控制其他变量的情况下，或者说在其他条件相同的情况下，各自变量 X 对因变量 Y 的净效应（net effect）或单独效应（unique effect）。由式（5－12）我们可以得到：

$$\Delta\hat{y}_i = b_1 \times \Delta x_{i1} + b_2 \times \Delta x_{i2}$$

也就是说，我们可以从自变量 x_{i1} 和 x_{i2} 的改变量来计算出因变量 y 的改变量。请注意，这里 y 的改变量与截距项无关。当我们控制住 x_{i2}，即让 x_{i2} 保持在某一取值处（比如，0 或者样本均值）不变，则有 $\Delta x_{i2}=0$，那么

$$\Delta \hat{y}_i = b_1 \times \Delta x_{i1}$$

也就是说，当我们在回归模型中加入多个自变量以后，我们就可以得到在控制其他变量的情况下某个自变量对因变量 y 的净效应，该净效应的大小和方向由对应自变量偏回归系数的数值与符号决定。注意，偏效应的前提条件是，其他自变量保持在某一取值处不变。这一点是简单回归情况下不曾涉及的，下面我们对此举例说明。

[例 5-1] 教育、工作经历对收入的偏效应

我们用 CHIP88 数据来考察受教育程度和工作经历对年收入的影响。因变量为个人年收入 *earn*（单位：元），自变量包括受教育年限 *edu*（单位：年）和工作年限 *exp*（单位：年）。在 Stata 中我们可以估计得到以下回归方程：

$$\widehat{earn} = 548.36 + 64.63edu + 32.12exp$$

```
reg earn edu exp

      Source |       SS           df       MS        Number of obs   =    15862
-------------+------------------------------         F(  2, 15859)   =   770.24
       Model |  1.6298e+09         2  814911793      Prob > F        =   0.0000
    Residual |  1.6779e+10     15859  1057994.68     R-squared       =   0.0885
-------------+------------------------------         Adj R-squared   =   0.0884
       Total |  1.8409e+10     15861  1160617.94     Root MSE        =   1028.6

------------------------------------------------------------------------------
        earn |      Coef.   Std.Err.        t     P>|t|   [95% Conf.  Interval]
-------------+----------------------------------------------------------------
         edu |   64.62731   2.791019    23.16    0.000      59.1566   70.09803
         exp |   32.11795   .8501787    37.78    0.000     30.45151    33.7844
       _cons |   548.3588   39.78945    13.78    0.000      470.367   626.3507
------------------------------------------------------------------------------
```

如何解读这个回归结果呢？首先，截距项 548.36 表示当一个人没有受过正式教育并且没有工作经历的情况下，他/她的预期年收入为 548.36 元。其次，我们从受教育年限与工作年限的回归系数发现，这两者对年收入都有正向影响——因为

对应的回归系数都为正数。在控制了工作年限的影响后，个人的受教育年限每增加 1 年，年收入就平均增加 64.63 元。换句话说，若两个人工作年限相同，其中一个人比另外一个人多受过一年教育，那么他/她的年收入将会高出 64.63 元。但是请注意，我们并不是针对现实生活中的两个人，这个结果只是我们的最好预测，是一个平均概念。同样地，我们可以知道，在控制了受教育年限以后，个人的工作经历每增加 1 年，年收入就平均增加 32.12 元。

由此可见，多元回归的优势在于它能够提供在控制其他因素以后某一自变量对因变量的偏效应或净效应，即便我们的数据并不能像实验那样真的是在控制其他所有因素后收集得到的。也就是说，我们在抽样的时候并不是在控制个人的受教育程度以后，再收集关于他/她工作经历和收入的数据。但在非实验设计的条件下，社会科学家只能够对观测性数据进行统计控制，进而分析两个变量之间的净关系。

5.5　多元回归模型误差方差的估计

残差项（residual）与误差项（error）的区别在于：误差项或干扰项（ε）是针对总体真实的回归模型而言的，它是由一些不可观测的因素或者测量误差所引起的；而残差项（e）是针对具体模型而言的，它被定义为样本回归模型中观测值与预测值之差。

我们可以将基于样本数据拟合得到的回归方程写成以下形式：

$$\begin{aligned}\hat{\mathbf{y}} &= \mathbf{Xb} \\ &= \mathbf{X}(\mathbf{X}'\mathbf{X})^{-1}\mathbf{X}'\mathbf{y} \\ &= \mathbf{Hy}\end{aligned} \tag{5-13}$$

这里，$\mathbf{H}=\mathbf{X}(\mathbf{X}'\mathbf{X})^{-1}\mathbf{X}'$为一个幂等矩阵（idempotent matrix），始终满足 $\mathbf{hh}=\mathbf{h}$。$\mathbf{h}$ 又被称作帽子矩阵（hat matrix），因为它能够实现观测值和预测值之间的转换（即给观测值戴上“帽子”）。那么，样本估计模型的残差为：

$$\begin{aligned}\mathbf{e} &= \mathbf{y}-\hat{\mathbf{y}} \\ &= \mathbf{y}-\mathbf{Hy} = (\mathbf{I}-\mathbf{H})\mathbf{y}\end{aligned}$$

这里，$(\mathbf{I}-\mathbf{H})$ 也是一个幂等矩阵。

进一步，我们还可以估计误差项 ε 的方差。假设总体误差项的方差为 σ^2，是不可观测的。但前面讲过，我们可以用样本中 e 的方差来对 σ^2 进行估计。样本中计算残差方差的公式为：

$$
\begin{aligned}
S_{\mathbf{e}}^2 &= \frac{1}{n}\sum_{i=1}^{n} e_i^2 \\
&= \frac{1}{n}\sum_{i=1}^{n} (y_i - \hat{y}_i)^2 \\
&= \frac{1}{n}\sum_{i=1}^{n} \left[y_i - (b_0 + b_1 x_{i1} + b_2 x_{i2} + \cdots + b_{p-1} x_{i(p-1)}) \right]^2
\end{aligned}
$$

采用矩阵形式，可将该式简要表示为：$S_{\mathbf{e}}^2 = \frac{\mathbf{e}'\mathbf{e}}{n}$。但为了得到无偏估计量，我们还必须算出正确的自由度。模型拟合时，估计了 p 个参数（即 $p-1$ 个斜率系数和 1 个截距系数），这导致用于估计总体误差项的自由度只剩下 $n-p$ 个。因此，我们得到样本对总体误差项方差的无偏估计为：

$$
\mathrm{MSE} = \frac{1}{n-p}\sum_{i=1}^{n} e_i^2 = \frac{1}{n-p}\mathbf{e}'\mathbf{e} \tag{5-14}
$$

这被称作残差均方（mean square error，简称 MSE）。它之所以是无偏的，是因为它对参数估计中损失的自由度做了修正。

5.6 多元回归参数估计量方差的估计

我们已经知道，在满足 A1 假定的情况下，对于回归模型 $\mathbf{y} = \mathbf{X}\boldsymbol{\beta} + \boldsymbol{\varepsilon}$，回归参数最小二乘估计量的期望就等于该参数本身，即它是一个无偏估计。但是，为了衡量该估计量的好坏，我们还需要知道其方差的大小。请注意，所谓回归参数估计量的方差其实就是其抽样方差。虽然我们无法从某个样本数据中直接计算得到抽样方差，但我们可以根据样本信息对其进行估计。

前面已经给出回归参数的最小二乘估计量为 $\mathbf{b} = (\mathbf{X}'\mathbf{X})^{-1}\mathbf{X}'\mathbf{y}$，则其方差为（视 $\mathbf{X}$ 为常量）：

$$
\begin{aligned}
Var(\mathbf{b}) &= Var[(\mathbf{X}'\mathbf{X})^{-1}\mathbf{X}'\mathbf{y}] \\
&= Var[(\mathbf{X}'\mathbf{X})^{-1}\mathbf{X}'(\mathbf{X}\boldsymbol{\beta} + \boldsymbol{\varepsilon})] \\
&= Var[(\mathbf{X}'\mathbf{X})^{-1}\mathbf{X}'\mathbf{X}\boldsymbol{\beta} + (\mathbf{X}'\mathbf{X})^{-1}\mathbf{X}'\boldsymbol{\varepsilon}]
\end{aligned}
$$

由于 $(\mathbf{X}'\mathbf{X})^{-1}\mathbf{X}'\mathbf{X}\boldsymbol{\beta}$ 为一常数，因此

$$
\begin{aligned}
Var(\mathbf{b}) &= Var[(\mathbf{X}'\mathbf{X})^{-1}\mathbf{X}'\boldsymbol{\varepsilon}] \\
&= (\mathbf{X}'\mathbf{X})^{-1}\mathbf{X}'[Var(\boldsymbol{\varepsilon})]\mathbf{X}(\mathbf{X}'\mathbf{X})^{-1}
\end{aligned}
$$

根据 A2 假定，$Var(\boldsymbol{\varepsilon}) = \sigma^2\mathbf{I}_{n\times n}$，所以，

$$Var(\mathbf{b}) = (\mathbf{X}'\mathbf{X})^{-1}\mathbf{X}'(\sigma^2\mathbf{I}_{n\times n})\mathbf{X}(\mathbf{X}'\mathbf{X})^{-1} = \sigma^2(\mathbf{X}'\mathbf{X})^{-1} \tag{5-15}$$

注意，如 4.8 节所述，$Var(\mathbf{b})$ 是个矩阵，含有如下元素：

$$
Var(\mathbf{b}) = \begin{bmatrix}
Var(b_0) & Cov(b_0,b_1) & Cov(b_0,b_2) & \cdots & Cov(b_0,b_k) & \cdots & Cov(b_0,b_{p-1}) \\
Cov(b_1,b_0) & Var(b_1) & Cov(b_1,b_2) & \cdots & Cov(b_1,b_k) & \cdots & Cov(b_1,b_{p-1}) \\
Cov(b_2,b_0) & Cov(b_2,b_1) & Var(b_2) & \cdots & Cov(b_2,b_k) & \cdots & Cov(b_2,b_{p-1}) \\
\vdots & \vdots & \vdots & \cdots & \vdots & \cdots & \vdots \\
Cov(b_k,b_0) & Cov(b_k,b_1) & Cov(b_k,b_2) & \cdots & Var(b_k) & \cdots & Cov(b_k,b_{p-1}) \\
\vdots & \vdots & \vdots & \cdots & \vdots & \cdots & \vdots \\
Cov(b_{p-1},b_0) & Cov(b_{p-1},b_1) & Cov(b_{p-1},b_2) & \cdots & Cov(b_{p-1},b_k) & \cdots & Var(b_{p-1})
\end{bmatrix}
$$

它被称作回归系数 **b** 的方差 - 协方差矩阵。很明显，方差 $Var(b_k)$ 都处于对角线上，将其开平方后即为 b_k 的标准误；而协方差 $Cov(b_k, b_{k'})$ $(k \neq k')$ 都处在对角线之外。这一方差 - 协方差矩阵在回归系数的统计推断中非常有用。

5.7 模型设定中的一些问题

回归分析依赖于所设定的模型是正确的，模型参数估计和假设检验都建立在这一大前提之下。在实际研究中，研究者通常根据某个理论或某些经验研究结果设定回归模型。事实上，在社会科学研究中，我们总是没法有十足的把握认为所设定的模型是正确的。一旦模型设定存在问题，那么，据此进行的参数估计和假设检验也都是成问题的。这里，我们介绍其中两类与模型设定有关的错误，以提高对模型设定本身是否正确这一潜在假定的敏感和警觉。第一类是模型中纳入了某些无关自变量，第二类是模型中忽略了某些相关自变量。前者是针对本不该纳入却被纳入模型的自变量，后者则是针对本该纳入却未被纳入模型的自变量。

5.7.1 纳入无关自变量

回归分析中，在进行模型设定的时候，可能加入了无关的自变量（irrelevant independent variable）。也就是说，尽管在总体中一个或多个自变量对因变量没有

偏效应存在（即其总体回归系数为零），但它们还是被纳入模型当中。

假设总体中的模型为：

$$y_i = \beta_0 + \beta_1 x_{i1} + \beta_2 x_{i2} + \beta_3 x_{i3} + \varepsilon_i \tag{5-16}$$

且该模型满足假设 A1、A2，然而在控制住 x_1 和 x_2 以后，x_3 对 y 没有影响，即 $\beta_3 = 0$。但是在估计模型之前，我们并不知道这一点，从而使得拟合得到的回归模型包括了无关自变量 x_3，即：

$$\hat{y}_i = b_0 + b_1 x_{i1} + b_2 x_{i2} + b_3 x_{i3} \tag{5-17}$$

那么，无关自变量 x_3 的纳入会对模型的参数估计产生怎样的影响呢？就 b_1 和 b_2 的无偏性而言，包括 x_3 是不会产生危害的。根据高斯－马尔科夫定理，最小二乘估计是对总体参数的无偏估计，即 $E(\mathbf{b}) = \boldsymbol{\beta}$，这一结论对于 $\boldsymbol{\beta}$ 的任意取值都是成立的，包括取值为 0 的时候。所以，在多元回归中包含了无关自变量并不影响 OLS 估计结果的无偏性。当然，我们基于某个样本数据得到的估计值 b_3 可能并不恰好等于零——尽管它在所有随机样本中的平均取值为零。

但是，纳入无关自变量并非完全无害。假设我们的模型中没有 x_3，仅包含 x_1 和 x_2 两个自变量，即：

$$\tilde{y}_i = b_0^* + b_1^* x_{i1} + b_2^* x_{i2} \tag{5-18}$$

我们可以证明，[①] 式（5－17）和（5－18）中的回归系数 b_0、b_1、b_2 和 b_0^*、b_1^*、b_2^* 的方差是不同的。除非无关自变量 x_3 与 x_1、x_2 均不相关，否则 b_0^*、b_1^*、b_2^* 的方差将比 b_0、b_1、b_2 的方差小。换句话说，如果无关自变量 x_3 与 x_1、x_2 存在相关，则会导致相应回归系数（即 b_1、b_2）的标准误增大，增大的程度取决于无关自变量 x_3 与 x_1、x_2 之间的相关程度。也就是说，如果总体中的 x_3 对 y 没有偏效应，那么把它加入模型只可能增加多重共线性的问题，从而减弱估计的有效性。因此，当 $\beta_3 = 0$ 的时候，我们更倾向于不将无关自变量 x_3 纳入模型中。

也许我们总是有很好的理由加入更多的自变量，但是，不要加入无关自变量。因为这样做，我们（1）有可能错过理论上有意义的发现，（2）违背了简约原则，（3）浪费了自由度，和（4）导致估计精度的下降。

---

① 有关证明过程可以参见 Wooldridge（2009：100）。我们在第 10 章中也会讲到这一问题。

5.7.2　忽略有关自变量

如果在模型设定中忽略了某些本该纳入却未被纳入的有关自变量（relevant independent variable），可能有两种情况：（1）所忽略的变量与模型中的其他变量无关；（2）所忽略的变量与模型中的其他变量相关。在前一情形下，不会发生忽略变量偏误（omitted-variable bias）；在后一情形下，则有可能发生忽略变量偏误。

如真实的模型应该是包含 x_1、x_2 和 x_3 的，记为：

$$\mathbf{y} = \mathbf{X}_1\hat{\boldsymbol{\beta}} + \boldsymbol{\varepsilon} \tag{5-19}$$

但我们只包含了 x_1 和 x_2，忽略了 x_3，模型记为：

$$\mathbf{y} = \mathbf{X}_2\tilde{\boldsymbol{\beta}} + \boldsymbol{\mu} \tag{5-20}$$

当我们在式（5－20）中忽略了相关自变量 x_3 时，x_3 实际变成了误差项 $\boldsymbol{\mu} = \beta_3\mathbf{x}_3 + \boldsymbol{\varepsilon}$ 的一部分。针对第一种情况，由于 x_3 与 x_1、x_2 都不相关，A1 假定不变，最小二乘估计无偏：

$$E(\tilde{\boldsymbol{\beta}})=(\mathbf{X}_2'\mathbf{X}_2)^{-1}\mathbf{X}_2'\mathbf{X}_2E(\boldsymbol{\beta}) + (\mathbf{X}_2'\mathbf{X}_2)^{-1}E(\mathbf{X}_2'\mathbf{X}_3) + (\mathbf{X}_2'\mathbf{X}_2)^{-1}E(\mathbf{X}_2'\boldsymbol{\varepsilon}) = E(\boldsymbol{\beta})$$

但对于第二种情况，若 x_3 与 x_1 相关，被忽略的自变量 x_3 成了误差项 $\boldsymbol{\mu}$ 的一部分，就会使得 $\mathbf{X}_2$ 与误差项之间不再保持独立。这意味着，此时，A1 假定不再得到满足，因此，回归系数 $\tilde{\boldsymbol{\beta}}$ 将是总体参数的有偏估计。偏误的方向取决于被忽略变量 x_3 对因变量效应的方向以及该变量与 x_1 之间关系的方向。我们用表 5－1 来说明被忽略变量 x_3 对 β_1 估计偏误的各种情形。而偏误的大小则直接取决于该被忽略自变量与模型中其他自变量之间的关系，它们之间的相关性越强，则忽略变量偏误越大。

表 5－1　被忽略变量回归系数偏误的不同属性

	$Corr(x_1, x_3) > 0$	$Corr(x_1, x_3) < 0$
$\beta_3 > 0$	正向偏误	负向偏误
$\beta_3 < 0$	负向偏误	正向偏误

在例 5－1 中，我们的模型忽略了个人能力对收入的正向影响。个人能力与个人的受教育年限之间应该是正相关的，因此模型中教育的系数 64.63 很可能高估了

教育对收入的影响。注意，这仅仅是一种可能性推测。在实际研究当中，我们常常无法知道被忽略的自变量的作用以及它与模型中已纳入的自变量之间的相关关系，因此也很难确定偏误的方向和大小。在第 8 章中，我们还会对这一问题进行讨论。

由此，我们看到，模型设定中忽略有关自变量并不一定导致忽略变量偏误。忽略变量偏误的产生需要满足两个条件：一是有关性条件，即被忽略自变量要对因变量有影响；二是相关性条件，即被忽略自变量与已纳入模型的其他自变量存在相关。

5.8 标准化回归模型

从例 5－1 的模型结果中，我们已经知道，在控制其他变量的情况下，个人受教育年限每增加 1 年，个人年收入平均增加 64.63 元；而个人的工作经历每增加 1 年，个人的年收入平均增加 32.12 元。那么，我们是否可以就此认为受教育年限对个人年收入的影响要大于工作经历呢？没有这么简单。尽管这两个自变量的测量单位都是年，但是 1 年的工作经历和 1 年的受教育年限所具有的实质含义并不相同，所以我们无法直接比较受教育年限和工作经历对个人年收入的影响。在更多的情况下，回归模型中所涉及的自变量都具有不同的测量单位。由于回归系数会受到各自变量自身测量单位的影响，因此，回归系数之间并不具有直接的可比性。然而，多元回归经常涉及对各自变量对因变量的相对作用的大小进行比较的问题，因为我们总是希望能从多个影响因素中找出一些“首要因素”和“次要因素”。对于这个问题，我们在第 3 章中已经提到，解决的方法之一就是采用标准化回归系数。这是因为将自变量转变为一个无量纲的变量，所得的不同标准化回归系数之间就具有了可比性。

我们可以通过建立标准化回归模型来得到标准化回归系数。为此，我们需要将模型中所有的自变量和因变量都进行标准化。按照第 1 章中介绍过的标准化方法，将所有变量都减去其均值以后再除以其标准差，就可以得到它们的标准 Z 值。然后基于标准化后的变量进行回归，就得到了标准化回归模型，其中的回归系数也就是标准化回归系数。设真实的回归模型为：

$$y_i = \beta_0 + \beta_1 x_{i1} + \beta_2 x_{i2} + \cdots + \beta_{p-1} x_{i(p-1)} + \varepsilon_i \tag{5-21}$$

对式（5－21）两边的变量进行如下的标准化转换：

$$y_i^* = \frac{y_i - \bar{y}}{S_y}$$

$$x_{ik}^* = \frac{x_{ik} - \bar{x}_k}{S_{x_k}}$$

其中，$\bar{y}$ 和 $\bar{x}_k$ 分别为样本中变量 y 和 x_k 的均值，S_y 和 S_{x_k} 则分别为样本中变量 y 和 x_k 的标准差。于是，回归模型（5－21）就变为：

$$y_i^* = \beta_1^* x_{i1}^* + \beta_2^* x_{i2}^* + \cdots + \beta_{p-1}^* x_{i(p-1)}^* + \varepsilon_i^* \tag{5-22}$$

这就得到了标准化回归模型，模型中的系数 β_k^* 就是可用来比较各自变量相对作用大小的标准化回归系数。注意，经过标准化转换之后，模型中的常数项变成了 0，所以，标准化回归模型中没有截距项系数。

根据前面的标准化转换公式，我们不难发现，标准化转换其实是对原始变量做了两件事情：一是进行对中（centering），以变量的观测值减去其平均值，即改变原始变量的位置（location），使转换后变量的均值为 0；二是测度转换（rescaling），使转换后变量的方差为 1。所以经过标准化转换，变量的位置和尺度都一致了。这就是为什么我们可以用标准化系数来比较多个回归系数相对作用大小的原因。

实际上，要想得到标准化回归系数，并非一定要事先将因变量和自变量进行标准化转化后再进行回归。我们也可以利用标准化回归系数与非标准化回归系数之间的关系来得到。如果我们对式（5－21）中的变量均进行对中处理，就会得到：

$$\begin{aligned} y_i - \bar{y} = {} & \beta_1(x_{i1} - \bar{x}_1) + \beta_2(x_{i2} - \bar{x}_2) + \cdots + \\ & \beta_{p-1}(x_{i(p-1)} - \bar{x}_{p-1}) + (\varepsilon_i - \bar{\varepsilon}) \end{aligned} \tag{5-23}$$

将式（5－23）除以因变量的样本标准差 S_y，则有

$$\begin{aligned} \frac{y_i - \bar{y}}{S_y} &= \frac{\beta_1}{S_y}(x_{i1} - \bar{x}_1) + \frac{\beta_2}{S_y}(x_{i2} - \bar{x}_2) + \cdots + \frac{\beta_{p-1}}{S_y}(x_{i(p-1)} - \bar{x}_{p-1}) + \frac{\varepsilon_i}{S_y} \\ &= \beta_1 \frac{S_{x_1}}{S_y}\left(\frac{x_{i1} - \bar{x}_1}{S_{x_1}}\right) + \beta_2 \frac{S_{x_2}}{S_y}\left(\frac{x_{i2} - \bar{x}_2}{S_{x_2}}\right) + \cdots + \\ &\quad \beta_{p-1} \frac{S_{x_{p-1}}}{S_y}\left(\frac{x_{i(p-1)} - \bar{x}_{p-1}}{S_{x_{p-1}}}\right) + \frac{\varepsilon_i - \bar{\varepsilon}}{S_y} \\ &= \beta_1^* x_{i1}^* + \beta_2^* x_{i2}^* + \cdots + \beta_{p-1}^* x_{i(p-1)}^* + \varepsilon_i^* \end{aligned} \tag{5-24}$$

由此，我们可以看到，标准化回归系数 β_k^* 与非标准化回归系数 β_k 之间存在如下数量关系：

$$\beta_k^* = \beta_k \frac{S_{x_k}}{S_y} \tag{5-25}$$

其中，S_y 和 S_{x_k} 分别为样本中变量 y 和 x_k 的标准差。此式提供了得到标准化回归系数的另一种途径。

相对于非标准化回归系数，标准化回归系数具有以下属性：（1）回归参数估计值处于［-1，1］之间，（2）可在标准化尺度上进行比较。但是，一般来说，非标准化回归系数要更好，因为它提供了更多关于数据的信息，并且提供了基于实际单位的自变量对因变量的效应。当然，在回归分析中到底是使用非标准化系数还是使用标准化系数主要取决于所需要回答的研究问题。

［例 5-2］ 教育、工作经历对收入的影响作用比较

将例 5-1 中的模型进行标准化，使用 Stata 计算自变量的标准化回归系数，由此得到的标准化回归方程为：

$$\widehat{earn^*} = 0.187edu^* + 0.306exp^*$$

这一结果表明，在控制其他变量的情况下，个人受教育年限每增加 1 个标准差，年收入就平均增加 0.187 个标准差；同时个人的工作经历每增加 1 个标准差，年收入就平均增加 0.306 个标准差。因此，个人的工作经历对收入的影响相对大于受教育年限对收入的影响。

5.9 CHIP88 实例分析

这部分我们讨论多元回归模型在实际研究中的应用。下面以谢宇和韩怡梅文章（Xie & Hannum，1996）中对中国城市居民收入回报的研究为例。他们的研究基于人力资本模型使用了 CHIP88 数据，这里，我们去除了原模型中的交互效应，有关交互效应的内容将在第 13 章中专门讨论。

该模型修正了 Mincer 的人力资本模型，认为中国城市居民的人力资本对收入的影响存在如下关系：

$$logearn = \beta_0 + \beta_1 edu + \beta_2 exp + \beta_3 exp^2 + \beta_4 cpc + \beta_5 sex + \varepsilon \tag{5-26}$$

其中，因变量 *logearn* 表示年收入的自然对数形式，*edu* 表示受教育年限，*exp* 表示工作年限，*cpc* 是党员身份的虚拟变量（1 = 党员，0 = 非党员），[①] *sex* 是性别的虚拟变量（1 = 女性，0 = 男性）。对因变量取自然对数 log 的作用在于：一方面，根据经济学理论，我们关注的焦点应该是自变量导致因变量改变的比例，而不是绝对量；另一方面，取自然对数以后因变量的分布更趋近于正态分布，这将有助于减小样本中异常值对回归估计的影响。另外，根据人力资本理论，现实生活中工作经历对收入的作用应该是一条倒 U 形曲线：先随着工作年限的增加而增加，然后在临近退休的时候开始下降（Mincer，1974：84），因此我们在模型中纳入了工作经历的平方这一项。

```
reg logearn edu exp exp2 cpc sex, beta

      Source |       SS           df       MS      Number of obs   =    15862
-------------+----------------------------------   F(  5, 15856)   = 1122.40
       Model |  771.301825         5  154.260365   Prob > F        =   0.0000
    Residual |  2179.21933     15856  .137438152   R-squared       =   0.2614
-------------+----------------------------------   Adj R-squared   =   0.2612
       Total |  2950.52116     15861  .186023653   Root MSE        =   .37073

------------------------------------------------------------------------------
     logearn |      Coef.   Std.Err.          t   P>|t|                  Beta
-------------+----------------------------------------------------------------
         edu |   .0314906   .0010792      29.18   0.000              .2279765
         exp |   .0444497   .0010713      41.49   0.000              1.056407
        exp2 |  -.0006629   .0000254     -26.14   0.000             -.6640732
         cpc |   .0714395   .0078144       9.14   0.000              .0706604
         sex |  -.1139927   .0061756     -18.46   0.000             -.1320278
       _cons |   6.590839   .0171056     385.30   0.000
------------------------------------------------------------------------------
```

根据 Stata 的回归结果，我们可以基于（5 - 26）的模型设定得到以下经验回归方程：

$$\widehat{logearn} = 6.591 + 0.031edu + 0.044exp - 6.63 \times 10^{-4} exp^2 + 0.071cpc - 0.114sex$$

① 有关回归分析中虚拟变量的运用，将会在第 12 章中加以介绍。

根据这个结果，在控制住其他因素的情况下，个人受教育年限每增加 1 年，年收入平均增长 3.1%，也就是我们通常所说的教育回报率。此外，在其他条件相同的情况下，女性比男性的年收入少 $(e^{-0.114}-1)\times 100\%$，即 10.8%。如果参照类变成女性，那么男性比女性的年收入平均高 $(e^{0.114}-1)\times 100\%$，为 12.1%。我们不建议在这一例子中用标准化回归系数，因为我们很难解释性别变化一个标准差的意义。因此，标准化回归系数的应用也是有限的。在实际研究中，为了得到直观的解读，应尽量使用非标准化的回归系数。

在第 3 章一元线性回归的例子中，年收入对数和受教育年限的简单回归方程为：

$$\widehat{logearn} = 7.26 + 0.017edu$$

将其与这里得到的多元回归方程相比，我们发现，使用多元回归控制住其他自变量（性别、党员身份、工作经历）以后，教育对收入的影响增强了。正如 5.7.2 节中所提到的，这种情形的出现是由于简单回归存在忽略变量偏误的问题，从而导致对教育回归系数的低估。图 5－1 将两条回归直线进行比较，其中虚线表示在没有控制其他因素的情况下教育对收入的影响，实线则表示控制了其他因素（取样本均值）时教育对收入的影响。可以发现，实线的斜率略微大于虚线的斜率。

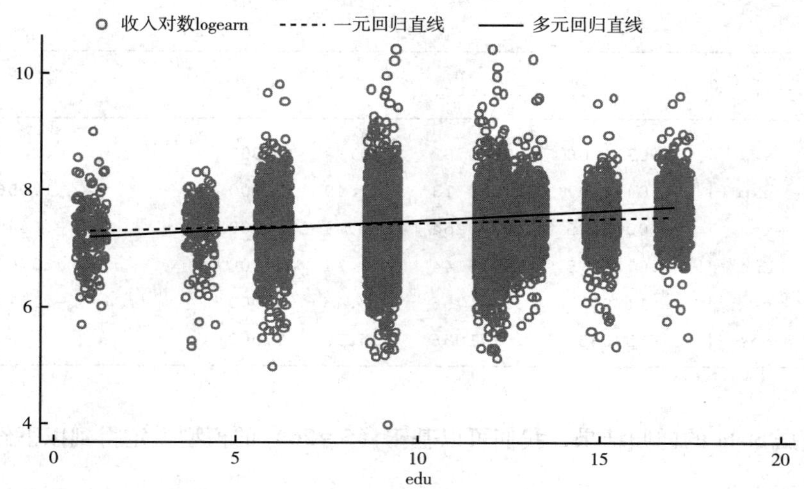

图 5－1　教育和收入自然对数的回归直线与散点图

下面我们比较一下在模型（5－26）下教育对收入的影响在不同性别间的差异。性别虚拟变量的构造决定了该差异仅为截距上的差异，即教育和收入自然对数的回归直线的斜率在男女两个子样本中都是相同的。在图 5－2 中，左图表示当 *sex* =0（即男性）时教育对收入对数的影响。右图表示女性的教育和收入对数之间的关系。比较两个图我们可以发现，两条回归直线的斜率是相同的，均为多元回归方程中教育对收入对数的回归系数 0. 031；不同之处在于它们的截距、截距之差等于性别的回归系数 －0. 114。

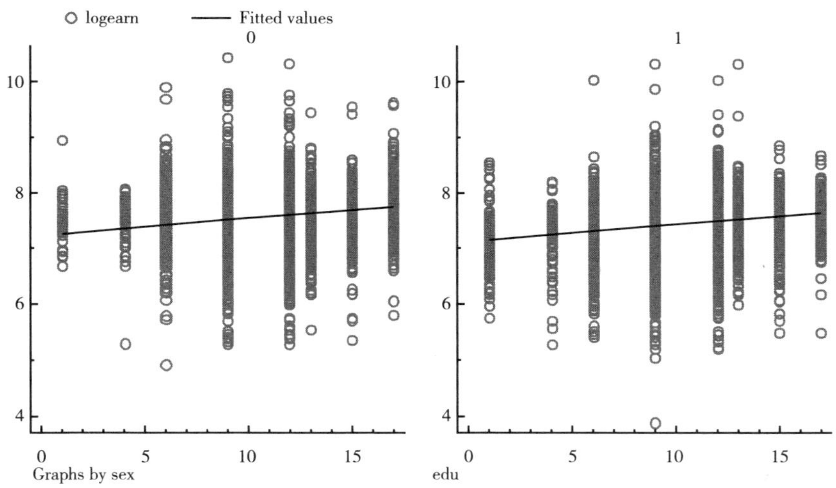

图 5－2　不同性别间教育和收入的关系图

除此之外，由于这里设定了工作经历的二次项，这意味着工作经历和收入对数之间是一种二次曲线关系。基于前述拟合得到的回归方程，我们还可以在 Stata 中画出工作经历对收入对数影响的曲线。而且，利用命令 wherext① 可以找出这个曲线的最高点在工作经历为 33. 5 年左右。

```
wherext exp exp2

range of exp                                  = [0,45]
exp + exp2 has maximum in argext              = 33.52877
Std Error of argext (delta method)            = .5728098
95%  confidence interval for argext           = ( 32.40609, 34.65146)
```

① 我们需要在 Stata 中安装 wherext 命令。在命令窗口输入 findit wherext 以从互联网上搜索该命令的下载地址，然后点击提供的超链接，根据 Stata 的提示一步步安装即可。

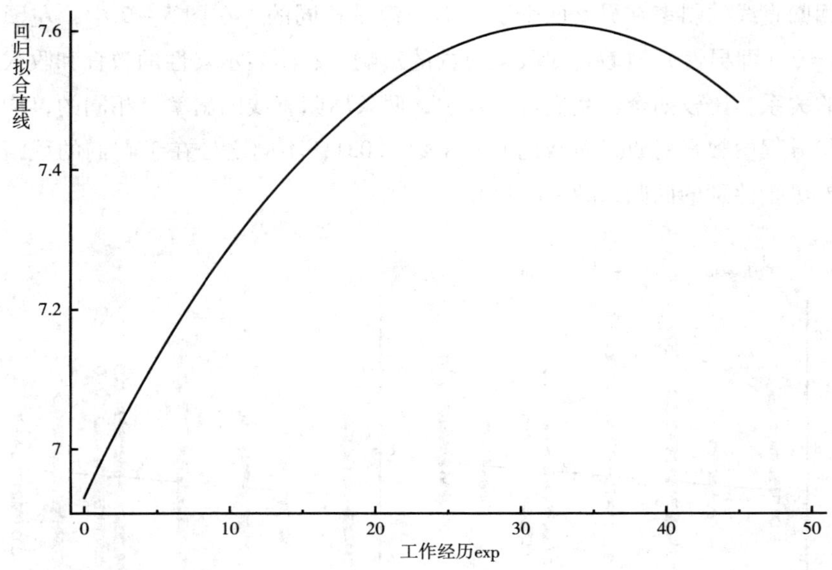

图 5-3　工作经历和收入对数之间的二次关系拟合曲线

5.10　本章小结

本章讨论了多元回归模型的一些关键问题。首先，我们使用矩阵的形式来重新表达了一般回归模型及其基本假定。其次，基于 A1 正交假定，我们可以由最小二乘估计（OLS）得到总体回归参数的无偏估计。加上 A2 独立同分布假定，我们可以确保总体参数的最小二乘估计是最佳线性无偏估计。最后，A3 正态分布假定则保证了在小样本的情况下，常用的统计分布（t 分布、Z 分布等）能够用来对估计值进行假设检验，但对于大样本来说，A3 正态分布假定并不是必需的。接下来，我们讨论了如何估计回归参数，并说明在假定条件满足的情况下最小二乘估计就是总体参数的无偏估计。其中，参数估计量方差的估计问题在下一章讨论多元回归模型的统计检验时会再度涉及。此外，在设定回归分析的模型时，可能遇到两类问题：纳入无关自变量或者忽略相关自变量。前一类问题并不会影响 OLS 估计的无偏性质，但是会影响到估计的有效性。至于后一类问题是否会影响到估计量的无偏性，则需要根据具体情况来看——如果被忽略自变量与其他自变量相关，由于违反了 A1 正交假定则会导致有偏估计；如果被忽略自变量与其他自变量无关，那么估计结果仍然是无偏的。最后，我们讨论了建立标准化回归模型的问题。所得标准化回归系数的作用在于，它使我们可以比较一个多元回归模型之中不同自变量对因变量的相对影响。

参考文献

Mincer, Jacob. 1974. *Schooling, Experience and Earnings*. New York: Columbia University Press.

Wooldridge, Jeffrey M. 2009. *Introductory to Econometrics: A Modern Approach* (Second Edition). Mason, OH: Thomson/South-Western.

Xie, Yu & Emily Hannum. 1996. "Regional Variation in Earnings Inequality in Reform-Era Urban China." *American Journal of Sociology* 101: 950 – 992.

第 6 章

多元回归中的统计推断与假设检验

通过前一章对多元回归模型基本原理的介绍，我们已经知道如何通过样本数据计算得到多元回归模型的参数估计值，也明白如何去解读回归参数估计值所代表的实质含义，即样本中多个自变量和因变量之间的关系。然而，对于样本所代表的总体来说，我们仍然无法判断这些变量之间的关系是否存在，以及如果存在的话，这些关系到底有多强。统计分析的一个重要目的就在于通过样本数据来认识总体状况。根据前面章节对统计推断知识的介绍，我们知道，要想达到这个目的，就需要进行统计推断与假设检验。本章将对多元回归中的统计推断与假设检验进行介绍，从而帮助我们利用样本中的统计关系来认识总体中变量之间的关系。

与简单回归中的检验类似，多元回归中的检验一般包括两个方面的内容：(1）对回归模型的整体检验，（2）对回归系数的检验。不过，在多元回归中，回归系数的检验不仅涉及对单个系数的检验，还包括对多个系数甚至其线性组合进行检验。本章只讨论对回归系数的检验，对回归模型的整体检验将在下一章中加以介绍。另外，回归分析中有可能涉及与虚拟变量有关的检验，我们将在后面的章节中另行介绍。

6.1 统计推断基本原理简要回顾

能够进行统计推断的道理其实很简单。因为样本是从总体中随机抽取的，所以具有总体的特征，或者说样本是总体的代表，因此，我们可以根据样本观测结果来推断总体的情况。①

样本的特征称为“点估计”，比如，前一章中得到的受教育程度和工作年限的回归系数，都只是反映两者与收入之间关系的点估计而已。由于存在抽样误差，几乎可以肯定，样本特征与总体特征之间总是会有一定差别的。但是由于样本是从总体中随机抽取的，所以样本特征与总体特征不应该“差别很大”。那么，如何来衡量“差别很大”？要回答这个问题，我们需要一种距离测量（或离散程度测量），它被称为统计量的标准误（standard error）。第2章讲过，标准误是一种特殊的标准差，也就是某一统计量（比如，样本均值或者方差）在抽样分布中的标准差。

进行统计推断与假设检验，我们需要知道在抽样分布中统计量服从哪种分布。但是，在实际研究中，通常我们并不确切地知道这一信息，因而只能借助一些假定来给定这一分布。这就是前一章提到的A3假定（即假定残差 ε_i 服从正态分布）的来源。换句话说，在一般情况下，A3假定并不是模型参数估计所必需的，而只是出于统计检验的考虑。不过，对于社会研究而言，由于我们往往采用大样本数据，很多情况下可以忽略这一假定。根据中心极限定理，随着一个独立同分布（其平均数为 μ、方差为 σ^2）的随机变量的样本规模增大，该随机变量的平均数的分布趋近于正态分布。具体表示为：

$$\text{当 } n \to \infty, \bar{X}_n \to N\left(\mu, \frac{\sigma^2}{n}\right)$$

特别是，统计上可以证明，对于一个服从正态分布的变量，其线性转换仍然服从正态分布。也就是说，哪怕一个随机变量本身并不服从正态分布，其所有可能样本的统计量的抽样分布在样本规模足够大时也会趋近于正态分布。在回归分析中，如果我们有很大的样本就无须再假定 ε_i 服从正态分布，因为所有参数估计值的分布都将趋近于正态分布。

总而言之，统计推断有三个步骤：（1）进行点估计（即计算样本统计量）；（2）计算点估计的标准误，得到在某种假设抽样分布中样本统计量的离散程度；（3）通过点估计值和标准误，得到检验统计量，常用的检验统计量如 t 值和 Z

① 我们在这里做统计推断时假定样本是通过简单随机抽样抽取出的。在实际抽样调查中，样本抽偏的情况时有发生，因此经常会出现样本和总体之间存在很大差异的情况，这时就需要依据具体情况对标准的统计推断加以调整，比如，统计分析中常见的加权处理等。

值。我们还会介绍 F 检验方法。因此，统计推断的实质就在于去验证样本中体现出的自变量与因变量之间的关系是确实反映了总体中的关系，还是只是由于抽样误差造成的。或者说，回归系数的点估计值是否统计显著地区别于 0 或某个特定的假设值。

6.2 统计显著性的相对性，以及效应幅度

上面我们提到，多元回归的统计推断经常要回答这样一个问题：偏回归系数的点估计值是否统计显著地区别于 0 或某个特定的假设值。回答这个问题就要涉及统计推断中的一个重要概念——统计显著性（statistical significance）。

统计显著性的设定不是绝对的。在社会研究中，习惯上将显著性水平设定成 0.05 或 0.01。在呈现回归结果时，一种常见的做法是：用 * 表示处于 0.05 的统计显著水平，用 ** 表示处于 0.01 的统计显著水平，用 *** 表示处于 0.001 的统计显著水平。比如，有一个以收入为因变量的回归方程：

自变量	系数
父亲的受教育水平	0.900 *
母亲的受教育水平	0.501 ***
鞋子尺码	-2.160

这样设定显著性的缺点在于可能会造成对统计检验的盲目依赖。我们应当对显著性水平有一个数量上的评价，比如：

自变量	系数	标准误
父亲的受教育水平	0.900 *	(0.450)
母亲的受教育水平	0.501 ***	(0.010)
鞋子尺码	-2.160	(1.100)

在这种情况下看，父亲受教育水平的影响是否比鞋子尺码的影响更为显著呢？并不真是如此。从下面给出的 t 值看，它们非常接近。相比之下，母亲受教育水平的影响要比这两个解释变量的影响在统计上显著得多。因此，这就有了第二种方法，即报告 t 值或 Z 值，比如：

自变量	系数	t 值
父亲的受教育水平	0.900	2.000
母亲的受教育水平	0.501	50.000
鞋子尺码	-2.160	-1.960

第二种方法要好些。但是，我们的假设检验经常会涉及与其他特定假设值的离差，而不是与 0 的离差。所以，统计显著性的表述也是相对于一个假设的标准而言的。比如，我们所感兴趣的可能是父亲多受 1 年教育是否能使子女的受教育年限也增加 1 年。于是，这里的假设值就是 1 而不是 0。所以，更好的呈现方式是同时给出回归系数对应的标准误，这样，读者可以自己通过回归系数和标准误得到适当的检验统计量，如 t 值和 Z 值，再选择一定的显著性水平来判断该回归系数是否统计显著，比如：

自变量	系数	标准误
父亲的受教育水平	0.900	(0.450)
母亲的受教育水平	0.501	(0.010)
鞋子尺码	-2.160	(1.100)

有关统计显著性的表述，文献中存在着误用。研究者可能会不加限定地说，这个变量是高度显著的，或那个变量是不显著的。这是不全面的。在上面的例子中，我们可以说母亲的受教育水平高度显著地区别于 0，但它并不是显著区别于 0.5，即如果我们假设母亲的受教育水平的参数是 0.5，那么这一统计结果与该假设是一致的。也就是说，统计显著性应当总是与某个假设联系起来表达的，即：

$$z = (b_k - \beta_k^0)/SE_{b_k}$$

这里，b_k 是某一变量回归系数的点估计值，β_k^0 是研究者假设的该变量回归系数的总体参数值，$b_k - \beta_k^0$ 反映点估计值与假设的对应参数值之间的差异。该式所表达的意思是，以点估计值的标准误为尺度，来衡量该点估计值与研究者对其所假设的总体参数值之间差异的幅度。如果该差异的幅度相对于标准误而言较小，即 Z 值较小，那么我们就认为点估计值 b_k 与假设的参数值 β_k^0 是一致的；反之，如果该差异的幅度相对于标准误而言大到一定程度，比如说 1.96 或者 2.68，我们就认为点估计值 b_k 显著地有别于假设的参数值 β_k^0。

在统计显著性的问题上，还有另一种常见错误，就是将统计显著性与效应幅度（size of effect）相混淆。一个变量的系数可能在统计上显著地区别于 0，但是该系数的值却不大。比如，在上例中，尽管父亲的受教育水平对因变量的效应是大于母亲的受教育水平对因变量的效应的，但是母亲的教育效应比父亲的教育效应区别于 0 的统计显著性更高。所以，在实际研究中，我们应当时刻对这种统计显著性与实质显著性之间的差别保持警觉。只要有可能，我们就应当同时看到回归系数及其标准误，而不是仅仅依赖统计软件给出的显著性水平 p 值或 α 值。

6.3 单个回归系数$\beta_k=0$的检验

与一元回归中对回归系数的检验一样，当我们对多元回归情况下单个回归参数β_k是否显著地区别于0进行检验时，就有如下零假设和备择假设：

$$H_0: \beta_k = 0$$
$$H_1: \beta_k \neq 0$$

对此，可以采用Z检验对其进行检验：

$$z = (b_k - 0)/SE(b_k)$$

如果Z值位于（-1.96，1.96）这一区间之外，就要在0.05水平上拒绝零假设H_0；反之，我们就不能拒绝$\beta_k=0$这个零假设。

比如，在前一章（例5-1）中我们对教育和工作经历对收入对数的影响进行了回归分析。我们得到教育的回归系数估计值为64.62731，相应的标准误为2.791019，如果要检验该系数是否显著地区别于0，我们可以通过计算得到此时的Z检验统计量为：

$$z = (64.62731 - 0)/2.791019 = 23.15545$$

该值显然远远大于1.96，因此，我们可以认为，在控制工作经历的情况下，教育经历在0.05水平上统计显著。实际上，统计软件一般都会直接给出该检验统计量的值以及实际计算得到的显著性水平，不过，Stata将该统计检验量显示成t值而不是Z值。但我们知道，在大样本情况下，两者其实是一回事。比如，在例5-1中，给出的Stata输出结果显示，该系数的t检验统计量数值为23.16，与我们通过计算得到的Z检验统计量完全相同。此外，Stata还给出了实际计算的显著性水平0.000。

6.4 多个回归系数的联合检验

在多元回归中，我们有时候会对若干回归系数是否同时统计显著感兴趣，或者对是否可以删除回归模型中的若干自变量感兴趣。这就涉及多元回归中对多个回归系数进行联合检验的情况。

为了理解如何进行联合检验，我们考虑教育（*edu*）、工作经历（*exp*）和工作经历的平方（exp^2）对收入对数（*logearn*）的回归模型：

$$logearn = \beta_0 + \beta_1 edu + \beta_2 exp + \beta_3 exp^2 + \varepsilon \tag{6-1}$$

我们将该模型称作非限制性模型（unrestricted model），记为 U，因为模型允许对三个自变量的系数进行自由估计。现在，假设我们想要对工作经历和工作经历的平方是否同时为 0 加以检验。如果它们同时为 0，式（6－1）被简化为：

$$logearn = \beta_0 + \beta_1 edu + \varepsilon \tag{6-2}$$

我们称该模型为限制性模型（restricted model），记为 R，因为该模型将工作经历和工作经历的平方的回归系数均限定为 0。换句话说，这里，我们对于总体的零假设为 H_0：$\beta_2 = \beta_3 = 0$；而备择假设 H_1 则为 β_2 和 β_3 不同时为零。

由于去掉了两个自变量，因此，限制性模型（6－2）的残差平方和（SSE）肯定不小于非限制性模型（6－1）的残差平方和（SSE）。如果上述零假设 H_0 成立，那么去掉工作经历和工作经历的平方后，回归模型（6－2）对收入的解释能力应该与模型（6－1）的差别不大，或者从残差平方和的角度说，模型（6－2）的 SSE 将只是略大于模型（6－1）的 SSE。这时候我们可以构造以下检验统计量来对零假设进行检验：

$$\frac{(\mathrm{SSE}_R - \mathrm{SSE}_U)/q}{\mathrm{SSE}_U/(N-K)} \tag{6-3}$$

这里，q 是零假设 H_0 所限制的自由度，即限制性模型和非限制性模型之间相差的回归系数的数量，K 是非限制性模型所包含的回归系数的数量。此式中，分子是误差平方和的增量与零假设所隐含的参数限制条件数之比，而分母是非限制性模型的误差平方和与该模型的自由度之比。如果 H_0 成立，则式（6－3）所表示的统计量服从自由度为（q，$N-K$）的 F 分布。

我们用 CHIP88 数据来运行上述两个模型，模型（6－1）的结果为：

```
. reg logearn edu exp exp2

      Source |       SS       df       MS              Number of obs =   15862
-------------+------------------------------           F(  3, 15858) = 1646.82
       Model |  700.864747     3  233.621582           Prob > F      =  0.0000
    Residual |  2249.65641 15858  .141862556           R-squared     =  0.2375
-------------+------------------------------           Adj R-squared =  0.2374
       Total |  2950.52116 15861  .186023653           Root MSE      =  .37665
```

```
------------------------------------------------------------------------------
     logearn |      Coef.   Std.Err.       t    P>|t|    [95% Conf.  Interval]
-------------+----------------------------------------------------------------
         edu |   .0384505   .0010237    37.56   0.000      .036444    .040457
         exp |   .0443553   .0010794    41.09   0.000     .0422396    .046471
        exp2 |   -.000608   .0000256   -23.73   0.000    -.0006582  -.0005578
       _cons |   6.453894   .0162082   398.19   0.000     6.422124   6.485664
------------------------------------------------------------------------------
```

模型（6-2）的结果为：

```
. reg  logearn edu

      Source |       SS       df       MS              Number of obs =   15862
-------------+------------------------------           F(  1, 15860)  =  247.66
       Model |  45.3658698     1  45.3658698           Prob > F      =  0.0000
    Residual |  2905.15529 15860  .183174987           R-squared     =  0.0154
-------------+------------------------------           Adj R-squared =  0.0153
       Total |  2950.52116 15861  .186023653           Root MSE      =  .42799

------------------------------------------------------------------------------
     logearn |      Coef.   Std.Err.       t    P>|t|    [95% Conf.  Interval]
-------------+----------------------------------------------------------------
         edu |    .017128   .0010884    15.74   0.000     .0149947   .0192613
       _cons |   7.255791   .0121011   599.60   0.000     7.232071    7.27951
------------------------------------------------------------------------------
```

据此，我们可以计算对 H_0：$\beta_2 = \beta_3 = 0$ 进行检验的 F 统计量为：

$$
\begin{aligned}
F &= \frac{(\mathrm{SSE}_R - \mathrm{SSE}_U)/q}{\mathrm{SSE}_U/(N-K)} \\
&= \frac{(2905.16 - 2249.66)/2}{2249.66/(15862-4)} \\
&= 2310.33
\end{aligned}
$$

显然，该 F 值表明结果在 0.001 水平上统计显著，我们应当拒绝零假设 H_0，而认为 β_2 和 β_3 不同时为零。

也许有读者会注意到，在模型（6-1）的输出结果中，针对工作经历和工作经历的平方的检验都在 0.000 水平上统计显著。那么，我们是否可以认为，该联合检验的结果与分别对两者进行 t 检验或 Z 检验所组成的一组检验结果是等价的呢？答案是否定的。因为联合检验所检验的是一组自变量的回归系数是否同时显著地不等于零或某个假设值，而不是组中某一个自变量是否显著。实际上，即使一组自变量中绝大多数自变量的 t 检验或 Z 检验都不显著，联合 F 检验也可能会是统计显著的。另外，后面讲到多元回归模型的整体检验时，读者还会发现，对多个系数的联合 F 检验其实是对模型整体或判定系数 R^2 检验的一个特例。

6.5　回归系数线性组合的检验

实际研究中，我们有时候会就多个回归系数之间的某一线性组合形式提出一些理论假设。比如，$\beta_1 - \beta_2 = 0$，被称作相等假设；$\beta_1 - 10\beta_2 = 0$，被称作成比例假设；或者，$\beta_1 - \beta_2 = 2$，被称作盈余假设。更一般地，我们可以假设 $c_1\beta_1 + c_2\beta_2 = c$，这里 c_1、c_2 和 c 均为研究者所假设的常数。在这种情况下，我们可以把 $c_1\beta_1 + c_2\beta_2$ 看成一个新的综合参数，它应该落在（下限，上限）这样一个区间内。在样本足够大时，可以通过以下步骤来实现对该假设的检验。

第一步：根据回归系数估计值，计算 $c_1b_1 + c_2b_2$，作为 $c_1\beta_1 + c_2\beta_2$ 的点估计值。

第二步：计算 $c_1b_1 + c_2b_2$ 的标准误。首先根据

$$Var(c_1b_1 + c_2b_2) = c_1^2Var(b_1) + c_2^2Var(b_2) + 2c_1c_2Cov(b_1, b_2)$$

求得 $c_1b_1 + c_2b_2$ 的方差，然后计算 $Var(c_1b_1 + c_2b_2)$ 的正平方根。为此，需要求出参数向量 **b** 的方差协方差矩阵，注意：b_1 和 b_2 的方差 $Var(b_1)$ 和 $Var(b_2)$ 位于该矩阵对角线上，而两者的协方差 $Cov(b_1, b_2)$ 则位于对角线之外。

第三步：计算 t 值，公式为 $t = (c_1b_1 + c_2b_2 - c)/\sqrt{Var(c_1b_1 + c_2b_2)}$。然后选定显著性水平，将统计量的数值与 t 分布的临界值进行比较。如果该值大于临界值，那么，应当拒绝零假设，认为该线性组合在选定的显著性水平上显著地不等于 c；否则，将无法拒绝零假设。

下面，我们以 CHIP88 数据为例，来对教育和工作经历的以下线性组合假设加以检验，H_0：$\beta_{edu} - 1.5\beta_{exp} = 0$，此时备择假设为 H_1：$\beta_{edu} - 1.5\beta_{exp} \neq 0$。我们基于样本数据估计以下回归模型：

$$\widehat{logearn} = b_0 + b_1edu + b_2exp \tag{6-4}$$

根据以下 Stata 结果，我们得到的模型是：

$$\widehat{logearn} = 6.622 + 0.040 \times edu + 0.020 \times exp$$

```
. reg  logearn edu exp

      Source |       SS          df       MS        Number of obs   =     15862
-------------+------------------------------        F(  2, 15859)   =   2113.76
       Model |  620.983773         2  310.491886    Prob > F        =    0.0000
    Residual |  2329.53739     15859  .14689056     R-squared       =    0.2105
-------------+------------------------------        Adj R-squared   =    0.2104
       Total |  2950.52116     15861  .186023653    Root MSE        =    .38326

------------------------------------------------------------------------------
     logearn |      Coef.   Std.Err.        t    P>|t|     [95% Conf. Interval]
-------------+----------------------------------------------------------------
         edu |   .0398393     .00104    38.31    0.000     .0378008    .0418777
         exp |   .0198306   .0003168    62.60    0.000     .0192097    .0204515
       _cons |   6.622393    .014826   446.68    0.000     6.593333    6.651454
------------------------------------------------------------------------------
```

第一步：计算得到 $b_{edu}-1.5b_{exp}$ 的点估计值为

$$b_{edu}-1.5b_{exp}=0.0398-1.5\times 0.0198=0.0101$$

第二步：计算 $b_{edu}-1.5b_{exp}$ 的标准误。为此，我们需要得到回归系数 b_{edu} 和 b_{exp} 的方差协方差矩阵。在 Stata 中，我们可以在模型拟合之后通过以下方式得到：

```
. vce

Covariance matrix of coefficients of regress model

        e(V) |         edu          exp        _cons
-------------+--------------------------------------
         edu |   1.082e-06
         exp |   1.149e-07    1.004e-07
       _cons |  -.00001381   -3.205e-06    .00021981
----------------------------------------------------
```

那么，$b_{edu}-1.5b_{exp}$ 的标准误为：

$$\begin{aligned}\sqrt{Var(b_{edu}-1.5b_{exp})} &= \sqrt{Var(b_{edu})+1.5^2Var(b_{exp})-2\times 1.5Cov(b_{edu},b_{exp})}\\ &= \sqrt{0.00000108+2.25\times 0.00000010-3\times 0.00000011}\\ &= \sqrt{0.00000096}\\ &= 0.000981\end{aligned}$$

第三步：计算 t 检验统计量，如下：

$$t = 0.0101/0.000981 = 10.29113$$

这里的自由度为 $df = n - 3 = 15862 - 3 = 15859$。由于 t 值为 10.29，因此，在 0.01 的显著性水平上，我们可以拒绝 H_0：$\beta_{edu} - 1.5\beta_{exp} = 0$ 这一假设，而接受 H_1：$\beta_{edu} - 1.5\beta_{exp} \neq 0$ 的备择假设。这意味着，没有证据表明 1 年的受教育经历与 1.5 年的工作经历所带来的收入回报是等价的。

6.6　本章小结

本章在回顾统计推断基本原理的基础上，强调了避免在统计显著性表述上出现的两种常见错误。第一，忽略统计显著性的表达总是与某个具体假设联系起来的；第二，统计显著性与效应幅度（或实质显著性）之间是有差别的。然后，我们对多元回归中与回归系数有关的统计检验进行了详细介绍，包括单个回归系数的检验、多个回归系数的联合检验以及对回归系数某一线性组合的检验。

第7章 方差分析和 F 检验

在前一章，我们提到多元回归中的统计推论和假设检验涉及两种情形：模型的整体检验和回归系数的检验。我们已经对回归系数的假设检验进行了介绍。在这一章，我们将对模型的整体检验加以介绍。模型整体检验的目的在于确定回归模型的统计可信度，即我们在多大程度上可以将基于样本数据得到的多个自变量与因变量的回归模型推论至研究总体中。与一元线性回归一样，多元回归模型的整体检验通过方差分析（ANOVA）和 F 检验来进行。方差分析所要做的，就是将因变量的变异分解成组内部分和组间部分，然后比较组间部分和组内部分的相对大小，据此来判断基于样本数据得到的回归模型是反映了总体中真实的变异还是只反映了抽样误差的影响。具体地说，方差分析是将总平方和（SST）分解成回归平方和（SSR）与残差平方和（SSE）；然后，在考虑各自自由度影响的基础上，得到回归均方和残差均方，以残差均方为度量单位来测量回归均方的相对大小，从而构造出一个 F 统计量来判断模型整体是否统计显著。用方差分析和 F 检验来进行模型整体检验其实是对模型所涉及的所有回归系数是否同时为零的联合检验。沿用这一思路，我们还可以利用 F 检验来处理前一章讲到的对多个回归系数进行单独及联合检验的问题。下面将对回归模型中的方差分析和 F 检验进行介绍。

7.1 一元线性回归中的方差分析

7.1.1 方差的分解

假设一元线性回归模型为：

$$y = \beta_0 + \beta_1 x + \varepsilon \tag{7-1}$$

OLS 估计得到的回归模型为：

$$y_i = b_0 + b_1 x_i + e_i \tag{7-2}$$

则该一元线性模型的预测值为 $\hat{y}_i = b_0 + b_1 x_i$。

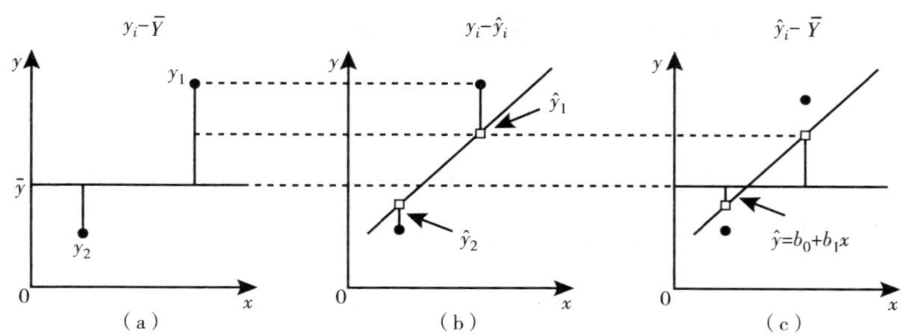

图 7－1　离差的分解示意图

第 1 章讲过，变量 Y 的方差是此变量的不同取值 y_i 与其平均值 $\bar{Y}$ 的离差平方和的平均值。与之相应的平方和称为总平方和 SST（sum of squares total），即如图 7－1（a）所示因变量的观察值 y_i 与平均值 $\bar{Y}$ 之间距离的平方和。从图中我们可以看出，如果所有因变量的观察值 y_i 相同，则 SST 为 0；而观察值 y_i 越分散，则 SST 越大。

那么，

$$\begin{aligned}
SST &= \sum [y_i - \bar{Y}]^2 \\
&= \sum [y_i - (b_0 + b_1 x_i) + (b_0 + b_1 x_i) - \bar{Y}]^2 \\
&= \sum [y_i - (b_0 + b_1 x_i)]^2 + \sum [(b_0 + b_1 x_i) - \bar{Y}]^2 + \\
&\quad 2\sum [y_i - (b_0 + b_1 x_i)][(b_0 + b_1 x_i) - \bar{Y}] \\
&= \sum [e_i]^2 + \sum [(b_0 + b_1 x_i) - \bar{Y}]^2 \\
&= SSE + SSR
\end{aligned}$$

其中，残差平方和 SSE（sum of squares error）$= \sum [e_i]^2$ 代表回归方程不能解释的平方和，即如图 7－1（b）所示因变量的观测值 y_i 与估计值 $\hat{y}_i$ 之间距离的平方和。如果所有的观察值 y_i 都在回归直线 $\hat{y} = b_0 + b_1 x$ 上，则 SSE 为 0；而如果 y_i 分布距离回归直线越远，则 SSE 越大。回归平方和 SSR（sum of squares regression) = $\sum[(b_0 + b_1x_i) - \bar{Y}]^2$ 代表回归方程能够解释的平方和，即如图 7－1（c）中所示因变量的估计值 $\hat{y}_i$ 和平均值 $\bar{Y}$ 之间距离的平方和。如果回归直线是水平的（即 $\hat{y}_i - \bar{Y} \equiv 0$），则 SSR 为 0；而如果回归直线的斜率的绝对值越大，则 SSR 越大。SSR 相对于 SST 越大，则回归直线能解释的因变量的平方和也越大。

这里我们需要注意，根据 OLS 估计，我们可以证明：

$$\sum[y_i - (b_0 + b_1x_i)][(b_0 + b_1x_i) - \bar{Y}] = \sum e_i[(b_0 + b_1x_i) - \bar{Y}] = 0$$

于是，因变量的总平方和才可以分解为回归平方和与残差平方和。也就是说，我们利用常规最小二乘法求解时，总有：

$$\text{SST} = \text{SSE} + \text{SSR} \tag{7-3}$$

我们还可以从另一个角度来理解方差分析。在任何一个总体中，如果把自变量 X 看作一个随机变量，就可以把因变量的总方差 $Var(Y)$ 分解为 X 组内方差和 X 组间方差，具体如下式所示：

$$Var(Y) = E_x[Var(Y|X)] + Var_x[E(Y|X)] \tag{7-4}$$

其中，$E_x[Var(Y|X)]$ 是平均组内方差，$Var_x[E(Y|X)]$ 是组间方差。式（7－4）中的下标在 1.3.7 节中已做了说明。由于在任一特定总体内，总方差是保持不变的，则从式（7－4）可以看出，组间差异越大，则组内差异越小。

7.1.2 矩阵形式的方差分析

这里我们简单介绍一下矩阵形式的方差分析。

$$\begin{aligned}
\text{SST} &= \sum[y_i - \bar{Y}]^2 \\
&= \sum(y_i^2 + \bar{Y}^2 - 2\bar{Y}y_i) \\
&= \sum y_i^2 + \sum \bar{Y}^2 - \sum 2\bar{Y}y_i \\
&= \sum y_i^2 + n\bar{Y}^2 - 2n\bar{Y}^2 \quad (\text{其中} \sum y_i = n\bar{Y}) \qquad (7-5) \\
&= \sum y_i^2 - n\bar{Y}^2 \\
&= \mathbf{y'y} - n\bar{Y}^2 \\
&= \mathbf{y'y} - (1/n)\mathbf{y'Jy}
\end{aligned}$$

$$
\begin{aligned}
\text{SSE} &= \mathbf{e}'\mathbf{e} \\
\text{SSR} &= \sum [\mathbf{x}_i'\mathbf{b} - \overline{Y}]^2 \\
&= \sum [(\mathbf{x}_i'\mathbf{b})^2 + \overline{Y}^2 - 2(\mathbf{x}_i'\mathbf{b})\overline{Y}] \\
&= \sum [(\mathbf{x}_i'\mathbf{b})^2] + n\overline{Y}^2 - 2\overline{Y}\sum(\mathbf{x}_i'\mathbf{b}) \\
&= \sum [(\mathbf{x}_i'\mathbf{b})^2] + n\overline{Y}^2 - 2\overline{Y}\sum(y_i - e_i) \qquad (7-6) \\
&= \sum [(\mathbf{x}_i'\mathbf{b})^2] + n\overline{Y}^2 - 2n\overline{Y}^2 \\
&= \sum [(\mathbf{x}_i'\mathbf{b})^2] - n\overline{Y}^2 \\
&= \mathbf{b}'\mathbf{X}'\mathbf{X}\mathbf{b} - n\overline{Y}^2 \\
&= \mathbf{b}'\mathbf{X}'\mathbf{y} - (1/n)\mathbf{y}'\mathbf{J}\mathbf{y}
\end{aligned}
$$

其中，$\mathbf{J} = \begin{bmatrix} 1 & 1 & \cdots & 1 \\ 1 & 1 & \cdots & 1 \\ \vdots & \vdots & \ddots & \vdots \\ 1 & 1 & \cdots & 1 \end{bmatrix}_{n \times n}$，$\sum y_i = n\overline{Y}$，$\sum e_i = 0$。我们可以用矩阵证明式（7－3）成立。由于

$$
\begin{aligned}
\mathbf{y}'\mathbf{y} &= (\mathbf{X}\mathbf{b} + \mathbf{e})'\mathbf{y} \\
&= \mathbf{b}'\mathbf{X}'\mathbf{y} + \mathbf{e}'\mathbf{y} \\
&= \mathbf{b}'\mathbf{X}'\mathbf{y} + \mathbf{e}'(\mathbf{X}\mathbf{b} + \mathbf{e})
\end{aligned}
$$

其中，最小二乘法保证了 $\mathbf{e}'\mathbf{X}\mathbf{b} = 0$。从而，我们可以得到

$$
\begin{aligned}
\text{SST} &= \mathbf{y}'\mathbf{y} - (1/n)\mathbf{y}'\mathbf{J}\mathbf{y} \\
&= \mathbf{b}'\mathbf{X}'\mathbf{y} + \mathbf{e}'\mathbf{e} - (1/n)\mathbf{y}'\mathbf{J}\mathbf{y} \\
&= [\mathbf{b}'\mathbf{X}'\mathbf{y} - (1/n)\mathbf{y}'\mathbf{J}\mathbf{y}] + \mathbf{e}'\mathbf{e} \\
&= \text{SSR} + \text{SSE}
\end{aligned}
$$

7.1.3　自由度的分解

因为我们采用最小二乘法估计，式（7－3）永远成立。但在一个样本中，式（7－4）是需要估计的。估计方差需要知道与不同平方和相应的自由度。SST 的自由度为 $n-1$。这里损失了一个自由度是因为因变量的离差（$y_i - \overline{Y}$）有一个限制条件：

$\sum(y_i - \bar{Y}) = 0$，也就是说，这个自由度的损失是因为我们利用样本均值来估计总体均值。

SSE 的自由度为 $n-2$。这里损失了两个自由度是因为得到因变量的估计值 $\hat{y}_i$ 需要估计两个参数 β_0 和 β_1。

SSR 的自由度为 1。这里虽然有 n 个离差 $\hat{y}_i - \bar{Y}$，但是所有的估计值 $\hat{y}_i$ 都是从相同的回归直线计算得到的，而这条回归直线只有两个自由度：截距 β_0 和斜率 β_1。这两个自由度的其中一个损失了是因为所有的回归离差 $\hat{y}_i - \bar{Y}$ 之和必须为 0，即 $\sum(\hat{y}_i - \bar{Y}) = 0$。

这里我们需要注意，SST 的自由度是 SSE 和 SSR 的自由度之和，即

$$n - 1 = (n - 2) + 1 \tag{7-7}$$

7.1.4 均方

平方和除以其相应的自由度即可得到均方（mean square，简称 MS）。均方的概念其实我们并不陌生。实际上，一般的样本方差就是一个均方，因为样本方差等于平方和 $\sum[y_i - \bar{Y}]^2$ 除以其自由度（$n-1$）。现在我们感兴趣的是回归均方（mean square regression，简称 MSR）和残差均方（mean square error，简写为 MSE）。在一元线性回归中，

$$\mathrm{MSR} = \frac{\mathrm{SSR}}{1} = \mathrm{SSR} \tag{7-8}$$

$$\mathrm{MSE} = \frac{\mathrm{SSE}}{n-2} \tag{7-9}$$

这里需要注意，回归均方 MSR 和残差均方 MSE 相加不等于总方差的均方 $\frac{\mathrm{SST}}{n-1}$。MSE 和 MSR 分别是对式（7-4）中平均组内方差 $E_x[Var(Y|X)]$ 和组间方差 $Var_x[E(Y|X)]$ 的无偏估计。

7.1.5 方差分析表

方差分析表是用来呈现因变量的总平方和 SST 及其自由度的分解的。一般情况下，均方也会出现在方差分析表中。方差分析表通过样本来估计总体中因变量的总方差分解，即式（7-4）中的三个方差。随着样本规模不断增大，方差分

析表中的各个方差将越来越趋近式（7－4）的值。通常统计软件输出的方差分析表如表 7－1 所示。

表 7－1　方差分析表格式

Source of Variation	SS	DF	MS	F	with
Regression	SSR	DF(R)	SSR/DF(R)	MSR/MSE	[DF(R), DF(E)]
Error	SSE	DF(E)	SSE/DF(E)		
Total	SST	DF(T)	SST/ DF(T)		

下面我们通过介绍一个例子来讨论一元线性回归模型的方差分析。假设有一个一元线性回归模型：

$$\hat{y} = -1.7 + 0.84x$$

且已知 $\sum x_i = 100$，$\sum y_i = 50$，$\sum x_i^2 = 509.12$，$\sum y_i^2 = 134.84$，$\sum x_i y_i = 257.66$，SST 的自由度为 19，那么我们就可以求出方差分析表（表 7－1）中的各项结果：

由于 SST 的自由度为 19，所以，拟合模型所用的样本数为 $n = 19 + 1 = 20$。

因变量的均值为 $\bar{Y} = \dfrac{\sum y_i}{n} = \dfrac{50}{20} = 2.5$。

根据式（7－5）、式（7－6）和式（7－3），分别可以得到：

$$SST = \sum y_i^2 - n\bar{Y}^2 = 134.84 - 20 \times 2.5 \times 2.5 = 9.84$$

$$\begin{aligned} SSR &= \sum [(\mathbf{x}_i'\mathbf{b})^2] - n\bar{Y}^2 \\ &= \sum [(-1.7 + 0.84x_i)^2] - 20 \times 2.5 \times 2.5 \\ &= \sum [(-1.7)^2 + (0.84x_i)^2 - 2 \times 1.7 \times (0.84x_i)] - 125 \\ &= 20 \times (-1.7)^2 + (0.84)^2 \times \sum (x_i)^2 - 2 \times 1.7 \times 0.84 \times \sum x_i - 125 \\ &= 20 \times 1.7 \times 1.7 + 0.84 \times 0.84 \times 509.12 - 2 \times 1.7 \times 0.84 \times 100 - 125 \\ &= 6.44 \end{aligned}$$

$$SSE = SST - SSR = 9.84 - 6.44 = 3.40$$

以上是关于总离差平方和的分解。现在将其按自由度进行分解。SST 的自由度为 19；SSR 的自由度为回归模型的参数个数减 1，即 $2 - 1 = 1$；SSE 的自由度为 20 - 2 = 18。从而我们可以计算出均方 MS。

$$MSE = SSE/(n-2) = 3.40/(20-2) = 0.19$$
$$MSR = SSR/1 = SSR = 6.44$$

从而，我们可以得到这个模型的方差分析表，如表 7 - 2 所示。

表 7 - 2 模型 $y = -1.70 + 0.840x$ 的方差分析表

Source of Variation	SS	DF	MS	F	with
Regression	6.44	1	6.44	6.44/0.19 = 33.89	(1,18)
Error	3.40	18	0.19		
Total	9.84	19			

7.2 多元线性回归中的方差分析

前面介绍了一元线性回归的方差分析，这一节我们将介绍多元线性回归中的方差分析。多元线性回归中的方差分析与一元线性回归的方差分析基本相同，其主要差别在于其回归平方和（SSR）还能继续分解为附加平方和（extra sum of squares，简称 ESS）。

7.2.1 方差的基本分解

假设多元线性回归模型为：

$$\mathbf{y} = \mathbf{X}\boldsymbol{\beta} + \boldsymbol{\varepsilon} \tag{7-10}$$

其中 $\mathbf{X} = \begin{bmatrix} 1 & x_{11} & \cdots & x_{1,p-1} \\ \vdots & \vdots & \ddots & \vdots \\ 1 & x_{i1} & \cdots & x_{i,p-1} \\ \vdots & \vdots & \ddots & \vdots \\ 1 & x_{n1} & \cdots & x_{n,p-1} \end{bmatrix}$，$\mathbf{Y} = \begin{bmatrix} y_1 \\ \vdots \\ y_i \\ \vdots \\ y_n \end{bmatrix}$，$\boldsymbol{\beta} = \begin{bmatrix} \beta_0 \\ \beta_1 \\ \vdots \\ \beta_{p-1} \end{bmatrix}$，$\boldsymbol{\varepsilon} = \begin{bmatrix} \varepsilon_1 \\ \vdots \\ \varepsilon_i \\ \vdots \\ \varepsilon_n \end{bmatrix}$，假设 $\mathbf{x}_i$ 是表示自变量的第 i 个观察值的 p 维列向量，即 $\mathbf{x}_i = \begin{bmatrix} 1 \\ x_{i1} \\ \vdots \\ x_{i,p-1} \end{bmatrix}$，则

$$y_i = \mathbf{x}_i'\boldsymbol{\beta} + \varepsilon_i \tag{7-11}$$

这个多元线性回归模型的预测值为 $\mathbf{x}_i'\boldsymbol{\beta}$。

在多元线性回归模型中，式（7－3）仍然成立。同样地，我们可以得到：①

$$\text{SST} = \text{SSE} + \text{SSR} \tag{7-12}$$

$$\text{SST} = \sum[y_i - \overline{Y}]^2 = \sum y_i^2 - n\overline{Y}^2 = \mathbf{y}'\mathbf{y} - \left(\tfrac{1}{n}\right)\mathbf{y}'\mathbf{J}\mathbf{y} \tag{7-13}$$

$$\text{SSE} = \mathbf{e}'\mathbf{e} \tag{7-14}$$

$$\text{SSR} = \sum[\mathbf{x}_i'\mathbf{b} - \overline{Y}]^2 = \sum[(\mathbf{x}_i'\mathbf{b})^2] - n\overline{Y}^2 = \mathbf{b}'\mathbf{X}'\mathbf{y} - \left(\tfrac{1}{n}\right)\mathbf{y}'\mathbf{J}\mathbf{y} \tag{7-15}$$

其中，$\mathbf{J} = \begin{bmatrix} 1 & 1 & \cdots & 1 \\ 1 & 1 & \cdots & 1 \\ \vdots & \vdots & \ddots & \vdots \\ 1 & 1 & \cdots & 1 \end{bmatrix}$，$\sum y_i = n\overline{Y}, \sum e_i = 0$ 。

多元线性回归中，SST 的自由度仍然为 $n-1$，这里损失了一个自由度是因为我们利用了样本均值来估计总体均值。SSE 的自由度为 $n-p$，损失了 p 个自由度是因为因变量的估计值 $\hat{y}$（基于多元线性回归模型）需要估计 p 个参数。SSR 的自由度为 $p-1$，这里虽然有 n 个离差 $\hat{y}_i - \overline{Y}$，但是所有的估计值 $\hat{y}_i$ 都是基于相同的回归直线计算得到的，而这条回归直线只有 p 个自由度，其中一个自由度损失了是因为所有的回归离差 $\hat{y}_i - \overline{Y}$ 之和必须为 0，即 $\sum(\hat{y}_i - \overline{Y}) = 0$ 。这里我们仍然可以得到，SST 的自由度是 SSE 和 SSR 的自由度之和，即：

$$n - 1 = (n - p) + (p - 1) \tag{7-16}$$

那么，回归均方（MSR）和残差均方（MSE）分别为：

$$\text{MSR} = \frac{\text{SSR}}{p-1} \tag{7-17}$$

$$\text{MSE} = \frac{\text{SSE}}{n-p} \tag{7-18}$$

① 这些等式的证明与前面一元线性回归中的证明相同。

这里要注意，回归均方 MSR 和残差均方 MSE 相加不等于总的均方$\frac{\text{SST}}{n-1}$。多元线性回归中的基本方差分析表也与表 7－1 所示相同。

7.2.2 嵌套模型

在介绍附加平方和之前，我们首先来介绍嵌套模型（nested models）的概念。如果一个模型（模型一）中的自变量为另一个模型（模型二）中的自变量的子集或子集的线性组合，我们就称这两个模型是嵌套模型。模型一称为限制性模型（restricted model），模型二称为非限制性模型（unrestricted model）。限制性模型嵌套于非限制性模型中。

假设模型 A 中有自变量（1，X_1，X_2），模型 B 中有自变量（1，X_1，X_2，X_3），模型 C 中的自变量为（1，X_1，X_2+X_3），模型 D 中的自变量为（1，X_2+X_3），那么

- 模型 A 和模型 B 是嵌套模型。模型 A 称为限制性模型，模型 B 称为非限制性模型。称模型 A 为限制性模型是因为相对于模型 B，模型 A 将自变量 X_3 的回归系数限定为 0，即 $\beta_3=0$。
- 模型 C 和模型 A 不是嵌套模型。因为模型 A 中的自变量不是模型 C 中自变量的子集或线性组合，反之亦然。
- 模型 C 和模型 B 是嵌套模型。模型 C 为限制性模型，模型 B 为非限制性模型，因为相对于模型 B，模型 C 将 X_2，X_3 的系数设定为相等，即 $\beta_2=\beta_3$。
- 模型 C 和模型 D 是嵌套模型。模型 D 为限制性模型，模型 C 为非限制性模型，因为相对于模型 C，模型 D 将 X_1 的系数设定为 0，即 $\beta_1=0$。
- 模型 D 和模型 A 不是嵌套模型。因为模型 D 中的自变量不是模型 A 中自变量的子集或线性组合，反之亦然。
- 模型 D 和模型 B 是嵌套模型。模型 D 为限制性模型，模型 B 为非限制性模型，因为相对于模型 B，模型 D 将 X_1 的系数设定为 0，并将 X_2，X_3 的系数设定为相等，即 $\beta_1=0$ 且 $\beta_2=\beta_3$。

7.2.3 附加平方和

附加平方和（ESS）是指通过在已有的回归模型中增加一个或多个自变量而减少的残差平方和，或增加的回归平方和。只有当两个模型嵌套时才能计算附加平方和。假设因变量为 Y，自变量为 X_1、X_2 和 X_3，有以下四个回归模型：

模型一：　$Y = \beta_0 + \beta_1 X_1 + \varepsilon$

模型二：　$Y = \beta_0 + \beta_2 X_2 + \varepsilon$

模型三：　$Y = \beta_0 + \beta_1 X_1 + \beta_2 X_2 + \varepsilon$

模型四：　$Y = \beta_0 + \beta_1 X_1 + \beta_2 X_2 + \beta_3 X_3 + \varepsilon$

可以看出，模型一嵌套于模型三中，也嵌套于模型四中；模型二嵌套于模型三中，也嵌套于模型四中；模型三嵌套于模型四中；模型一和模型二不是嵌套模型。将模型一、二、三、四的回归平方和、残差平方和分别标注为 $SSR(X_1)$，$SSE(X_1)$；$SSR(X_2)$，$SSE(X_2)$；$SSR(X_1, X_2)$，$SSE(X_1, X_2)$ 和 $SSR(X_1, X_2, X_3)$，$SSE(X_1, X_2, X_3)$。从模型一到模型三，X_2 为附加变量，其附加平方和定义为：

$$SSR(X_2 | X_1) = SSR(X_1, X_2) - SSR(X_1)$$

$$\text{或 } SSR(X_2 | X_1) = SSE(X_1) - SSE(X_1, X_2)$$

对于模型二和模型三，X_1 为附加变量，其附加平方和定义为：

$$SSR(X_1 | X_2) = SSR(X_1, X_2) - SSR(X_2)$$

$$\text{或 } SSR(X_1 | X_2) = SSE(X_2) - SSE(X_1, X_2)$$

对于模型三和模型四，附加变量为 X_3，其附加平方和定义为：

$$SSR(X_3 | X_1, X_2) = SSR(X_1, X_2, X_3) - SSR(X_1, X_2)$$

$$\text{或 } SSR(X_3 | X_1, X_2) = SSE(X_1, X_2) - SSE(X_1, X_2, X_3)$$

对于模型一和模型四，附加变量组为 X_2，X_3，其附加平方和定义为：

$$SSR(X_2, X_3 | X_1) = SSR(X_1, X_2, X_3) - SSR(X_1)$$

$$\text{或 } SSR(X_2, X_3 | X_1) = SSE(X_1) - SSE(X_1, X_2, X_3)$$

对于模型二和模型四，附加变量组为 X_1，X_3，其附加平方和定义为：

$$SSR(X_1, X_3 | X_2) = SSR(X_1, X_2, X_3) - SSR(X_2)$$

$$\text{或 } SSR(X_1, X_3 | X_2) = SSE(X_2) - SSE(X_1, X_2, X_3)$$

7.2.4　回归平方和的分解

在多元线性回归中，我们可以将回归平方和 SSR 继续分解为几项附加平方和之和，下面以两个自变量 X_1 和 X_2 的模型（模型三）为例来加以说明。这个模型的总平方和可以分解为：

$$SST = SSR(X_1, X_2) + SSE(X_1, X_2) \tag{7-19}$$

我们再看单个自变量 X_1 模型（模型一）的总平方和为：

$$SST = SSR(X_1) + SSE(X_1) \tag{7-20}$$

根据前面的定义：

$$SSR(X_2 | X_1) = SSE(X_1) - SSE(X_1, X_2)$$

我们可把式（7－20）改写为：

$$SST = SSR(X_1) + SSR(X_2 | X_1) + SSE(X_1, X_2) \tag{7-21}$$

比较式（7－19）和（7－21）可以得到：

$$SSR(X_1, X_2) = SSR(X_2 | X_1) + SSR(X_1) \tag{7-22}$$

从而，我们把模型三的回归平方和分解为两个部分：简单线性模型中 X_1 的贡献 $SSR(X_1)$，和在已有 X_1 的模型中加入 X_2 的附加贡献 $SSR(X_2 | X_1)$。

当然，仅包含 X_1 和 X_2 的模型的回归平方和也可分解为：

$$SSR(X_1, X_2) = SSR(X_1 | X_2) + SSR(X_2)$$

当回归模型有三个自变量（如模型四）时，$SSR(X_1, X_2, X_3)$ 可以有多种分解方式。下面列出其中的四种：

$$\begin{aligned} SSR(X_1, X_2, X_3) &= SSR(X_1) + SSR(X_2 | X_1) + SSR(X_3 | X_1, X_2) \\ &= SSR(X_2) + SSR(X_3 | X_2) + SSR(X_1 | X_2, X_3) \\ &= SSR(X_3) + SSR(X_1 | X_3) + SSR(X_2 | X_1, X_3) \\ &= SSR(X_1) + SSR(X_2, X_3 | X_1) \end{aligned}$$

从中我们可以看出，当模型的自变量个数增加时，SSR 可能的分解方式也快速增加。

7.2.5 方差分析表（包括回归平方和 SSR 的分解）

在多元回归分析中，我们可以继续分解方差分析表中的 SSR，即把表 7－1 中的 SSR 继续分解为 ESS 的组合，下面我们以三个自变量 X_1、X_2 和 X_3 的多元线性回归模型（模型四）为例来介绍。模型四的总平方和为：

$$SST = SSR(X_1, X_2, X_3) + SSE(X_1, X_2, X_3) \tag{7-23}$$

我们已知式（7－23）可以被分解为：

$$SST = SSR(X_1) + SSR(X_2 \mid X_1) + SSR(X_3 \mid X_1, X_2) + SSE(X_1, X_2, X_3) \quad (7-24)$$

也就是说，模型四的总平方和可以分解为以下四项：

$$SSR(X_1),\ SSR(X_2 \mid X_1),\ SSR(X_3 \mid X_1, X_2) \text{ 和 } SSE(X_1, X_2, X_3)$$

这里我们需要注意，前面三个附加平方和的自由度都是 1，而后面的残差平方和为 $n-4$。因此，各项附加平方和的均方为：

$$MSR(X_1) = \frac{SSR(X_1)}{1}$$

$$MSR(X_2 \mid X_1) = \frac{SSR(X_2 \mid X_1)}{1}$$

$$MSR(X_3 \mid X_1, X_2) = \frac{SSR(X_3 \mid X_1, X_2)}{1}$$

$$MSE(X_1, X_2, X_3) = \frac{SSE(X_1, X_2, X_3)}{n-4}$$

根据以上分析，我们可以得到如表 7－3 所示的方差分析表。

表 7－3　三个自变量模型的方差分析表（包括 SSR 的分解）

Source of Variation	SS	DF	MS
Regression	$SSR(X_1, X_2, X_3)$	3	$SSR(X_1, X_2, X_3)/3$
X_1	$SSR(X_1)$	1	$SSR(X_1)/1$
$X_2 \mid X_1$	$SSR(X_2 \mid X_1)$	1	$SSR(X_2 \mid X_1)/1$
$X_3 \mid X_1, X_2$	$SSR(X_3 \mid X_1, X_2)$	1	$SSR(X_3 \mid X_1, X_2)/1$
Error	$SSE(X_1, X_2, X_3)$	$n-4$	$SSE/(n-4)$
Total	SST	$n-1$	$SST/(n-1)$

现在，我们以 CHIP88 数据为例来计算包括 SSR 分解的方差分析表。我们将研究性别、教育对收入的影响，通过 Stata 我们可以计算得到表 7－4（a）、（b）、（c）中的各项结果。[①] 根据前三个模型，可以得到：

$$SSR(X_1) = 124.2,\quad SSR(X_2) = 45.4,\quad SSR(X_1, X_2) = 152.7$$

① 在计算过程中，我们可能发现 Stata 的输出结果和常用的稍微不同。一般我们使用 SSE 来指代 Sum of Squares Error，但是 Stata 是使用 SSR（Sum of Squares Residual）来指代这一数值的。此外，在经济学的很多书里面都用 SSE 来表示 Sum of Squares Explained，也就是我们这里的回归平方和 SSR（sum of squares regression），这刚好与我们使用的名称相反。

从而我们得到：

$$SSR(X_2 \mid X_1) = SSR(X_1, X_2) - SSR(X_1) = 152.7 - 124.2 = 28.5$$

$$SSR(X_1 \mid X_2) = SSR(X_1, X_2) - SSR(X_2) = 152.7 - 45.4 = 107.3$$

我们可以画一个示意图来表示包括 SSR 分解的方差分析，如图 7－2 所示。

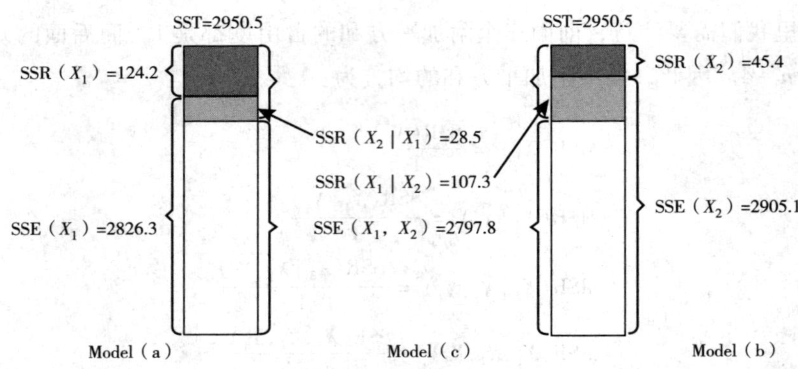

图 7－2　包括 SSR 分解的方差分析示意图——以 CHIP88 数据为例

基于前面的计算结果，我们可以得到表 7－4（d）、（e），即包括 SSR 分解的方差分析表。注意，$SSR(X_2 \mid X_1)$，$SSR(X_1 \mid X_2)$ 的自由度都是 1。从表 7－4 可以看出，基于已有模型，加到模型中的新变量能解释的附加平方和 ESS 一般来说要比此变量独立做解释变量时的回归平方和 SSR 小。这是因为模型中的已有变量和新加入的变量相关，即教育与性别相关。

表 7－4　方差分析表（包括 SSR 的分解）

（a）回归模型（Y 收入、X_1 性别）			
Source of Variation	SS	DF	MS
Regression	124.2	1	124.2
Error	2826.3	15860	0.178
Total	2950.5	15861	0.186
（b）回归模型（Y 收入、X_2 受教育程度）			
Source of Variation	SS	DF	MS
Regression	45.4	1	45.4
Error	2905.1	15860	0.183
Total	2950.5	15861	0.186

续表 7-4

(c) 回归模型(Y 收入、X_1 性别、X_2 受教育程度)			
Source of Variation	SS	DF	MS
Regression	152.7	2	76.4
Error	2797.8	15859	0.176
Total	2950.5	15861	0.186

(d) 回归模型(Y 收入、X_1 性别、X_2 受教育程度)			
Source of Variation	SS	DF	MS
Regression	152.7	2	76.4
X_1	124.2	1	124.2
$X_2 \mid X_1$	28.5	1	28.5
Error	2797.8	15859	0.176
Total	2950.5	15861	0.186

(e) 回归模型(Y 收入、X_1 性别、X_2 受教育程度)			
Source of Variation	SS	DF	MS
Regression	152.7	2	76.4
X_2	45.4	1	45.4
$X_1 \mid X_2$	107.3	1	107.3
Error	2797.8	15859	0.176
Total	2950.5	15861	0.186

7.3 方差分析的假定条件

我们可以看出方差分析是建立在对回归方程使用最小二乘法估计的基础上的。所以，方差分析的假定条件和最小二乘法估计的假定条件是一致的，即以下几个假定：

- 假定 $\mathbf{X}'\mathbf{X}$ 是非奇异的，从而保证最小二乘估计 b 的解存在。
- 正交假定（A1）：$\mathbf{X}'\boldsymbol{\varepsilon}=0$，从而保证方差分析表能得到关于总体方差分析的无偏估计〔式（7-4）〕。因为只有当 X 和 ε 之间的协方差为 0，从而 b 是 β 的无偏估计时，才能得到总体方差分析的无偏估计。
- 独立同分布假定（A2）：对于估计 $Var_i(\varepsilon_i)$，需要同分布假定和无序列相关假定。
- 正态分布假定（A3）：对于小样本，还需要假定 ε_i 服从正态分布。

7.4 *F* 检验

前面介绍的回归方差分析的主要目的在于对回归方程进行检验。我们可以通过 *F* 检验（*F* – Tests）来检验因变量 Y 和自变量 X_1，X_2，X_3，…的线性关系是否显著，即判断所有的回归系数中是否至少有一个不等于 0。我们不仅可以利用 *F* 检验来检验回归模型，而且可以用它来检验模型中的某个回归系数是否为 0。*F* 检验是比 *t* 检验更为一般的统计检验。*F* 检验通过比较回归均方 MSR 与残差均方 MSE 来构造检验统计量：

$$F_{df_1, df_2} = \frac{\text{MSR}}{\text{MSE}} \tag{7-25}$$

可以看到，*F* 统计量有两个自由度，即分子的自由度 df_1 和分母的自由度 df_2。df_1 等于 SSR 的自由度，df_2 等于 SSE 的自由度。零假设（null hypothesis）认为回归方程解释的方差是出于偶然性，而 *F* 统计量正是用来检验由备择假设（alternative hypothesis）所解释的方差是否出于偶然性，这里，偶然性的程度是用 MSE 来衡量的。*F* 检验值通常都大于 1。*F* 值越大于 1，零假设就越可能不真实（即拒绝零假设的可能性越大）。我们可以比较计算出来的 *F* 统计量和 *F* 检验表中的 *F* 值，然后决定是否拒绝零假设。

线性回归中的许多检验都可以通过 *F* 检验来进行，这是因为我们可以用 7.2.2 节介绍的嵌套模型做 *F* 检验。在两个嵌套模型中，我们可以用 *F* 检验来检验限制性模型中的限定假设。而 *F* 检验也只能用来检验嵌套模型，两个不嵌套的模型是不能用 *F* 统计量进行检验的。

我们运行两个嵌套模型：限制性模型（restricted model，简称 R）和非限制性模型（unrestricted model，简称 U）。这两个模型的 SST 相同，但 SSE 和 SSR 不同。*F* 统计量为：

$$F_{(df_r - df_u), df_u} = \frac{(\text{SSE}_r - \text{SSE}_u)/[df(\text{SSE}_r) - df(\text{SSE}_u)]}{\text{SSE}_u/df_u} \tag{7-26}$$

$$\text{或 } F_{(df_u - df_r), df_u} = \frac{(\text{SSR}_u - \text{SSR}_r)/[df(\text{SSR}_u) - df(\text{SSR}_r)]}{\text{SSE}_u/df_u} \tag{7-27}$$

其中，$df(\text{SSE}_r) - df(\text{SSE}_u) = df(\text{SSR}_u) - df(\text{SSR}_r) = \Delta df$。这个自由度增量是限制模型中约束条件的数目，也就是两个模型中参数个数的变化。式（7 – 27）也

可以表示为：

$$F_{(df_u - df_r), df_u} = \frac{(R_u^2 - R_r^2)/\Delta df}{(1 - R_u^2)/df_u} \tag{7-28}$$

注意，当 F 统计量的第一自由度等于 1 时，有

$$t_{df}^{\ 2} = F_{1, df} \tag{7-29}$$

也就是说，当 F 统计量的第一自由度等于 1 时，我们既可以采用 F 检验，也可以采用 t 检验，两者的结论完全相同。换句话说，t 检验是 F 检验在分子自由度等于 1 时的一种特例。

7.5　判定系数增量

在第 3 章我们简单介绍了判定系数（coefficient of determination）。判定系数指回归平方和占总平方和的比例，记为 R^2。通常我们把它理解为回归方程解释掉的平方和占其总平方和的比例。

$$\mathrm{R}^2 = \frac{\mathrm{SSR}}{\mathrm{SST}} \tag{7-30}$$

当我们在回归模型中加入新的自变量时，R^2 会增加。我们将增加的 R^2 称为判定系数增量（Incremental R^2）。这一增量意味着有更多的平方和被模型所解释，或者说 SSR 增加而 SSE 减少了。

当回归方程中加入更多的自变量时，我们会发现：

（1）SST 保持不变；

（2）SSR 会增加（至少不减少）；

（3）SSE 会减少（至少不增加）；

（4）R^2 会增加（至少不减少）；

（5）MSR 一般情况下会增加；

（6）MSE 一般情况下会减少；

（7）回归方程 F 检验值一般情况下会增加。

需要注意的是，对于上述的第（5）项和第（7）项，当回归模型中加入了不相关的变量时，对解释平方和没有贡献，却消耗了更多的自由度，此时可能导致不好的模型。

7.6 拟合优度的测量

第3章介绍了评价回归直线拟合优度的方法，这里我们介绍几种回归模型拟合优度（goodness of fit）的测量方法。

判定系数 R^2

判定系数 R^2 对模型整体的拟合优度来说是一个有启发意义的测量。但是它没有相应的检验统计量。R^2测量了因变量的平方和中被模型所“解释”的比例：

$$R^2 = \frac{SSR}{SST} = \frac{SSR}{SSR + SSE}$$

R^2 越大，说明模型拟合得越好。

模型的 F 检验

模型的 F 检验是对一个联合假设进行检验，即模型中除常数项以外的所有回归系数都是0。与 F 检验相对应的自由度为：分子的自由度为 $p-1$，分母的自由度为 $n-p$。即：

$$F(p-1, n-p) = \frac{MSR}{MSE}$$

对单个参数的 t 检验

t 检验用于对单个参数的检验，其假设是模型的某个回归系数等于某个特定值（通常为0）。

$$t_k = (b_k - \beta_{k0}) / \sqrt{SE_k}$$

其中，SE_k 是 $\mathrm{MSE}(\mathbf{X}'\mathbf{X})^{-1}$ 中对角线上的元素，其自由度为 $n-p$。

判定系数增量

相对于一个限制性模型 R，非限制性模型 U 的 R^2 增量为：

$$\Delta R^2 = R_u^2 - R_r^2 \tag{7-31}$$

嵌套模型的 F 检验

嵌套模型的 F 检验是 F 检验和 t 检验的最一般形式。

$$F_{(df_u - df_f), df_u} = \frac{(SSE_r - SSE_u) / [df(SSE_r) - df(SSE_u)]}{SSE_u / df_u}$$

如果非限制性模型与限制性模型之间只相差一个参数的话，F 检验与 t 检验是等价的。如果将只有截距的模型作为限制性模型，而将某一被考虑到的模型作为非限制性模型的话，那么这一模型的 F 检验可看成是对这组特殊的嵌套模型的 F 检验。

7.7　实例分析

社会学经常研究高中生数学成绩的社会影响因素，下面我们就以此为例来说明方差分析。研究的样本数为 400 个高中生①，它包括以下几个变量：

Y：数学成绩
X_1：父亲的受教育程度
X_2：母亲的受教育程度
X_3：家庭的社会地位
X_4：兄弟姐妹数
X_5：班级排名
X_6：父母总的受教育程度（注意，$X_6 = X_1 + X_2$）

从回归模型的计算中，我们可以得到表 7－5 中所有空白处的数据。

表 7－5　方差分析表——以高中生的数学成绩为例

Model	SST	SSR	SSE	DF(SSE)	R^2
(a) $Y \mid (1\ X_1\ X_2\ X_3\ X_4)$	34863	4201			
(b) $Y \mid (1\ X_3\ X_4\ X_6)$	34863			396	0.1065
(c) $Y \mid (1\ X_3\ X_4\ X_5\ X_6)$	34863	10426	24437	395	0.2991

从这些表中已有的数据，我们可以计算出所有空白处的数据：

$$SSE_a = SST_a - SSR_a = 34863 - 4201 = 30662$$

$$DF_a = 400 - 5 = 395$$

$$R_a^2 = \frac{SSR_a}{SST_a} = \frac{4201}{34863} = 0.1205$$

$$SSR_b = SST_b \times R_b^2 = 34863 \times 0.1065 = 3713$$

$$SSE_b = SST_b - SSR_b = 34863 - 3713 = 31150$$

① 这个数据是选取了真实数据的一小部分来举例说明。

我们可以通过表 7 - 5 检验父母总的受教育程度、家庭的社会地位和兄弟姐妹数对数学成绩是否都没有影响，也就是检验模型（b）中 X_3、X_4 和 X_6 的系数是否全为 0，即 H_0：$\beta_3 = \beta_4 = \beta_6 = 0$。根据公式（7 - 25）：

$$F_{3,396} = \frac{MSR}{MSE} = \frac{3713/3}{31150/396} = 15.73$$

查 F 分布表可以得到 $F_{3,396} = 15.73$ 对应的 p 值为 1.098×10^{-9}，这表明模型在 0.001 水平上是显著的，也就是说，我们可以拒绝原假设，而得出结论 X_3、X_4 和 X_6 的系数至少有一个不为 0。

表 7 - 5 中的模型（a）和模型（b）是嵌套模型，其中模型（a）为非限制性模型，模型（b）为限制性模型。模型（b）限制了自变量 X_1 和 X_2 的系数相同，也就是说模型（b）假定父亲的受教育程度对子女数学成绩的效应与母亲的受教育程度对子女数学成绩的效应相同。根据这两个模型，我们可以检验假设：在控制了家庭的社会地位和兄弟姐妹数时，父亲和母亲的受教育程度对子女数学成绩的效应是相同的，即 H_0：$\beta_1 = \beta_2$。利用公式（7 - 26）可以得到：

$$\begin{aligned} F_{1,395} &= \frac{(SSE_r - SSE_u)/[df(SSE_r) - df(SSE_u)]}{SSE_u/df_u} \\ &= \frac{(31150 - 30662)/(396 - 395)}{30662/395} = 6.29 \end{aligned}$$

查 F 分布表可以得到 $F_{1,395} = 6.29$ 对应的 p 值为 0.0125，这表明结果在 0.05 水平上统计显著，也就是说，在 0.05 的显著性水平上我们应当拒绝父母亲受教育程度的效应相同的零假设，从而推出父亲的受教育程度对子女数学成绩的效应与母亲的受教育程度对子女数学成绩的效应不同。

在这里需要注意，我们不能把 X_6 增加到模型（a）中，因为 X_6 是 X_1 和 X_2 的线性组合，加入它会使矩阵 $\mathbf{X'X}$ 奇异，从而无法计算最小二乘估计的 b 解。

表 7 - 5 中的模型（b）和模型（c）也是嵌套模型，其中模型（b）为限制性模型，模型（c）为非限制性模型。模型（b）限制了自变量 X_5 的系数为 0，也就是假设班级排名对数学成绩的影响为 0，即 H_0：$\beta_5 = 0$。利用公式（7 - 26）可以得到：

$$\begin{aligned} F_{1,395} &= \frac{(SSE_r - SSE_u)/[df(SSE_r) - df(SSE_u)]}{SSE_u/df_u} \\ &= \frac{(31150 - 24437)/(396 - 395)}{24437/395} = 108.50 \end{aligned}$$

显然，该 F 值表明结果在 0.001 水平上统计显著，我们应该拒绝原假设，即认为 β_5 不为 0，也就是说，班级排名对数学成绩有影响。

由于 t 检验是 F 检验在分子自由度等于 1 时的一种特例：

$$t = \sqrt{F} = \sqrt{108.50} = 10.42$$

显然，t 检验给了我们完全一样的结果，也表明我们应该拒绝原假设，也就是说，班级排名对数学成绩有影响。

模型（c）是模型（b）加入新的自变量（班级排名）得到的，我们可以根据这两个模型计算判定系数增量。根据式（7-31），可以得到：

$$\Delta R^2 = R_u^2 - R_r^2 = 0.2991 - 0.1065 = 0.1926$$

可以看出，当模型（b）中加入新的自变量时，R^2 会增加，这意味着有更多的平方和被新模型所解释。从表 7-5 中的模型（b）和模型（c）可以看出，当回归方程中加入更多的自变量时，SST 保持不变，SSR 总是增加，SSE 总是减少，R^2 总是增加。

7.8　本章小结

本章主要介绍了方差分析、F 检验和模型的拟合优度等。方差分析的本质就是将因变量的总平方和 SST 分解为回归平方和 SSR 与残差平方和 SSE，并将自由度做相应的分解，计算相应的回归均方 MSR 和残差均方 MSE，从而构造方差分析表。

多元线性回归中的方差分析与一元线性回归中的方差分析基本上相同，其主要差别在于多元线性回归中的回归平方和 SSR 还能继续分解为附加平方和 ESS。附加平方和是指通过在已有的回归模型中增加一个或多个自变量而减少的残差平方和或增加的回归平方和。只有当两个模型嵌套时才能计算附加平方和。当一个模型中的自变量为另一个模型中自变量的子集或子集的线性组合，则称这两个模型是嵌套模型。第一个模型称为限制性模型，第二个模型称为非限制性模型，限制性模型嵌套于非限制性模型中。多元线性回归模型的方差分析表可以继续分解为包括附加平方和 ESS 的方差分析表。

方差分析的主要目的在于检验回归模型。通过方差分析，我们可以构造 F 统计量来检验回归模型，或模型中的某个回归系数是否为零等假设。F 检验通过比较回归均方 MSR 与残差均方 MSE 来构造检验统计量。*F* 检验是比 *t* 检验更为一般的统计检验。我们可以通过 *F* 检验来进行线性回归中的大多数检验，其原因在于 *F* 检验使用了嵌套模型。在两个嵌套模型中，我们总是可以用 *F* 检验来检验限制性模型中的限定假设。而 *F* 检验也只能检验嵌套模型，两个不嵌套的模型是不能用 *F* 统计量进行检验的。当 *F* 统计量的第一自由度等于 1 时，我们既可以采用 *F* 检验，也可以采用 *t* 检验，两者会得到相同的结论。也就是说，*t* 检验是 *F* 检验在分子自由度等于 1 时的一种特例。

当回归方程中加入更多的自变量时，SST 保持不变，SSR 增加，SSE 减少，R^2 增加，MSR 一般情况下会增加，MSE 一般情况下会减少，*F* 检验值一般情况下会增加。需要注意的是，对于 MSR 和 *F* 检验，当回归模型中加入了不相关的变量时，不仅对解释方差没有贡献，而且会消耗更多的自由度，此时可能导致不好的模型。

本章最后还提到了几种回归模型的拟合优度的测量方法：判定系数 R^2、模型的 *F* 检验、单个参数的 *t* 检验、判定系数增量以及嵌套模型的 *F* 检验。

第 8 章

辅助回归和偏回归图

前面几章讨论了多元线性回归及有关统计推断和假设检验的内容。本章将通过辅助回归（auxiliary regression）和偏回归图（partial regression plot）来探讨是否应该在模型中加入其他自变量，并分析自变量对因变量的“净”影响。

8.1 回归分析中的两个常见问题

在多元回归分析中，选择自变量时经常会遇到以下两个问题：

（1）加入了不相关的自变量。在多元回归分析中，有些研究人员为了提高模型的解释力（由 R^2 来反映）可能会尽可能地往模型中添加自变量。但是，这种做法是不恰当的。因为如果在回归方程中加入了不相关的自变量，容易产生以下问题：

第一，错过有理论价值的发现。

第二，违背奥卡姆剃刀定律（Occam's razor）①，即简约原则（Law of Parsimony）。根据奥卡姆剃刀定律，万事万物应尽量简单，用最简单的方式来表

---

① 奥卡姆剃刀定律（Occam's razor，或 Ockham's razor），又称简约原则，是由 14 世纪英国神学家和哲学家 William of Ockham 提出的，主要是指“如无必要，勿增实体”（Entities should not be multiplied needlessly），也可以理解为“对于现象最简单的解释往往比复杂的解释更正确”，或者“如果有两种类似的解决方案，选择最简单的”。

达规律，尽量避免加入不相关的自变量。

第三，损耗自由度。模型中多增加一个自变量将多损耗一个自由度，当样本量较少时，过度损耗自由度可能会造成回归方程无法求解。

第四，降低估计精度。加入的自变量增多，自变量之间的相关程度就可能增加，这容易造成多重共线性问题，从而降低估计精度。

总而言之，在多元回归中，盲目地为追求解释力而增加模型中的自变量是不可取的。我们应当根据理论框架和研究假设来选择自变量，尽量避免加入不相关的自变量，从而确保模型的简约性。

（2）忽略了关键的自变量。假设真实的回归模型为：

$$y_i = \beta_0 + \beta_1 x_{i1} + \beta_2 x_{i2} + \beta_3 x_{i3} + \varepsilon_i \tag{8-1}$$

但是，如果在实际调查中只收集到 y、x_1 和 x_2 三个变量的数据而在实际的回归模型中忽略了自变量 x_3，则这种情况可能导致回归模型的参数估计值有偏。即使主要兴趣在于研究变量 x_1 或 x_2 对 y 的影响，忽略关键的自变量 x_3 也会影响到对参数 β_1、β_2 估计的无偏性。例如，假设我们想研究 20 ~ 30 岁的年轻人的受教育程度和党员身份对收入的影响。如果忽略了年龄变量，那么估计出来的受教育程度和党员身份这两个变量对收入的影响就可能是有偏的。这是因为一方面，由于满 18 周岁才能入党，并且入党需要一定的培养时间和程序，因此在 20 ~ 30 岁的年轻人中，党员的年龄很可能比非党员的年龄要大，而年龄较大的人往往要比年轻人的平均收入高，也就是说，党员身份对收入影响的估计与是否控制了年龄有关；另一方面，在这个年龄段，年龄较大的人更可能接受更多的教育，且年龄较大的人比年轻人的平均收入高，也就是说，教育对收入影响的估计也与是否控制了年龄有关。

下面，我们将通过辅助回归的方法来对这两个问题做具体分析。

8.2 辅助回归

在多元回归中，我们经常遇到被称作协变量（covariate）的一类变量。协变量是指影响因变量的伴随变量。在实验设计中，则指实验者不进行操作处理但仍然需要加以考虑的因素，因为它会影响到实验结果。例如，在研究自变量 x 对因变量 y 的影响时，自变量 M 对因变量 y 也存在影响，则称自变量 M 为协变量。

根据其出现在自变量 x（即实验处理）之前还是之后，协变量 M 可分为：前处理协变量（pre-treatment covariate）和后处理协变量（post-treatment covariate）。如果协变量出现在作为实验处理的自变量 x 之前，则称其为前处理协变量；如果出现在作为实验处理的自变量 x 之后，则称其为后处理协变量。当协变量 M 是前处理变量时，它可以作为自变量 x 和因变量 y 的一个共同解释原因或一个调节变量（moderator variable）。调节变量是指影响自变量和因变量之间关系的方向或强弱的定性或定量的变量（即交互作用，见第 13 章）。当协变量是后处理变量时，协变量 M 就可以作为中介变量（intervening variable）①。中介变量是指在自变量 x（即处理变量）发生之后、因变量 y 产生之前发生的变量，这个变量难以预测甚至无法预测，但可能影响到因变量。在辅助回归中，我们经常遇到前处理协变量，所以下面将着重讨论前处理协变量，即必须发生在自变量 x 之前的协变量。不过，下面介绍的公式同样适用于存在后处理协变量的情形。

8.2.1　辅助回归

假设真实的回归模型为：

$$y_i = \beta_0 + \beta_1 x_{i1} + \cdots + \beta_{(p-2)} x_{i(p-2)} + \beta_{(p-1)} x_{i(p-1)} + \varepsilon_i \tag{8-2}$$

这里，假如我们关注的是 β_k 且 $k \in (1, \cdots, p-2)$，即自变量 x_k 对因变量 y 的影响。在不失一般性的情况下，假定自变量 x_{p-1} 被忽略了，则实际得到的回归模型为：

$$y_i = \alpha_0 + \alpha_1 x_{i1} + \cdots + \alpha_{(p-2)} x_{i(p-2)} + \delta_i \tag{8-3}$$

此时，我们想知道 β_k 和 α_k 是否相等，也就是忽略变量 x_{p-1} 是否导致其他回归参数估计值出现偏误。如果 β_k 和 α_k 不相等，则意味着产生了忽略变量偏误；如果 β_k 和 α_k 相等，则意味着未产生忽略变量偏误，此时在模型中加入被忽略的变量 x_{p-1} 对回归系数没有影响。

我们可以用辅助回归来探究忽略变量偏误问题。辅助回归方法将被忽略的自变量 x_{p-1} 作为因变量，对其他自变量 x_1，…，x_{p-2} 进行回归，即：

$$x_{i(p-1)} = \tau_0 + \tau_1 x_{i1} + \cdots + \tau_{(p-2)} x_{i(p-2)} + \mu_i \tag{8-4}$$

---

① 国外一些统计文献将中介变量称为 mediator。另外，这种中介可以是完全（full）中介或者部分（partial）中介。

将式（8-4）代入式（8-2），得到：

$$\begin{aligned} y_i &= \beta_0 + \beta_1 x_{i1} + \cdots + \beta_{(p-2)} x_{i(p-2)} + \beta_{(p-1)} [\tau_0 + \\ &\quad \tau_1 x_{i1} + \cdots + \tau_{(p-2)} x_{i(p-2)} + \mu_i] + \varepsilon_i \\ &= \beta_0 + \beta_{(p-1)} \tau_0 + [\beta_1 + \beta_{(p-1)} \tau_1] x_{i1} + \cdots + \\ &\quad [\beta_{(p-2)} + \beta_{(p-1)} \tau_{(p-2)}] x_{i(p-2)} + \beta_{(p-1)} \mu_i + \varepsilon_i \end{aligned} \tag{8-5}$$

比较式（8-3）和式（8-5），可以得到：

$$\alpha_k = \beta_k + \beta_{p-1} \tau_k \tag{8-6}$$

这里，$\beta_{p-1}\tau_k$ 就是忽略变量偏误。

从式（8-6）中可以看出，忽略变量偏误是被忽略的自变量 x_{p-1} 对因变量 y 的效应 β_{p-1} 和关键自变量 x_k 对被忽略的自变量 x_{p-1} 的效应 τ_k 的乘积。由此还可以看出，产生忽略变量偏误需要两个条件：

第一个条件为有关条件（relevance condition）：被忽略自变量会影响因变量，即 $\beta_{p-1} \neq 0$；

第二个条件为相关条件（correlation condition）：被忽略自变量与关键自变量相关，即 $\tau_k \neq 0$。

只有这两个条件同时满足时才会产生忽略变量偏误，β_{p-1} 和 τ_k 中只要有一个为零就不会产生忽略变量偏误。如图 8-1 所示，只有第一个有关条件和第二个相关条件同时满足时，在模型中忽略 x_2 才会产生忽略变量偏误；当只有其中一个条件得到满足时，忽略掉自变量 x_2 并不会导致对自变量 x_1 效应的估计产生偏误，即不会产生忽略变量偏误。

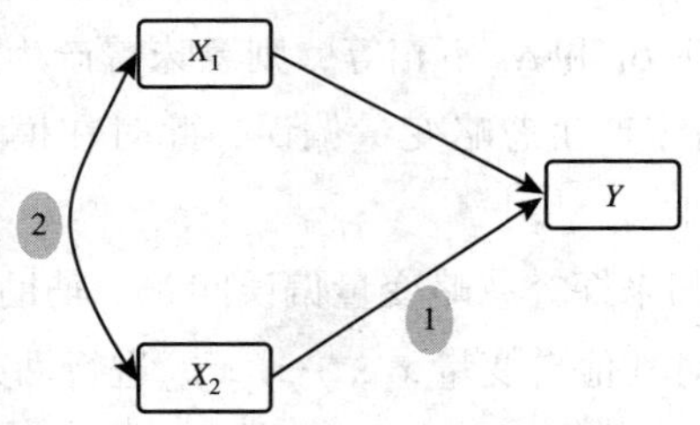

图 8-1　忽略变量偏误产生条件的示意图

根据式（8-6），我们不仅能判断是否会产生忽略变量偏误，而且，当发生了忽略变量偏误时，我们还可以判断忽略变量偏误的方向。如果被忽略的自变量

x_{p-1}对因变量 y 的效应 β_{p-1} 和关键自变量 x_k 对被忽略的自变量 x_{p-1} 的效应τ_k 作用方向相同，即 β_{p-1} 和τ_k 同为正或同为负，那么实际拟合得到的回归参数估计值 α_k 将被高估，即估计值 α_k 大于真实值 β_k；如果两者的作用方向相反，则 α_k 将被低估，即估计值 α_k 小于真实值 β_k。

8.2.2　加入和删除自变量的标准

在多元回归分析中，经常需要选择“最优”的回归方程，这就涉及回归模型中自变量的取舍问题。那么应该根据什么标准来加入和删除自变量呢？很多研究者仅仅根据回归方程中的自变量是否显著来选择自变量，这样有可能导致很荒谬的结论。例如，我们想研究不同年级的小学生的统考数学成绩和他们鞋子尺寸之间的关系，如果仅根据变量的显著情况来判断，可能会得出“鞋子尺寸越大数学成绩越好”的结论。这是因为学生的学习成绩与年龄紧密相关（年龄越大的学生学习成绩有可能越好），而鞋子尺寸与年龄也有关（年龄越大的学生鞋子尺寸也越大）。所以，如果用数学成绩对鞋子尺寸进行回归，统计上很可能会显著，但是得出的结论却是错误的。原因就在于数学成绩和鞋子尺寸的显著关系实际上是由于忽略了年龄这个关键自变量而产生的。

在多元回归分析中，正确的做法应该是根据理论及以往的研究结论提出研究问题，然后依据研究问题和理论框架来选择自变量，最后才是利用数据来检验加入的这些自变量是否统计显著。一般地，在加入和删除自变量时，应该遵循以下两个标准：

第一，加入自变量要有理论依据；

第二，用 F 检验来排除那些不相关的自变量。

8.2.3　偏回归估计

假设真实的回归模型为：

$$y_i = \beta_0 + \beta_1 x_{i1} + \cdots + \beta_{(p-1)} x_{i(p-1)} + \varepsilon_i \tag{8-7}$$

其矩阵形式可以表示为：

$$\mathbf{y} = \mathbf{X}\boldsymbol{\beta} + \boldsymbol{\varepsilon} \tag{8-8}$$

其中 $\mathbf{y}=\begin{bmatrix} y_1 \\ y_2 \\ \vdots \\ y_n \end{bmatrix}$，$\mathbf{X}=\begin{bmatrix} 1 & x_{11} & \cdots & x_{1(p-1)} \\ 1 & x_{21} & \cdots & x_{2(p-1)} \\ \vdots & \vdots & \ddots & \vdots \\ 1 & x_{n1} & \cdots & x_{n(p-1)} \end{bmatrix}$，$\boldsymbol{\beta}=\begin{bmatrix} \beta_0 \\ \beta_1 \\ \vdots \\ \beta_{(p-1)} \end{bmatrix}$，$\boldsymbol{\varepsilon}=\begin{bmatrix} \varepsilon_1 \\ \varepsilon_2 \\ \vdots \\ \varepsilon_n \end{bmatrix}$。

式（8－8）也可以写成：

$$\mathbf{y} = \mathbf{X}_1\boldsymbol{\beta}_1 + \mathbf{X}_2\boldsymbol{\beta}_2 + \boldsymbol{\varepsilon} \tag{8-9}$$

其中 $\mathbf{X}_1=\begin{bmatrix} 1 & x_{11} & \cdots & x_{1(p_1-1)} \\ 1 & x_{21} & \cdots & x_{2(p_1-1)} \\ \vdots & \vdots & \ddots & \vdots \\ 1 & x_{n1} & \cdots & x_{n(p_1-1)} \end{bmatrix}$，$\mathbf{X}_2=\begin{bmatrix} x_{1p_1} & x_{1(p_1+1)} & \cdots & x_{1(p-1)} \\ x_{2p_1} & x_{2(p_1+1)} & \cdots & x_{2(p-1)} \\ \vdots & \vdots & \ddots & \vdots \\ x_{np_1} & x_{n(p_1+1)} & \cdots & x_{n(p-1)} \end{bmatrix}$，

$\boldsymbol{\beta}_1=\begin{bmatrix} \beta_0 \\ \beta_1 \\ \vdots \\ \beta_{(p_1-1)} \end{bmatrix}$，$\boldsymbol{\beta}_2=\begin{bmatrix} \beta_{p_1} \\ \beta_{(p_1+1)} \\ \vdots \\ \beta_{(p-1)} \end{bmatrix}$。

$\mathbf{X}_1$ 和 $\mathbf{X}_2$ 分别是维度为 $n\times p_1$ 和 $n\times p_2$ 的矩阵（这里，$p_1+p_2=p$），其中 $\mathbf{X}_1$ 是实际模型中的自变量组，$\mathbf{X}_2$ 是忽略自变量组；$\boldsymbol{\beta}_1$ 和 $\boldsymbol{\beta}_2$ 分别是维度为 p_1 和 p_2 的参数向量。

首先，我们来证明对回归方程（8－9）中的 $\boldsymbol{\beta}_2$ 进行估计的回归三步计算法（以下简称"三步计算法"）：

第一步，用 $\mathbf{y}$ 对 $\mathbf{X}_1$ 回归，得到残差 $\mathbf{y}^*$；

第二步，把 $\mathbf{X}_2$ 当作因变量，对 $\mathbf{X}_1$ 进行回归，得到残差 $\mathbf{X}_2^*$；

第三步，把第一步中得到的残差 $\mathbf{y}^*$ 作为因变量，对第二步中得到的残差 $\mathbf{X}_2^*$ 进行回归，得到 $\boldsymbol{\beta}_2$ 的最小二乘估计 $\mathbf{b}_2$，这一结果与真实模型中用回归一步计算法（以下简称"一步计算法"）得到的 $\boldsymbol{\beta}_2$ 的最小二乘估计相同。

这是另一种估计 $\boldsymbol{\beta}_2$ 的方法，需要注意的是，利用辅助回归方法不能得到 $\boldsymbol{\beta}_1$ 的估计。下面给出三步计算法与一步计算法等价的证明：

用 $\mathbf{X}_1(\mathbf{X}_1'\mathbf{X}_1)^{-1}\mathbf{X}_1'$ 左乘式（8－9），得到：

$$\begin{aligned}\mathbf{X}_1(\mathbf{X}_1'\mathbf{X}_1)^{-1}\mathbf{X}_1'\mathbf{y} = {} & \mathbf{X}_1(\mathbf{X}_1'\mathbf{X}_1)^{-1}\mathbf{X}_1'\mathbf{X}_1\boldsymbol{\beta}_1 + \mathbf{X}_1(\mathbf{X}_1'\mathbf{X}_1)^{-1}\mathbf{X}_1'\mathbf{X}_2\boldsymbol{\beta}_2 + \\ & \mathbf{X}_1(\mathbf{X}_1'\mathbf{X}_1)^{-1}\mathbf{X}_1'\boldsymbol{\varepsilon}\end{aligned} \tag{8-10}$$

其次，我们令 $\mathbf{H}_1 = \mathbf{X}_1(\mathbf{X}_1'\mathbf{X}_1)^{-1}\mathbf{X}_1'$，这里的 $\mathbf{H}_1$ 矩阵是基于 $\mathbf{X}_1$ 的帽子矩阵（hat matrix）。同时，根据多元线性回归的正交假定（即 $\mathbf{X}_1'\boldsymbol{\varepsilon} = \mathbf{0}$）推出式（8－10）中最后一项为0。因此，得到：

$$\mathbf{H}_1\mathbf{y} = \mathbf{X}_1\boldsymbol{\beta}_1 + \mathbf{H}_1\mathbf{X}_2\boldsymbol{\beta}_2 \tag{8-11}$$

用式（8－9）减去式（8－11），得到：

$$(\mathbf{I} - \mathbf{H}_1)\mathbf{y} = 0 + (\mathbf{I} - \mathbf{H}_1)\mathbf{X}_2\boldsymbol{\beta}_2 + \boldsymbol{\varepsilon} \tag{8-12}$$

根据残差的计算公式 $\mathbf{y}^* = (\mathbf{I} - \mathbf{H}_1)\mathbf{y}$，我们有：

$$\mathbf{y}^* = \mathbf{X}_2^*\boldsymbol{\beta}_2 + \boldsymbol{\varepsilon} \tag{8-13}$$

从上面的证明可以看出，由式（8－13）求出的 $\boldsymbol{\beta}_2$ 估计值与由式（8－9）直接求出的 $\boldsymbol{\beta}_2$ 估计值完全相同。由此可知，通过三步计算法估计出的忽略变量的偏回归系数与用一步计算法得到的偏回归系数相同。值得注意的是，式（8－13）中的残差项 $\boldsymbol{\varepsilon}$ 与式（8－9）中的残差项也相同。

我们可以按如下的步骤去理解和运用三步计算法：

第一步是消除 $\mathbf{X}_1$ 对 $\mathbf{y}$ 的线性效应，得到残差 $\mathbf{y}^*$；

第二步是消除 $\mathbf{X}_1$ 对 $\mathbf{X}_2$ 的线性效应，得到残差 $\mathbf{X}_2^*$；

第三步用残差 $\mathbf{y}^*$ 对残差 $\mathbf{X}_2^*$ 进行回归，注意，残差 $\mathbf{y}^*$ 和 $\mathbf{X}_2^*$ 已消除 $\mathbf{X}_1$ 对 $\mathbf{y}$ 和 $\mathbf{X}_2$ 的线性效应，即残差 $\mathbf{y}^*$ 和 $\mathbf{X}_2^*$ 反映了 $\mathbf{y}$、$\mathbf{X}_2$ 被 $\mathbf{X}_1$ 线性解释以外的变异。

应用辅助回归时要注意以下几点：

第一，$\mathbf{X}_2$ 可以是一个包括多个自变量的矩阵，此时每一次只就 $\mathbf{X}_2$ 中的一列对 $\mathbf{X}_1$ 做回归，直到 $\mathbf{X}_2$ 中所有的列都做完回归。

第二，辅助回归中第三步得到的 MSE 的自由度不正确，这是唯一需要调整的结果。MSE 的自由度应该是 $n-p$，而不是 $n-p_2$。这一点非常重要，却常常被忽略。

第三，辅助回归与一步回归的点估计和残差相同，而 MSE 不相同是因为辅助回归的自由度为 $n-p_2$，必须将其调整为 $n-p$。所以，按辅助回归进行估计时不能直接使用计算机输出结果来推断。例如，假设 $\mathbf{y}$ 为因变量，$\mathbf{x}_1$ 和 $\mathbf{x}_2$ 为自变量，分别用一步回归法和辅助回归法进行回归，得到以下四个模型（见表8－1）。

表 8-1 一步回归与辅助回归的估计比较

模型	描述	SSE	DF	MSE
1	$\mathbf{y}$ 对 $\mathbf{x}_1$ 和 $\mathbf{x}_2$ 回归(含截距)	SSE_1	$n-3$	$SSE_1/(n-3)$
2	$\mathbf{y}$ 对 $\mathbf{x}_1$ 回归,得到 $\mathbf{y}^*$(含截距)	SSE_2	$n-2$	$SSE_2/(n-2)$
3	$\mathbf{x}_2$ 对 $\mathbf{x}_1$ 回归,得到 $\mathbf{x}_2^*$(含截距)	SSE_3	$n-2$	$SSE_3/(n-2)$
4	$\mathbf{y}^*$ 对 $\mathbf{x}_2^*$ 回归	$SSE_4$①	$n-3$②	$SSE_4/(n-3)$

注：① $SSE_4=SSE_1$。

② $DF_4=DF_1$，计算机输出结果为 $n-1$，须调整为 $n-3$。

如果只知道模型 2 和模型 4，可以通过将模型 2 与模型 4 嵌套的方法来检验“在控制 $\mathbf{x}_1$ 的条件下 $\mathbf{x}_2$ 对 $\mathbf{y}$ 没有影响”的假设，公式为：

$$F(1,n-3)=(SSE_2-SSE_4)/[SSE_4/(n-3)]$$

如果 $F(1, n-3)$ 显著，则说明 $\mathbf{x}_2$ 对 $\mathbf{y}$ 有影响。

8.3 变量的对中

辅助回归不仅能用于对忽略变量偏误的判断和对忽略变量回归系数的估计，而且可以用于变量的对中。在式（8-9）中，令 $\mathbf{X}_1$ 为元素为 1 的列向量，$\mathbf{X}_2$ 为由各自变量 $\mathbf{x}$ 的列向量组成的矩阵，利用辅助回归：

第一步，用 $\mathbf{y}$ 对 $\mathbf{X}_1$ 回归，得到残差 $\mathbf{y}^*=\mathbf{y}-\bar{\mathbf{y}}$（其中，$\bar{\mathbf{y}}$ 是 $\mathbf{y}$ 的平均值）；

第二步，用 $\mathbf{X}_2$ 中所有列 $\mathbf{x}_k$（$k=1, \cdots, p-1$）对 $\mathbf{X}_1$ 回归，得到各残差 $\mathbf{x}_k^*=\mathbf{x}_k-\bar{\mathbf{x}}_k$（其中，$\bar{\mathbf{x}}_k$ 是 $\mathbf{x}_k$ 的平均值），于是得到了残差矩阵 $\mathbf{X}_2^*$，它是由所有的列 $\mathbf{x}_k^*$（$k=1, \cdots, p-1$）组成的；

第三步，用 $\mathbf{y}^*$ 对 $\mathbf{X}_2^*$ 回归，注意，$\mathbf{y}^*$ 和 $\mathbf{X}_2^*$ 中都已经消除了元素为 1 的列向量（即截距项）的线性效应。

第一步是对因变量 $\mathbf{y}$ 的对中，第二步是对 $\mathbf{X}_2$ 中所有自变量的对中，这就实现了对所有变量的对中。注意，第三步是一个不含截距的回归模型，即估计出的回归方程截距为 0。最后，在进行统计推断前需要调整 MSE 的自由度，即 $df=n-p$，而不是 $df=n-(p-1)$。

8.4 偏回归图

偏回归图（partial regression plot），也称附加变量图（added-variable plot）

或调整变量图（adjusted variable plot），用来展示在控制其他自变量的条件下某个自变量 x_k 对因变量的净效应，从而反映出该自变量与因变量之间的边际关系。偏回归图也被用来反映自变量 x_k 对于进一步减少残差的重要性，并为是否应将自变量 x_k 加入到回归模型中提供相关信息。下面来具体介绍偏回归图。

将式（8－8）中的 $\mathbf{X}$ 分为 $\mathbf{x}_k$ 和 $\mathbf{X}_{-k}$ 两部分，其中 $\mathbf{x}_k$ 是我们关注的自变量，而 $\mathbf{X}_{-k}$ 为除 $\mathbf{x}_k$ 之外的自变量组成的矩阵。我们想知道控制了 $\mathbf{X}_{-k}$ 时 $\mathbf{x}_k$ 的回归效应。根据辅助回归：

第一步，用 $\mathbf{y}$ 对 $\mathbf{X}_{-k}$ 回归，得到残差 $\mathbf{y}^*$；

第二步，用 $\mathbf{x}_k$ 对 $\mathbf{X}_{-k}$ 回归，得到残差 $\mathbf{x}_k^*$；

第三步，用 $\mathbf{y}^*$ 对 $\mathbf{x}_k^*$ 回归，得到 $\mathbf{x}_k$ 真实的偏回归系数。

将第一步中的残差 $\mathbf{y}^*$ 作为纵坐标，第二步中的残差 $\mathbf{x}_k^*$ 作为横坐标，画出的关于两个残差之间的关系图就是偏回归图。偏回归图反映了在控制 $\mathbf{X}_{-k}$ 之后 $\mathbf{y}$ 与 $\mathbf{x}_k$ 之间的“净”关系。

偏回归图的几种形式如图 8－2（见下页）所示。图 8－2（a）显示一个水平的直线带，表明 $\mathbf{x}_k$ 对 $\mathbf{y}$ 没有影响，因此不必在回归方程中加入 $\mathbf{x}_k$。图 8－2（b）显示一个斜率不等于零的直线带，表明在已有 $\mathbf{X}_{-k}$ 的回归模型中有必要加入 $\mathbf{x}_k$ 的线性组合；从图中还可以看出通过原点画出的最小二乘直线的斜率为 b_1（即 β_k 的估计值），也就是模型加入 $\mathbf{x}_k$ 后 $\mathbf{x}_k$ 的偏回归系数。图 8－2（c）表示一个曲线带，表明有必要把 $\mathbf{x}_k$ 加到模型中，但 $\mathbf{x}_k$ 与 $\mathbf{y}$ 之间是曲线关系。

从偏回归图中，除了能看出在控制了其他自变量之后自变量 $\mathbf{x}_k$ 的边际效应，还能看出这种效应的强弱，即可以得到残差平方和 SSE，如图 8－3 所示。图 8－3 表示该模型中 $\mathbf{x}_k$ 在其他变量受到控制情况下的偏回归图，点与过原点的水平线的垂直距离的平方和为用 $\mathbf{y}$ 对 $\mathbf{X}_{-k}$ 回归时的残差平方和 SSE($\mathbf{X}_{-k}$)〔如图 8－3(a)〕，而点与回归直线的垂直距离的平方和为 $\mathbf{y}$ 对 $\mathbf{X}$ 回归时的残差平方和 SSE（$\mathbf{X}$）或 SSE($\mathbf{x}_k$，$\mathbf{X}_{-k}$)〔如图 8－3(b)〕。SSE($\mathbf{X}_{-k}$)与 SSE($\mathbf{X}$)之间的差异为边际 SSR（也就是附加平方和），即 $\mathbf{x}_k$ 在控制其他变量的情况下解释 $\mathbf{y}$ 上变异的程度。如果这些点围绕回归直线的分散程度〔如图 8－3(b)〕比围绕水平直线的分散程度明显小，那么在回归模型中加入 $\mathbf{x}_k$ 变量将会进一步减少残差平方和 SSE，因此需要在模型中加入 $\mathbf{x}_k$。

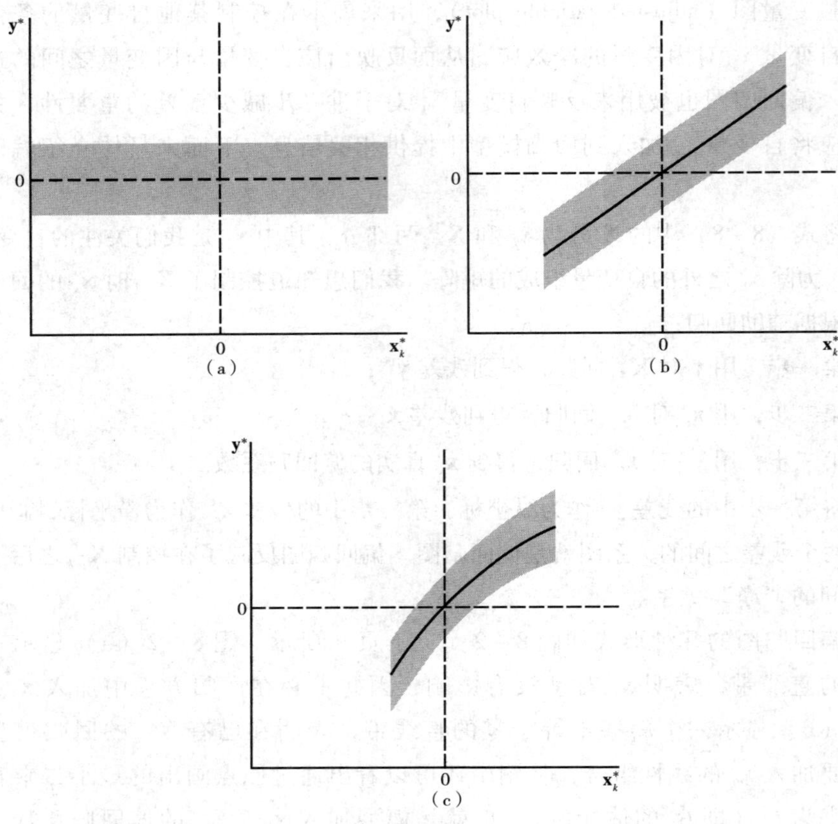

图 8-2　偏回归图的几种形式

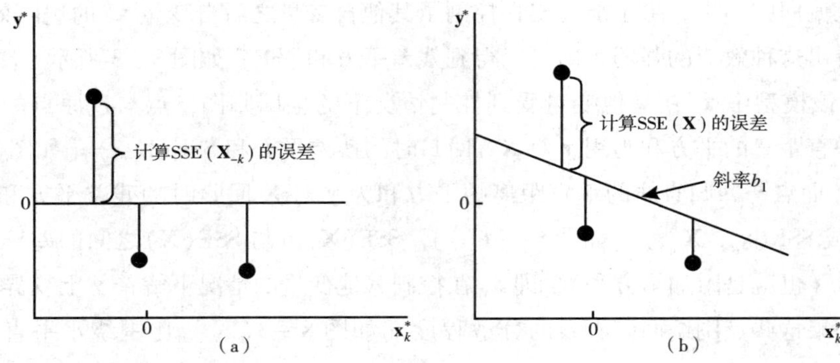

图 8-3　偏回归图中的残差

偏回归图也有助于发现在模型控制了其他变量时，异常值对于估计自变量 $\mathbf{x}_k$ 与因变量 $\mathbf{y}$ 之间关系的影响，也如图 8－3 所示。

8.5 排除忽略变量偏误的方法

前面我们讨论了如何利用辅助回归来识别忽略变量偏误。当发现模型中存在忽略变量偏误时，可以通过两种方法来加以排除：实验法和固定效应模型。

实验法利用实验设计让导致忽略变量偏误的第二个条件（即相关条件）无法得到满足。通过使用随机分组的办法使得干预组和未干预组除了干预变量之外其他情况都相同，从而消除忽略变量偏误。如果没有实验条件，我们就不能保证不存在忽略变量产生的偏误。这时，我们只能在模型中尽可能地包括能考虑到且能测量到的相关变量。

固定效应模型主要利用嵌套的数据结构消除组间层次上的忽略变量偏误。固定效应模型的原理是对自变量和因变量的组内差异做回归，即把因变量和自变量分别减去组内均值，然后用对中的因变量对对中的自变量进行回归。自变量对中和因变量对中消除了组间差异，从而消除了组间层次上的忽略变量——未被观察到的组间差异（如地区间经济水平的差异）——的影响。在具体应用中，可以把忽略变量分组成为分类变量，将其处理成一套虚拟变量纳入模型。例如，在谢宇和韩怡梅的《中国改革时期收入不平等的地区差异》一文（Xie & Hannum, 1996）中，他们注意到，如果要研究教育对收入的影响，不能忽略地区之间的经济水平对教育和收入之间关系的影响。为了消除地区这个忽略变量的影响，可以把城市作为一组虚拟变量加入回归模型中，这样就能消除地区之间的忽略变量（如经济水平等因素）的影响。

8.6 应用举例

在这一节中，我们将以谢宇和韩怡梅在《中国改革时期收入不平等的地区差异》一文（Xie & Hannum, 1996）中使用的数据（CHIP88 数据）为例来讨论辅助回归及偏回归图。这里将研究 20～30 岁的年轻人的受教育程度、党员身份对收入的影响。考虑到原始数据中没有年龄这一变量，我们利用文中提到的工作经历的算法推算出年

龄变量。[①] 只保留年龄在 20～30 岁的个案，得到的样本量为 4065。这里，

y = 收入的对数形式（$logearn$）
x_1 = 受教育程度（edu）
x_2 = 党员身份（cpc）
x_3 = 年龄（age）

下面我们将通过辅助回归的方法来检验是否需要把年龄这个变量加入到模型中。式（8－14）至（8－17）给出了包括辅助回归和一步回归的四个模型。模型一是用收入对受教育程度、党员身份回归的模型，为三步计算法的第一步。模型二是用年龄对受教育程度、党员身份回归的模型，为三步计算法的第二步。模型三是用模型一的残差对模型二的残差回归的模型，为三步计算法的第三步。模型四是收入对受教育程度、党员身份和年龄回归的模型，为一步计算法的情况。

$$y_i = \alpha_0 + \alpha_1 x_{i1} + \alpha_2 x_{i2} + \delta_i \tag{8-14}$$

$$x_{i3} = \tau_0 + \tau_1 x_{i1} + \tau_2 x_{i2} + \mu_i \tag{8-15}$$

$$y_i^* = \gamma x_{i3}^* + \varepsilon_i \tag{8-16}$$

$$y_i = \beta_0 + \beta_1 x_{i1} + \beta_2 x_{i2} + \beta_3 x_{i3} + \varepsilon_i \tag{8-17}$$

以下采用 Stata 拟合上述四个模型，具体结果如下：

```
. reg logearn edu cpc /* 模型一 */

    Source |       SS           df       MS       Number of obs   =     4065
-----------+----------------------------------    F(  2, 4062)    =    39.69
     Model |  16.1688518         2  8.08442589    Prob > F        =   0.0000
  Residual |  827.412711      4062  .203695891    R-squared       =   0.0192
-----------+----------------------------------    Adj R-squared   =   0.0187
     Total |  843.581563      4064  .207574203    Root MSE        =   .45133

------------------------------------------------------------------------------
   logearn |      Coef.   Std.Err.        t    P>|t|     [95% Conf. Interval]
-----------+------------------------------------------------------------------
       edu |   .0183922   .0030741      5.98   0.000     .0123652    .0244192
       cpc |   .1870101   .0335447      5.57   0.000     .1212441    .2527761
     _cons |   6.926389   .0352673    196.40   0.000     6.857246    6.995533
------------------------------------------------------------------------------
```

① 当受教育程度为小学及以下时，$age = exp + 14$；当受教育程度为初中时，$age = exp + 16$；当受教育程度为高中时，$age = exp + 19$；当受教育程度为中专时，$age = exp + 20$；当受教育程度为大专时，$age = exp + 22$；当受教育程度为大学及以上时，$age = exp + 24$（参考 Xie & Hannum，1996：7）。

```
. predict yresid, residual
. reg age edu cpc /* 模型二 */

      Source |       SS           df       MS      Number of obs   =     4065
-------------+----------------------------------   F(  2, 4062)    =    55.66
       Model |  1086.69504         2  543.347522   Prob > F        =   0.0000
    Residual |  39652.4449      4062  9.76180328   R-squared       =   0.0267
-------------+----------------------------------   Adj R-squared   =   0.0262
       Total |    40739.14      4064  10.0243947   Root MSE        =   3.1244

------------------------------------------------------------------------------
         age |      Coef.   Std.Err.      t    P>|t|     [95% Conf. Interval]
-------------+----------------------------------------------------------------
         edu |   .0819097   .0212813     3.85   0.000     .0401867    .1236327
         cpc |   2.111658   .232219      9.09   0.000     1.656381    2.566934
       _cons |   24.26361   .2441442    99.38   0.000     23.78496    24.74227
------------------------------------------------------------------------------


. predict x3resid, residual
. reg yresid x3resid,noconstart /*模型三*/

      Source |       SS           df       MS      Number of obs = 4065
-------------+----------------------------------   F(  1,   4064)  =  383.01
       Model |  71.2625183         1  71.2625183   Prob > F        =  0.0000
    Residual |  756.150191      4064  .186060578   R -squared      =  0.0861
-------------+----------------------------------   Adj R-squared =  0.0859
       Total |  827.412709      4065  .203545562   Root MSE        =  .43135
------------------------------------------------------------------------------
      yresid |   oef.   Std. Err.     t     P>|t|     [95% Conf. Interval]
-------------+----------------------------------------------------------------
     x3resid |  .0423931  .0021662   19.57  0.000   .0381463       .04664
------------------------------------------------------------------------------


. reg logearn edu cpc age /* 模型四 */

      Source |       SS           df       MS      Number of obs   =     4065
-------------+----------------------------------   F(  3, 4061)    =   156.52
       Model |    87.43137         3    29.14379   Prob > F        =   0.0000
    Residual |  756.150193      4061  .186198028   R-squared       =   0.1036
-------------+----------------------------------   Adj R-squared   =   0.1030
       Total |  843.581563      4064  .207574203   Root MSE        =   .43151
```

```
------------------------------------------------------------------------------
    logearn |      Coef.   Std.Err.       t    P>|t|     [95% Conf.  Interval]
------------+-----------------------------------------------------------------
        edu |   .0149198   .0029445     5.07   0.000     .0091469    .0206926
        cpc |   .0974903   .0323964     3.01   0.003     .0339756    .1610049
        age |   .0423931    .002167    19.56   0.000     .0381447    .0466416
      _cons |   5.897779   .0624615    94.42   0.000      5.77532    6.020237
------------------------------------------------------------------------------
```

根据上述 Stata 输出的模型二和模型四的结果，我们可以得到$\tau_1=0.082$（$S.E.=0.021$），$\tau_2=2.112$（$S.E.=0.232$）和$\beta_3=\gamma=0.042$（$S.E.=0.002$）。这里，$\beta_3>0$ 且显著不为零，意味着年龄对收入有正影响，即年龄较大的人收入较高，满足忽略变量偏误的“有关条件”。而$\tau_1>0$ 和$\tau_2>0$ 且均显著不为零则反映出年龄与受教育程度、党员身份都有关，即在这个年龄段，年龄较大的人更可能受过更多的教育，而党员的年龄很可能比非党员的年龄要大，这就满足忽略变量偏误的“相关条件”。因此，如果忽略了年龄，那么估计出来的受教育程度和党员身份这两个变量对收入的影响就将是有偏的。

另外，我们可以利用模型一和模型三的模型拟合信息（见表 8－2）来对“在控制了受教育程度和党员身份的条件下，年龄对收入无影响”这一假设加以检验，即：

$$F=\frac{(\mathrm{SSE}_1-\mathrm{SSE}_3)/(df_1-df_3)}{\mathrm{MSE}_3}=\frac{(827.413-756.150)/1}{0.1862}=382.72$$

查表可以得到，当$\alpha=0.001$时，$F(1,4061)=10.843$。显然，$F>F(1,4061)$，从而拒绝零假设，即应该在模型中引入年龄变量。也就是说，在控制了受教育程度和党员身份的条件下，年龄对收入有影响，若忽略了年龄变量将会产生忽略变量偏误。

表 8－2　受教育程度、党员身份和年龄对收入的影响

模型	描述	SSE	DF	MSE
1	$\mathbf{y}$ 对 $\mathbf{x}_1$、$\mathbf{x}_2$ 回归，得到 $\mathbf{y}^*$（含截距）	827.41	4062	0.20
2	$\mathbf{x}_3$ 对 $\mathbf{x}_1$、$\mathbf{x}_2$ 回归，得到 $\mathbf{x}_3^*$（含截距）	39652.45	4062	9.76
3	$\mathbf{y}^*$ 对 $\mathbf{x}_3^*$ 回归	756.15	4061	0.19
4	$\mathbf{y}$ 对 $\mathbf{x}_1$、$\mathbf{x}_2$、$\mathbf{x}_3$ 回归（含截距）	756.15	4061	0.19

注：① $\mathrm{SSE}_3=\mathrm{SSE}_4$；

② $\mathrm{DF}_3=\mathrm{DF}_4=4061$，而不是 Stata 分析结果中显示的 4063；

③ $\mathrm{MSE}_3=\mathrm{SSE}_3/\mathrm{DF}_3$，而不是 Stata 分析结果中显示的 0.19。

下面，我们根据 Stata 给出的模型拟合结果来验证式（8 -6），即 $\alpha_k = \beta_k + \beta_{p-1}\tau_k$。根据模型一、模型二和模型四的拟合结果，可以得到：

$$\tau_0 = 24.26361 \quad \tau_1 = 0.0819097 \quad \tau_2 = 2.111658$$
$$\alpha_0 = 6.926389 \quad \alpha_1 = 0.0183922 \quad \alpha_2 = 0.1870101$$
$$\beta_0 = 5.897779 \quad \beta_1 = 0.0149198 \quad \beta_2 = 0.0974903 \quad \beta_3 = 0.0423931$$

通过计算，我们有：

$$\beta_0 + \beta_3\tau_0 = 5.897779 + 0.0423931 \times 24.26361 = 6.926389 = \alpha_0$$
$$\beta_1 + \beta_3\tau_1 = 0.0149198 + 0.0423931 \times 0.0819097 = 0.0183922 = \alpha_1$$
$$\beta_2 + \beta_3\tau_2 = 0.0974903 + 0.0423931 \times 2.111658 = 0.1870101 = \alpha_2$$

即 $\alpha_k = \beta_k + \beta_3\tau_k$（$k = 0, 1, 2$）。

此外，因为 $\tau_1 > 0$、$\tau_2 > 0$ 和 $\beta_3 > 0$，可以得出：$\beta_3\tau_1 > 0$ 和 $\beta_3\tau_2 > 0$。根据式（8 -6）可以得出：$\beta_1 < \alpha_1$ 和 $\beta_2 < \alpha_2$，即真实模型中受教育程度和党员身份两个变量的回归系数 β_k 要比忽略了年龄的模型中的系数 α_k 小。因此，模型一将高估受教育程度和党员身份对收入的影响，即实际上受教育程度和党员身份对收入的影响没那么大，其中一部分是由年龄造成的。

对于年龄变量是否可以从实际模型中被忽略，我们也可以根据模型三画出年龄的偏回归图加以判断。年龄变量的偏回归图如图 8 -4 所示。偏回归图中回归直线的斜率不为零，表明在已有受教育程度和党员身份的回归模型中有必要加入年龄变量的线性组合。从图中还可以看到，点围绕回归直线的分散程度比围绕水平直线的分散程度小，说明在回归模型中加入年龄变量将进一步减少残差平方和 SSE。这与前面的结论一致，即不能忽略年龄变量。图 8 -4 中通过原点的回归直

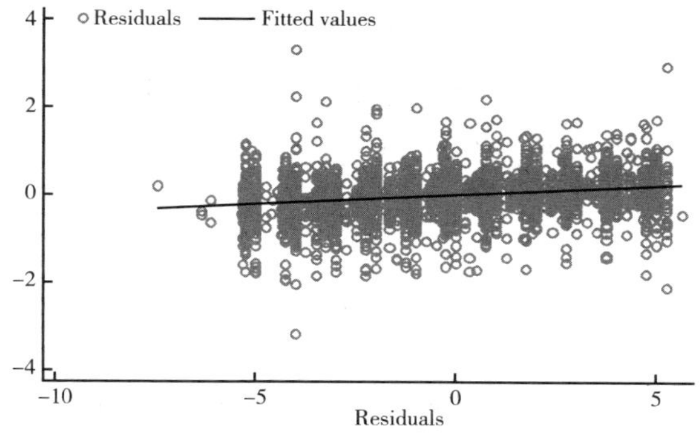

图 8 -4　年龄的偏回归图

线的斜率是 b_3（β_3 的估计值），即年龄的偏回归系数为 0.0423931（见模型三的参数拟合结果）。

8.7 本章小结

在多元回归分析中，在选择变量时，我们可能会加入不相关的自变量或者忽略有关的自变量。前者容易导致系数估计精度降低等问题；后者可能导致回归模型的估计有偏，产生忽略变量偏误。我们在这一章主要利用辅助回归来讨论忽略变量偏误。辅助回归是用被忽略自变量做因变量，其他自变量做自变量进行的回归。从辅助回归中我们可以看出忽略变量偏误是被忽略自变量对因变量的效应和关键自变量对被忽略自变量的效应的乘积。所以，产生忽略变量偏误需要两个条件：有关条件和相关条件。有关条件指被忽略自变量会影响因变量，相关条件指被忽略自变量与关键自变量相关，只有这两个条件同时存在时才会产生忽略变量偏误。辅助回归不仅能判断是否产生忽略变量偏误，还可以判断忽略变量偏误的方向。如果被忽略自变量对因变量的效应和关键自变量对被忽略自变量的效应作用方向相同，则系数将被高估；如果作用方向相反，则系数将被低估。

辅助回归可以用于偏回归估计，即利用三步计算法对系数进行估计，这与用一步计算法得到的偏回归系数相同。辅助回归还可以用于变量的对中和偏回归图的绘制。偏回归图可以看成是在控制其他自变量的条件下某个自变量对因变量的净效应。

我们还介绍了两种排除忽略变量偏误的方法：实验法和固定效应模型。实验法利用实验设计使得相关条件无法得到满足，从而消除忽略变量偏误。固定效应模型主要利用嵌套的数据结构消除组间的忽略变量的影响。本章最后利用谢宇和韩怡梅在《中国改革时期收入不平等的地区差异》一文（Xie & Hannum，1996）中使用的数据（CHIP88 数据）为例讨论了辅助回归及偏回归图。

参考文献

Xie，Yu & Emily Hannum. 1996. “Regional Variation in Earnings Inequality in Reform-Era Urban China.” *American Journal of Sociology* 101：950 – 992.

第 9 章

因果推断和路径分析

在前面的章节中，我们介绍了线性回归。线性回归是定量社会科学研究中最重要的方法之一，可以用来研究因果关系。因果关系是所有科学研究的基本目标。因为通过研究因果关系，我们可以预测未来，为政策干预提供科学根据，还可以验证和创新理论。

从形式上看，因果关系问题并不复杂，仅研究两个理论性概念——原因和结果——之间的关系。原因是否一定导致结果呢？如果把原因变量定义为 X，把结果变量定义为 Y，是不是有 $X \Rightarrow Y$？在实际研究中，我们会发现一种原因可能导致好几种结果，或一种结果可能是由好几种原因引起的，或两个变量可能互为因果等情况。这就要求我们正确地理解因果关系。我们需要先来区分因果关系和相关关系。

9.1 相关关系

相关关系（correlation relationship）是指在同一个总体中两个变量之间的统计关系。相关关系的模型就是体现同一总体中的两个变量在不同的具体个体中相关联的统计模型。假设存在一个总体 U，由 N 个个体 u 组成，其中 N 可能趋向于无穷大。变量 Y 是个体 u 的一个实数函数，通过测量个体 u 来赋值。假设对个体 u，变量 Y 的值为 $Y(u)$。假设 Y 是我们感兴趣的因变量，如收入。相关推断是关注 Y 的值和其他变量的值是怎样相关的。假设 A 为 U 的第二个变量，而且 A

为个体 u 的特性，如性别。需要注意的是，Y 和 A 是同一总体的两个变量，它们的地位相同。

相关推断主要是根据收集到的 Y 和 A 的数据，对 Y 和 A 之间的相关性做统计推断，如参数估计、参数检验等。Y 和 A 之间的相关性是由 Y 和 A 之间的联合分布决定的，如用 Y 对 A 进行回归。这里，回归就是指条件期望值 $E(Y \mid A=a)$，如男性收入的平均值。注意，相关关系的推断仅仅是描述性统计。

9.2 因果推断

相关关系并不意味着因果关系。一个设计得很好的随机实验能有效地帮助我们建立因果关系，但实验并不是讨论因果关系的唯一途径，只是一种比较可靠的途径。而且，在实际的社会科学应用中，能采用随机实验的可能性实在太小了。假设我们感兴趣的自变量是 D，为简化起见，假设 D 只有两个数值：$D=1$ 表示干预（treatment），$D=0$ 表示控制（control），即不干预。例如因变量 Y 为收入，自变量 D 为“是否读大学”，其中 $D=1$ 表示读大学、$D=0$ 表示没有读大学。假定在一个总体中，任何个体要么是读完大学的，要么是没有读大学的。在这里，需要注意的是，每个个体必须受干预或者不受干预。

在这种情况下，干预作为原因会引起怎样的结果呢？此时，需要注意时间因素，因为原因应该发生在某个特定时点或某个特定时期。而做相关推断时，时间因素并不太重要。我们把其他变量依时间先后分为前置变量（即变量值在干预前确定的变量）和后置变量（即变量值在干预后确定的变量）。因变量 Y 是原因的结果（effects of causes），因此因变量必须为后置变量，且因变量的值受自变量值 D 的影响，这就是因果关系，即原因导致结果。此时，单个变量 Y 难以表示测量的结果，而需要 Y^t 和 Y^c 两个变量来表示两个潜在的响应结果。对于给定个体 u，我们用 $Y^t(u)$ 来表示如果个体 u 受到干预时因变量的值，$Y^c(u)$ 表示同一个体 u 没有受到干预时因变量的值。那么，原因 t 对于 u 的效应为 $Y^t(u)$ 和 $Y^c(u)$ 之间的差异，即 $Y^t(u)-Y^c(u)$。这是统计推断模型中因果关系最基本的表达形式。

9.3 因果推断的问题

在实际观测中，我们会遇到一个统计推断的基本问题，即反事实问题：我们不可能在同一个体上同时观察到 $Y^t(u)$ 和 $Y^c(u)$ 的值，因此不可能观察到 t 对于 u 的效应。也就是说，对某个个体 u 存在着一个反事实的结果（counterfactual effect），我们只能得到个体 u 受到干预的数据 $Y^t(u)$ ，或者个体 u 没有受到干预的数据 $Y^c(u)$ ，但不能同时得到这两个数据。因此，在没有假设的前提下，不可能在个体层面上进行因果推断。

实际上，因果关系就是一个反事实问题。在你做某件事的时候，会反过来想一想，如果你没有做这件事，情形会是怎样的？在做因果推理的时候，也必须考虑反事实的问题：对于那些受到干预的个体，如果没有受到干预会是什么情况？对于那些没有受到干预的个体，如果它们受到干预又将是什么情况？对于相同的个体而言，受到干预和没有受到干预会有什么差别？因此，我们在思考问题的时候不仅仅要考虑组与组之间的差别，更要考虑同一组人在两种不同情况下的差别。因为这是一个反事实问题，我们不可能通过观测数据得到验证。例如，想知道读大学对收入的影响，就应该考虑对一个人来说接受大学教育和没有接受大学教育的收入差距，而且这一差距必须是大学教育的影响，而不是其他因素的影响。对每一个人，我们都要得到两个收入数据：一个是读大学之后的，另一个是没有读大学的，这样才能知道读大学对一个人收入的影响。但实际上，对每个人而言，我们只能得到其中一个数据：要么是读了大学之后的收入，要么是没有读大学的收入。也就是说，对于同一个体而言，观测数据只能告诉我们其中一种情况。可以看出，在个体层面上根本不可能得到因果关系，因为无法找到反事实情况下的同一个体同时作为对照组的情况。

反事实问题暗示着因果推断是非常困难的，但是我们不应这么快就完全放弃它。不可能同时观察到 $Y^t(u)$ 和 $Y^c(u)$ 并不意味着我们对这些数据完全缺乏信息。我们可以通过逻辑思维来思考这个问题。为简化起见，先要引入假设。但是需要注意，引入假设也是有代价的。因为假设是否合理直接影响到结论的正确与否，因此，必须从最牢靠、最基本的现象来看问题，必须把假设建立在事实的基础上，否则可能会因为假设出现了问题而得到错误的结论。但是由于我们无法获得反事实现象的全部数据，我们不得不通过引入假设来推进逻辑思维。

9.4　因果推断的假设

下面将讨论两种解决反事实问题的方法：科学方法和统计方法。

9.4.1 科学方法

我们先来介绍科学方法。科学方法实质上是使用同质性假设来解决反事实问题，这在自然科学实验和我们的日常生活中经常用到。

(1) 时间稳定性和因果关系短暂性

第一种解决反事实问题的科学方法是同时假设：(a) 时间稳定性（temporal stability)，指 $Y^c(u)$ 的值不随时间变化；(b) 因果关系短暂性（causal transience)，指个体 u 之前是否受过控制或干预对 $Y^t(u)$ 的值无影响，即 u 受控制结束后与以前有没有受控制无关，或 u 受干预后与以前有没有受干预无关，控制或干预的效应是短暂的，不会影响到以后的控制或干预效应。如果这两个假设是合理的，那么通过先对 u 进行控制 c 来测量 Y 得到 $Y^c(u)$，然后再对 u 进行干预 t 来测量 Y 得到 $Y^t(u)$，这样就能得到 t 的效应 $Y^t(u)-Y^c(u)$。例如，u 表示一个房间，t 表示打开那个房间灯的开关，c 表示不打开，Y 表示应用 t 或 c 后这个房间的灯是否亮，我们就可以利用这两个假设，先测量不打开开关时得到的 $Y^c(u)$，然后测量打开开关时得到的 $Y^t(u)$，这样就可以得到打开开关 t 的效应 $Y^t(u)-Y^c(u)$。

(2) 个体同质性

第二种解决反事实问题的科学方法是假设个体同质性，即假设两个个体 u_1 和 u_2 是相同的，则它们的 $Y^t(u)$ 和 $Y^c(u)$ 也相同，即 $Y^t(u_1)=Y^t(u_2)$ 和 $Y^c(u_1)=Y^c(u_2)$。如果这个假设成立，则我们可以干预其中一个个体得到 $Y^t(u_1)$，控制另一个个体得到 $Y^c(u_2)$，干预 t 的效应则为 $Y^t(u_1)-Y^c(u_2)$。例如，研究温度对于电灯泡寿命 Y 的影响。如果一个房间温度很高 (t)，而另一个房间温度很低 (c)，则可以通过观察电灯泡的寿命在这两个房间是否一样来研究温度对电灯泡寿命的影响。我们可以假设其中一个房间的电灯泡 u_1 和另一个房间的电灯泡 u_2 是一样的，那么，就可以用 $Y^t(u_1)-Y^c(u_2)$ 来测量温度对电灯泡寿命的影响。然而，事实上，这一假设在很多情况下是不成立的，对于社会科学而言，情况尤其如此。

9.4.2 统计方法

在社会科学研究中，我们不能接受科学方法所要求的假设。首先，个体随着时间是会发生变化的，即 $Y^c(u)$ 的值随着时间变化。其次，对 u 干预 t 后，u 很难还原到没有干预过的状态，即干预对 u 的将来会有影响，因为在社会科学研究中个体 u 往往具有记忆功能。因此，如果对个体 u 进行干预 t 后再控制 c 得到的 $Y^c(u)$ 和没有干预 t 而得到的 $Y^c(u)$ 是不同的。也就是说，在社会科学研究中时间稳定性和因果关系短暂性的假设都不满足。

如果个体同质性假设成立的话，那么所有的人都是一样的，我们根本没有必要去抽样和做大型的调查，而只要研究两个个体就可以了。如果我们要研究读大学对收入的影响，根据个体同质性假设，任何读了大学的人和任何没有读大学的人没有本质上的差异，它们的差异只反映在有没有读大学上，并且任何读大学的人之间也没有本质上的差异，任何没有读大学的人之间也没有本质上的差异，那么我们只需要找一个读了大学的人和一个没有读大学的人，他们之间收入的差异就是读大学对收入的影响。这样做显然是行不通的。在本书的第 1 章中已经提到，社会现象最重要的特性是异质性，即人与人之间存在着很大的差异，所以我们不能把两个人的差异看成是社会性的差异。因此，我们不能接受个体同质性假设。

从上面的分析可以看出，在社会科学中，难以利用科学方法解决反事实问题。那么，我们是否就无能为力了呢？当然不是。我们可以利用统计方法来处理反事实问题。

假设总体为 U，干预 t 对总体 U 的平均效应 T 是干预 t 作用在总体 U 中个体 u 上的差异 $Y^t(u) - Y^c(u)$ 的期望值，即 $T = E(Y^t - Y^c)$。根据数学期望的性质，我们可以得到：

$$T = E(Y^t - Y^c) = E(Y^t) - E(Y^c) \tag{9-1}$$

从式（9－1）可以看出，我们可以通过统计估计 $E(Y^t)$ 和 $E(Y^c)$ 来得到干预 t 对总体 U 的平均效应 T。例如，可以让一些个体受干预得到 $E(Y^t)$，让其他个体不受干预得到 $E(Y^c)$。由此可见，统计方法是估计干预对总体（或某一子总体）的平均效应，但不可能得到干预对个体的效应 $Y^t(u) - Y^c(u)$。

哪些个体受到干预、哪些个体受到控制是一个非常重要的问题，我们需要认真考虑个体分配到干预组和控制组的机制。下面我们将基于前面提到的大学教育和收入关系的例子来具体分析分组过程中需要考虑的因素。

把总体 U 划分为两个部分 U_0 和 U_1，其中 U_0 是未被干预的（或受到控制的），即没有读大学的（$D=0$）；U_1 是被干预的，即读了大学的（$D=1$）；q 为

U_0 在总体 U 中的比例。$E(Y_1^t) = E(Y^t \mid D = 1)$ 表示已经读了大学的人的平均收入，$E(Y_1^c) = E(Y^c \mid D = 1)$ 表示已经读了大学的人如果没有读大学的平均收入；$E(Y_0^c) = E(Y^c \mid D = 0)$ 表示没有读大学的人的平均收入，$E(Y_0^t) = E(Y^t \mid D = 0)$ 表示没有读大学的人如果读了大学的平均收入。根据总期望规则（Total Expectation Rule），读大学对收入的平均效应 T 为：

$$\begin{aligned} T &= E(Y^t - Y^c) \\ &= E(Y_1^t - Y_1^c)(1 - q) + E(Y_0^t - Y_0^c)q \\ &= E(Y_1^t - Y_0^c) - E(Y_1^c - Y_0^c) - (\delta_1 - \delta_0)q \end{aligned} \tag{9-2}$$

其中，$\delta_1 = E(Y_1^t - Y_1^c)$，$\delta_0 = E(Y_0^t - Y_0^c)$。

从式（9-2）可以看出，读大学对收入的平均效应 T 是 $E(Y^t - Y^c)$，它可以分解为 $E(Y_1^t - Y_0^c)$、$E(Y_1^c - Y_0^c)$ 和 $(\delta_1 - \delta_0)q$。其中，$E(Y_1^t - Y_0^c)$ 是读了大学的和没有读大学的两组人的平均收入之间的简单比较。由此可以发现，通常情况下的简单比较其实包含两种偏误：$E(Y_1^c - Y_0^c)$ 和 $(\delta_1 - \delta_0)q$。

其中，$E(Y_1^c - Y_0^c)$ 是两组人如果都不读大学的平均收入的差异。在社会科学研究中，我们常常假设 $E(Y_1^c) = E(Y_0^c)$。但当这种假设不成立时，我们往往容易高估大学回报率。因为能力强的人收入往往会比较高，读大学的可能性也比较大。因此，读了大学的人即使没有读大学的话，他们的平均收入也可能比没有读大学的人高。所以，读了大学的人的平均收入比没有读大学的人高，可能不是因为读大学增加了收入，而是因为读了大学的人本来就具有更强的能力，而这种能力又和读大学是相关的。这就是两组人之间的未观察到的处理前异质性（pre-treatment heterogeneity）问题，即 $E(Y_1^c) \neq E(Y_0^c)$。此时，如果我们假设 $E(Y_1^c) = E(Y_0^c)$，得到的估计值就会有偏，我们称由此所产生的偏误为处理前异质性偏误（pre-treatment heterogeneity bias）。

对于偏误 $(\delta_1 - \delta_0)q$ 而言，$\delta_1 = E(Y_1^t - Y_1^c)$ 是读大学对于读大学的这组人收入的平均影响，$\delta_0 = E(Y_0^t - Y_0^c)$ 是没有读大学的这组人如果上了大学平均增加的收入，$\delta_1 - \delta_0$ 即读大学那组人读大学增加的收入减去不读大学那组人如果上大学增加的收入。在同样读了大学的情况下，这两组人的平均收入可能相同（$\delta_1 = \delta_0$），也可能不同（$\delta_1 \neq \delta_0$）。换言之，读大学对这两组人的回报率可能不同。这经常被忽略。如果假设读大学对两组人的影响相同，而实际上可能不同，那么由此产生的偏误叫做处理效应异质性偏误（treatment-effect heterogeneity bias）。

只有在上述两种偏误都不存在的情况下，我们才可以用 $E(Y_1^t - Y_0^c)$ 来代替 $E(Y^t - Y^c)$ 。那么在什么情况下这两种偏误才不存在呢？我们可以利用随机指派（random assignment）的方法，即把个体随机分到两个组里，从而保证这两组个体不仅在没有受到干预之前相等，而且处理效应也相等。可以看出，随机指派能够解决处理前异质性偏误和处理效应异质性偏误的双重问题。

我们可以用回归模型来说明这个问题。下面是一个一元回归模型：

$$Y_i = \alpha + \delta_i D_i + \varepsilon_i \tag{9-3}$$

其中，D_i 是指干预或控制，$D_i = 0$ 表示没有受到干预，$D_i = 1$ 表示受到干预。在实际研究中，我们经常采用的两种假设的含义如下：

处理前异质性：ε_i，如果 $Corr(\varepsilon, D) = 0$ ，则无处理前异质性偏误，也就是说，被忽略的变量（两组人能力上的差异）和读大学或不读大学没有关系；

处理效应异质性：δ_i，如果 $Corr(\delta, D) = 0$ ，则无处理效应异质性偏误，也就是说，回报率和读大学或者不读大学没有关系。

在社会科学研究中，我们可以用社会分组来控制异质性。比如，我们可以假定 $\varepsilon \perp D \mid x$，即组内无处理前异质性。这一做法比前面的假设要弱一些。也就是说，在控制了某些可以观测到的变量之后再做假设，而不是在控制这些变量之前就做假设。例如，我们不假定任何读大学的人和任何不读大学的人是完全一样的，而是假定家境相似的人无论读或没有读大学都没有异质性差异。这种社会分组的方法就是多元分析的方法。通过控制社会分组后我们再做无处理前异质性偏误和无处理效应异质性偏误的假设，这样的假设比直接这样做的假设要弱一些，因而更符合实际。我们可以把式（9－3）扩展为：①

$$Y_i = \alpha + \delta D_i + \beta' x_i + \varepsilon_i \tag{9-4}$$

从式（9－4）可以看出，多元分析可以让我们控制一些和 D 相关的自变量。同时我们要注意，x 除了要满足第 8 章提到的两个条件——相关条件（与 D 相关）和有关条件（影响 Y）——之外，还应该发生在干预 D 之前。

9.5　因果推断中的原因

任何事情都可能是原因，或者至少是一个潜在的原因。亚里士多德曾提出事

---

①　为了识别的需要，我们这里进一步设 δ 为常数。

物形成的四种原因：物质因（material cause）、形式因（formal cause）、效力因（efficient cause）和目的因（final cause）。在这四种原因中，效力因与我们研究的因果关系最接近，它是指改变事物的原因。值得注意的是，亚里士多德强调的是事物的原因（causes of a thing），而不是原因的结果（effects of causes）。但我们使用统计方法只能研究原因的结果，而不是结果的原因（causes of effects）。这里存在着识别问题（identification problem），也就是说，一件事情的发生可能是由不同的原因造成的。例如，可能有十个原因会引起某件事情的发生，但到底是由其中一个原因造成的还是由十个原因一起造成的，这个很难弄清楚。我们能做的就是解释一个特定的原因会有什么样的结果，比如说教育对收入会有什么影响。但是如果问为什么有些人很有钱，这就没法解释。

下面举例来说明什么能作为我们研究的原因。例如：

（1）她考试成绩很好是因为她是女生；

（2）她考试成绩很好是因为她好好学习；

（3）她考试成绩很好是因为她得到了老师的指导。

在这三个例子中，结果相同，都是“考试成绩很好”；而原因不同，虽然都用到“因为”这个词，但意思相差很大。（1）中的原因是她个体的一个特征，（2）中的原因是她个人的一些主动行为，（3）中的原因是施加到她身上的一种行为。

在这里，个体的特征不能作为原因，只能表示个体的特征与因变量之间的相关关系。因为如果改变个体特征的值，那么个体在某些方面就会发生改变，就不再是同一个体，这就不能探讨引起因变量变化的原因。所以，（1）中的性别不能作为原因，只能说明在考试方面女生的表现在某种程度上比男生好，即性别与考试成绩的相关关系。在社会科学研究中经常有人把特征和原因混淆，这需要引起我们的注意。

（3）是指如果她没有得到老师的指导，那么她的成绩就没有现在那么好。这意味着两对原因的结果之间的比较，这就是我们所研究的因果关系。

（2）的问题出在所假设的原因——好好学习——是一个主动行为上。学习实际上是一个过程，不是一个可以从外部改变的原因。[①] 如果我们能不让她学习，就可能把（2）变成像（3）那样的因果关系。我们可以将学习操作化定义为看书的小时数，但这仅仅定义了学习的一个特性，通过这种方式来做因果推断

---

① 当然，也有社会学家把过程作为因果关系来考虑的（Goldthorpe，2001）。

有时候会出问题。这种由主动行为导致的因果关系难以界定，这也是探讨因果关系困难的原因之一。

探讨因果关系的一个主要问题是要弄清想要研究的“原因”什么时候仅仅是个体的特征，而什么时候才是可以在个体上改变的原因。前者是相关关系，而后者是因果关系。

9.6　路径分析

在一定的理论支持和统计假定的条件下，我们可以通过模型来探讨因果关系。前面章节讨论的线性回归就可以理解为一种简单的因果关系模型。一元线性回归模型是最简单的因果关系模型，通过一元线性回归，我们可以分析自变量（原因）对于因变量（结果）的作用方向、作用大小和解释程度。多元线性回归模型分析多个自变量对于因变量的影响。到目前为止，自变量都是外生变量（exogenous variables）。外生变量是指在模型的所有方程中只做自变量的变量。而在实际研究中，我们可能会遇到这样的情况：一个变量对于某些变量而言是自变量，而对于另一些变量而言则是因变量，这种变量称为内生变量（endogenous variables）。内生变量在模型中受到外生变量或其他内生变量的影响。如果模型中存在内生变量，则可以利用结构方程或路径图来分析。

路径分析是一种探索因果关系的统计方法，其优点在于能够分解变量之间的各种效应。

9.6.1　标准化模型

出于考虑的方便，路径分析经常采用标准化系数，因此，在讨论路径分析之前，我们先来介绍模型的标准化。

1. 模型的标准化

假设真实模型为：

$$y_i = \beta_0 + \beta_1 x_{i1} + \cdots + \beta_{p-1} x_{i(p-1)} + \varepsilon_i \tag{9-5}$$

如果对模型中的 x，y 做如下变换：

$$\begin{aligned} y_i' &= (y_i - \bar{y})/S_y \\ x_{ik}' &= (x_{ik} - \bar{x}_k)/S_{x_k} \end{aligned} \tag{9-6}$$

其中，S_y 和 S_{x_k} 分别为样本变量 y 和 x_k 的标准差。

式（9-6）其实并不陌生，在前面章节中也提到过，就是变量的标准化转换。因此，可以看到，标准化其实就是通过对中（centering）和测度转换（rescaling）来实现的。对中是将变量的位置加以改变，使其均值为0，即 $E(x_k')=E(y')=0$。注意，在变量对中的同时误差项也对中了，即在没有截距时还有 $E(\varepsilon')=0$。测度转换是使对中变量的方差为1，即 $Var(x_k')=Var(y')=1$。将模型进行标准化后，模型变为：

$$y_i' = \beta_1' x_{i1}' + \cdots + \beta_{p-1}' x_{i(p-1)}' + \varepsilon_i' \qquad (9-7)$$

我们可以通过对式（9-5）取平均值，得到式（9-8）：

$$\bar{y} = \beta_0 + \beta_1 \bar{x}_1 + \cdots + \beta_{p-1} \bar{x}_{(p-1)} \qquad (9-8)$$

注意，这里假设 $\bar{\varepsilon}=0$，省略。再用式（9-5）减去式（9-8），得到式（9-9）：

$$y_i - \bar{y} = \beta_1 (x_{i1} - \bar{x}_1) + \cdots + \beta_{p-1}[x_{i(p-1)} - \bar{x}_{(p-1)}] + \varepsilon_i \qquad (9-9)$$

最后，将式（9-9）除以 S_y，即可得到式（9-7）：

$$\begin{aligned}(y_i - \bar{y})/S_y &= (\beta_1/S_y)(x_{i1} - \bar{x}_1) + \cdots + (\beta_{p-1}/S_y)[x_{i(p-1)} - \bar{x}_{p-1}] + \varepsilon_i/S_y \\ &= (\beta_1 S_{x1}/S_y)(x_{i1} - \bar{x}_1)/S_{x1} + \cdots + \\ &\quad [\beta_{p-1} S_{x(p-1)}/S_y][x_{i(p-1)} - \bar{x}_{p-1}]/S_{x(p-1)} + \varepsilon_i/S_y \\ &= \beta_1' x_{i1}' + \cdots + \beta_{p-1}' x_{i(p-1)}' + \varepsilon_i' \\ &= y_i'\end{aligned}$$

由此，我们还可以推知，标准化系数与非标准化系数具有如下关系：

$$\beta_k' = \beta_k S_{x_k}/S_y \qquad (9-10)$$

2. 标准化系数和非标准化系数的区别

一般情况下，我们都是报告非标准化系数，因为它们提供了更多有关数据的信息，且提供了自变量变化一个单位引起因变量实际变化的情况。我们还可以比较不同总体的非标准化系数。但是，由于不同变量有不同的单位，在同一回归模型中，各变量的非标准化系数之间不能相互比较。而且，在路径分析中如果采用非标准化系数会比较复杂。

因此，在路径分析中，经常使用标准化系数。本章中，路径分析也都是使用标准化系数。标准化系数没有测量单位，可以通过同一标准比较同一方程中不同变量的系数。而且，标准化系数容易计算，并能简化路径分析中的效应分解和表达形式。在路径模型中，标准化的使用不仅反映在自变量对因变量的影响程度（即回归系数）上，也反映在模型中各变量的方差、协方差，以及模型中误差项方差的计算上。

9.6.2 路径模型

路径模型可以用通径图来表示，如图 9－1 所示。在图 9－1(a) 中，x_1 为外生变量，x_2 为内生变量，x_3 为最终因变量（ultimate response variable）。最终因变量是指模型中不影响其他变量的因变量。在这个模型中，需要区分两种原因：一是模型中能够识别的引起因变量变化的原因，如 x_1 和 x_2；二是模型中不能识别的引起因变量变化的其他原因，也称为误差项（disturbance），如 x_u 和 x_v。在通径分析中，相关关系用双箭头的曲线来表示，因果关系则用单箭头的直线来表示。在图 9－1(b) 中，x_1 和 x_2 都是外生变量，它们之间存在相关关系，而如图 9－1(a) 所示，x_1 对 x_2 具有因果关系，这一点在后面的效应分解中需要注意。

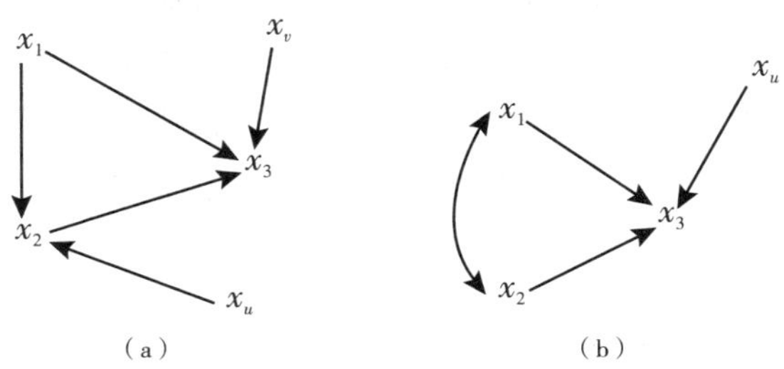

图 9－1 通径图

路径模型实际上是一组联立方程组。对应图 9－1(a) 的路径模型可以表示为如下方程组：

$$
\begin{aligned}
x_2 &= p_{21}x_1 + x_u \\
x_3 &= p_{32}x_2 + p_{31}x_1 + x_v
\end{aligned}
\qquad (9-11a)
$$

其中，p 为路径系数（path coefficients）。路径系数的第一个下标是相应方程中的因变量（即路径箭头所指的结果变量），第二个下标是指该方程的自变量（即路径箭头的箭尾所指的原因变量），它反映了自变量对因变量的影响。如 p_{21} 表示 x_1

对 x_2 的影响作用。

类似地，图 9－1（b）可以用联立方程组的形式表示为：

$$x_3 = p_{32}x_2 + p_{31}x_1 + x_u \tag{9 - 11b}$$

9.6.3 递归模型与非递归模型

路径模型分为两种：递归模型（recursive model）和非递归模型（nonrecursive model）。

1. 递归模型

递归模型是指模型中所有变量依赖于前置变量，它有以下两种描述形式。

一种是表格的描述形式。递归模型中的因果链都是通过理论来决定的，没有理论我们无法判断变量之间的因果关系及因果次序，也无法建立递归模型。如果要建立四个变量的递归模型，就必须利用理论来说明这四个变量之间可能出现的 12（即 P_4^2）条因果链中起码有 6 条不存在（即 $p=0$），而且这些缺失的因果链必须落入一个三角阵内，如表 9－1 所示。表 9－1 中，0（如第一排第二列）表示 x_2 不会影响 x_1，×（如第二排第一列）表示 x_1 可能影响 x_2。任意一个×是否为 0 并不重要。这个方阵必须化为三角阵后才是递归模型，如果不能化为三角阵则是非递归模型。在这里，我们需要利用理论来判断哪些因果关系存在（×），哪些因果关系不存在（0）。这是外加的、非统计的识别条件。

表 9－1 递归模型表

结果	原因			
	x_1	x_2	x_3	x_4
x_1	…	0	0	0
x_2	×	…	0	0
x_3	×	×	…	0
x_4	×	×	×	…

递归模型的另一种描述形式是路径图。递归模型是指模型中的所有外生变量对于所有因变量来说都是前置变量，而每个因变量对于任何出现在后面因果链上的其他因变量来说都是前置变量。也就是说，所有的外生变量与方程中所有的误差项无关，而且模型中每个方程的前置变量与这个方程的误差项无关。这两个假

设是建立在理论的基础上，如果存在问题，就要重建一个更好的模型。在递归模型中，所有的因果链都是单向的，不存在两个变量直接或间接地互为因果的情况，也不存在变量有任何形式的自反馈现象。因此，第一个内生变量仅仅受外生变量的影响，第二个内生变量仅仅受外生变量和第一个内生变量的影响，依次类推。如本例中第一个内生变量 x_2 仅仅受到外生变量 x_1 的影响，第二个内生变量 x_3 仅仅受到外生变量 x_1 和第一个内生变量 x_2 的影响，等等。表 9－1 所示的四个变量的递归路径模型可以表示成如图 9－2 的路径图。

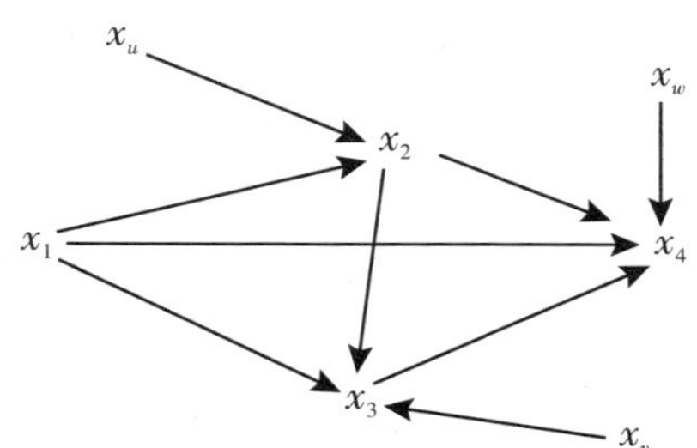

图 9－2　四个变量的递归路径图

如前所述，这个路径模型也可表示为如下联立方程组：

$$
\begin{aligned}
x_2 &= p_{21}x_1 + p_{2u}x_u \\
x_3 &= p_{32}x_2 + p_{31}x_1 + p_{3v}x_v \\
x_4 &= p_{43}x_3 + p_{42}x_2 + p_{41}x_1 + p_{4w}x_w
\end{aligned}
\tag{9-12}
$$

由于模型中的所有变量都事先经过标准化，即有 $E(x_h) = 0$ 和 $E(x_h^2) = 1$（这里，$h = 1,2,3,4,u,v,w$）。因此，x_h 和 x_j 之间的相关系数 $\rho_{hj} = E(x_h x_j)$（这里，$j = 1,2,3,4,u,v,w$）。

在路径模型中，误差项要满足以下假设：

（1）外生变量与误差项无关

$$E(x_1x_u) = E(x_1x_v) = E(x_1x_w) = 0 \tag{9-13}$$

（2）任一方程的误差项与该方程的任何前置变量无关

$$E(x_2x_v) = E(x_2x_w) = E(x_3x_w) = 0 \tag{9-14}$$

利用上面的两个假设和 x_2 的方程，我们可以得到：

$$E(x_2x_v) = p_{21}E(x_1x_v) + p_{2u}E(x_ux_v) \qquad (9-15)$$

因此有 $\rho_{uv}=0$。同样可以得到 $\rho_{uw}=\rho_{vw}=0$，即模型中所有误差项之间都是不相关的。但是需要注意，每个方程的误差项与这个方程中的因变量及后面方程中的因变量之间的相关系数不为0。

递归模型的优点是此类模型都是可识别的，而且可以方便地采用常规最小二乘法（OLS）得到路径系数的无偏估计。但是，在一些情形下，递归模型的假设可能不成立。例如，如果存在忽略变量偏误，则会导致前置变量与误差项无关的假设不成立。而测量误差也可能使不同因变量的误差项相关，如用相似的测量工具测量模型中的几个因变量，因为测量工具产生的系统性误差将导致误差项相关。更具威胁性的是内生变量之间可能互为因果。在这些情形下，使用递归模型将导致模型估计的路径系数有偏。遇到这些情况时应该考虑非递归模型。

2. 非递归模型

非递归模型是指不满足递归模型假设条件的路径模型。因此，在非递归模型中，不再假设特定方程的误差与方程的原因变量无关，实际上这个假设经常不成立。我们可能遇到如下的模型，这种模型是“无法识别的”。我们将在后面再来讨论识别的问题。

非递归模型有下面几种形式：

（1）存在两个变量直接互为因果（或者说直接反馈）的情形，如图9－3（a）中的 x_1 与 x_3。在这里，需要注意非递归关系与相关关系在路径图中的标注方法不同，如果存在两个变量互为因果时，应该用两个单向箭头来表示，而两个外生变量之间的相关则用曲线的双箭头表示，注意不要混淆。

（2）存在某个变量自反馈的情形，如图9－3（b）中的 x_2。

（3）存在间接反馈的情形，如图9－3（c）中 x_1 通过 x_2、x_3 之后又反馈回来。

（4）存在外生变量与误差项相关的情形，如图9－3（d）中的 x_1 与 x_u。产生这种情况有可能是没有将影响 x_1 与 x_u 的共同原因变量（忽略变量）纳入模型中。如果能够找到这个忽略变量并放入模型中，内生变量误差项 x_u 与外生变量 x_1 的相关部分便可以从 x_u 中剥离出去，使新得到的误差项与 x_1 无关，此时模型便成为递归模型。

（5）存在不同误差项之间相关的情形，如图9－3（e），这类非递归模型是不可识别的。我们将在后面具体讨论模型的识别问题。

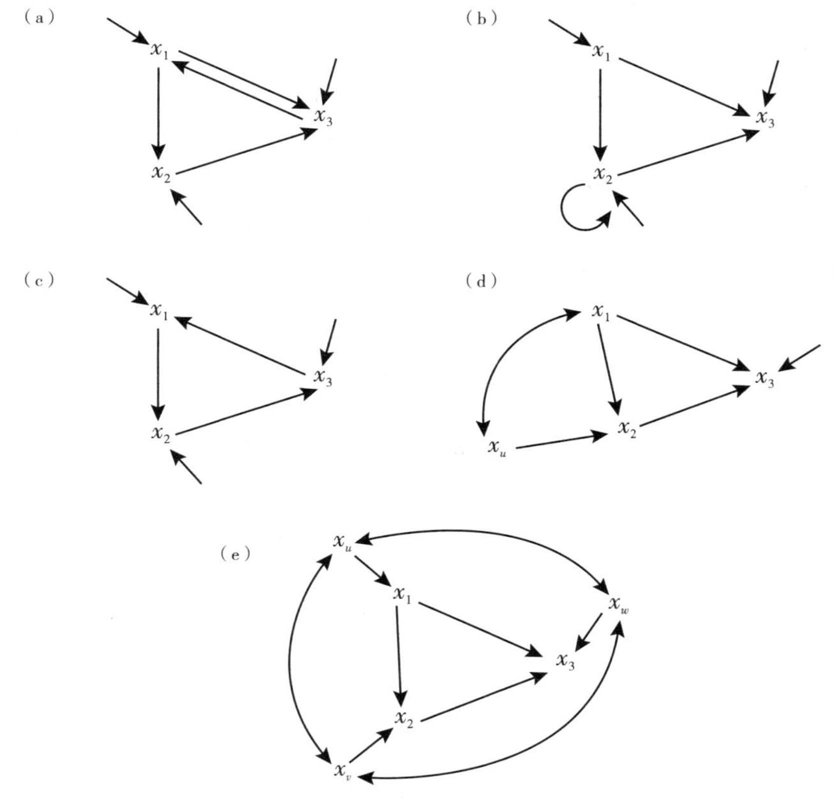

图 9－3　非递归模型路径图

当非递归模型可识别时，非递归模型可以用间接最小二乘法（indirect least squares）和工具变量法（instrumental variables）等来进行参数估计。但是，这些估计过程比较复杂，并且模型所需要的假设也无法检验，我们在这里不再继续讨论，感兴趣的读者可以参考 Heise(1975）或 Berry(1984）的有关著作。下面讨论的模型都是递归模型。

9.6.4　效应分解

递归模型都是可识别的，我们可以通过常规最小二乘法（OLS）来得到模型中的路径系数。这是因为递归模型的假设条件实际上满足了回归分析的正交假定（即 A1 假定），从而使得最小二乘估计得到的联立方程组中的各系数无偏。我们可对模型中的每个方程进行回归，所得到的回归系数就是相应的路径系数，例如联立方程组（9－12）中的各个 p 值。

1. 简化型方程与结构方程

联立方程组可以分为简化型方程（reduced form）和结构方程两种（structural equation）。结构方程是一组包含内生变量作为自变量并根据理论推导出的方程组，如方程组（9－12），其路径图如图 9－2 所示。简化型方程是一组所有自变量都是外生变量的方程组，如方程组（9－16），其路径图如图 9－4 所示。

$$
\begin{aligned}
x_3 &= p_{32}x_2 + p_{31}x_1 + p_{3u}x_u \\
x_4 &= p_{42}x_2 + p_{41}x_1 + p_{4v}x_v
\end{aligned}
\qquad (9-16)
$$

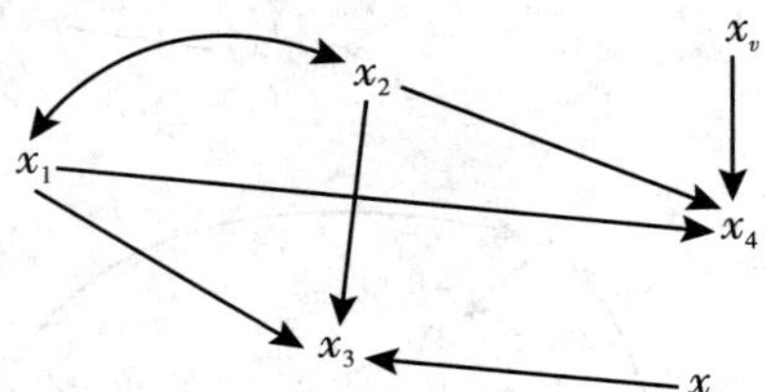

图 9－4　简化型方程路径图

2. 效应分解

现在以图 9－2 的递归模型为例来讨论效应的分解问题。对于式（9－12），用 x_2 乘 x_3 的方程并取期望值，得到：

$$E(x_2x_3) = p_{32}E(x_2^2) + p_{31}E(x_2x_1) + p_{3v}E(x_2x_v) \qquad (9-17)$$

由于 $E(x_2^2)=1$ 和 $E(x_2x_v)=0$，式（9－17）可以简化为：

$$\rho_{23} = p_{32} + p_{31}\rho_{21} \qquad (9-18)$$

利用同样的方法，可以得到：

$$
\begin{aligned}
\rho_{12} &= p_{21} \\
\rho_{13} &= p_{31} + p_{32}\rho_{12} \\
\rho_{23} &= p_{31}\rho_{12} + p_{32} \\
\rho_{14} &= p_{41} + p_{42}\rho_{12} + p_{43}\rho_{13} \\
\rho_{24} &= p_{41}\rho_{12} + p_{42} + p_{43}\rho_{23} \\
\rho_{34} &= p_{41}\rho_{13} + p_{42}\rho_{23} + p_{43}
\end{aligned}
\qquad (9-19)
$$

如果我们已知相关系数 ρ，则可以根据式（9－19）解出模型的路径系数 p。在实际研究中，我们可以得到相关系数的估计值，进而得到 p 的估计值。这与前面提到的用最小二乘法得到的 p 值是一样的。

根据式（9－19），我们可以把方程式右边的相关系数代换掉，得到：

$$
\begin{aligned}
\rho_{12} &= p_{21} \\
\rho_{13} &= p_{31} + p_{32}p_{21} \\
\rho_{23} &= p_{31}p_{21} + p_{32} \\
\rho_{14} &= p_{41} + p_{42}p_{21} + p_{43}(p_{31} + p_{32}p_{21}) \\
\rho_{24} &= p_{41}p_{21} + p_{42} + p_{43}(p_{31}p_{21} + p_{32}) \\
\rho_{34} &= p_{41}(p_{31} + p_{32}p_{21}) + p_{42}(p_{31}p_{21} + p_{32}) + p_{43}
\end{aligned} \tag{9-20}
$$

下面我们将根据式（9－20）来一一说明两个变量之间的相关系数的分解。

（1）x_2 与 x_1 的相关系数 ρ_{12} 完全由直接效应（direct effect）p_{21} 产生。直接效应指结构方程中原因变量不是通过中介变量对结果变量产生的效应。

（2）x_3 与 x_1 的相关系数 ρ_{13} 由两条不同的路径产生：直接效应 p_{31} 和间接效应（indirect effect）$p_{32}p_{21}$。间接效应是指结构方程中原因变量通过中介变量对结果变量产生的效应。也就是说，原因变量的变化引起中介变量的变化，再通过这个中介变量的变化引起的结果变量的变化量即间接效应。当中介变量保持不变时，间接效应为零。

（3）x_3 与 x_2 的相关系数 ρ_{23} 也由两条不同路径产生：直接效应 p_{32} 和由共同原因 x_1 引起的相关 $p_{31}p_{21}$。

（4）x_4 与 x_1 的相关系数 ρ_{14} 由四条不同路径产生：直接效应 p_{41}，通过中介变量 x_2 的间接效应 $p_{42}p_{21}$，通过 x_3 的间接效应 $p_{43}p_{31}$ 和通过 x_2、x_3 的间接效应 $p_{43}p_{32}p_{21}$。

（5）x_4 与 x_2 的相关系数 ρ_{24} 也由四条不同路径产生：直接效应 p_{42}，通过中介变量 x_3 的间接效应 $p_{43}p_{32}$，由共同原因 x_1 引起的直接相关 $p_{41}p_{21}$ 和由共同原因 x_1 引起的通过中介变量 x_3 的间接相关 $p_{43}p_{31}p_{21}$。

（6）x_4 与 x_3 的相关系数 ρ_{34} 由五条不同路径产生：直接效应 p_{43}，由共同原因 x_1 引起的直接相关 $p_{41}p_{31}$，由共同原因 x_2 引起的直接相关 $p_{42}p_{32}$，由共同原因 x_1 引起的通过中介变量 x_2 的两条间接相关路径 $p_{42}p_{31}p_{21}$ 和 $p_{41}p_{32}p_{21}$。

在一个模型中，变量 x_h 对变量 x_j 的总效应为变量 x_h 对变量 x_j 的直接效应和间接效应之和。这个总效应仅是这两个变量之间的总相关 ρ_{hj} 的一部分，它不包括由于共同原因引起的两变量间的相关。总效应是原因变量变化引起的结果变量的变化量，不管这个变化量是通过什么机制引起的。这里需要注意的是，变量 x_h 对变量 x_j 的总效应、直接效应和间接效应都是针对某一特定的递归模型，它们可能会随着递归模型的改变而变化。当模型增加其他变量时，变量 x_h 对变量 x_j 的直接效应可能部分或全部地通过附加的变量传递，或者是由于附加的变量是 x_h 和 x_j 的共同原因产生的。因此，在效应分解的时候一定要具体说明所使用的模型。在图 9－2 的递归模型中，x_1 对 x_2 的总效应为 x_1 对 x_2 的直接效应 p_{21}，因为 x_1 对 x_2 的间接效应为 0。x_1 对 x_3 的总效应为直接效应 p_{31} 与间接效应 $p_{32}p_{21}$ 之和，即 $p_{31}+p_{32}p_{21}$。x_1 对 x_4 的总效应为直接效应 p_{41} 以及间接效应 $p_{43}p_{31}$、$p_{42}p_{21}$ 与 $p_{43}p_{32}p_{21}$ 之和，即

$$p_{41}+p_{42}p_{21}+p_{43}p_{31}+p_{43}p_{32}p_{21}$$

x_2 对 x_3 的总效应为直接效应 p_{32}，这里需要注意，$p_{31}p_{21}$ 是由共同原因 x_1 引起的 x_2 和 x_3 之间的相关，不包括在总效应之内（参见 Duncan，1975：25）。x_2 对 x_4 的总效应为直接效应 p_{42} 加上间接效应 $p_{43}p_{32}$，x_3 对 x_4 的总效应为直接效应 p_{43}。

当递归模型中存在两个或两个以上外生变量时（如图 9－5 所示），两个变量之间的相关系数可以分解为总效应和由共同原因引起的相关，以及没有分析的外生变量之间的相关引起的相关。在图 9－5 的递归模型中：

（1）x_3 与 x_1 的相关系数 ρ_{13} 可以分解为 x_1 对 x_3 的直接效应 p_{31}，及由没有分析的 x_1 和 x_3 的另一个原因变量 x_2 相关引起的相关 $p_{32}\rho_{21}$。在这个模型中，因为 x_1 对 x_3 没有间接效应，所以 p_{31} 既是 x_1 对 x_3 的直接效应，也是 x_1 对 x_3 的总效应。

（2）x_3 与 x_2 的相关系数 ρ_{23} 可以分解为 x_2 对 x_3 的直接效应 p_{32}，及由没有分析的 x_2 和 x_3 的另一个原因变量 x_1 相关引起的相关 $p_{31}\rho_{12}$。

（3）x_4 与 x_1 的相关系数 ρ_{14} 可以分解为直接效应 p_{41}，通过中介变量 x_3 的间接效应 $p_{43}p_{31}$，由没有分析的 x_1 和 x_4 的另一个原因变量 x_2 相关引起的相关 $p_{42}\rho_{21}$，和由没有分析的 x_1 和 x_2 相关与中介变量 x_3 的相关 $p_{43}p_{32}\rho_{21}$。此时，x_1 对 x_4 的总效应为直接效应和间接效应之和 $p_{41}+p_{43}p_{31}$。

（4）x_4 与 x_2 的相关系数 ρ_{24} 可以分解为直接效应 p_{42}，通过中介变量 x_3 的间接效应 $p_{43}p_{32}$，由 x_1 和 x_2 相关引起的相关 $p_{41}\rho_{21}$，由 x_1 和 x_2 相关并通过中介变量 x_3 的间接相关 $p_{43}p_{31}\rho_{21}$。此时，x_2 对 x_4 的总效应为直接效应和间接效应之和

$p_{42}+p_{43}p_{32}$。

（5）x_4 与 x_3 的相关系数 ρ_{34} 可以分解为 x_3 对 x_4 的直接效应 p_{43}，由共同原因 x_1 引起的相关 $p_{41}p_{31}$，由共同原因 x_2 引起的相关 $p_{42}p_{32}$，由没有分析的 x_3 的原因变量 x_1 和 x_4 的原因变量 x_2 相关引起的相关 $p_{42}p_{31}\rho_{21}$ 和 $p_{41}p_{32}\rho_{21}$。此时，p_{43} 也是 x_3 对 x_4 的总效应。

注意，把总效应分解为直接效应和间接效应是应用了我们前一章介绍的辅助回归的一个重要公式——式（8－6）。它们的差别在于辅助回归式（8－6）是一个一般公式，不一定要求知道模型中各变量之间的因果关系。而我们现在讨论的是递归模型中的效应分解，是一个特例，下面以图 9－5 的递归模型为例来介绍。这个递归模型可以表示为：

$$
\begin{aligned}
x_3 &= p_{31}x_1 + p_{32}x_2 + p_{3u}x_u \\
x_4 &= p_{41}x_1 + p_{42}x_2 + p_{43}x_3 + p_{4v}x_v
\end{aligned}
\qquad (9-21)
$$

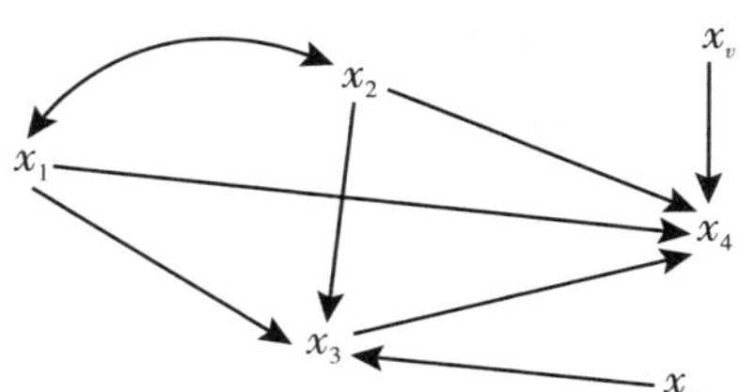

图 9－5　两个外生变量的四变量路径图

将式（9－21）中的 x_3 代入 x_4，可以得到：

$$
\begin{aligned}
x_4 &= p_{41}x_1 + p_{42}x_2 + p_{43}x_3 + p_{4v}x_v \\
&= p_{41}x_1 + p_{42}x_2 + p_{43}(p_{31}x_1 + p_{32}x_2 + p_{3u}x_u) + p_{4v}x_v \\
&= (p_{41} + p_{43}p_{31})x_1 + (p_{42} + p_{43}p_{32})x_2 + (p_{43}p_{3u}x_u + p_{4v}x_v) \\
&= p'_{41}x_1 + p'_{42}x_2 + p'_{4v}x'_v
\end{aligned}
\qquad (9-22)
$$

从式（9－21）和（9－22）可以看出，把 x_4 对 x_1，x_2，x_3 进行回归时得到的系数 p_{41}，p_{42}，p_{43}〔如式（8－6）中的 β_k〕即为 x_1，x_2，x_3 对 x_4 的直接效应，x_1，x_2 对 x_4 的间接效应 $p_{43}p_{31}$、$p_{43}p_{32}$〔如式（8－6）中的 $\beta_{p-1}\tau_k$〕可以通过 x_4 对 x_1，x_2 进行回归时得到的 x_1，x_2 系数〔如式（8－6）中的 α_k〕与 x_4 对 x_1，x_2，x_3 进行回归时得到的 x_1，x_2 系数相减得到，即 x_4 对 x_1 的间接效应为 $p'_{41}-p_{41}$，x_4 对 x_2 的间接效应为 $p'_{42}-p_{42}$。

下面，我们以布劳和邓肯（Blau & Duncan，1967：170）的地位获得模型为例来说明各种效应。

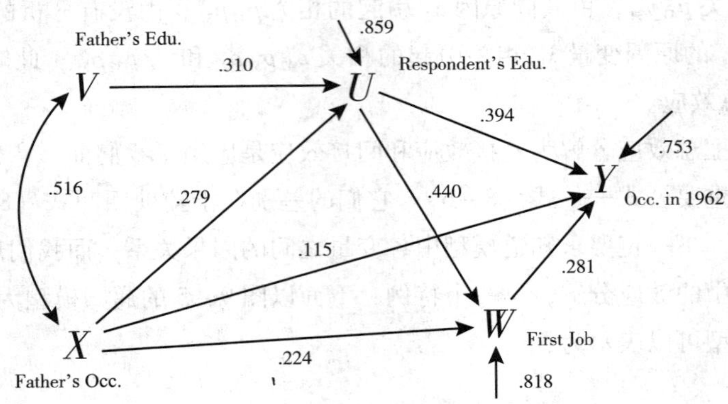

图 9－6　布劳和邓肯地位获得模型

从图 9－6 中可以看出，父亲的受教育水平（以下简称父亲教育）对儿子 1962 年的职业（简称职业）的直接效应是 0。父亲教育对儿子的受教育水平（以下简称儿子教育）的直接效应为 0. 310，儿子教育对其职业的直接效应为 0. 394，儿子教育对其第一份工作的直接效应为 0. 440，父亲职业对儿子教育的直接效应为 0. 279，父亲职业对儿子职业的直接效应为 0. 115，父亲职业对儿子第一份工作的直接效应为 0. 224，儿子第一份工作对其职业的直接效应为 0. 281。

父亲教育通过儿子教育对儿子职业的间接效应为 0. 122（=0. 310 ×0. 394）；父亲教育通过儿子教育、儿子第一份工作对儿子职业的间接效应为 0. 038（=0. 310 ×0. 440 ×0. 281）；父亲职业通过儿子教育对儿子职业的间接效应为 0. 110（=0. 279 ×0. 394）；父亲职业通过儿子教育、儿子第一份工作对儿子职业的间接效应为 0. 034（=0. 279 ×0. 440 ×0. 281）；父亲职业通过儿子第一份工作对儿子职业的间接效应为 0. 063（=0. 224 ×0. 281）。

父亲教育和儿子职业的相关系数可以分解为：

（1）父亲教育通过儿子教育对儿子职业的间接效应 0. 122（=0. 310 ×0. 394）；

（2）父亲教育通过儿子教育、儿子第一份工作对儿子职业的间接效应为 0. 038（=0. 310 ×0. 440 ×0. 281）；

（3）父亲教育和父亲职业相关对儿子职业引起的效应为 0. 059（=0. 516 ×0. 115）；

（4）父亲教育和父亲职业相关，并间接通过儿子教育引起的效应为0.057（=0.516×0.279×0.394）；

（5）父亲教育和父亲职业相关，并间接通过儿子教育、儿子第一份工作引起的效应为0.018（=0.516×0.279×0.440×0.281）；

（6）父亲教育和父亲职业相关，并间接通过儿子的第一份工作引起的效应为0.032（=0.516×0.224×0.281）。

则父亲教育和儿子职业的相关系数等于上述六项之和：

$$
\begin{aligned}
\rho_{VY} &= 0.310 \times 0.394 + 0.310 \times 0.440 \times 0.281 + 0.516 \times 0.115 + \\
&\quad 0.516 \times 0.279 \times 0.394 + 0.516 \times 0.279 \times 0.440 \times 0.281 + \\
&\quad 0.516 \times 0.224 \times 0.281 \\
&= 0.327
\end{aligned}
$$

我们也可以用同样的方式分解得到父亲职业和儿子职业的相关系数，请读者自行分解，最终得到的父亲职业和儿子职业的相关系数应为：

$$
\begin{aligned}
\rho_{XY} &= 0.115 + 0.279 \times 0.394 + 0.279 \times 0.440 \times 0.281 + 0.224 \times 0.281 + \\
&\quad 0.516 \times 0.310 \times 0.394 + 0.516 \times 0.310 \times 0.440 \times 0.281 \\
&= 0.405
\end{aligned}
$$

父亲教育对儿子职业的总效应为父亲教育对儿子职业的直接效应和所有间接效应之和：0+0.122+0.038（=0.160）。父亲职业对儿子职业的总效应为父亲职业对儿子职业的直接效应和所有间接效应之和：0.115+0.110+0.034+0.063（=0.322）。

我们还可以利用Wright的乘法原则（Wright's multiplication rule）解读路径图得到式（9-20）：如果要得到x_h和x_j（x_j在递归模型继x_h之后的方程中出现）之间的相关系数ρ_{hj}，则从x_j开始读，沿着每条不同的直接或间接（混合）路径读到x_h，把所有得到的x_h和x_j之间因果链的乘积相加即得到ρ_{hj}。也可以从x_h开始读到x_j，但是需要注意，无论从哪个变量开始，只能按一个箭头方向读，不允许来回读。如果出现两个外生变量相关的情形，即出现双箭头的情形，则可以来回读。

通过上面的分析可以看出：

（1）两个变量之间的相关系数经常不是一个变量对于另一个变量的总效应的正确测量，因为相关系数可能包括直接效应和间接效应之外的成分；

（2）递归模型的任一方程显示前置变量对于这个方程的因变量的直接效应，而不管前置变量之间的因果关系如何；

（3）理论的一个主要目标就在于提供一个模型能使一些外生变量变成内生变量。

9.6.5 路径模型的识别

模型的识别问题是指模型中的路径系数能否被估计出来，也就是说是否可以根据相关系数 ρ 解出路径系数 p。模型可以分为可识别模型（identifiable model）和不可识别模型（under-identified model）。当模型能根据相关系数 ρ 解出路径系数 p 时，表示这个模型是可识别的（identifiable）。其中，可识别的模型又分为两种：一种是恰好识别（just-identified）模型，另一种是过度识别（over-identified）模型。如果相关系数和路径系数的数量相等，并且能根据相关系数解出路径系数，则模型是恰好识别模型。在递归模型的方程中，如果所有前置变量都影响内生变量，那么这个方程就是恰好识别的方程；如果所有的方程都是恰好识别的方程，那么这个模型就是恰好识别的，如图 9－7（a）所示。

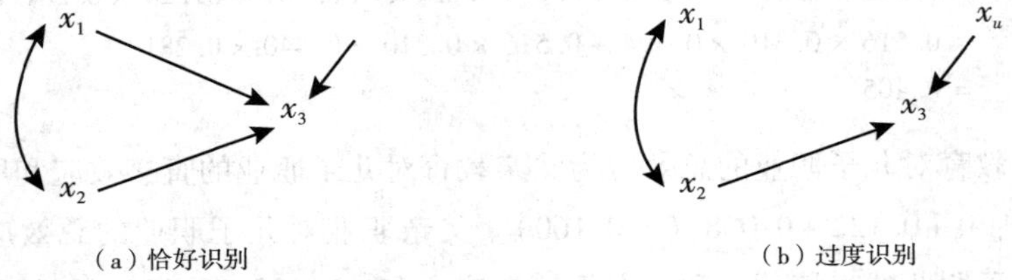

（a）恰好识别　　（b）过度识别

图 9－7　模型的识别

根据 Wright 的乘法原则，我们可以得到：

$$\begin{aligned} \rho_{13} &= p_{31} + p_{32}\rho_{21} \\ \rho_{23} &= p_{31}\rho_{21} + p_{32} \end{aligned} \tag{9-23}$$

在式（9－23）中，如果所有的 ρ 已知，则我们只有两个未知参数和两个方程，因此可以解出 p，此时称这个模型是恰好识别模型。

如果相关系数的数量多于路径系数，模型将会过度识别，如图 9－7（b）所示。根据 Wright 的乘法原则，我们可以得到：

$$\begin{aligned} \rho_{13} &= p_{32}\rho_{21} \\ \rho_{23} &= p_{32} \end{aligned} \tag{9-24}$$

根据式（9－24），可以得到：

$$p_{32} = \rho_{23} = \frac{\rho_{13}}{\rho_{21}} \tag{9-25}$$

式（9－25）给出了过度的识别限制，此时称这个模型是过度识别模型。

当模型的路径系数数量大于相关系数时，则模型不能根据相关系数求解路径系数，此时称模型是不可识别的，如图 9－3（e）所示。即使已知所有相关系数，我们也无法估计一个不可识别方程中的路径系数，这在非递归模型中经常遇到。

9.7　本章小结

在这一章，我们主要通过线性回归研究因果关系。在研究变量之间的关系时，经常遇到的是相关关系或因果关系。相关关系是指在同一个总体中两个变量之间的统计关系，但并不意味着因果关系。因果关系是原因变量和结果变量之间的关系，也就是自变量对因变量的影响。在研究因果关系时，我们通常需要两个潜在的响应结果，即同一个体受到干预时因变量的值 $Y^t(u)$ 和没有受到干预时因变量的值 $Y^c(u)$，两者之差就是原因（干预）对于个体的效应。

然而，社会研究避免不了反事实问题，即不可能在同一个体上同时观察到 $Y^t(u)$ 和 $Y^c(u)$ 的值，因此不可能观察到干预对于个体的效应。但是，我们可以通过科学方法和统计方法来解决反事实问题。科学方法假设时间稳定性、因果关系短暂性或个体同质性。这在自然科学中经常使用。然而在社会科学中，个体往往会随着时间发生变化或受到干预影响，同时，个体之间会存在很大异质性，这使得科学方法不能得到应用，此时就需要利用统计方法来解决反事实问题。统计方法是用干预对总体的平均效应来替代干预对个体的效应，但此时可能遇到处理前异质性偏误和处理效应异质性偏误，可以利用随机指派的方法来消除这两种偏误。

在探讨因果关系时，要注意区分外生变量和内生变量：外生变量是指在模型的所有方程中只做自变量的变量；内生变量是指模型中对于某些变量而言是自变量，而对于另一些自变量而言是因变量的变量。内生变量在模型中受到外生变量和其他内生变量的影响。我们可以利用路径分析来探讨因果关系，并分解各种变量之间的效应。路径分析经常采用标准化系数，因为标准化系数没有测量单位，可比较同一方程中不同变量的系数。

路径模型可分为递归模型和非递归模型。递归模型是指模型中所有变量仅依赖于前置变量的路径模型，可以用表格或路径图来描述。在递归模型中，需要满足外生变量与误差项无关、任一方程的误差项与该方程的任何前置变量无关这两个假设。所有的递归模型都是可识别的，即可以使用 OLS 回归得到路径系数的无偏估计。当递归模型的假设不成立时，我们就需要使用非递归模型。非递归模型是指不满足递归模型假设条件的路径模型。非递归模型有下面几种形式：两个变量直接互为因果；某个变量自反馈；间接反馈；外生变量与误差项相关；不同误差项之间相关。非递归模型的识别需要用到不可验证的模型假定，估算可以用间接最小二乘法、工具变量法等方法。模型可识别是指模型中的未知系数能被估计出来的情况。

在递归模型中，两个变量之间的相关系数可以分解为总效应，由共同原因引起的相关，以及由没有分析的外生变量之间的相关引起的相关。总效应又可以分为直接效应和间接效应。在这里需要注意，在效应分解的时候一定要具体说明所使用的模型，这是因为变量 x_h 对变量 x_j 的总效应、直接效应和间接效应可能随着递归模型的改变而变化。最后，本章以布劳和邓肯（Blau & Duncan, 1967）的地位获得模型为例介绍了递归模型的效应分解。

参考文献

Alwin, Duane F. & Robert M. Hauser. 1975. "The Decomposition of Effects in Path Analysis." *American Sociological Review* 40: 37 – 47.

Berry, William D. 1984. *Nonrecursive Causal Models*. Thousand Oaks, CA: Sage Publications.

Blau, Peter M. & Otis Dudley Duncan. 1967. *The American Occupational Structure*. New York: Wiley.

Duncan, Otis Dudley. 1975. *Introduction to Structural Equation Models*. New York: Academic Press.

Goldthorpe, John H. 2001. "Causation, Statistics, and Sociology." *European Sociological Review* 17: 1 – 20.

Heise, David R. 1975. *Causal Analysis*. New York: Wiley.

Holland, Paul W. 1986. "Statistics and Causal Inference (with discussion)." *Journal of American Statistical Association* 81: 945 – 960.

Kutner, Michael H., Christopher J. Nachtsheim, John Neter, & William Li. 2004. *Applied Linear Regression Models* (Fourth Edition). Boston: McGraw-Hill/lrwin.

谢宇，2006，《社会学方法与定量研究》，北京：社会科学文献出版社。

第 10 章

多重共线性问题

当自变量之间存在某种线性关系或高度相关的时候，就会发生多重共线性问题。用矩阵来解释，即：如果矩阵 **X** 的某些列之间具有线性关系，那么矩阵 **X** 就不是满秩的。值得注意的是，我们在这里采用多重共线性（multicollinearity）而非共线性（collinearity）是为了强调：我们不能仅凭自变量之间的两两简单线性相关来判断是否存在共线性问题。根据前面有关矩阵的知识，我们知道，不满秩是由于某些列向量是其他多个列向量的线性组合。所以，判断共线性问题要基于整个自变量矩阵 **X** 来检查列向量组。

多重共线性问题会给回归模型的参数估计带来一系列问题。例如，导致回归方程的解不再是唯一的，使得回归参数估计值的标准误增大，进而使得估计值的置信区间变得更宽、显著性检验的 t 值变小，等等。因此，我们需要解决多重共线性问题。我们可以通过减少自变量、增加样本量甚至换用其他数据等途径来消除或缓解多重共线性问题，从而得到有效的回归参数估计。

10.1 多重共线性问题的引入

在第 5 章中我们介绍模型的参数估计时假定矩阵 $\mathbf{X'X}$ 为非奇异矩阵，那么，我们为什么需要这个假定呢？这是因为如果这一假定不成立，就不能求出矩阵 $\mathbf{X'X}$ 的逆矩阵，因而也就无法求解回归参数的最小二乘估计值 $\mathbf{b} = (\mathbf{X'X})^{-1}\mathbf{X'y}$。这也是本章要讲的完全多重共线性的情况。现实中，我们有时还会遇到另一种情况：

矩阵 $\mathbf{X'X}$ 并非严格不可逆，而是近似不可逆，即矩阵 $\mathbf{X'X}$ 虽然是满秩矩阵，但是矩阵的某些列或行可以被其他列或行近似地线性组合出来。此时，我们依然可以求解出回归参数估计值 $\mathbf{b}=(\mathbf{X'X})^{-1}\mathbf{X'y}$，但是得到的结果会不稳定，即估计值的标准误过大。这就是本章要讨论的近似多重共线性的情况。对于社会科学而言，完全多重共线性的情况极少见，而且会直接导致无解。但近似多重共线性的情况却很常见，因此我们在实际研究中需要给予足够的重视。

在转入对多重共线性问题及其度量与处理的介绍之前，我们需要强调几点：第一，多重共线性并不一定导致多重共线性问题，我们需要明确区分多重共线性和多重共线性问题。对于社会科学而言，多重共线性几乎是不可避免的，因为自变量之间总会存在某种程度的相关。但只有当自变量之间存在的线性关系高到一定程度的时候，才会发生多重共线性问题。第二，多重共线性是由于在数据中自变量之间存在某种线性关系或自变量高度相关而产生的，即它是某一特定样本中的问题。如果我们能够通过特定的方式（比如有控制的实验法）来收集数据的话，样本中自变量之间的线性关系就会减弱。第三，除完全多重共线性的情况之外，即使是较强的多重共线性也并没有违背多元回归分析所需的假定，也就是说，回归参数的 OLS 估计仍然是无偏的和一致的。当样本极大时，多重共线性一般不会导致大的危害。但是，一般而言，多重共线性会导致如参数估计值的标准误增大①等问题。

10.2 完全多重共线性

完全多重共线性是指矩阵 $\mathbf{X'X}$ 严格不可逆的情形。在这里，强调“严格”两字，主要是为了与后面的近似不可逆加以区分。在第 4 章中，我们在介绍矩阵的逆时强调了一个结论：假设有矩阵 $\mathbf{X}_{n\times p}$，且 $n>p$，当矩阵 $\mathbf{X}_{n\times p}$ 不是满秩矩阵，即矩阵 $\mathbf{X}_{n\times p}$ 的最大线性无关列数小于 p 时，矩阵 $(\mathbf{X'X})_{p\times p}$ 是奇异的，是不可逆的。在下面的讨论中，我们假定对于矩阵 $\mathbf{X}_{n\times p}$ 有 $n>p$。矩阵 $(\mathbf{X'X})_{p\times p}$ 是奇异的就意味着 $(\mathbf{X'X})^{-1}$ 不存在，这便出现了不能求出参数估计值向量 $\mathbf{b}=(\mathbf{X'X})^{-1}\mathbf{X'y}$ 唯一解的情况。所以，我们必须对数据矩阵 $\mathbf{X}_{n\times p}$ 进行处理，只保留 $\mathbf{X}_{n\times p}$ 中列的最大线性无关组，使得矩阵 $\mathbf{X}_{n\times p}$ 在删去若干列之后成为满秩矩阵，从而保证矩

① 当然，回归参数估计值的标准误增大并不一定都是由多重共线性问题所致。

阵 $\mathbf{X}'\mathbf{X}$ 是可逆（即非奇异）的。我们知道，矩阵 $\mathbf{X}_{n\times p}$ 的列对应着不同的自变量向量，所以删去矩阵 $\mathbf{X}_{n\times p}$ 的若干列实际上意味着删去若干自变量。那么，哪些自变量应当删去，哪些自变量应当保留呢？这不仅是一个统计学问题，也是一个社会科学研究的设计问题。这可以参考前面第 8 章中有关辅助回归和偏回归图的部分内容。

举个例子，如果在数据中同时包含了被调查者父亲的受教育程度和母亲的受教育程度，以及父母受教育程度的平均数。即使父亲和母亲的受教育程度之间不存在线性关系，如果在模型中同时包含这三个自变量，也会发生完全多重共线性问题。因为父母受教育程度的平均数 =（父亲的受教育程度 + 母亲的受教育程度）/2，也就是说，这三个变量之间有完全线性关系，所以把这三个变量都纳入同一个模型时就会造成自变量矩阵 $\mathbf{X}'\mathbf{X}$ 不满秩，即严格不可逆，从而不能求出参数估计值向量 $\mathbf{b}=(\mathbf{X}'\mathbf{X})^{-1}\mathbf{X}'\mathbf{y}$ 的唯一解，所以这三个变量必须删去一个。这里，我们可以删去三个变量中的任意一个，因为它们中的任意两个都可以作为这三个变量中的最大线性无关组。实际上，这种变量间的相互替换在某种意义上是等价的。无论保留这三个变量中的哪两个，模型都会有相同的线性拟合程度和相同的残差估计。但是，系数的估计和解释是有所区别的。这个结论值得我们仔细思考，同时也会加深我们对线性回归和最小二乘法的理解。

实际上，在数据矩阵的列向量中（即在模型的自变量中）选出的不同列向量的最大线性无关组是线性等价的，它们是可以互相线性表达的。这种线性等价性保证了线性模型在线性回归中的拟合程度或模型解释力上的等价性。

完全共线性问题对分类变量转化为虚拟变量的处理也具有指导意义（见第 12 章）。当包含 K 个类别的分类变量转化为一组虚拟变量时，必须将其中一个类别所对应的虚拟变量作为参照类别不纳入模型，也就是说，只需使用 $K-1$ 个虚拟变量就能够代表原分类变量的完整信息，否则就会出现完全共线性问题。这是因为如果加入 K 个虚拟变量来分别表示一个类别，这些变量的和必然是常数向量 $\mathbf{1}$，换句话说，$\mathbf{X}_{n\times p}$ 的常数向量 $\mathbf{1}$ 可以被这些虚拟变量线性表达出来（将这些虚拟变量全部相加即可）。这时，如果纳入全部 K 个虚拟变量势必就会导致完全多重共线性问题，所以必须在模型中删除其中一个类别所对应的虚拟变量，以之作为参照类。

10.3 近似多重共线性

当数据矩阵中一个或几个列向量可以近似表示成其他列向量的线性组合时，

就会出现近似多重共线性问题。与完全多重共线性问题不同的是，此时模型是可以估计的，只是估计的误差很大，即回归参数估计值的标准误过大，而回归系数估计的标准误过大会造成统计检验和推论不可靠。

多重共线性问题是一个相对识别问题。它表现为：当样本量不够时，理论上能够识别的自变量可能实际上出现识别不足，即数据无法表现出某个变量与其他变量的某些线性组合之间的明显的区别。如果我们在理论上已经做到自变量的识别，但由于数据量不够而没有在现实中表现出这种可识别性，那么我们就需要收集更多的数据，获得更多的样本，把这个没有被识别出的变量和其他变量的某个线性组合之间的差别表现出来。

关于识别不足问题与样本量的关系，我们可以这样看待：识别不足 = 低效性 = 样本案例数的效能削弱。正因如此，扩大样本规模可以减轻识别不足问题。

较之完全多重共线性问题，近似多重共线性问题或者说识别不足问题不是一个“是否”判断，而是一个程度问题。因此，我们希望能够度量识别不足的程度，下一节就将给出几种描述多重共线性程度的统计量。

在本节的最后，我们还想指出，正如前面已经讲过的，近似多重共线性会导致参数估计值的标准误过大。所以，如果统计输出中的标准误很小，就不必担心多重共线性问题。

10.4 多重共线性的度量

本节将给出几个基于复相关系数（multiple correlation coefficient）的多重共线性度量指标。如果我们想知道近似多重共线性是由哪个变量引起的，可以借助复相关系数来判断。比如，我们想考察变量 x_k 所引起的近似多重共线性的程度。在辅助回归中，我们以自变量 x_k 作为因变量，以模型中其余的自变量作为新的自变量来做回归，可以得到复相关系数 $R^2_{x_k}$。当 $R^2_{x_k}$ 很大（比如，接近 1）的时候，可以认为自变量 x_k 在很大程度上可以在线性意义下被其他自变量所解释，即自变量 x_k 与其他自变量之间存在多重共线性问题，从而导致识别不足问题。当 $R^2_{x_k}$ 严格等于 1 的时候说明自变量 x_k 可以被完全解释，此时产生的多重共线性就是完全多重共线性。这里，我们可以看出，多重共线性问题的存在使得我们不能在模型中无限度地增加自变量的数目。因为随着自变量的增加，每个自变量能被模型中其他自变量所解释的程度就会越来越高，复相关系数也就越来越大，多重共线性问题就会越来越严重。

类似地，利用复相关系数的概念，我们还可以定义容许度（tolerance，简记为 TOL）的概念。同样基于复相关系数 $R_{x_k}^2$，对每一个自变量 x_k，定义 $TOL_{x_k} = 1 - R_{x_k}^2$。显然，当 TOL_{x_k}越小、越接近 0 时，多重共线性问题就越严重。当 TOL_{x_k}严格等于 0 时，也就是 $R_{x_k}^2$严格等于 1 时，就意味着完全多重共线性的存在。

利用容许度，我们可以进一步定义方差膨胀因子 VIF（variance inflation factor），这是反映多重共线性程度的另一个指标。对于某个自变量 x_k，我们定义：

$$VIF_{x_k} = 1/TOL_{x_k} = 1/(1 - R_{x_k}^2) \tag{10-1}$$

此时可以看出，如果近似多重共线性问题很严重，则 $R_{x_k}^2$接近于 1，TOL_{x_k}接近于 0，VIF_{x_k}变得很大。当完全多重共线性发生的时候，VIF_{x_k}变为正无穷。

利用方差膨胀因子，我们可以清楚地看到，多重共线性问题是如何导致估计不准与标准误过大的。回顾一下偏回归的估计。假设真实的回归模型为：

$$y_i = \beta_0 + \beta_1 x_{i1} + \cdots + \beta_{(p-1)} x_{i(p-1)} + \varepsilon_i \tag{10-2}$$

采用矩阵形式，式（10－2）也可以表示为：

$$\mathbf{y} = \mathbf{X\beta} + \boldsymbol{\varepsilon} \tag{10-3}$$

一般地，这个模型总可以写为：

$$\mathbf{y} = \mathbf{X}_1\boldsymbol{\beta}_1 + \mathbf{X}_2\boldsymbol{\beta}_2 + \boldsymbol{\varepsilon} \tag{10-4}$$

这里，$\mathbf{X} = [\mathbf{X}_1, \mathbf{X}_2]$，$\boldsymbol{\beta} = \begin{bmatrix} \boldsymbol{\beta}_1 \\ \boldsymbol{\beta}_2 \end{bmatrix}$。其中，$\mathbf{X}_1$ 和 $\mathbf{X}_2$ 分别是 $n \times p_1$ 维和 $n \times p_2$ 维的矩阵，且有 $p_1 + p_2 = p$。$\boldsymbol{\beta}_1$ 和 $\boldsymbol{\beta}_2$ 分别是 p_1 维和 p_2 维的回归参数向量。

在辅助回归的章节中，我们曾经证明过回归方程（10－4）可以采用下列三步计算法得到等价于采用一步计算法的 $\boldsymbol{\beta}_2$ 的最小二乘估计结果：

（1）用 $\mathbf{y}$ 对 $\mathbf{X}_1$ 回归，得到残差 $\mathbf{y}^*$；

（2）用 $\mathbf{X}_2$ 对 $\mathbf{X}_1$ 回归，得到残差 $\mathbf{X}_2^*$；

（3）用 $\mathbf{y}^*$对 $\mathbf{X}_2^*$ 回归，得到正确的 $\boldsymbol{\beta}_2$ 最小二乘估计 $\mathbf{b}_2$，这一结果实际上与采用一步计算法得到的结果相同。

我们令［1，$\mathbf{x}_1$，…，$\mathbf{x}_{(p-2)}$］为 $\mathbf{X}_1$，令 $\mathbf{x}_{(p-1)}$为 $\mathbf{X}_2$。于是，基于上述三步计算法及回归方程（10－5），我们能够估计出 $\boldsymbol{\beta}_{(p-1)}$：

$$\mathbf{y}^* = \mathbf{X}^*_{(p-1)}\boldsymbol{\beta}_{(p-1)} + \boldsymbol{\varepsilon} \tag{10-5}$$

其中，$\mathbf{y}^*$ 和 $\mathbf{X}^*_{(p-1)}$ 分别是当 $\mathbf{y}$ 和 $\mathbf{x}_{(p-1)}$ 对 $[1, \mathbf{x}_1, \cdots, \mathbf{x}_{(p-2)}]$ 进行回归后所得的残差。请注意：$\mathbf{y}^*$ 和 $\mathbf{X}^*_{(p-1)}$ 这两个残差的平均值都是 0，即公式（10 - 5）不应包含截距项参数。根据简单回归公式可以推出：

$$b_{(p-1)} = \sum y_i^* x_{i(p-1)}^* / \sum [x_{i(p-1)}^*]^2$$

$$V(b_{(p-1)}) = \frac{\sigma^2}{\sum [x_{i(p-1)}^*]^2}$$

$$= \frac{\sigma^2}{\mathrm{SST}_{X(p-1)}(1 - \mathrm{R}^2_{(p-1)})}$$

$$= VIF_{(p-1)} \frac{\sigma^2}{\mathrm{SST}_{X(p-1)}}$$

我们可以看到，自变量 $\mathbf{x}_{(p-1)}$ 的方差膨胀因子 *VIF* 越大，估计所得的自变量回归系数的方差也就越大。方差膨胀因子有效地度量了由某个自变量导致的多重共线性程度。常用的统计软件都能给出该统计量的估计值。

在 Stata 中，对于模型中每个自变量的方差膨胀因子 *VIF* 也可以通过简单的命令得到。以 CHIP88 数据为例，我们先输入回归命令：

```
reg logearn edu exp cpc sex
```

然后输入计算方差膨胀因子 *VIF* 的命令：

```
estat vif
```

就可以得到以下结果：

```
    Variable |       VIF       1/VIF
-------------+----------------------
         exp |      1.35    0.743321
         edu |      1.30    0.766980
         cpc |      1.28    0.779726
         sex |      1.09    0.920502
-------------+----------------------
    Mean VIF |      1.25
```

一个判断是否存在严重近似共线性问题的经验性原则是：

（1）自变量中最大的方差膨胀因子 *VIF* 大于 10；

（2）平均方差膨胀因子 *VIF* 明显大于 1。

这里，我们看到，工作经历（*exp*）、受教育年限（*edu*）、党员身份（*cpc*）和性别（*sex*）变量的 *VIF* 都远小于 10，尽管它们的平均 *VIF* 为 1.25，大于 1，但是并不明显大于 1。所以，我们认为这里不存在严重的近似多重共线性问题。如果我们确定存在严重的近似多重共线性问题时，就需要对自变量加以处理，以消除或减弱多重共线性问题对参数估计值标准误的影响。

10.5　多重共线性问题的处理

当多重共线性问题发生时，我们需要对其进行处理才能保证模型本身的有效性。

如果发生的是完全多重共线性问题，则直接删除在数据中不必要的变量即可。这些变量可能是虚拟变量中的参照组，也可能是包含了某些变量或其线性组合而生成的新变量。只要保证删除变量后无完全多重共线性问题即可。完全多重共线性问题的发现也是比较容易的，因为当完全多重共线性问题发生时，软件根本无法正常求解，并会自动报告发生了共线性问题。手工计算的时候也会在矩阵求逆的步骤中发现矩阵 $\mathbf{X'X}$ 不可逆，从而导致回归参数估计值向量 $\mathbf{b}=(\mathbf{X'X})^{-1}\mathbf{X'y}$ 不存在唯一解的问题。

如果发生的是近似多重共线性问题，就没有特别简单的方法来解决。在 10.3 节中我们已经说明，如果在理论上我们可以识别某些自变量，即自变量在理论上都是有意义且意义不重复或每个自变量都不可以被其他自变量线性解释，那么当在实际中出现近似多重共线性问题时，我们可以通过增大样本量来解决多重共线性问题。

但是当没有明确的理论，不能在理论上识别某些自变量的时候，可以利用一些技术上的处理方法来减少自变量的数目。比较典型的方法是把彼此之间存在一定相关性的变量综合成较少的几个变量。这种综合变量信息的方法包括偏最小二乘回归分析、主成分分析法以及由主成分分析法推广得到的因子分析。因子分析在实际中有很广的应用，不只局限在处理多重共线性问题上，它在证券投资学、心理学和医学理论中都有应用。比如，从关于生长与衰老的医学数据中可以通过因子分析将相关变量综合成影响身高、体重的更为本质的生长因子，以及支配各种器官、组织衰老的衰老因子。恰恰由于因子分析认为许多观测变量之间的高度相关是由某些共同的潜在特性所致，所以使用因子代表更为本质的潜在特性可以减少变量个数并同时解决多重共线性的问题。

以上这些解决近似多重共线性问题的技术方法需要更高的统计技巧和理论，

上面只进行了概要性的介绍，具体的理论与操作请读者参考专门介绍这些理论和技巧的书籍，例如《应用多元统计分析》（高惠璇，2005）与《多元统计分析引论》（张尧庭、方开泰，2006）。

尽管在上节中我们给出了判断近似多重共线性问题的经验性原则，但是近似多重共线性问题显然不如完全多重共线性问题那么容易识别。而在此之前我们已反复指出，这是一个程度问题。正如我们所讨论的，近似多重共线性造成的问题是参数估计的不稳定，标准误太大。所以我们可以说，如果统计输出中的标准误很小，甚至于所估计系数依然显著时，就不用过多担心多重共线性问题。

10.6　本章小结

在本章中我们主要讨论了两种多重共线性问题：完全多重共线性问题和近似多重共线性问题，前者造成了模型的不可估计，后者则导致参数估计值的标准误过大。随后我们给出了三种度量近似多重共线性问题的统计量。这三种统计量都是通过复相关系数 $R^2_{X_k}$——以自变量 x_k 作为因变量对其他自变量做回归得到的判定系数——来定义的。通过这些统计量，我们说明了完全多重共线性问题与近似多重共线性问题在本质上的一致性。此外，通过复相关系数 $R^2_{X_k}$，我们进一步说明了在模型中不能无限度地增加自变量数目的统计原因。在本节的最后，我们给出了处理完全多重共线性问题与近似多重共线性问题的几种方法。当完全多重共线性问题发生时，我们应当删去不必要的自变量。在近似多重共线性问题发生的时候，可能需要收集更多的数据以增加样本量，或通过因子分析等方法将存在高度相关的变量加以合并，或采用可能的新数据。值得注意的是，与完全多重共线性问题不同，近似多重共线性问题的发生是一个程度上的问题而非“是否”的问题。因此，不会有明确的指示告诉我们模型中是否存在这样的问题。但当我们得到了稳定的、标准误不是很大的参数估计，或更理想的，且依然显著的估计系数时，我们就不必过多担心多重共线性问题的影响。

参考文献

高惠璇，2005，《应用多元统计分析》，北京：北京大学出版社。

张尧庭、方开泰，2006，《多元统计分析引论》，北京：科学出版社。

第 11 章

多项式回归、样条函数回归和阶跃函数回归

前面几章主要介绍了线性回归及其参数估计、统计推断等内容。在一般线性回归中，自变量 x 对因变量 y 的影响不随 x 取值的改变而改变。这是因为通常情况下，我们都假定因变量和自变量之间的关系是线性的。但是，在实际研究中，研究者经常会发现事实并非如此，因变量和自变量之间的关系常常是非线性的。这时，就需要对一般线性回归方法加以调整或改进，以更准确地描述因变量 y 和自变量 x 之间的关系。本章将介绍可以表示这类关系的三种回归方法：多项式回归（polynomial regression）、样条函数回归（spline function regression）和阶跃函数回归（step function regression）。虽然这三种回归方法使用了三种不同的假定：多项式回归假定拟合的函数是连续并（多次）可微的（全部参数函数），样条函数回归假定局部线性且整体连续（局部参数函数），阶跃函数回归假定局部同质性（全部非参数函数）。但它们都能拟合因变量 y 和自变量 x 之间的非线性关系。不过，在改进模型拟合程度的同时，由于引入了更多的待估参数，导致消耗了更多的自由度，使得模型变得更不简洁。所以，使用这些回归方法时需要在模型拟合度和简洁性两者之间进行权衡。

11.1 多项式回归

我们先来介绍多项式回归模型。多项式（polynomial）是由常数和一个或多

个变量通过加、减、乘以及变量的正整数次幂构成的表达式。多项式回归模型就是利用多项式对数据进行拟合得到的回归模型。多项式回归模型中最常用的是曲线回归模型，因为它是一般多元线性模型，所以可以根据一般多元线性模型的特征来处理。当真实的曲线响应函数（response function）是多项式函数时，或者当真实的曲线响应函数未知（或很复杂）而多项式函数能够很好地近似（approximation）真实函数时，我们可以使用多项式回归模型。在实际研究中，我们经常遇到真实的曲线响应函数未知而用多项式回归模型做近似拟合的情况。使用多项式回归模型可以找到一个拟合数据较好的曲线，从而更好地描述因变量 y 和自变量 x 之间的关系。

使用多项式回归模型也存在一些缺点。多项式回归模型将消耗更多的自由度，可能违反简约原则。而且，利用多项式回归模型得到的内插值和外插值可能会出现问题，[①] 尤其当多项式的次数较高时，情况更是如此。多项式回归模型可能对于现有数据拟合得很好，但是对利用模型得到的外插值却是不确定的。

11.1.1 多项式回归的基本概念

与一般线性回归模型相比较，多项式回归模型的一个不同点就是需要从同一数据中基于已有的自变量来创造出新的自变量。多项式回归模型可能包括一个、两个或更多基本自变量的不同高次项。在多项式回归模型中，二次及以上的项都是从原数据中创造出来的，可以作为新自变量来处理。例如，当真实的响应函数不是直线模型而是抛物线模型时，则可采用二次多项式回归模型，模型包括一个基本自变量 x 和根据这个基本自变量创造的二次项。

多项式回归模型的一般形式为：

$$y = \beta_0 + \beta_1 x + \beta_2 x^2 + \cdots + \beta_k x^k + \varepsilon \tag{11-1}$$

这里，x^2，…，x^k 是根据基本自变量 x 得到的，可以把它们作为新自变量。比如，令 $x_2 = x^2$，…，$x_k = x^k$，则式（11－1）变为：

$$y = \beta_0 + \beta_1 x_1 + \beta_2 x_2 + \cdots + \beta_k x_k + \varepsilon \tag{11-2}$$

① 内插值是指在某个数据区域内根据已有数据拟合出一个函数，在同一区域内根据这个函数对非观测值求得的新函数值。这个函数可以是线性函数、多项式函数和样条函数等。外插值是指在某个数据区域内根据已有数据拟合出一个函数，在这个数据区域外根据这个函数对非观测值求得的新函数值。

这与前面章节介绍的一般多元线性模型在形式上并无不同。实际上，多项式回归模型就是一般多元线性模型的一个特例。因此，多项式回归模型的拟合和推断与多元线性模型一样。但需要注意的是，多项式回归模型中的自变量 x_2，…，x_k 是基本自变量 x 的函数，因此，自变量 x_1，x_2，…，x_k之间有较高的统计相关性，很容易产生多重共线性问题。即由于 x_1，x_2，…，x_k之间的高度相关导致矩阵 $\mathbf{X'X}$ 的逆不可求，或使回归参数的估计不精确。此时，我们可以利用变量对中和正交多项式等方法来解决可能产生的多重共线性问题。变量对中的方法适用于二次多项式回归模型，而对于二次以上的多项式回归模型，变量对中只能部分地消除多重共线性问题，此时需要利用后面介绍的正交多项式来解决。但是如果 x_1，x_2，…，x_k之间的相关不会导致严重的多重共线性问题，则不必采用变量对中和正交多项式处理，因为采用原始变量建立的模型比较容易解释。

如果模型需要，我们也可以增加自变量 x 的三次项或三次以上的项。但需要特别注意的是，包含三次及以上项的多项式回归模型其回归系数很难解释，而且用这个模型做内插和外插估计时很可能得到错误的结果。还需要注意的是，只要数据没有重复观察值,[①] 那么总能找到一个足够高次的多项式回归模型可以完全拟合数据。例如，对于 n 个没有重复观察值的数据，可以利用 $n-1$ 次多项式回归模型来拟合，该模型将拟合所有观察值。因此，我们不能仅仅为了很好地拟合数据而使用高次多项式回归模型，因为这样的多项式回归模型可能不能清晰地表示 x 和 y 之间的关系，并可能得到错误的内插值和外插值。

通常，一个二次多项式回归模型可以表示为：

$$y = \beta_0 + \beta_1 x + \beta_2 x^2 + \varepsilon \tag{11-3}$$

这个方程称为一个自变量的二次多项式回归模型，因为模型中只有一个基础自变量 x，同时还包括这个自变量的二次项。这里，β_0 表示当 x 取 0 值时 y 的平均值，β_1 称为一次效应系数，β_2 称为二次效应系数。直接解释该二次多项式回归模型的回归系数 β_1 和 β_2 比较困难，可以对二次多项式回归模型做一个变换，从而可以更便捷地对系数的含义加以解释。式（11-3）可以转换为（11-4），这两个等式是二次多项回归模型的不同表达形式：

① 重复观察值是指同一个 x 值有多于一个观察值。

$$y = \left(\beta_0 - \frac{\beta_1{}^2}{4\beta_2}\right) + \beta_2\left(x + \frac{\beta_1}{2\beta_2}\right)^2 + \varepsilon \tag{11-4}$$

从式（11-4）可以看到，$\beta_0 - \frac{\beta_1{}^2}{4\beta_2}$是 y 的最值，其中，当 $\beta_2 > 0$ 时，是最小值，当 $\beta_2 < 0$ 时，是最大值；而 $-\frac{\beta_1}{2\beta_2}$则是 y 取最值时 x 的值。

在二次多项式回归中，因变量 y 与自变量 x 之间的关系较复杂。x 对 y 的效应依赖于 x 的值，有时是正的，有时是负的。从图 11-1 中可以看出，当 $\beta_2 < 0$ 时，x 对 y 的效应（即对 y 的斜率）是随 x 减少的；当 $\beta_2 > 0$ 时，x 对 y 的效应（即对 y 的斜率）是随 x 增加的。从图中的例子还可以看出利用多项式回归模型得到外插值可能出现的问题。如果原数据只包含 $x < 1$ 的情况，用二次多项式回归模型对原数据进行拟合之后，用拟合的二次多项式回归模型来预测 $x > 1$ 时的 $\hat{y}$ 值很有可能和没有观察到的实际值相差太大。如图 11-1（a）所示，在 $x > 1$ 之后曲线明显向下，与 $x < 1$ 时的趋势不同。但如果此时没有观察到 $x > 1$ 的数据，那么用拟合得到的二次多项式回归模型预测的 $\hat{y}$ 值则不符合实际数据。图 11-1（b）也会出现同样的情况。

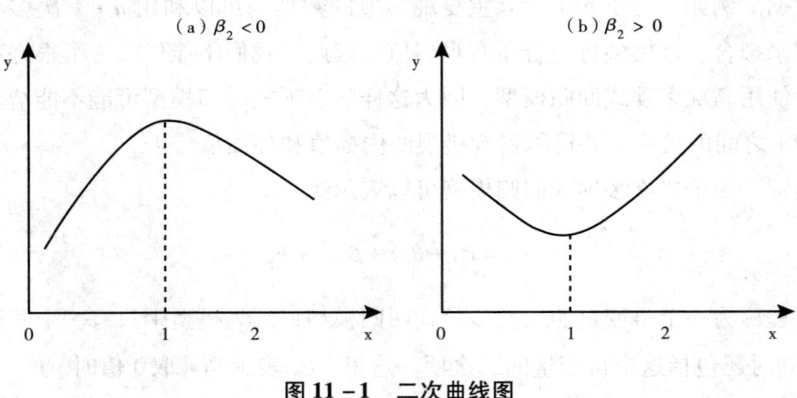

图 11-1　二次曲线图

下面我们以谢宇和韩怡梅文章（Xie & Hannum，1996）中的人力资本模型〔式（11-5）〕为例来说明二次多项式回归模型的应用。该模型的设定如下：

$$\log y = \beta_0 + \beta_1 x_1 + \beta_2 x_2 + \beta_3 x_2^2 + \beta_4 x_4 + \beta_5 x_5 + \beta_6 x_1 x_5 + \varepsilon \tag{11-5}$$

其中，y 是收入，x_1 是受教育年限，x_2 是工龄，x_4 是表示党员身份的虚拟变量

（1 = 党员，0 = 非党员），x_5 是表示性别的虚拟变量（1 = 女性，0 = 男性）。

该模型使用了二次多项式回归，即将收入的对数与工龄、工龄的平方做回归。因此，收入的对数与工龄之间为非线性关系。拟合该模型之后，得到 $\beta_3 = -6.93 \times 10^{-4}$（见 Xie & Hannum，1996：956，表 1 中的模型 2）。由此可以看出，工龄对收入的对数的效应会随着工龄的增加而先增加后变小。当其他自变量控制在平均值水平上时，因变量 logy 与自变量 x_2 之间的回归线不再是直线，而是一条二次曲线，如图 11－2 所示。

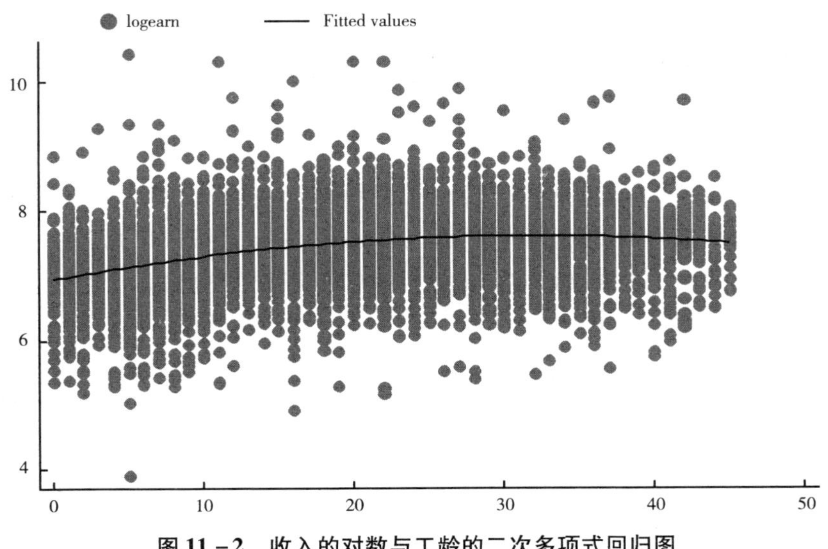

图 11－2　收入的对数与工龄的二次多项式回归图

11.1.2　多项式回归的系数解释

在多项式回归中，因为纳入了某个或某几个自变量的高次项，因变量 y 与该自变量 x 的关系是非线性的。假设一个二次多项式回归模型为：

$$y = \beta_0 + \beta_1 x_1 + \cdots + \beta_{k-1} x_{k-1} + \lambda x_k + \gamma x_k^{\ 2} + \varepsilon \tag{11-6}$$

在这个模型中，因变量 y 与自变量 x_h（这里，$h = 1$，…，$k - 1$）之间是线性关系。线性函数的一个特性是：x_h 对 y 的影响不随 x_h 取值的变化而变化，即 β_h 是一个常数，如式（11－7）所示：

$$\frac{\partial y}{\partial x_h} = \beta_h (h = 1, \cdots, k - 1) \tag{11-7}$$

而对于因变量 y 与自变量 x_k，这一简单关系不再成立，因为这是一个二次多项式回归。如果对式（11－6）求关于 x_k 的导数，则有

$$\frac{\partial y}{\partial x_k} = \lambda + 2\gamma x_k \qquad (11-8)$$

由此可以看出，x_k 对 y 的效应是 x_k 的函数。这意味着，x_k 对 y 的影响会随着 x_k 取值的变化而变化。

式（11－7）中的简单线性关系不成立的情况被称为“交互效应”[①]（interaction effect），我们将在第 13 章具体讨论。现在，我们暂时把“交互效应”定义为一个自变量对因变量的效应依赖于另一个自变量的取值。在多项式回归中，可以把由包含自变量高次项而产生的如式（11－8）的情况解释为一个自变量与它自身产生的一种隐含的交互效应。

例如，在谢宇和韩怡梅的研究（Xie & Hannum，1996）中，收入是工龄的二次函数。如果这个函数正确，我们就能找到一个使收入最大化的工龄——这个工龄既可能出现在工作者实际工龄的区间内，也可能出现在这个区间外。用式（11－8）来计算使收入最大化的工龄：

$$\frac{\partial y}{\partial x_k} = \lambda + 2\gamma x_k = 0 \qquad (11-9)$$

求解此式，得到最大化的条件为：

$$x_k = -\frac{\lambda}{2\gamma} \qquad (11-10)$$

在谢宇和韩怡梅的研究（Xie & Hannum，1996）中（见该文的表 1，模型 2），$\lambda = 0.046$，$\gamma = -0.000693$，从而可以求出最优工龄为 33.2 年。在美国，最优工龄为 33.8 年（Xie & Hannum，1996）。注意，在到达这个临界值（33.2 年）之前，x_k 对 y 的效应都是正的（即工龄增加使得收入增加），但其增长率在不断降低（即多工作一年所带来的收入的增长随着工龄的增加而减少）。

11.1.3 多项式回归模型的推断

因为多项式回归模型是一般多元线性模型的一个特例，所以可以采用前面介

① 有时也被称作调节效应（mediation effect）或条件效应（conditional effect）。

绍的多元线性模型的拟合与推断方法来对多项式回归模型进行拟合和推断。下面我们将以二次多项式回归模型（式 11－11）为例说明多项式的推断问题。这种推断和检验方法同样适用于二次以上的多项式回归模型。多项式回归模型中自变量高次项的选择依赖于研究问题、样本规模和数据类型。社会科学研究通常考虑是否可以用一个单调函数（即函数总是上升或下降）来描述回归关系。如果仅对单调函数感兴趣，一次项模型可能就足够了。对于多项式回归模型，还要考虑可能的弯曲数目（即可能的极值个数）。直线模型没有极值，单自变量二次多项式回归模型至多有一个极值，模型每增加一个高次项就可能会增加一个极值，即对应的曲线增加一个拐弯。实际上，拟合一个三次以上多项式回归模型经常导致模型并不是单调增加或单调减少，如果要使用这样复杂的模型，应该有理论或经验证据的支持。同时，数据的性质也常常限制多项式回归模型的最高次数。

设只包含一个自变量的二次多项式回归模型为：

$$y = \beta_0 + \beta_1 x + \beta_2 x^2 + \varepsilon \tag{11-11}$$

在二次多项式回归模型的推断过程中经常遇到三个问题：

（1）模型的检验是否显著？也就是说，x 的二次多项式回归模型是否比没有 x 的模型更能解释 y 的变化？

（2）二次多项式回归模型是否能提供比直线模型更好的预测？

（3）如果二次多项式回归模型比直线模型更合适，模型是否需要增加更高次项（x^3，x^4，…）？

下面我们依次对这三个问题进行解答。

（1）模型的检验

当我们决定使用一个二次多项式回归模型时，要先检验模型（11－11）中是否需要加入这个自变量 x 本身以及它的二次多项式（H_0：$\beta_1 = \beta_2 = 0$）。对于这个假设，可以用 F 统计量来检验，即通过计算零假设成立情况下的 F 值来看该 F 值是否显著，从而决定是否使用二次多项式回归模型。

例如，在谢宇和韩怡梅（Xie & Hannum，1996）的人力资本模型中，如果使用二次多项式回归模型，则需计算下面两个模型的 F 值来决定是否加入变量 x_2 及它的二次多项式：

$$\log y = \beta_0 + \beta_1 x_1 + \beta_2 x_2 + \beta_3 x_2^2 + \beta_4 x_4 + \beta_5 x_5 + \beta_6 x_1 x_5 + \varepsilon \tag{11-12a}$$

$$\log y = \beta_0' + \beta_1' x_1 + \beta_4' x_4 + \beta_5' x_5 + \beta_6' x_1 x_5 + \varepsilon' \qquad (11-12b)$$

以下为采用 Stata 对两个模型进行拟合后得到的结果：

```
. regress logearn edu exp exp22 cpc sex  edusex  /* 11-12a: model 1 */

     Source |       SS          df       MS          Number of obs   =   15862
------------+------------------------------          F(  6, 15855)   =  964.09
      Model |  788.715237        6   131.45254       Prob > F        =  0.0000
   Residual |  2161.80592    15855  .136348529       R-squared       =  0.2673
------------+------------------------------          Adj R-squared   =  0.2670
      Total |  2950.52116    15861  .186023653       Root MSE        =  .36925

------------------------------------------------------------------------------
    logearn |       Coef.   Std.Err.         t    P>|t|   [95% Conf.  Interval]
------------+-----------------------------------------------------------------
        edu |   .0218089   .0013745      15.87   0.000       .0191147  .0245031
        exp |   .0458373   .0010741      42.68   0.000       .0437319  .0479426
      exp22 |  -.0006929   .0000254     -27.28   0.000      -.0007427 -.0006431
        cpc |   .0728278   .0077844       9.36   0.000       .0575696   .088086
        sex |  -.3438367   .0212482     -16.18   0.000      -.3854855 -.3021878
     edusex |   .0216614   .0019168      11.30   0.000       .0179043  .0254185
      _cons |   6.685011   .0189664     352.47   0.000       6.647835  6.722187
------------------------------------------------------------------------------

. regress logearn edu cpc sex edusex  /* 11-12b: model 2 */

     Source |       SS          df       MS          Number of obs   =   15862
------------+------------------------------          F(  4, 15857)   =  428.82
      Model |  288.009502        4  72.0023755       Prob > F        =  0.0000
   Residual |  2662.51166    15857  .167907653       R-squared       =  0.0976
------------+------------------------------          Adj R-squared   =  0.0974
      Total |  2950.52116    15861  .186023653       Root MSE        =  .40977

------------------------------------------------------------------------------
    logearn |       Coef.   Std.Err.         t    P>|t|   [95% Conf.  Interval]
------------+-----------------------------------------------------------------
        edu |   .0030933   .0014375       2.15   0.031       .0002756   .005911

        cpc |   .2258603   .0080503      28.06   0.000       .2100807  .2416398

        sex |  -.2387123    .023371     -10.21   0.000       -.284522 -.1929025

     edusex |   .0112076   .0021129       5.30   0.000        .007066  .0153492

      _cons |   7.410752     .01632     454.09   0.000       7.378763  7.442741
------------------------------------------------------------------------------
```

根据上述结果，可以得到：$SSE_1=2162$，$SSE_2=2663$，从而

$$F = \frac{\mathrm{SSE}_2 - \mathrm{SSE}_1}{df_2 - df_1} \Big/ \frac{\mathrm{SSE}_1}{df_1} = \frac{2663 - 2162}{2} \Big/ \frac{2162}{15855} = 1837$$

查表可以得到，当 $\alpha = 0.001$ 时，$F(2,15855) = 6.911$，显然，$F > F(2,15855)$，从而拒绝零假设，令式（11 - 12a）中的 $\beta_2 = \beta_3 = 0$，从而得到式（11 - 12b），即需要加入变量 x_2 和其二次项 x_2^2。

当样本数量较少时，有可能出现对于直线模型的 F 检验是显著的，但是二次多项式回归模型的 F 检验不会拒绝零假设的现象。这也是为什么我们需要对二次项系数做单独检验。

（2）二次项系数的检验

第二个问题也就是对高次项回归系数是否统计显著的检验。对此，可以利用 F 检验或 t 检验来进行，零假设为对应的回归系数等于 0。在谢宇和韩怡梅（Xie & Hannum，1996）的模型中，需要检验的零假设为 H_0：$\beta_3 = 0$（β_3 是 x_2^2 的系数）。拟合以下两个模型：

$$\log y = \beta_0 + \beta_1 x_1 + \beta_2 x_2 + \beta_3 x_2^2 + \beta_4 x_4 + \beta_5 x_5 + \beta_6 x_1 x_5 + \varepsilon \qquad (11-13a)$$

$$\log y = \beta_0' + \beta_1' x_1 + \beta_2' x_2 + \beta_4' x_4 + \beta_5' x_5 + \beta_6' x_1 x_5 + \varepsilon' \qquad (11-13b)$$

以下为采用 Stata 对两个模型进行拟合后所得的结果：

```
. regress logearn edu exp exp22 cpc sex  edusex   /* 11-13a: model 1 */

    Source |       SS         df       MS          Number of obs   =    15862
-----------+------------------------------         F(  6, 15855)   =   964.09
     Model |  788.715237       6   131.45254       Prob > F        =   0.0000
  Residual |  2161.80592   15855  .136348529       R-squared       =   0.2673
-----------+------------------------------         Adj R-squared   =   0.2670
     Total |  2950.52116   15861  .186023653       Root MSE        =   .36925

------------------------------------------------------------------------------
   logearn |      Coef.   Std.Err.        t    P>|t|    [95% Conf.  Interval]
-----------+------------------------------------------------------------------
       edu |   .0218089   .0013745    15.87    0.000     .0191147    .0245031
       exp |   .0458373   .0010741    42.68    0.000     .0437319    .0479426
     exp22 |  -.0006929   .0000254   -27.28    0.000    -.0007427   -.0006431
       cpc |   .0728278   .0077844     9.36    0.000     .0575696     .088086
       sex |  -.3438367   .0212482   -16.18    0.000    -.3854855   -.3021878
    edusex |   .0216614   .0019168    11.30    0.000     .0179043    .0254185
     _cons |   6.685011   .0189664   352.47    0.000     6.647835    6.722187
------------------------------------------------------------------------------
```

```
. regress logearn edu exp cpc sex  edusex      /* 11-13b: model 2 */

      Source |       SS          df       MS         Number of obs   =    15862
-------------+----------------------------------     F(  5, 15856)   =   962.95
       Model |  687.251503        5  137.450301      Prob > F        =   0.0000
    Residual |  2263.26966    15856  .142739005      R-squared       =   0.2329
-------------+----------------------------------     Adj R-squared   =   0.2327
       Total |  2950.52116    15861  .186023653      Root MSE        =   .37781
------------------------------------------------------------------------------
     logearn |      Coef.   Std.Err.       t    P>|t|     [95% Conf. Interval]
-------------+----------------------------------------------------------------
         edu |   .0263073   .0013962    18.84   0.000      .0235706    .029044
         exp |   .0179732   .0003398    52.89   0.000      .0173071   .0186394
         cpc |    .073103   .0079647     9.18   0.000      .0574913   .0887146
         sex |  -.2684236   .0215556   -12.45   0.000      -.310675  -.2261721
      edusex |   .0161936   .0019504     8.30   0.000      .0123706   .0200167
       _cons |   6.834917   .0185734   368.00   0.000      6.798511   6.871323
------------------------------------------------------------------------------
```

根据上述结果，可以得到：$SSE_1 = 2162$，$SSE_2 = 2263$，从而

$$F = \frac{SSE_2 - SSE_1}{df_2 - df_1} \Big/ \frac{SSE_1}{df_1} = \frac{101}{1} \Big/ \frac{2162}{15855} = 741$$

查表可以得到，当 $\alpha = 0.001$ 时，$F(1,15855) = 10.832$，显然，$F > F(1,15855)$，从而拒绝零假设，即需要加入变量 x_2 的二次项 x_2^2。注意，这里的 F 值（741）等于式（13 - 12a）所对应模型中 β_3 的 t 值（-27.28）的平方。因此，我们也可以采用 t 检验的方式来得到与上述 F 检验一致的结论。

在这一步检验中，有可能会出现 p 值处于临界值附近（即 $0.05 < p < 0.1$）的情况。此时，如果要把高次项（比如二次方项或三次方项等）加到模型中，需要考虑以下几个因素：散点图的形状、直线模型的 R^2 和从直线模型到二次多项式回归模型 R^2 的变化。一般情况下，应根据研究目的和相关理论来决定采用什么模型。如果存在疑问，则一般倾向于使用更简单的模型（即不加入自变量的高次项），因为这样更容易解释。

这里需要注意，如果模型保留了一个自变量给定次数的多项式，那么应该在模型中保留该变量所有相关的低次项。例如，如果在模型中保留了二次项，那么就不能删除这个基本自变量的一次项——不管一次项系数的检验是否显著。因为低次项是基础，没有低次项我们就难以解释高次项，增加高次项是为了更精确地

拟合数据。

（3）二次多项式回归模型的适当性检验

假设用一个二次多项式回归模型拟合数据，并且模型的整体检验和回归系数的检验都是显著的，那么模型是否需要加入更高次项呢？我们可以在模型中增加三次项，然后对三次多项式回归模型和二次多项式回归模型进行 F 检验，看是否需要加入三次项。

例如，在谢宇和韩怡梅（Xie & Hannum，1996）的模型中，我们可以增加工龄的三次项，得到三次多项式回归模型：

$$\log y = \beta_0 + \beta_1 x_1 + \beta_2^1 x_2 + \beta_2^2 x_2^2 + \beta_2^3 x_2^3 + \beta_4 x_4 + \beta_5 x_5 + \beta_6 x_1 x_5 + \varepsilon \quad (11-14)$$

该模型与式（11－13a）对应的二次多项式回归模型之间存在嵌套关系。利用这种关系，我们可以对二次多项式回归模型的适当性进行检验。这里的零假设为 H_0：$\beta_2^3=0$。下面给出了采用 Stata 拟合式（11－14）对应的三次多项式回归模型的结果。

```
. regress logearn edu exp exp22 exp33 cpc sex edusex /* 11-14 */

      Source |       SS           df       MS      Number of obs   =    15862
-------------+----------------------------------   F(  7, 15854)   =   830.42
       Model |  791.582803         7  113.083258   Prob > F        =   0.0000
    Residual |  2158.93836     15854  .136176256   R-squared       =   0.2683
-------------+----------------------------------   Adj R-squared   =   0.2680
       Total |  2950.52116     15861  .186023653   Root MSE        =   .36902

------------------------------------------------------------------------------
     logearn |      Coef.   Std.Err.      t    P>|t|     [95% Conf. Interval]
-------------+----------------------------------------------------------------
         edu |   .0228391   .0013919    16.41   0.000     .0201109    .0255673
         exp |   .0570576   .0026703    21.37   0.000     .0518234    .0622917
       exp22 |  -.0013417   .0001437    -9.34   0.000    -.0016233   -.0010601
       exp33 |   .0000103   2.25e-06     4.59   0.000     5.92e-06    .0000148
         cpc |    .071206   .0077875     9.14   0.000     .0559416    .0864703
         sex |  -.3335565   .0213526   -15.62   0.000      -.37541   -.2917029
      edusex |   .0208518   .0019237    10.84   0.000     .0170812    .0246224
       _cons |   6.627924   .0226722   292.34   0.000     6.583484    6.672364
------------------------------------------------------------------------------
```

根据这里的拟合结果以及上式（11－13a）的拟合结果，我们得到三次多项式回归模型的残差平方和 $SSE_3=2159$，然后计算

$$F = \frac{SSE_1 - SSE_3}{df_1 - df_3} \Big/ \frac{SSE_3}{df_3} = \frac{2162 - 2159}{15855 - 15854} \Big/ \frac{2159}{15854} = 22.03$$

查表可以得到，当 $\alpha = 0.001$ 时，$F(1,15855) = 10.832$，显然，$F > F(1,15855)$，从而拒绝零假设，即需要加入自变量 x_2 的三次方项。注意，这里的 F 值与模型（11－14）中 β_2^3 的 t 值（4.59）的平方相等。也就是说，这里也可以等价地采用 t 检验。在这里，我们发现谢宇和韩怡梅的文章（Xie & Hannum，1996）中没有包括三次项，因为该文采用的是 Mincer 的人力资本模型（1974），而人力资本理论只需要二次项。这个例子说明了社会科学研究中经常遇到的两难境地：虽然统计模型能帮我们找到一个更好地拟合原始数据的模型，但是我们有时需要根据非统计原因（如理论、简约性等需要）来选择模型。我们不能仅依赖统计信息来选择模型，因为经典的模型检验很容易受样本规模大小的影响，样本规模大容易导致复杂模型的检验显著，此时仅仅根据模型是否显著来进行模型选择是不适当的。一个好的研究人员应该意识到这一点，并根据其他相关信息来决定是否要使用更简单的模型。

11.1.4 正交多项式

虽然多项式回归模型往往能够带来较好的拟合优度，但是经常会遇到多重共线性问题，因为模型中纳入的自变量 x 的不同次项（即 x，x^2，…，x^k）之间往往是高度相关的。在二次多项式回归模型中，可以利用变量对中的方法来解决多重共线性问题，但对于更高次项的情况而言，对中并不是好的做法。在这种情况下，我们可以考虑通过对自变量进行正交变换来解决多重共线性问题。我们前面讨论的多项式都是自然多项式（natural polynomials），即每个自变量都是简单多项式。我们可以通过对自然多项式进行正交变换，得到正交多项式（orthogonal polynomials），从而避免使用自然多项式时存在的多重共线性问题。两两之间高度相关的自然多项式经过正交变换后将会变得相互无关。下面简单介绍一下正交多项式。

根据前面的介绍，自然多项式回归模型可以表示为：

$$y = \beta_0 + \beta_1 x + \beta_2 x^2 + \cdots + \beta_k x^k + \varepsilon \tag{11-15}$$

自变量 x，x^2，…，x^k 是自然多项式的变量。正交多项式变量是由这些自然多项式通过正交变换得到的新变量，表示为 x^*，x_2^*，…，x_k^*，可以写成：

$$
\begin{aligned}
x^{*} &= \alpha_{01} + \alpha_{11}x \\
x_2^{*} &= \alpha_{02} + \alpha_{12}x + \alpha_{22}x^2 \\
&\cdots \\
x_k^{*} &= \alpha_{0k} + \alpha_{1k}x + \alpha_{2k}x^2 + \cdots + \alpha_{kk}x^k
\end{aligned}
\qquad (11-16)
$$

这里，α 是连接正交变量 x^* 和原始变量 x 的常数。可以看出，式（11－16）中的每个自然多项式也可写成正交多项式的线性组合：

$$
\begin{aligned}
x &= \gamma_{01} + \gamma_{11}x^{*} \\
x^2 &= \gamma_{02} + \gamma_{12}x^{*} + \gamma_{22}x_2^{*} \\
&\cdots \\
x^k &= \gamma_{0k} + \gamma_{1k}x^{*} + \gamma_{2k}x_2^{*} + \cdots + \gamma_{kk}x_k^{*}
\end{aligned}
\qquad (11-17)
$$

其中，γ 为常数，则式（11－15）可以写为：

$$y = \beta_0^* + \beta_1^* x^* + \beta_2^* x_2^* + \cdots + \beta_k^* x_k^* + \varepsilon^* \qquad (11-18)$$

正交多项式回归模型的回归系数 β_j^* $(j = 0,1,2,\cdots,k)$ 与式（11－15）表达的自然多项式回归模型的回归系数 β_j 不同，而且我们对这些回归系数的解释也不相同，但是两个模型的 R^2 和 F 检验是完全相同的。

正交多项式有两个基本性质：第一，正交多项式与自然多项式包含的信息相同；第二，正交多项式的自变量之间不相关。前者意味着要用自然多项式回归模型解答的所有问题使用正交多项式也可以回答，如计算 R^2、进行 F 检验等。后者指正交多项式的自变量两两正交，即正交多项式的相关矩阵除了对角线上的元素之外其他元素都为零，完全消除了多重共线性问题。

在包含 k 次项的正交多项式回归模型中，对第 j（$j \leqslant k$）个变量 x_j^* 的回归系数进行偏 F 检验（H_0：$\beta_j^* = 0$）就相当于在包含 j 次项的自然多项式回归模型中，对 j 次项变量 x^j 的回归系数进行偏 F 检验（H_0：$\beta_j = 0$）。也就是说，只需要拟合一个最高次正交多项式回归模型就可以检验自然多项式回归模型需要增加的最高次项。

例如，考虑以下 k 次自然多项式回归模型

$$y = \beta_0 + \beta_1 x + \beta_2 x^2 + \cdots + \beta_k x^k + \varepsilon \qquad (11-19)$$

假设想找到一个最好的模型，开始检验 k 次项模型中 x^k 的系数是否显著，此时 H_0：$\beta_k = 0$。如果不能拒绝零假设 H_0，则检验 $k-1$ 次项模型中 x^{k-1} 的系数是否显

著，此时 H_0：$\beta_{k-1}=0$。如果还不能拒绝零假设，则继续检验 $k-2$ 次项模型中 x^{k-2} 的系数是否显著，此时 H_0：$\beta_{k-2}=0$……直到拒绝零假设为止。每一次检验都需要拟合一个不同的多项式回归模型，即 k 次项模型、$k-1$ 次项模型……然后对每个模型的最高次项做偏 F 检验或 t 检验，直到检验显著为止。在自然多项式回归模型中，多重共线性问题将影响模型的拟合及估计精度，从而影响检验结果。为了避免出现这个问题，只需要拟合一个 k 次正交多项式回归模型，然后依次检验 H_0：$\beta_k^*=0$、H_0：$\beta_{k-1}^*=0$、H_0：$\beta_{k-2}^*=0$……直到能拒绝零假设时为止。

在 Stata 中，可以用 orthog 命令把自然多项式变量转换成正交多项式变量，具体请参见 Stata 的相关命令，这里不再举例说明。

11.1.5 多项式回归模型需要注意的问题

应用多项式回归模型时要注意下面几个问题：

（1）同一数据，多项式回归模型会比线性模型或通过变量转化得到的线性模型消耗更多的自由度。

（2）多项式回归模型可能存在多重共线性问题，尤其当数据较少的时候。此时，二次多项式回归模型可以使用变量对中的方法来消除多重共线性问题，而包含二次以上项的多项式回归模型则需要使用正交多项式来消除多重共线性问题。不过，当样本量很大的时候，如果不存在无法计算的问题，则应尽量使用原始变量，这样更容易解释。

（3）利用多项式回归模型求外插值或内插值时需要慎重。

（4）如果要在高次多项式回归中纳入 k 次项，一般应把 k 次以下的全部项都纳入模型中。

11.2 样条函数回归

多项式回归模型的最大限制在于回归方程用一个函数拟合全部原始数据，也就是说，多项式回归模型需要全局函数设定（global function specification）。在实际研究过程中，有可能遇到在自变量的某些点上自变量和因变量之间的关系发生突变的情形，如政策的变化、战争、革命和地震等突发事件的发生往往会引起函数关系的改变，此时若用一个直线函数或曲线函数来拟合数据则可能不适当。在这种情况下，可以考虑用样条函数（spline function）或阶跃函数（step function）

来拟合数据。这些方法不受全局函数设定的限制。其中，样条函数只满足部分全局函数设定，也就是说，样条函数可以是分段函数，但是需要满足各段函数之间的连续性；而阶跃函数则不满足全局函数设定，属于非参数函数，但具有局部高度参数性——局部同质性。本节介绍样条函数回归，下一节将对阶跃函数回归进行介绍。

样条函数回归使用特定分段函数（或样条函数）对数据进行拟合，但相邻两段函数之间是连续的，即满足整体连续的条件。根据样条的不同，样条函数可以分为直线样条函数、多项式样条函数或幂样条函数等。样条函数可以用来对任意连续函数进行非常好的近似，在数据处理、数值分析和统计学等领域有广泛应用。下面先来介绍直线样条函数回归。

直线样条函数是通过节点（knots）ξ_j（$j=1, 2, \cdots, m$）连接，由直线组成的函数，如图 11－3 所示。直线样条函数满足函数整体连续条件，即每个节点是连续的。m 个节点的直线样条函数定义为：

$$y = S(x) = P_j(x) = \beta_{0j} + \beta_{1j}x \tag{11-20}$$

其中，$\xi_{j-1} \leq x < \xi_j$（$\xi_0 = -\infty$；$\xi_{m+1} = \infty$），且函数满足条件：$P_j(x = \xi_j) = P_{j+1}(x = \xi_j)$。这里，$j = 1,2,\cdots,m$。

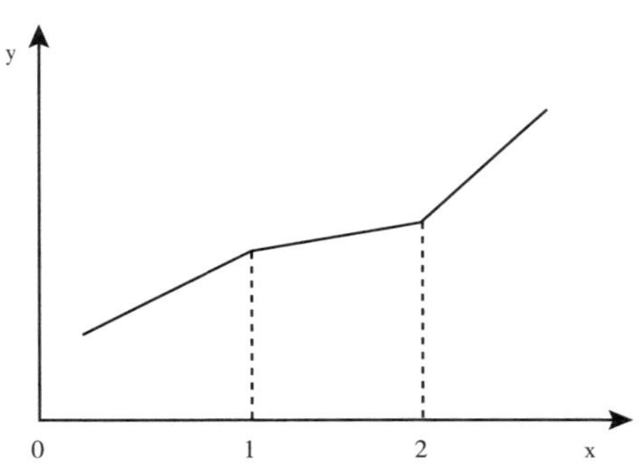

图 11－3　两个节点的直线样条函数

例如，对谢宇和韩怡梅文章（Xie & Hannum，1996）中的人力资本模型，我们不使用二次多项式回归模型，而改用 8 个节点的直线样条模型（如表 11－1 所示）。从表中工龄的样条回归系数可以看出，工龄和收入的对数之间是非线性关系，并呈现为倒 U 形（如图 11－4）：刚开始工作的时候，收入随工龄的增加提高得较快，当工龄为 5～9 年时增加速度最快，之后增加速度降低直到 35～39

年，从 40 年开始收入随工龄的增加而减少，从图 11 - 4 中可以看出最大值可能出现在 39 ~ 40 年之间，这与二次多项式回归模型计算的 33.2 年稍有差异。

表 11 - 1 二次多项式回归模型和直线样条模型

自变量	二次多项式回归模型		直线样条模型	
	参数	*S. E.*	参数	*S. E.*
截距	6.685	0.019	6.707	
受教育年限	0.022	0.001	0.023	0.001
工龄	0.046	0.001		
0 ~ 4			0.027	0.007
5 ~ 9			0.044	0.004
10 ~ 14			0.038	0.003
15 ~ 19			0.016	0.003
20 ~ 24			0.015	0.003
25 ~ 29			0.004	0.003
30 ~ 34			0.004	0.004
35 ~ 39			0.006	0.005
40 ~ 45			-0.007	0.008
工龄的平方	-0.000699	0.0000254		
党员身份(1 = 党员)	0.073	0.008	0.071	0.008
性别(1 = 女性)	-0.344	0.021	-0.330	0.021
性别 × 受教育年限	0.022	0.002	0.021	0.002
误差平方和	2161.8		2155.6	
自由度	15855		15848	
R^2	26.73%		26.94%	

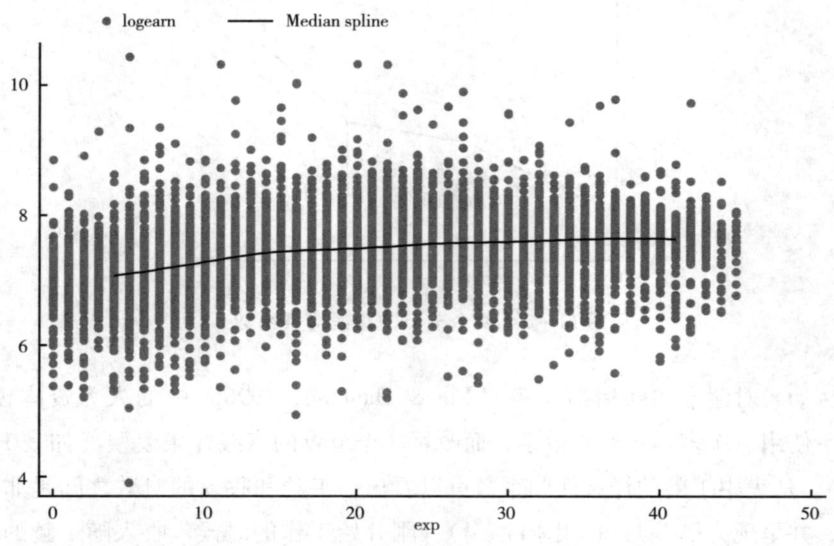

图 11 - 4 收入的对数和工龄直线样条函数回归图

当样条是多项式时，可以得到多项式样条函数。多项式样条函数是分段 q 次多项式函数，每两段 q 次多项式通过节点 ξ_j（$j=1, 2, \cdots, m$）相连，并满足函数自身连续以及 $q-1$ 阶及以下各阶导数均连续的条件（即 $q-1$ 阶可微条件）。多项式样条函数的连续性条件是指每个节点两边的 $q-1$ 阶及以下各阶导数是相等的。因此，q 次样条函数是一个有 $q-1$ 阶连续导数的函数。

m 个节点的 q 次多项式样条函数可表示为：

$$y = S(x) = P_j(x) = \beta_{0j} + \beta_{1j}x + \beta_{2j}x^2 + \cdots + \beta_{qj}x^q \qquad (11-21)$$

其中，$\xi_{j-1} \leqslant x < \xi_j$（$\xi_0 = -\infty$；$\xi_{m+1} = \infty$）。且函数满足条件 $P_j^k(x = \xi_j) = P_{j+1}^k(x = \xi_j)$。这里，$k=0, 1, \cdots, q-1$；$j=1, 2, \cdots, m$，$P_j^k$ 表示对第 j 个多项式的 k 次导数。

已知多项式样条函数的次数 q、节点个数 m 和节点位置 ξ_j，样条函数中待定系数共有 $m+q+1$ 个。因为每个多项式有 $q+1$ 个待定系数，连续性条件在每个节点使用了 q 个限制条件，因此共有 $(m+1)(q+1)-mq = m+q+1$ 个待定系数。例如，当拟合一个有2个节点的3次多项式样条函数时，样条函数的待定系数为6个。

在实际研究中，多项式样条函数的次数 q、节点个数 m 和节点位置 ξ_j 这三个参数都是需要我们确定的。样条函数的最高次数 q 可以根据多项式回归模型的方法来决定。另外，在样条函数回归中，节点个数 m 和节点位置 ξ_j 的选择是个非常关键和困难的事，需要根据研究问题、统计分析以及以往的经验来决定。当观察值较多时，可以根据最小化残差平方和原则来选择节点数和节点位置；当观察值较少时，则最好根据经验判断。

11.3 阶跃函数回归

上一节中提到当自变量和因变量之间的关系在自变量的某些点上发生突变时，可以用样条函数或阶跃函数来拟合数据。本节将介绍阶跃函数回归。阶跃函数回归常用于人口学、医学等领域。阶跃函数与多项式函数、样条函数的不同在于它不满足全局函数设定，是全局非参数函数，但具有局部同质性。

阶跃函数，也称为分段常数函数，它是由实数域一些半开区间上的指示函数（indicator function）的有限次线性组合形成的函数。

阶跃函数可表示为：

$$y = \sum_{i=0}^{n} \alpha_i 1_{Ai}(x) \tag{11-22}$$

其中，$A_0 = (-\infty, x_1)$，$A_i = [x_i, x_{i+1})$，$A_n = [x_{n-1}, \infty)$，$i = 1, \cdots, n-2$，α_i 为常数，1_A 是定义在实数域 A 上的指示函数

$$1_A(x) = \begin{cases} 1, & if \quad x \in A \\ 0, & if \quad x \notin A \end{cases} \tag{11-23}$$

对于所有 $i=0, 1, \cdots, n$，当 $x \in A_i$ 时，$y=\alpha_i$。图 11－5 给出了 $n=3$ 的阶跃函数图示。

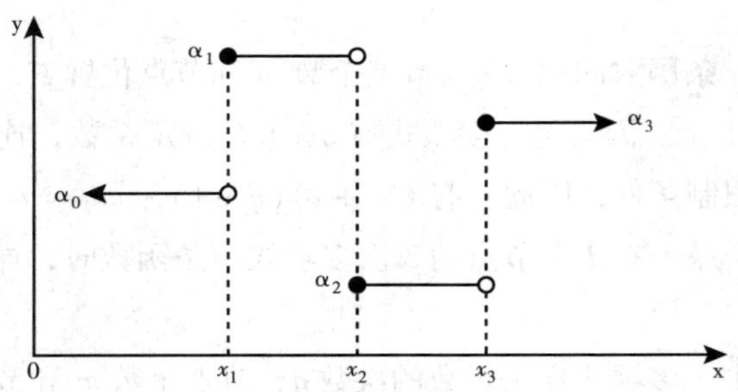

图 11－5　n＝3 的阶跃函数

阶跃函数模型与多项式回归模型、样条函数模型存在着一定的联系。当自变量 x 不存在更精确的测量（例如，测量的自变量 x 的各点为 x_1，x_2，$x_3, \cdots$）时，用阶跃函数模型拟合原始数据，就是对于 x 的每一个点都用一个常数作为 y_i 的估计值。如果原始数据在 x_i 点上不存在重复观察值，则用 x_i 对应的 y_i 作为 y_i 的估计值，此时模型估计与真实数据完全一致，但是这对于模型的其他参数估计没有任何贡献，这是一种数据点饱和的状态。当 x_i 点上存在重复观察值时，则用 x_i 对应的所有 y 值的平均值作为 y_i 的估计值。在这种情况下，多项式回归模型嵌套于阶跃函数模型中，而样条函数模型也嵌套于阶跃函数模型中。

当自变量 x 存在更精确的测量（例如，测量的自变量 x 的 x_1，x_2，$x_3, \cdots$每两点之间还存在观察值）时，用阶跃函数模型在 x_1，x_2，$x_3, \cdots$各点拟合数据相当于我们使用分组数据，即用 x_1，x_2，$x_3, \cdots$对原始数据进行分组，在每个间距内用 y 的组均值进行估计。注意，这其实是做了局部同质性的假定，也就是假定

在一组数据中只有一个参数（均值）。此时得到的阶跃函数与多项式回归模型、样条函数模型之间不存在嵌套关系，因为这三种模型对原始数据做了不同的限制。在 x_i，x_j 之间，阶跃函数取这些点之间以及 x_i 点上所有的 y 值的平均值作为常数来拟合 x_i 点，它做了局部同质性的假定，这是为了避免全局函数的限定。而多项式回归模型是对所有的点使用了全局多项式函数的限定，样条函数则是对所有的点局部使用全局函数的限定。

下面利用谢宇和韩怡梅文章（Xie & Hannum，1996）中的数据来介绍阶跃函数回归。用阶跃函数模型直接拟合原始数据，即在每个工龄的点上用收入对数的均值作为 y 的估计值。从图 11－6 中可以看出，随着工龄的增加，收入逐渐增加，到工龄为第 37 年时达到最大值，之后慢慢减少。收入对数的最大值出现在第 37 年，约为 7.6507277。对原始数据进行拟合时，二次多项式回归模型嵌套于阶跃函数模型中，因此可以对这两个模型进行 F 检验，即通过计算两个模型的 F 值，看 F 值是否显著，从而决定是否使用阶跃函数模型。

下面给出了基于式（11－12a）模型和采用阶跃函数模型的拟合结果：

```
regress logearn edu exp exp22 cpc sex  edusex /* model 1 */

      Source |       SS           df       MS      Number of obs   =    15862
-------------+----------------------------------   F(  6, 15855)   =   964.09
       Model |  788.715237         6  131.45254    Prob > F        =   0.0000
    Residual |  2161.80592     15855  .136348529   R-squared       =   0.2673
-------------+----------------------------------   Adj R-squared   =   0.2670
       Total |  2950.52116     15861  .186023653   Root MSE        =   .36925

------------------------------------------------------------------------------
     logearn |      Coef.   Std.Err.      t    P>|t|     [95% Conf. Interval]
-------------+----------------------------------------------------------------
         edu |   .0218089   .0013745    15.87   0.000     .0191147    .0245031
         exp |   .0458373   .0010741    42.68   0.000     .0437319    .0479426
       exp22 |  -.0006929   .0000254   -27.28   0.000    -.0007427   -.0006431
         cpc |   .0728278   .0077844     9.36   0.000     .0575696     .088086
         sex |  -.3438367   .0212482   -16.18   0.000    -.3854855   -.3021878
      edusex |   .0216614   .0019168    11.30   0.000     .0179043    .0254185
       _cons |   6.685011   .0189664   352.47   0.000     6.647835    6.722187
------------------------------------------------------------------------------
```

```
. xi:regress logearn edu i.exp  cpc sex edusex
i.exp             _Iexp_0-45          (naturally coded; _Iexp_0 omitted)

      Source |       SS       df       MS              Number of obs =   15862
-------------+------------------------------           F( 49, 15812) =  120.43
       Model |  801.896109    49  16.3652267           Prob > F      =  0.0000
    Residual |  2148.62505 15812  .135885723           R-squared     =  0.2718
-------------+------------------------------           Adj R-squared =  0.2695
       Total |  2950.52116 15861  .186023653           Root MSE      =  .36863

------------------------------------------------------------------------------
     logearn |      Coef.   Std.Err.      t    P>|t|     [95% Conf. Interval]
-------------+----------------------------------------------------------------
         edu |   .0224801   .0014027    16.03   0.000     .0197306    .0252295
     _Iexp_1 |   .0074013   .0414707     0.18   0.858     -.073886    .0886886
     _Iexp_2 |   .0433158   .0418532     1.03   0.301    -.0387212    .1253528
     _Iexp_3 |   .1172936   .0411811     2.85   0.004      .036574    .1980133
     _Iexp_4 |   .0927308   .0381401     2.43   0.015     .0179719    .1674897
     _Iexp_5 |   .1514811    .037761     4.01   0.000     .0774651     .225497
     _Iexp_6 |   .1539843   .0374346     4.11   0.000     .0806082    .2273605
     _Iexp_7 |   .2608429   .0380271     6.86   0.000     .1863054    .3353805
     _Iexp_8 |   .2935421   .0377589     7.77   0.000     .2195303    .3675539
     _Iexp_9 |   .2828906   .0383786     7.37   0.000     .2076642     .358117
    _Iexp_10 |   .3776706   .0377272    10.01   0.000     .3037209    .4516203
    _Iexp_11 |   .3900718    .037033    10.53   0.000     .3174829    .4626608
    _Iexp_12 |   .4521877   .0379113    11.93   0.000     .3778773    .5264981
    _Iexp_13 |   .4843528   .0371624    13.03   0.000     .4115102    .5571954
    _Iexp_14 |   .4994234   .0373943    13.36   0.000     .4261264    .5727204
    _Iexp_15 |   .5506272   .0370165    14.88   0.000     .4780707    .6231838
    _Iexp_16 |   .5069174   .0370705    13.67   0.000     .4342551    .5795798
    _Iexp_17 |    .559204   .0372959    14.99   0.000     .4860999    .6323082
    _Iexp_18 |   .5426486   .0369368    14.69   0.000     .4702483     .615049
    _Iexp_19 |   .5844403   .0363133    16.09   0.000      .513262    .6556186
    _Iexp_20 |   .6213023   .0362442    17.14   0.000     .5502595    .6923451
    _Iexp_21 |   .6567765   .0364722    18.01   0.000     .5852868    .7282662
    _Iexp_22 |   .6486545   .0363865    17.83   0.000     .5773329    .7199761
    _Iexp_23 |   .6194356   .0370024    16.74   0.000     .5469068    .6919645
    _Iexp_24 |   .6528305   .0368873    17.70   0.000     .5805272    .7251338
```

```
    _Iexp_25 |   .6795758   .0374922    18.13   0.000     .6060868    .7530648
    _Iexp_26 |   .6735833   .0373984    18.01   0.000     .6002781    .7468885
    _Iexp_27 |   .6813596   .0371509    18.34   0.000     .6085395    .7541796
    _Iexp_28 |   .6737963   .0377661    17.84   0.000     .5997704    .7478222
    _Iexp_29 |   .6901481   .0383377    18.00   0.000     .6150019    .7652943
    _Iexp_30 |   .7057287    .038357    18.40   0.000     .6305446    .7809128
    _Iexp_31 |   .6698166   .0387909    17.27   0.000     .5937821    .7458511
    _Iexp_32 |   .6972155   .0388753    17.93   0.000     .6210154    .7734155
    _Iexp_33 |   .7278637   .0397447    18.31   0.000     .6499596    .8057678
    _Iexp_34 |   .6971159   .0400862    17.39   0.000     .6185424    .7756894
    _Iexp_35 |   .6989454   .0407421    17.16   0.000     .6190863    .7788044
    _Iexp_36 |   .6996568   .0434554    16.10   0.000     .6144792    .7848344
    _Iexp_37 |   .7742432   .0434272    17.83   0.000      .689121    .8593654
    _Iexp_38 |   .7501671   .0454572    16.50   0.000     .6610658    .8392684
    _Iexp_39 |   .7326616   .0457182    16.03   0.000     .6430487    .8222745
    _Iexp_40 |   .6987742   .0470239    14.86   0.000     .6066019    .7909464
    _Iexp_41 |   .6933838   .0518987    13.36   0.000     .5916564    .7951112
    _Iexp_42 |   .6831808   .0559235    12.22   0.000     .5735644    .7927973
    _Iexp_43 |   .7469689     .05424    13.77   0.000     .6406524    .8532854
    _Iexp_44 |   .7195962    .076933     9.35   0.000     .5687989    .8703936
    _Iexp_45 |   .6990245   .0961967     7.27   0.000      .510468     .887581
         cpc |   .0711282   .0077928     9.13   0.000     .0558534    .0864031
         sex |  -.3309717   .0214328   -15.44   0.000    -.3729825    -.288961
      edusex |   .0205392   .0019304    10.64   0.000     .0167554    .0243231
       _cons |   6.713389   .0380307   176.53   0.000     6.638844    6.787933
------------------------------------------------------------------------------
```

由此，我们可以得到 $\text{SSE}_1=2162$，$\text{SSE}_2=2149$，从而

$$F=\frac{\text{SSE}_1-\text{SSE}_2}{df_1-df_2}\Big/\frac{\text{SSE}_2}{df_2}=\frac{2162-2149}{15855-15812}\Big/\frac{2149}{15812}=2.224$$

查表可以得到，当 $\alpha=0.05$ 时，$F(43,15812)=1.3799$。检验结果是拒绝零假设，使用阶跃函数模型更优。在这里，可以看出当样本规模很大的时候，如果仅仅根据经典的统计检验往往导致拒绝简单模型。谢宇和韩怡梅的文章（Xie & Hannum，1996）中采用二次多项式回归模型是因为它是根据人力资本理论建立的，而且更容易解释——尤其当需要在模型中添加这个变量和其他变量的交互项的时候。

我们还可以用每四年作为间隔进行分组，用阶跃函数对数据进行回归。从图 11－7 可以看出相同的趋势：随着工龄的增加，收入逐渐增加，到工龄为 35～39 年时达到最大值，之后慢慢减少。在 35～39 年时，收入对数的最大值为 7.6055918。比较图 11－6 和图 11－7，可以看出分组之后图形的趋势更加明显。

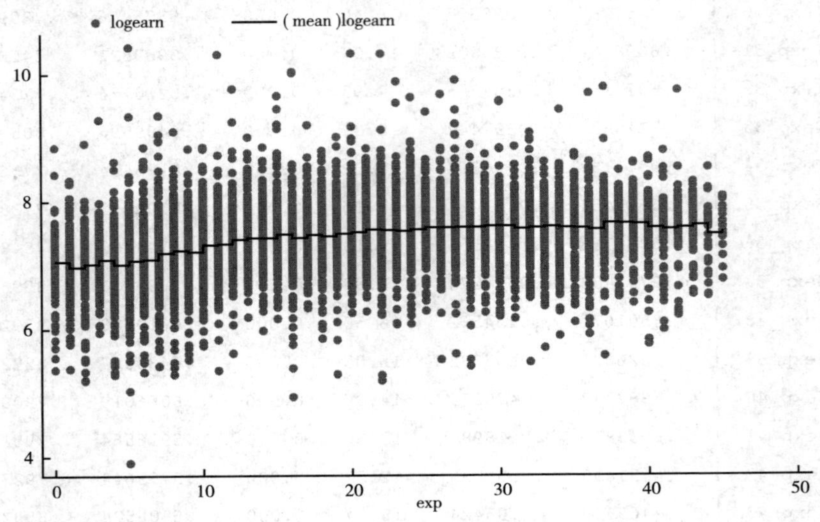

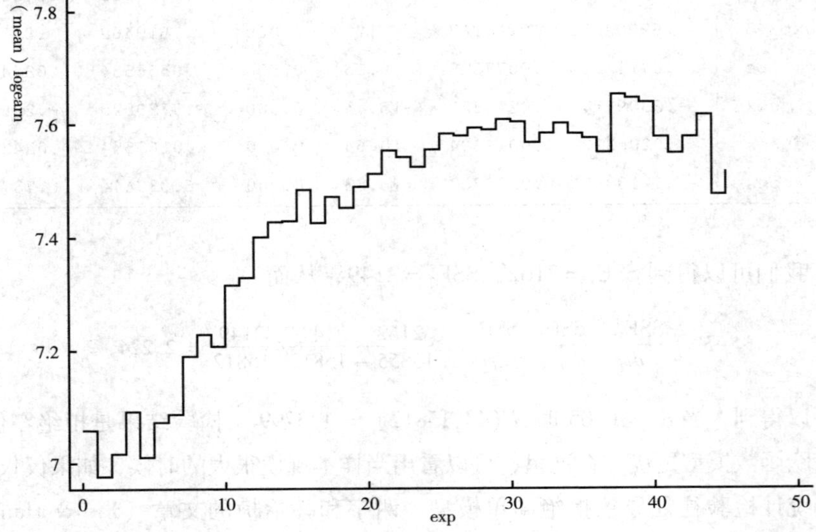

图 11－6　收入的对数和工龄阶跃函数回归图

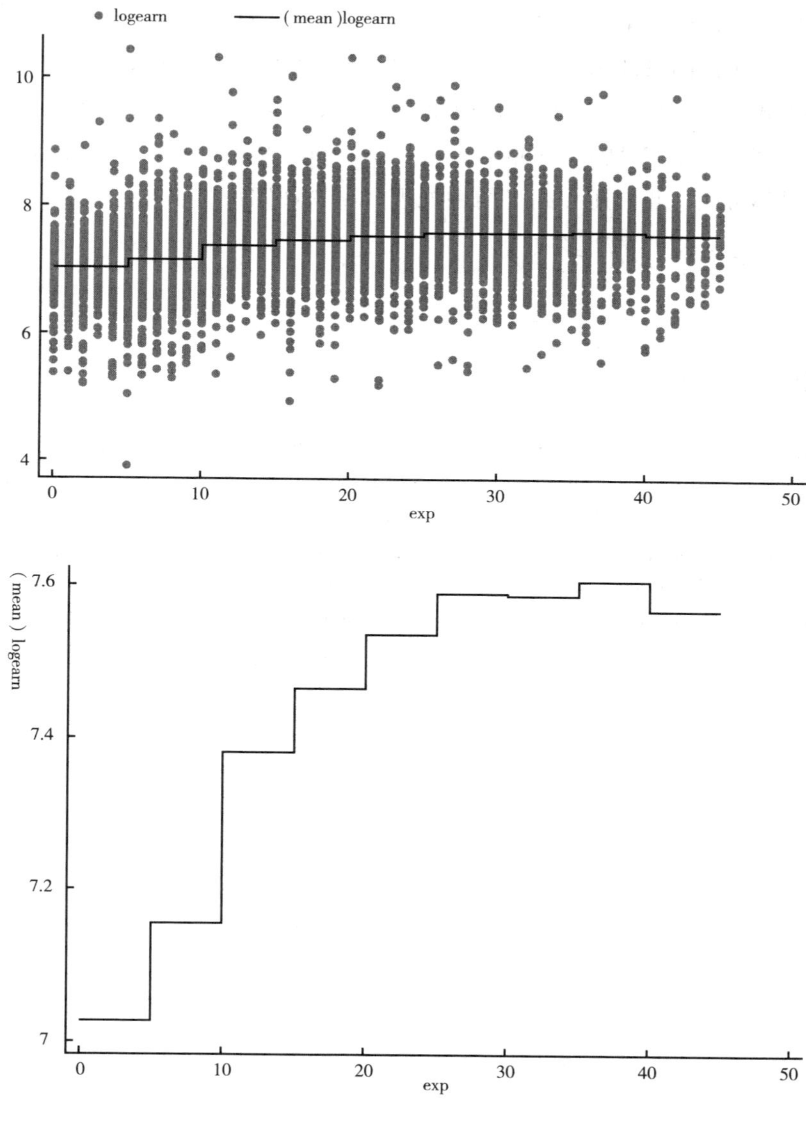

图 11-7　收入的对数和工龄阶跃函数回归图（五年组）

11.4　本章小结

本章主要介绍了多项式回归、样条函数回归和阶跃函数回归三种模型。我们介绍了多项式回归的基本概念、多项式回归系数的解释及多项式回归模型的推断问题；样条函数的定义及其节点数、节点位置的确定；阶跃函数的定义和模型拟合；多项式回归模型、样条函数模型和阶跃函数模型三者之间的异同点。这三种回归模型都以谢宇和韩怡梅文章（Xie & Hannum，1996）中的人力资本模型为例做了具体说明。我们还介绍了两种处理多项式回归模型多重共线性问题的方法：使用变量对中和正交多项式。

参考文献

Kleinbaum, David G., Lawrence L. Kupper, Azhar Nizam, and Keith E. Muller. 2007. *Applied Regression Analysis and Multivariable Methods* (Fourth Edition). Australia: Brooks/Cole.

Wold, Svante. 1974. "Spline Functions in Data Analysis." *Technometrics* 16: 1–11.

Xie, Yu and Emily Hannum. 1996. "Regional Variation in Earnings Inequality in Reform-Era Urban China." *American Journal of Sociology* 101: 950–992.

Xie, Yu, James Raymo, Kimberly Goyette, and Arland Thornton. 2003. "Economic Potential and Entry into Marriage and Cohabitation." *Demography* 40: 351–367.

谢宇，2006，《社会学方法与定量研究》，北京：社会科学文献出版社。

第12章

虚拟变量与名义自变量

在实际研究中，涉及不同群体之间差异比较的研究问题比比皆是。比如，社会科学研究者常常对行为、态度或社会经济特征在种族、性别或区域之间的差异感兴趣。此外，研究者经常会想知道某自变量的效应是否对于不同群体是不一样的。也就是说，很多研究问题会试图识别因变量中存在的群体间差异乃至某自变量对因变量效应上的群体间差异。在上述这些情形中，我们所关注的群体间差异是用定性变量作为自变量来表示的。定性变量是具有名义测度（nominal measurement level）的名义变量。与定距变量不同，名义变量的数值编码并不具有任何数量上的意义，而只代表类别之间的差异。由于这一特性，在回归分析中，名义变量不能直接作为自变量纳入模型。但是，我们可以先将名义变量转换成一组对应的虚拟变量，然后将这些虚拟变量纳入回归模型，从而在回归分析中达到以名义变量作为自变量的目的。这样一来，回归分析不仅能够纳入定量的自变量（quantitative independent variable），而且也能纳入定性的自变量（qualitative independent variable），甚至是定量和定性自变量的任意组合。本章将介绍回归分析中的虚拟变量和名义自变量的内容。

12.1 名义变量的定义与特性

12.1.1 分类变量

在进入本章的讨论之前，我们先来回顾一下第1章中讨论过的名义变量

(nominal variable)。名义变量与其他三种测度变量的不同之处在于，它本身的编码不包含任何具有实际意义的数量关系，变量值之间不存在大小、加减或乘除的运算关系。例如，“性别”就是一个较为常见的名义测度变量。我们可以将男性编码为2，女性编码为1。而此时这两个变量值之间并不存在任何计算关系，即男性（编码2）既不大于女性（编码1），也不是女性的“2倍”。

12.1.2 对名义解释变量的特殊处理

由名义变量的性质不难看出，变量各个分类的数值编码大小并不能代表变量各个分类之间的实质性差别。但是，如果直接将名义变量作为自变量纳入回归模型，就意味着假定类别之间存在量的差别。比如，在对收入的研究中，将户口性质中的非农业户口编码为2（或3）、农业户口编码为1，并将户口性质变量直接作为自变量纳入回归模型，那么，这种编码方式就暗含了“非农业户口”对收入的影响一定是农业户口对收入的影响的2（或3）倍。[①] 因此，要想在回归分析中纳入名义变量作为自变量，我们首先需要在编码方式上对名义变量进行特殊处理。统计上，这种特殊处理有多种方式，包括虚拟编码（dummy coding）、效应编码（effect coding）[②]、正交编码（orthogonal coding）和非正交编码（nonorthogonal coding）等。这里，我们只介绍常用的虚拟编码方式。不过，采用不同的编码方式只会改变具体回归系数的含义，而并不会影响到回归分析的实质结论。

需要指出的一点是，本章所讨论的主要是自变量为名义变量的情况，本书第18章会介绍因变量为二分类名义变量的回归分析。

12.2 虚拟变量的设置

12.2.1 虚拟变量

简单地说，虚拟变量（或哑变量、指示变量）(dummy variable or indicator) 是一种对名义变量各分类进行重新编码从而让它们能在回归方程中作为自变量的

---

① 其实，在定序测度变量中也做这一假定。这一假定是否合理要视具体情况而定。

② 也称方差分析编码（ANOVA coding）。

方式。它是将某一初始名义变量重新建构得到的一个或多个二分变量（dichotomous variable）。一般来说，当某个样本观测值属于名义变量的某个类别时，表征这个类别的虚拟变量就被赋值为 1，否则便赋值为 0。[①] 即：

$x=1$，如果某个状态为真；

$x=0$，其他。

下面是虚拟变量的一些实例：

性别：

$x_1=1$　女性

$x_1=0$　男性（非女性）

就业状态：

$x_2=1$　被雇用

$x_2=0$　失业（不被雇用）

识字情况：

$x_3=1$　非文盲

$x_3=0$　文盲

12.2.2 设置虚拟变量的一般方法

上面我们给出了虚拟变量的一些实例。细心的读者可能已经发现，这些虚拟变量都基于只包含两个类别的名义变量。那么，对于包含多个类别的名义变量我们应该如何进行编码呢？一般来说，对于包含 k 个类别的名义变量，可以得到相对应的 k 个虚拟变量。但是，回归分析中所需要的虚拟变量只能是其中的 $k-1$ 个。也就是说，在纳入模型时，必须将这 k 个虚拟变量中的某一个保留在模型之外。这意味着，在虚拟编码的转换过程中，我们只需要对包含 k 个类别的名义变量构建 $k-1$ 个虚拟变量就足够了。

这样做的原因主要是为了避免完全多重共线性问题。由于任何一个样本观测值属于且仅可属于名义变量的某一个分类，被取消的那个（假设是第 k 个）分类的信息完全可以由表示其他 $k-1$ 个分类的虚拟变量联合表达。换句话来说，

① 因此也被称作 0－1 变量。

如果我们知道某个样本值不属于 k 分类名义变量的前 $k-1$ 个分类的任何一种情况，那么它必然属于第 k 种情况。例如，当前 $k-1$ 个虚拟变量全部取 0 时，它们所表征的状态正是不属于前 $k-1$ 个分类的第 k 个分类。所以，如果将 k 个虚拟变量全部纳入模型的话，势必导致完全多重共线性问题。例如，CHIP88 数据中，在对包含八个类别（“少于 3 年小学”、“3 年或 3 年以上小学学历”、“小学毕业”、“初中毕业”、“高中毕业”、“中专毕业”、“大专毕业”、“大学毕业或大学毕业以上”）的受教育程度进行编码时，我们可以用以下七个虚拟变量表示全部八个类别的信息：

受教育程度:原变量编码值	虚拟变量设置
1:大学毕业或大学毕业以上	$D_1=1$,其他 $D_i=0$
2:大专毕业	$D_2=1$,其他 $D_i=0$
3:中专毕业	$D_3=1$,其他 $D_i=0$
4:高中毕业	$D_4=1$,其他 $D_i=0$
5:初中毕业	$D_5=1$,其他 $D_i=0$
6:小学毕业	$D_6=1$,其他 $D_i=0$
7:3 年或 3 年以上小学学历	$D_7=1$,其他 $D_i=0$
8:少于 3 年小学	所有 $D_i=0$

为便于理解，我们将 CHIP88 数据中某十个样本观测值的“性别”（*sex*）和“受教育程度”（*educ*）① 编码成如表 12－1 所示的虚拟变量：x_1（女）和 D_1 至 D_7。

表 12－1　设置虚拟变量的实例

编号	原变量值		虚拟变量值							
ID	*sex*	*educ*	x_1(女)	D_1	D_2	D_3	D_4	D_5	D_6	D_7
1	1	5	1	0	0	0	0	1	0	0
2	2	6	0	0	0	0	0	0	1	0
3	1	1	1	1	0	0	0	0	0	0
4	2	8	0	0	0	0	0	0	0	0
5	1	5	1	0	0	0	0	1	0	0
6	2	6	0	0	0	0	0	0	1	0
7	1	4	1	0	0	0	1	0	0	0
8	1	3	1	0	0	1	0	0	0	0
9	2	7	0	0	0	0	0	0	0	1
10	1	2	1	0	1	0	0	0	0	0

① 严格地说，此处的“受教育程度”是定序测度变量。

通常，我们将被排除出回归模型的那个虚拟变量所对应的类别（即所有虚拟变量取值全部为零的类别）叫做参照组（reference group）。如上例中的“男性”和“少于 3 年小学”。①

不过，在某些情况下，考虑到特殊的用途或者研究目的，我们也可以通过强制拟合不含截距项的模型来饱和纳入名义变量的所有 k 个类别所对应的 k 个虚拟变量。

12.3　虚拟变量的应用

12.3.1　虚拟变量回归系数的解释

1. 自变量中仅包含一个虚拟变量的情况

在这种情况下，模型截距的含义依赖于该虚拟变量所刻画的两个分类。例如，在 CHIP88 数据中，以收入的对数作为因变量，仅以性别（sex：女性 =1，男性 =0）作为自变量，可以得到以下的回归系数估计值②：

$$\begin{bmatrix}\beta_0\\ \beta_1\end{bmatrix}=\begin{bmatrix}7.523\\ -0.177\end{bmatrix} \tag{12-1}$$

这里，模型截距 β_0 给出的是样本中男性人群（$sex=0$）收入对数的均值，而 $\beta_0+\beta_1$ 给出的是女性人群（$sex=1$）收入对数的均值。因此，β_1 反映了男性和女性人群平均收入对数的差值。我们知道，如果因变量仅对截距（即 1 作为自变量）进行回归的话，那么所估计出的截距就是样本的均值。这里，如果仅以某一个虚拟变量作为自变量，截距项就是参照组在因变量上的样本平均值，它的斜率系数就反映了取值等于 1 的那个类别与参照组之间在因变量上的均值差。

下面给出上述结论的简要证明。

我们假设样本中男性有 n_1 人，女性有 n_2 人，则样本量为 $n=n_1+n_2$。为不失一般性，我们可以认为样本中的前 n_1 人为男性，其余为女性，则回归方程的自变量与因变量可以由矩阵表示如下：

---

① 在学术论文或研究报告写作中，通常应给出虚拟变量编码所基于的参照组。

② 对 β_0 和 β_1 进行估计的标准误分别为 0.005 和 0.007。

$$\text{因变量为}:\mathbf{y} = \begin{bmatrix} y_1 \\ \vdots \\ y_{n_1} \\ y_{n_1+1} \\ \vdots \\ y_{n_1+n_2} \end{bmatrix} \tag{12-2}$$

$$\text{自变量为}:\mathbf{X} = [1 \quad \mathbf{x}],\text{其中 }\mathbf{x} = \begin{bmatrix} 0_1 \\ \vdots \\ 0_{n_1} \\ 1_{n_1+1} \\ \vdots \\ 1_{n_1+n_2} \end{bmatrix} \tag{12-3}$$

下面以矩阵形式推导该回归方程的系数：

$$\text{由 }\mathbf{X'X} = \begin{bmatrix} n & n_2 \\ n_2 & n_2 \end{bmatrix} \tag{12-4}$$

以及

$$|\mathbf{X'X}| = nn_2 - n_2^2 = n_1 n_2 \tag{12-5}$$

可得：

$$(\mathbf{X'X})^{-1} = (n_1 n_2)^{-1} \begin{bmatrix} n_2 & -n_2 \\ -n_2 & n \end{bmatrix} = \begin{bmatrix} 1/n_1 & -1/n_1 \\ -1/n_1 & n/n_1 n_2 \end{bmatrix} \tag{12-6}$$

$$\mathbf{X'y} = \begin{bmatrix} \sum_{i=1}^{n} y_i \\ \sum_{i=n_1+1}^{n} y_i \end{bmatrix} \tag{12-7}$$

则该模型的回归系数为：

$$
\begin{aligned}
\mathbf{b} &= (\mathbf{X}'\mathbf{X})^{-1}\mathbf{X}'\mathbf{y} \\
&= \begin{bmatrix} 1/n_1 & -1/n_1 \\ -1/n_1 & n/n_1n_2 \end{bmatrix} \begin{bmatrix} \sum_{i=1}^{n_1+n_2} y_i \\ \sum_{i=n_1+1}^{n_1+n_2} y_i \end{bmatrix} \\
&= \begin{bmatrix} \left(1/n_1\right)\left(\sum_{i=1}^{n_1+n_2} y_i - \sum_{i=n_1+1}^{n_1+n_2} y_i\right) \\ \left(1/n_1n_2\right)\left(-\sum_{i=1}^{n_1+n_2} y_i n_2 + \sum_{i=n_1+1}^{n_1+n_2} y_i(n_1+n_2)\right) \end{bmatrix} \\
&= \begin{bmatrix} \left(1/n_1\right)\sum_{i=1}^{n_1} y_i \\ \left(1/n_1n_2\right)\left(\sum_{i=n_1+1}^{n_1+n_2} y_i n_1 - \sum_{i=1}^{n_1} y_i n_2\right) \end{bmatrix} \qquad (12-8) \\
&= \begin{bmatrix} \left(1/n_1\right)\sum_{i=1}^{n_1} y_i \\ \left(1/n_2\right)\sum_{i=n_1+1}^{n_1+n_2} y_i - \left(1/n_1\right)\sum_{i=1}^{n_1} y_i \end{bmatrix} \\
&= \begin{bmatrix} \bar{y}_1 \\ \bar{y}_2 - \bar{y}_1 \end{bmatrix}
\end{aligned}
$$

由此可以看出，当自变量中仅存在虚拟变量时，模型的截距就代表了参照组所对应群体在因变量上的均值，而斜率则代表了取值为 1 的类别所对应群体与参照组所对应群体在因变量均值上的差异。

实际上，更一般地，当模型中仅纳入包含 k 个类别的名义变量所对应的 $k-1$ 个虚拟变量时，模型的截距系数就是参照组所对应群体在因变量上的均值，而 $k-1$ 个回归系数则反映各自所对应非参照组群体与参照组所对应群体之间在因变量均值上的差异。

2. 自变量中包含一个虚拟变量和一个连续变量的情况

在这种情况下，① 虚拟变量所表示的两个人群的回归拟合直线就成为两条斜率相同但截距不同的平行线。例如，在 CHIP88 数据中，我们将收入的对数

① 在这里以及下文"解释变量包含两个或多个虚拟变量的情况"中均假设这两个解释变量间不存在交互项。

对性别（*sex*：虚拟变量，女性＝1，男性＝0）和工作年限（*exp*：连续变量）进行回归。[①] 根据回归结果得到图 12－1。

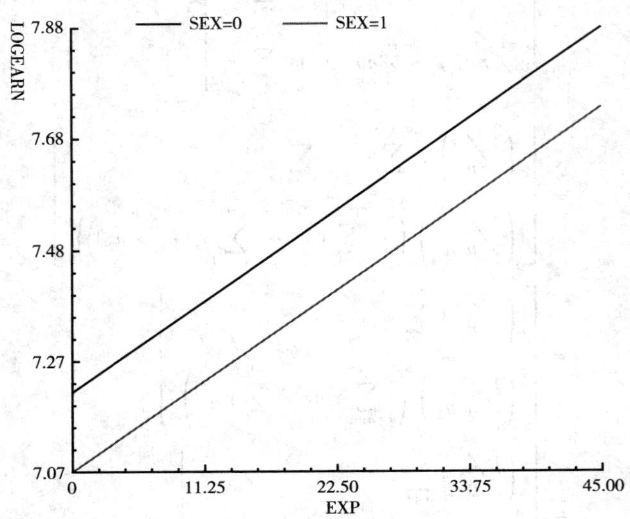

图 12－1　由虚拟变量所表示的男性和女性人群中回归直线截距的差异

在这种情况下，虚拟变量的回归系数就代表两条平行线之间的垂直距离，也就是两条回归直线在截距上的差距。这是因为回归模型（12－9）：

$$logearn = \beta_0 + \beta_1 exp + \beta_2 sex + \varepsilon \qquad (12-9)$$

其实包含着两个方程。其中，参照组男性人群（*sex*＝0）所对应的方程为：

$$logearn = \beta_0 + \beta_1 exp + \varepsilon \qquad (12-10)$$

而女性人群（*sex*＝1）所对应的方程为：

$$logearn = \beta_0 + \beta_2 + \beta_1 exp + \varepsilon \qquad (12-11)$$

显然，虚拟变量 *sex* 所对应的系数 β_2 就是男性和女性在截距上的差距。由于这里不存在虚拟变量与其他自变量之间的交互项，因此，虚拟变量不会对模型其他自变量的斜率系数产生任何影响，回归的结果就是一组平行线。有的学者将这种只影响回归直线截距而不影响其斜率的虚拟变量称作“截距虚拟变量”

① 回归拟合方程的解析形式为：$\widehat{logearn} = 7.215 + 0.015exp - 0.146sex$。

(Hamilton, 2006)。这意味着虚拟变量之外的其他自变量对因变量的影响在虚拟变量所代表的不同群体之间是相同的。

3. 解释变量包含两个或多个虚拟变量的情况

由对上面两种情况的讨论可以推知，在这种情况下，回归结果就成为一簇斜率相同但是截距不同的平行线。例如，在 CHIP88 数据中，我们构造出一个新的虚拟变量（*senior*）来表示受访者是否具有高中或以上学历（即受教育年限是否大于9）。将这个新的虚拟变量放入回归模型：

$$logearn = \beta_0 + \beta_1 exp + \beta_2 sex + \beta_3 senior + \varepsilon \tag{12-12}$$

拟合之后，得到以下回归方程（系数下方括号中为该系数的标准误估计）：

$$\underset{}{\widehat{logearn}} = \underset{(.009)}{7.068} + \underset{(.0003)}{0.018}exp - \underset{(.006)}{0.128}sex + \underset{(.007)}{0.167}senior \tag{12-13}$$

则由两个虚拟变量所划分的四组人群所对应的回归模型的估计结果分别为：

（1）没有高中或以上学历的男性人群（$sex=0$ 且 $senior=0$，即参照组）

$$\widehat{logearn} = \beta_0 + \beta_1 exp = 7.068 + 0.018exp \tag{12-13a}$$

（2）没有高中或以上学历的女性人群（$sex=1$ 且 $senior=0$）

$$\widehat{logearn} = \beta_0 + \beta_2 + \beta_1 exp = 6.940 + 0.018exp \tag{12-13b}$$

（3）具有高中或以上学历的男性人群（$sex=0$ 且 $senior=1$）

$$\widehat{logearn} = \beta_0 + \beta_3 + \beta_1 exp = 7.235 + 0.018exp \tag{12-13c}$$

（4）具有高中或以上学历的女性人群（$sex=1$ 且 $senior=1$）

$$\widehat{logearn} = \beta_0 + \beta_2 + \beta_3 + \beta_1 exp = 7.107 + 0.018exp \tag{12-13d}$$

图 12－2 中的四条回归线反映了这四类人群的工作经验与收入的对数之间的关系。这些平行线彼此间在截距上的差值由两个虚拟变量的系数 β_2 和 β_3 给出。

因此，在虚拟变量和其他连续变量之间不存在交互项的情况下，虚拟变量的系数表示的是名义变量的其他类别与参照组在截距上的差距。这个差距是相对于参照组而言的，是一个相对量，而不是一个绝对量。因此，虚拟变量的系数也会随着所选择参照组的不同而有所不同。[①] 研究者应该根据自己的研究思路和目的合理选择参照组，从而使对虚拟变量回归系数的解释更为便利。

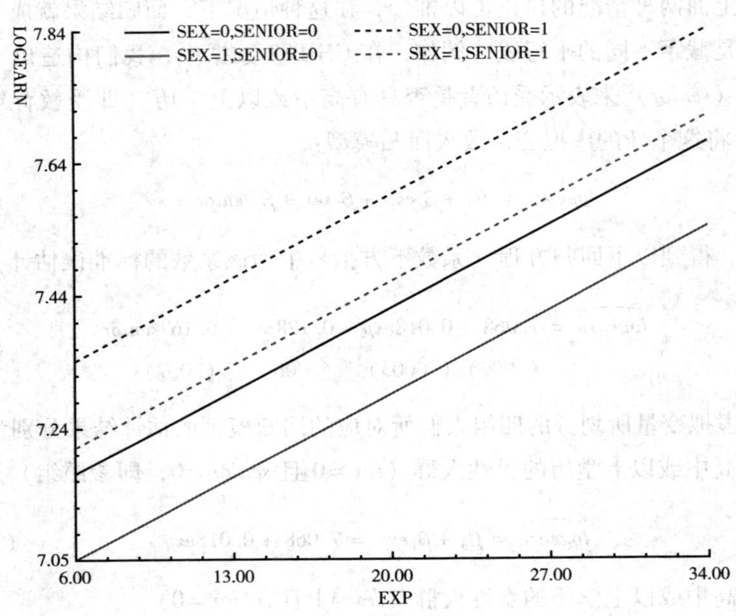

图 12-2 由虚拟变量所表示的不同性别和受教育程度人群中回归直线截距的差异

12.3.2 一个还是多个回归方程？

由前面的讨论可知，既然虚拟变量仅仅是名义变量各分类在回归方程中的一种编码方式，那么，将虚拟变量纳入模型后，其他自变量的回归系数是否等价于基于其他自变量分别对各分类人群进行回归分析的结果呢？为回答这个问题，请读者看以下五个回归方程对 β_1 的估计结果是否相同。

(1) 基于 CHIP88 数据

$$logearn = \beta_0 + \beta_1 exp + \beta_2 sex + \beta_3 senior + \varepsilon \qquad (12-14)$$

① 效应编码方法可将虚拟变量的参照组设为各分类的平均水平，从而使对虚拟变量回归系数的理解更为直观。感兴趣的读者可以查阅 Suits (1984)。

（2）基于 CHIP88 数据的子数据：针对没有高中或以上学历的男性人群

$$logearn = \beta_0 + \beta_1 exp + \varepsilon \tag{12-15}$$

（3）基于 CHIP88 数据的子数据：针对没有高中或以上学历的女性人群

$$logearn = \beta_0 + \beta_1 exp + \varepsilon \tag{12-16}$$

（4）基于 CHIP88 数据的子数据：针对具有高中或以上学历的男性人群

$$logearn = \beta_0 + \beta_1 exp + \varepsilon \tag{12-17}$$

（5）基于 CHIP88 数据的子数据：针对具有高中或以上学历的女性人群

$$logearn = \beta_0 + \beta_1 exp + \varepsilon \tag{12-18}$$

一般来讲，由于回归模型基于不同的数据集，所以这五个模型估计的结果将会不一样，而且模型（1）比后面四个模型的结合更简单。因此，较多采用的是加入虚拟变量，而非分别针对各组人群进行回归。然而，另一方面，我们也要注意区分研究目的到底是要确定某个自变量的整体作用强度，即式（12－14），还是要观察在不同组人群中某个自变量作用强度的差异，即式（12－15）至式（12－18）。实际上，式（12－14）就是我们前面提到的截距虚拟变量，其中暗含的假定是工作年限对收入的影响在不同人群中是一致的，至于这一假定是否成立，就需要根据理论假设和有关统计结果来判断，如我们在下一章将要讨论的样本总体中交互项是否显著等。而式（12－15）至式（12－18）分群体独立回归的做法则放松了这一假定，即认为工作年限对收入的影响在不同群体之间是不同的。请读者注意截距虚拟变量回归与分群体独立回归之间所隐含的这一差别。

12.3.3　其他设置虚拟变量的方法

在经验研究中，为了使回归模型符合某些理论假设，我们需要采用通过原点的回归。同时，在前面我们曾经讨论过，之所以要用 $k-1$ 个虚拟变量去表示 k 个类别的名义变量是为了避免出现虚拟变量与模型截距间的完全多重共线性问题。而在通过原点的回归中，由于模型不存在截距项，我们就可以饱和纳入 k 个虚拟变量以表示包含 k 个类别的名义变量，而不会出现完全多重共线性问题。例如，我们可以设置一个新的虚拟变量 D_8 来对应原编码中的“少于 3 年小学”，从而将表 12－1 中有关教育的编码改成表 12－2 所示的情况。

表 12－2　删去模型截距后的虚拟变量设置方法

编号	原变量值	虚拟变量值							
ID	*educ*	D_1	D_2	D_3	D_4	D_5	D_6	D_7	D_8
1	5	0	0	0	0	1	0	0	0
2	6	0	0	0	0	0	1	0	0
3	1	1	0	0	0	0	0	0	0
4	8	0	0	0	0	0	0	0	1
5	5	0	0	0	0	1	0	0	0
6	6	0	0	0	0	0	1	0	0
7	4	0	0	0	1	0	0	0	0
8	3	0	0	1	0	0	0	0	0
9	7	0	0	0	0	0	0	1	0
10	2	0	1	0	0	0	0	0	0

在这种情况下，回归方程中虚拟变量的偏回归系数所表示的意义就发生了变化。它不再表示由名义变量所划分的各组人群相对于参照组的截距差值，而是直接给出了各组人群所对应的截距值，在没有其他自变量时就是各组人群在因变量上的均值。

需要注意的是，即便删去了模型的截距，如果要通过两组虚拟变量去表示两个[①]名义变量（如上例中的“性别”与“受教育程度”），我们也只能用 k 个虚拟变量去表示某一个包含 k 个类别的名义变量，而其他的名义变量仍然要用 $g-1$ 个虚拟变量去表示其 g 个类别。试想，如果我们在上例中用 8 个虚拟变量去表示八分类的名义变量“受教育程度”的同时，用 2 个虚拟变量去表示另一个二分类的名义变量“性别”，则表示“性别”的虚拟向量和表示“受教育程度”的虚拟向量都可以加合成 1 的常数向量，它们可以被彼此线性表示出来，从而发生完全多重共线性问题。而且，由于过原点回归的 R^2 并不是总有意义，如果不是出于较强理论假设的话，我们还是应该在线性回归模型中包括截距，即采用常规构造虚拟变量的方法。上述讨论对于有两个以上名义变量的情形仍然适用。

在设置虚拟变量的过程中，研究者可能会发现即使在设置参照组的情况下，基于同一个名义变量的不同虚拟变量仍会与模型的截距存在着较强的多重共线性，有时甚至会导致回归模型无法估计。这通常是由于被选作虚拟变量“参照组”的那个分类所包含的样本较少。我们不妨假设一种极端情况，即某个调查所得到的样本

① 注意，此处我们讨论的是分类变量的个数，而非某个分类变量的分类数目。

中“从未上过学”、“小学毕业”、“中学毕业”、“大学毕业”的人群分别为 1 人、1000 人、1000 人、1000 人。此时如果表示“受教育程度”的虚拟变量所选取的参照组为“从未上过学”的人群，则由于该参照组所对应的样本量过小（仅 1 人），虚拟变量仍可以大致将模型截距线性表出，从而出现多重共线性问题。在这种情况下，研究者应尝试使用样本量较大的分类作为虚拟变量的参照组。

12.3.4　分类变量与连续变量之间的转换

引入虚拟变量来表示名义变量各类别之间的差异通常会消耗很多的自由度。出于模型简约性的考虑，我们可以通过对嵌套模型加以检验的方法来检验是否可以将名义变量转化为更高层次的变量来处理。对于定序变量而言，这种处理更值得考虑。

例如，在 CHIP88 数据中，我们可以依据各分类所对应的受教育年限对“受教育程度”这一分类变量依据以下方式一对一映射转换为连续变量，① 即假设“受教育程度”对于收入对数的作用是线性的。

受教育程度:原变量编码值	连续变量编码值(受教育年限)
1:大学毕业或大学毕业以上	17
2:大专毕业	15
3:中专毕业	13
4:高中毕业	12
5:初中毕业	9
6:小学毕业	6
7:3 年或 3 年以上小学学历	4
8:少于 3 年小学	1

接下来，我们通过嵌套模型来检验新构造出的连续变量与原先的分类变量是否等价。

（1）不受限模型（unrestricted model）：

$$logearn = \beta_0 + \beta_1 exp + \beta_2 exp^2 + \beta_3 sex + \beta_4 d_1 + \cdots + \cdots + \beta_{10} d_7 + \varepsilon \quad (12-19)$$

（2）受限模型（restricted model）：

$$logearn = \beta_0 + \beta_1 exp + \beta_2 exp^2 + \beta_3 sex + \beta_4 edu + \varepsilon \quad (12-20)$$

① 此处的连续变量的编码方式来自谢宇和韩怡梅 1996 年在 *American Journal of Sociology* 上发表的论文（Xie & Hannum，1996）。

在上面两个模型中，*exp* 代表工作年限，exp^2 是它的平方项，*sex* 代表性别（女性=1）。在式（12-19）中，“受教育程度”这个分类变量由 d_1 至 d_7 这 7 个虚拟变量来表示，它们的编码方式见表 12-1。在式（12-20）中，*edu* 就是将“受教育程度”依据其对应的“受教育年限”生成的一个连续变量。

下面通过对嵌套模型的 F 检验来验证虚拟变量 d_1-d_7 中所包含的信息是否可以由新构造出的连续变量 *edu* 来表示：

$$\begin{aligned} F &= \frac{(\mathrm{SSE}_r - \mathrm{SSE}_u)/[df(\mathrm{SSE}_r) - df(\mathrm{SSE}_u)]}{\mathrm{SSE}_u/df_u} \\ &= \frac{0.613/6}{0.138} = 0.739 < F(6,15851) \end{aligned} \tag{12-21}$$

由于 F 值并不显著，我们不能拒绝原假设，即新构造的连续变量与 7 个虚拟变量在解释因变量的作用上并没有显著差异。换句话说，不受限模型与受限模型在对收入对数的解释能力上并没有显著不同。所以，此处对于受教育程度作用的线性假设是合理的。

最后，我们来说明一下为什么当名义变量分别用虚拟变量（如“受教育程度”）和一对一映射的连续变量（如“受教育年限”）表示时，模型（12-19）与模型（12-20）为嵌套模型。

为不失一般性，我们假设由虚拟变量表示分类变量的不受限模型具有以下形式：

$$y_i = \beta_0 + \beta_2 d_{2i} + \beta_3 d_{3i} + \beta_4 d_{4i} + \beta_5 d_{5i} + \varepsilon_i \tag{12-22}$$

这一回归模型中纳入了 4 个虚拟变量（d_2-d_5）来表示一个包含 5 个类别的名义变量 x，同时将这个名义变量的第一个类别（即 $x=1$）视作参照组。

现在我们通过函数 $S(x)$ 将分类变量 x 转换为一个连续变量 S：

原分类变量 x 的编码	通过 $S(x)$ 转换后的编码①
1（参照组）	s_1
2	s_2
3	s_3
4	s_4
5	s_5

① 转换函数 $S(x)$ 的一个实例即 $S(x=j)=j$，有关这方面的内容读者可以查阅鲍威斯和谢宇书（Powers & Xie, 2008）中有关 integer-scoring 的内容。

而以 S 作为解释变量的回归方程为：

$$y_i = \alpha_0 + \alpha_1 s_i + \varepsilon_i \tag{12-23}$$

其实，模型（12－22）与模型（12－23）是嵌套模型，后者是前者的一种特殊形式。下面我们通过推导来证明这一点。

用 β_k^*（$s_k - s_1$）替换掉模型（12－22）中的 β_k，我们可以得到：

$$\begin{aligned} y_i &= \beta_0 + \beta_2^*(s_2 - s_1)d_{2i} + \beta_3^*(s_3 - s_1)d_{3i} + \\ &\quad \beta_4^*(s_4 - s_1)d_{4i} + \beta_5^*(s_5 - s_1)d_{5i} + \varepsilon_i \\ &= (\beta_0 - \beta_2^* s_1 d_{2i} - \beta_3^* s_1 d_{3i} - \beta_4^* s_1 d_{4i} - \beta_5^* s_1 d_{5i}) + \\ &\quad \beta_2^* s_2 d_{2i} + \beta_3^* s_3 d_{3i} + \beta_4^* s_4 d_{4i} + \beta_5^* s_5 d_{5i} + \varepsilon_i \end{aligned} \tag{12-24}$$

现在我们对模型（12－24）的系数做出如下假定：

$$\beta_2^* = \beta_3^* = \beta_4^* = \beta_5^* = \beta^* \tag{12-25}$$

我们增加虚拟变量 d_1 来代表是否属于参照组（第一类别）。在式（12－25）这个假定之下，加减 $\beta^* s_1 d_{1i}$，我们可以将模型（12－24）转换为：

$$\begin{aligned} y_i &= \beta_0 - \beta^* s_1(d_{2i} + d_{3i} + d_{4i} + d_{5i}) - \beta^* s_1 d_{1i} + \\ &\quad \beta^* s_1 d_{1i} + \beta^* s_2 d_{2i} + \beta^* s_3 d_{3i} + \beta^* s_4 d_{4i} + \beta^* s_5 d_{5i} + \varepsilon_i \\ &= \beta_0 - \beta^* s_1(d_{1i} + d_{2i} + d_{3i} + d_{4i} + d_{5i}) + \\ &\quad \beta^*(s_1 d_{1i} + s_2 d_{2i} + s_3 d_{3i} + s_4 d_{4i} + s_5 d_{5i}) + \varepsilon_i \end{aligned} \tag{12-26}$$

注意到对于任何一个样本观测点 i 而言，虚拟变量 d_{1i} 至 d_{5i} 中必然有并且只能有一个变量等于 1，式（12－26）可以进一步简化为：

$$(\beta_0 - \beta^* s_1) + \beta^* s_i + \varepsilon_i \tag{12-27}$$

由于式（12－27）与模型（12－23）形式相同，因此，模型（12－23）就是模型（12－22）在增加约束条件后的特殊形式，而式（12－25）给出了这一约束条件。

直观上，我们可以把以上推导所得到的结论用图来表示，如图 12－3 所示。在图 12－3 中，A 点所对应的 y 值为不受限模型的截距，也就是该模型中虚拟变量的参照组所对应的水平。从图 12－3 中我们可以发现，如果受限模型中的 S 对于因变量有线性作用，则点 A、B、C、D、E 必然在一条直线上。而这就要求 β_2^* =

$\beta_3^* = \beta_4^* = \beta_5^*$，即式（12 - 25）中所给出的约束条件。当然，A、B、C、D、E点所对应的 s_1、s_2、s_3、s_4、s_5 的量不一定是等距离的。

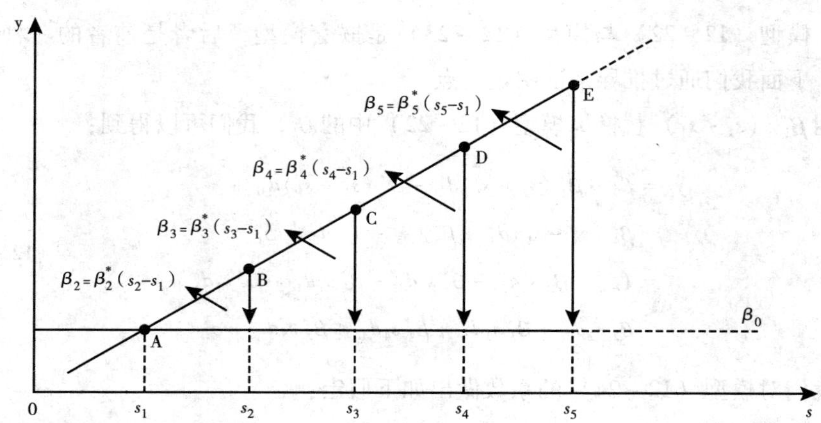

图 12 -3　将分类变量转换为连续变量后的受限模型

12.4　本章小结

我们在本章中讨论了如何用虚拟变量去表示回归模型中的名义解释变量。虚拟变量的引入大大增强了回归分析的灵活性，扩展了回归分析的应用。需要强调的是，构造虚拟变量的方法并不唯一，而不同的构造方法会带来对于虚拟变量系数的不同解释。一般来说，在具体选择时需要考虑参照组的选择、模型中是否包含截距项、虚拟变量的系数解释和是否需要分人群来构建回归方程等问题。

此外，虚拟变量的引入在回归模型中是一种较为保守的策略，这不仅仅是因为虚拟变量会消耗大量的自由度，更是因为它完全地刻画了名义变量的信息。因此，我们有时希望能将虚拟变量转化为更高层次的变量进行分析。在统计上我们可以通过嵌套模型检验的方式加以检验。在本章的最后部分我们对这一问题进行了讨论。

在不考虑交互项的情况下，虚拟变量只会在不同的人群中产生不同的截距项。这种截距虚拟变量对于模型中其他自变量在不同人群中的作用程度并没有影响。我们在下一章中会进一步讨论更复杂的情况，即模型中存在交互项的情况。

参考文献

Hamilton, Lawrence. 2006. *Statistics with STATA: updated for version* 9. Belmont, CA: Duxbury/Thomson Learning.

Powers, Daniel A. & Yu Xie. 2008. *Statistical Methods for Categorical Data Analysis* (Second Edition). Howard House, England: Emerald. [〔美〕丹尼尔·A. 鲍威斯、谢宇，2009，《分类数据分析的统计方法》（第 2 版），任强等译，北京：社会科学文献出版社。]

Suits, Daniel B. 1984. "Dummy Variables: Mechanics V. Interpretation." *The Review of Economics and Statistics* 66: 177 – 180.

Xie, Yu & Emily Hannum. 1996. "Regional Variation in Earnings Inequality in Reform-Era Urban China." *American Journal of Sociology* 101: 950 – 992.

第13章

交互项

在上一章中，我们针对下面的回归模型

$$logearn = \beta_0 + \beta_1 exp + \beta_2 sex + \beta_3 senior + \varepsilon$$

讨论了以下三个自变量对劳动者收入的影响，即：

（1）工作年限（*exp*：连续变量）；

（2）性别（*sex*：虚拟变量，男性 =0）；

（3）是否具有高中或以上学历（*senior*：虚拟变量，不具有高中或以上学历 =0）。

需要注意的是，此模型中偏回归系数（β_1，β_2，β_3）表示三个不同的自变量对因变量的影响。具体来讲，我们用 β_1 表示工作年限对劳动者收入的影响；用 β_2 表示性别对劳动者收入的影响；用 β_3 表示是否具有高中或以上学历对劳动者收入的影响。这一模型意味着每个自变量对因变量的作用不受其他自变量取值的影响，即只存在主效应（main effect）。然而，在现实生活中，某个自变量对因变量的作用很可能依赖于其他自变量的取值，即存在条件效应（conditional effect）。例如，身高对一个人每天从食物中摄入总热量的影响可能依赖于这个人的体重。同样，月收入高低对化妆品支出的影响可能和消费者的性别有关。显然，上述模型不能回答以下问题：

（1）男性劳动者的工作年限对收入的影响是否要大于女性劳动者的工作年限对收入的影响？

（2）是否在取得高中或以上学历文凭的劳动者中，工作年限对于收入的影响更强？

为了应对此类包含条件效应的研究问题，就需要在回归模型中引入交互项（interaction term/modifier）。本章将转入对多元回归中交互项的介绍。

13.1 交互项

从操作的意义上说，交互项就是两个或多个（一般不多于三个）自变量的乘积。在回归模型中引入交互项后，参与构造交互项的各自变量对因变量的作用依赖于交互项中其他自变量的取值。有时，我们也说交互项的存在表明了某个解释变量对因变量的作用是以另一个解释变量的不同取值为条件的，因此交互效应也被解释为条件效应。例如，对包含两个自变量的回归模型

$$y_i = \beta_0 + \beta_1 x_{1i} + \beta_2 x_{2i} + \varepsilon_i \tag{13-1}$$

通过建立 x_1 和 x_2 的乘积项可构造两者的交互项 x_1x_2，得到模型：

$$y_i = \beta_0 + \beta_1 x_{1i} + \beta_2 x_{2i} + \beta_3 x_{1i}x_{2i} + \varepsilon_i \tag{13-2}$$

在以上两个模型中，如果对某个自变量求偏导，则可以得到该自变量变化对因变量的影响。例如，在不包含交互项的回归模型（13-1）中，我们对 x_1 求偏导，得到：

$$\frac{\partial y}{\partial x_1} = \beta_1 \tag{13-3}$$

显然，x_1 的变化对因变量变化的影响是一个确定值 β_1。然而，如果我们在包含交互项的回归模型（13-2）中同样对 x_1 求偏导，则得到：

$$\frac{\partial y}{\partial x_1} = \beta_1 + \beta_3 x_2 \tag{13-4}$$

此时，x_1 对因变量 y 的影响变成了与交互项中另一个自变量 x_2 有关的函数，即自变量 x_1 的变化对因变量的影响不仅包含 β_1，还与参与交互项的另一个自变量 x_2 的取值有关。同样，在包含交互项的回归模型（13-2）中，对 x_2 求偏导也会得到相同的结论，自变量 x_2 对因变量 y 的影响也是与自变量 x_1 有关的函数。即自变量 x_2 的变化对因变量的影响不仅包含了 β_2，还与交互项中另一个解释变量 x_1 的取值有关。从数学的角度来看，这是因为所构造的交互项其实是 x_1 和 x_2 两个自变量的乘积，即 x_1x_2。换句话说，我们不可能只改变 x_1（或 x_2）的取值而

同时保持 x_1x_2 不变，并使得 x_1（或 x_2）对因变量 y 的作用为与 x_2（或 x_1）无关的常数。而在可加性模型中，不同自变量的效应间没有函数关系。例如，在式（13－1）中，我们可以在解释 x_1 的作用时想象 x_2 的值保持不变而只改变 x_1 的值。然而，在式（13－2）中，即使 x_2 的值不变，x_1 值的改变也会导致交互项 x_1x_2 的值同时发生改变。

当模型中包含 x_1 和 x_2 的交互项时，它们对因变量的影响都不再是“单独”的。因为此时 x_1 对因变量的作用将依赖于 x_2 的取值；同样，x_2 对因变量的作用也要依赖于 x_1 的取值，即 x_1 和 x_2 对因变量的作用是不可分割且互为条件的。我们可以改写式（13－2），将 x_1 的截距和斜率写作 x_2 的函数 $\beta_0^*(x_2)$ 和 $\beta_1^*(x_2)$，就可以很容易地发现这一点：

$$y_i = \beta_0 + \beta_2 x_{2i} + (\beta_1 + \beta_3 x_{2i}) x_{1i} + \varepsilon_i = \beta_0^*(x_{2i}) + \beta_1^*(x_{2i}) x_{1i} + \varepsilon_i \qquad (13-5)$$

接下来，我们将结合 CHIP88 数据来讨论由不同层次的解释变量所构造的交互项。

13.2 由不同类型解释变量构造的交互项

13.2.1 由两个虚拟变量构造的交互项

我们先来讨论由两个虚拟变量构造交互项的情形。例如，我们对前一章中的回归模型（12－12）

$$logearn = \beta_0 + \beta_1 exp + \beta_2 sex + \beta_3 senior + \varepsilon$$

中的两个虚拟变量 *sex*（女性＝1）和 *senior*（具有高中或以上学历＝1）构造交互项 *sex·senior*，则得到新的回归模型：

$$logearn = \beta_0 + \beta_1 exp + \beta_2 sex + \beta_3 senior + \beta_4 sex \cdot senior + \varepsilon \qquad (13-6)$$

同时，得到模型的估计结果如下（系数下方括号中为该系数的标准误）：

$$\begin{aligned}\widehat{logearn} = {} & \underset{(.011)}{7.081} + \underset{(.0003)}{0.018}exp - \underset{(.009)}{0.156}sex + \\ & \underset{(.009)}{0.140}senior + \underset{(.012)}{0.057}sex \cdot senior\end{aligned} \qquad (13-7)$$

我们可以得到交互项的编码，如表 13－1 所示。

表 13－1　由两个虚拟变量构造交互项的编码实例

	sex	*senior*	*sex·senior*
没有高中或以上学历的男性	0	0	0
具有高中或以上学历的男性	0	1	0
没有高中或以上学历的女性	1	0	0
具有高中或以上学历的女性	1	1	1

需要注意的是，由于此时参与构造交互项的两个解释变量都是虚拟变量，则构造出的交互项也必定是一个虚拟变量，它的取值当且仅当两个虚拟变量的取值都为 1 时才为 1（即具有高中或以上学历的女性），在其他三种情形下（没有高中或以上学历的男性，具有高中或以上学历的男性，以及没有高中或以上学历的女性），该交互项的取值均为 0。在模型（13－6）中，四组人群所对应的模型估计值分别为：

（1）没有高中或以上学历的男性人群（$sex=0$，$senior=0$，$sex \cdot senior=0$）

$$\widehat{logearn} = \beta_0 + \beta_1 exp = 7.081 + 0.018exp \qquad (13-8)$$

（2）具有高中或以上学历的男性人群（$sex=0$，$senior=1$，$sex \cdot senior=0$）

$$\widehat{logearn} = \beta_0 + \beta_3 + \beta_1 exp = 7.221 + 0.018exp \qquad (13-9)$$

（3）没有高中或以上学历的女性人群（$sex=1$，$senior=0$，$sex \cdot senior=0$）

$$\widehat{logearn} = \beta_0 + \beta_2 + \beta_1 exp = 6.925 + 0.018exp \qquad (13-10)$$

（4）具有高中或以上学历的女性人群（$sex=1$，$senior=1$，$sex \cdot senior=1$）

$$\widehat{logearn} = \beta_0 + \beta_2 + \beta_3 + \beta_4 + \beta_1 exp = 7.122 + 0.018exp \qquad (13-11)$$

以上四个方程之间仅有模型的截距发生了变化，而工作年限的斜率并不发生变化。其实，前一章中的模型（12－12）所隐含的一个假设是“性别”和“是否具有高中或以上学历”对于收入的作用是独立的。因此，具有高中或以上学历的女性人群（即第四组人群）的收入实际上可以由前三组人群收入的估计结果确定。而模型（13－6）则允许“性别”和“是否具有高中或以上学历”这两个虚拟变量对因变量具有交互作用，即“性别”的作用取决于劳动者是否具有高中或以上学历，而“学历”的作用则取决于劳动者是否为女性。从嵌套模型的角度来看，在“性别”和“学历”交互分类得到的四类人群之间，我们并没有对模型加上仅存在主效应的限定：我们需要估计交互项的偏回归系数 β_4 才能确定具有高中或以上学历的女性人群的收入。换言之，交互项作用的存在（$\beta_4 \neq 0$）表明“性别”和“具有高中或以上学历”这两个自变量对因变量的影响并不是独立的，其中任何一个自变量对因变量的作用都会受到另一个自变量的影响。

13.2.2 由连续变量和虚拟变量构造的交互项

下面，我们来讨论由连续变量和虚拟变量构造交互项的情形。如果对前一章中的回归模型（12－12）

$$logearn = \beta_0 + \beta_1 exp + \beta_2 sex + \beta_3 senior + \varepsilon$$

中的连续变量 exp（工作年限）和虚拟变量 sex（女性＝1）构造交互项 $exp \cdot sex$，则得到新的回归模型：

$$logearn = \beta_0 + \beta_1 exp + \beta_2 sex + \beta_3 senior + \beta_4 exp \cdot sex + \varepsilon \tag{13-12}$$

同时，得到模型的估计结果如下（系数下方括号中为该系数的标准误）：

$$\begin{aligned}\widehat{logearn} = {} & \underset{(.011)}{7.036} + \underset{(.0004)}{0.019}exp - \underset{(.013)}{0.051}sex + \\ & \underset{(.007)}{0.164}senior - \underset{(.001)}{0.004}exp \cdot sex\end{aligned} \tag{13-13}$$

则在模型（13－12）中，四组人群所对应的模型估计值分别为：

（1）没有高中或以上学历的男性人群（$sex = 0$，$senior = 0$，$exp \cdot sex = 0$）

$$\widehat{logearn} = \beta_0 + \beta_1 exp = 7.036 + 0.019exp \tag{13-14}$$

（2）具有高中或以上学历的男性人群（$sex = 0$，$senior = 1$，$exp \cdot sex = 0$）

$$\widehat{logearn} = \beta_0 + \beta_3 + \beta_1 exp = 7.200 + 0.019exp \tag{13-15}$$

（3）没有高中或以上学历的女性人群（$sex = 1$，$senior = 0$，$exp \cdot sex = exp$）

$$\widehat{logearn} = \beta_0 + \beta_2 + (\beta_1 + \beta_4)exp = 6.985 + 0.015exp \tag{13-16}$$

（4）具有高中或以上学历的女性人群（$sex = 1$，$senior = 1$，$exp \cdot sex = exp$）

$$\widehat{logearn} = \beta_0 + \beta_2 + \beta_3 + (\beta_1 + \beta_4)exp = 7.149 + 0.015exp \tag{13-17}$$

与模型（13－6）不同的是，模型（13－12）中交互项 *exp·sex* 的存在改变了工作年限的斜率，如图 13－1 所示。同时，注意到交互项 *exp·sex* 的偏回归系数 β_4 的估计结果为负值，这就表明男性劳动者中工作年限对收入的影响要强于女性劳动者中工作年限对收入的影响，从而回答了本章开始所提出的第一个问题，即工作年限对收入的影响存在性别差异。

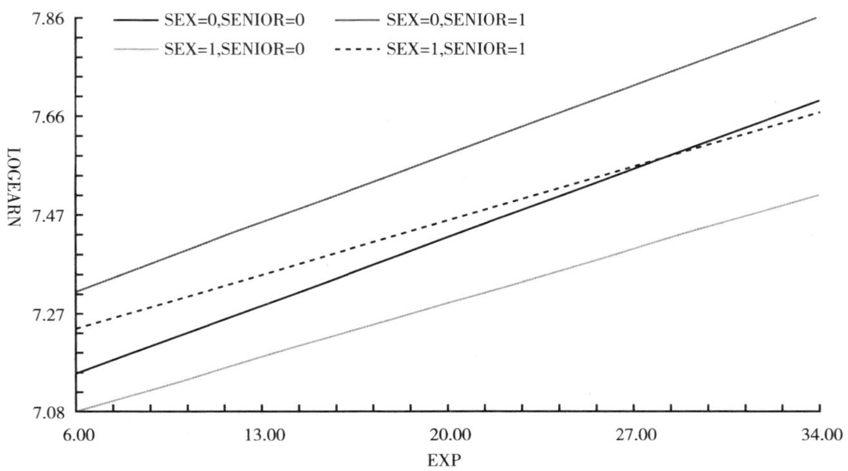

图 13－1　基于式（13－13）得到的不同性别和不同受教育程度人群的回归拟合线

同样，如果对回归模型（12－12）构造连续变量 *exp*（工作年限）和虚拟变量 *senior*（具有高中或以上学历＝1）的交互项 *exp·senior*，依据该交互项的偏回归系数就可以回答本章开始所提出的第二个问题：是否在取得高中或以上学历文凭的劳动者中，工作年限对于收入的影响更强？

实际上，我们可以对回归模型中的某个虚拟变量构造与其余所有解释变量的交互项，即“完全交互项”（full interactions）。这样得到的模型参数估计与对虚拟变量所划分的人群分别做回归的模型参数估计一致。例如，同样是针对前一章中的回归模型（12－12）构造虚拟变量 *sex* 与其他所有解释变量的交互项 *sex·senior* 和 *sex·exp*，则得到回归模型：

$$logearn = \beta_0 + \beta_1 exp + \beta_2 sex + \beta_3 senior + \beta_4 sex \cdot senior + \beta_5 sex \cdot exp + \varepsilon \quad (13-18)$$

同时，得到模型的估计结果如下（系数下方括号中为该系数的标准误）：

$$\widehat{logearn} = 7.048 + 0.019exp - 0.078sex + 0.149senior + 0.032sex \cdot senior - 0.003sex \cdot exp \quad (13-19)$$
$$(.012) \quad (.0004) \quad (.017) \quad (.009) \quad (.014) \quad (.001)$$

则在模型（13－18）中，由虚拟变量 *sex* 所划分的两个人群所对应的模型估计值为：

（1）男性人群（$sex=0$）

$$\widehat{logearn} = 7.048 + 0.019exp + 0.149senior$$

（2）女性人群（$sex=1$）

$$\widehat{logearn} = 6.970 + 0.016exp + 0.181senior$$

这与分别对男性人群和女性人群样本估计以下模型

$$logearn = \beta_0 + \beta_1 exp + \beta_2 senior + \varepsilon \quad (13-20)$$

所得到的估计结果是一致的，但标准误一般是不一样的。对不同人群分别做回归的方法也称作“分层分析”，即将分组的变量当作区分“层”的变量。然而，如果模型中的交互项并不是“完全交互项”，即某虚拟变量仅与模型中的一些而非其他全部解释变量构成交互项，则一般不会得到上面的结论。在实际研究中，为了增加模型估计的准确性且使对组间差异的检验更为精确，我们可以引入交互项对样本总体做回归，而不是对不同人群分别做回归。为了解释的方便，在对样本总体进行回归后我们有时可以给出不同人群所对应的系数估计结果。另一方面，在模型中引入交互项（尤其是完全交互项）会使模型变得较为复杂，研究者需要依据自己的理论假设在模型简洁性和估计准确性间进行取舍。

13.2.3 由两个连续变量构造的交互项

接下来讨论由两个连续变量构造交互项的情形。例如，在回归模型

$$logearn = \beta_0 + \beta_1 exp + \beta_2 grossd + \varepsilon \quad (13-21)$$

中，*exp* 代表劳动者的工作年限，*grossd* 代表该地区从 1985 年到 1988 年工业总产值的增长率。我们对这两个连续变量构造一个交互项 $exp \cdot grossd$，得到新的回归模型：

$$logearn = \beta_0 + \beta_1 exp + \beta_2 grossd + \beta_3 exp \cdot grossd + \varepsilon \quad (13-22)$$

同时，得到模型的估计结果如下（系数下方括号中为该系数的标准误）：

$$\widehat{logearn} = \underset{(.015)}{6.940} + \underset{(.001)}{0.017}exp + \underset{(.032)}{0.452}grossd - \underset{(.001)}{0.003}exp \cdot grossd \quad (13-23)$$

上式中，交互项的偏回归系数（-0.003）刻画了这两个连续变量对因变量的非线性作用。它表明地区工业总产值的增长率对个人收入的作用和工作年限对个人收入的作用间存在着相互削弱（compensating）的关系。①

在很多情况下，某些连续变量对因变量的影响是非线性的。比如，对于体力劳动者来说，年龄对于其收入的影响是非线性的。在青少年时，由于劳动者的身体还没有发育成熟，他们从事体力劳动获得的收入就较低。但随着其年龄的增长和身体的发育成熟，收入会进一步得到增加，尽管增加的速率会不断减慢。在身体完全发育成熟时，体力劳动者往往会获得其一生中最高的收入。此后，随着身体健康状况的不断衰退，他们的收入也会不断下降，且下降速度越来越快。因此，我们常常在研究中引入年龄、工作年限等变量的二次项来描述这种与二次曲线有关的非线性作用，即认为连续变量本身的具体取值会影响该连续变量对因变量的作用。例如，我们可以构造工作年限 exp 的二次项 $exp^2 = exp \cdot exp$，从而得到以下模型：

$$logearn = \beta_0 + \beta_1 exp + \beta_2 exp^2 + \beta_3 sex + \beta_4 senior + \varepsilon \quad (13-24)$$

同时，得到模型（13-24）的估计结果如下（系数下方括号中为该系数的标准误）：

$$\widehat{logearn} = \underset{(.012)}{6.837} + \underset{(.001)}{0.049}exp - \underset{(.00003)}{0.001}exp^2 - \underset{(.006)}{0.144}sex + \underset{(.006)}{0.176}senior \quad (13-25)$$

由式（13-25）对 β_2 的估计结果可知，工作经验对劳动者收入的作用也存在上文中所描述的倒 U 形曲线关系的情况。即在劳动者刚开始工作时，其收入的增加速度较快；而当劳动者工作一段时间后，其收入的增加速度就会变慢。此时，工作经验与其自身构成交互项，该交互项较多见于对人力资本问题的研究中。②

① 如果交互项 $exp \cdot grossd$ 的偏回归系数 β_3 取值为正，则说明两个连续解释变量与因变量存在相互促进（compounding）的作用。

② 对该部分内容感兴趣的读者可以阅读 Mincer（1974）或谢宇和韩怡梅（Xie & Hannum，1996）。

13.3 利用嵌套模型检验交互项的存在

比较模型（13－1）和模型（13－2），模型（13－1）相当于将模型（13－2）中交互项的偏回归系数“限制”为零。因此，模型（13－2）为不受限模型（unrestricted model），而模型（13－1）为受限模型（restricted model）。利用模型之间的这种嵌套关系，我们可以对交互项的存在进行统计检验。①

下面，我们通过 CHIP88 数据来介绍如何通过嵌套模型对交互项进行检验。假设有不受限模型：

$$y = \beta_0 + \beta_1 x_1 + \beta_2 x_2 + \beta_3 x_3 + \beta_4 x_1 x_2 + \beta_5 x_2 x_3 + \beta_6 x_1 x_3 + \varepsilon \qquad (13-26)$$

其中，y 代表劳动者收入的对数，x_1 代表劳动者的工作年限，x_2 代表劳动者的性别（女性＝1，男性＝0），x_3 代表劳动者所在的地区（广州＝1，北京＝0）；x_1x_2、x_2x_3 和 x_1x_3 为这三个自变量彼此间的交互项。表 13－2 列出了各种受限模型的拟合结果。

表 13－2 受限模型的回归拟合结果

模型编号	模型中的自变量	SSE	DF_{SSE}	R^2
0	1	250.814	1371	0.000
1	$1, x_1, x_2$	214.524	1369	0.145
2	$1, x_1, x_2, x_3$	202.164	1368	0.194
3	$1, x_1, x_2, x_3, x_1x_2$	202.009	1367	0.195
4	$1, x_1, x_2, x_3, x_2x_3$	202.131	1367	0.194
5	$1, x_1, x_2, x_3, x_1x_3$	201.466	1367	0.197
6	$1, x_1, x_2, x_3, x_1x_3, x_2x_3$	201.402	1366	0.197

根据表 13－2 中的结果，我们可以知道回归模型（13－26）所分析的样本个数为 1372 个。同时，我们可以用嵌套模型（模型 2 和模型 3）来检验交互项 x_1x_2 的影响是否存在，这里的零假设 H_0 和备择假设 H_1 为：

$$H_0: \beta_4 = 0$$
$$H_1: \beta_4 \neq 0 \qquad (13-27)$$

① 当然，读者也可以通过回归结果中交互项偏回归系数的 t 值来检验交互项是否存在。

基于表 13 - 2 中的相应结果，构造 F 检验统计量：

$$
\begin{aligned}
F &= \frac{\mathrm{SSE}_R - \mathrm{SSE}_U}{df_R - df_U} \Big/ \frac{\mathrm{SSE}_U}{df_U} \\
&= \frac{202.164 - 202.009}{1368 - 1367} \Big/ \frac{202.009}{1367} \\
&= 1.049 < F(0.95,1,1367)
\end{aligned}
\tag{13 - 28}
$$

由于 F 值在 0.05 水平下不显著，所以我们接受原假设 H_0，认为受限模型（模型 2）与不受限模型（模型 3）在数据拟合上没有显著差异，即交互项 x_1x_2 的偏回归系数 β_4 不显著区别于 0。

同样，我们可以用表 13 - 2 中的模型 2（受限模型）与模型 5（不受限模型）来检验交互项 x_1x_3 的影响是否存在，① 这里的零假设 H_0 和备择假设 H_1 为：

$$
\begin{aligned}
H_0: \beta_6 &= 0 \\
H_1: \beta_6 &\neq 0
\end{aligned}
\tag{13 - 29}
$$

基于表 13 - 2 中的相应结果，构造 F 检验统计量：

$$
\begin{aligned}
F &= \frac{\mathrm{SSE}_R - \mathrm{SSE}_U}{df_R - df_U} \Big/ \frac{\mathrm{SSE}_U}{df_U} \\
&= \frac{202.164 - 201.466}{1368 - 1367} \Big/ \frac{201.466}{1367} \\
&= 4.736 > F(0.95,1,1367)
\end{aligned}
\tag{13 - 30}
$$

此时，由于 F 值在 0.05 水平下统计显著，所以我们拒绝零假设 H_0，认为受限模型（模型 2）与不受限模型（模型 5）在数据拟合上是有显著差异的，即交互项 x_1x_3 的偏回归系数 β_6 显著区别于 0。

感兴趣的读者可以将模型 2（或模型 5）作为受限模型，将模型 4（或模型 6）作为不受限模型，分别检验交互项 x_2x_3 是否存在，并结合嵌套模型所依据的不同受限模型对拟合结果做出解释，此处不再赘述。

13.4 是否可以删去交互项中的低次项?

实际上，上节中所介绍的方法检验的是在原有模型的基础上加入低次自变量间的交互项。然而，我们在研究中常常会发现这样的情况：在回归模型中引入一

① 注意，模型 3、模型 4 和模型 5 相互之间并不存在嵌套关系。

个新的自变量后，模型中原有的自变量对于因变量的作用可能会由显著变得不显著。根据第9章“因果推断和路径分析”中所介绍的知识，我们知道，这是由于新加入的自变量“承担”了变得不显著的那个自变量对于因变量的作用，即真正对因变量发生作用的并不是原来的自变量，而是新加入模型中的自变量。比如，我们在研究中会发现中小学生的身高对于其英语词汇量有显著的正向作用。然而，我们知道对于学生的英语词汇量真正起作用的并不是他的身高，而是该学生的年龄。即随着学生年龄的不断增大，他的身高会不断增高，英语词汇量也会不断扩大。所以，当我们把学生的年龄也作为自变量放入回归模型后，原有的“身高”这一自变量对于学生词汇量的作用会变得不再显著。在这种情况下，我们一般会在回归模型中删去加入新的自变量（如“年龄”）后变得不显著的那个自变量（如“身高”）。

同样，在模型中引入交互项后，模型中原有自变量的偏回归系数也有可能变得不显著。显然，如果作用变得不显著的那个自变量〔如模型（13－6）中的*exp*〕并不参与构造交互项，我们可以直接将其从模型中删去。但是，假如作用变得不显著的那个自变量参与了构造交互项〔如模型（13－6）中的*sex*或*senior*〕，我们是否仍然可以将其从模型中删去呢？本节下面的内容就来说明这个问题。

我们先来看一下将参与构造交互项的自变量加上一个常数会产生什么样的结果。根据前面章节所讨论的内容，我们知道在不包括交互项（或其他高次项）的线性模型中对自变量加上一个常数仅会改变模型的截距，并不会改变各自变量偏回归系数的t值。然而，当模型引入交互项后，这一结论是否仍然成立？我们以模型（13－2）为例来说明。[①] 假设原自变量x_1现在加上了一个常数c，即$z_1 = x_1 + c$。将z_1带入模型（13－2），我们得到：

$$y = \beta_0 + \beta_1 \cdot (z_1 - c) + \beta_2 \cdot x_2 + \beta_3 \cdot (z_1 - c) \cdot x_2 + \varepsilon \tag{13-31}$$

合并各项后，得到：

$$y = (\beta_0 - \beta_1 c) + \beta_1 z_1 + (\beta_2 - \beta_3 c) x_2 + \beta_3 z_1 x_2 + \varepsilon \tag{13-32}$$

① 为便于读者理解，此处仅考虑了原解释变量加上一个常数的情形，而没有考虑原解释变量同时乘以一个常数的情形。但是这种简化并不会影响本节要说明的问题。针对后一种情况，感兴趣的读者可以参阅纽约大学 Jacob Cohen 教授于 1978 年在 *Psychological Bulletin* 上发表的论文“Partialed Products are Interactions; Partialed Powers are Curve Components”。

也可以写作：

$$y_i = \beta_0^* + \beta_1 z_1 + \beta_2^* x_2 + \beta_3 z_1 x_2 + \varepsilon \quad (13-33)$$

其中，$\beta_0^* = \beta_0 - \beta_1 c$，$\beta_2^* = \beta_2 - \beta_3 c$。

从形式上看，除模型截距外，x_2 的偏回归系数也发生了变化。显然，由于模型（13－2）中 β_0 和 β_1 的估计值 b_0 和 b_1 可以求出，我们可以令常数 c 等于 b_2/b_3 从而使得 β_2^* 等于0。换句话说，我们可以通过对 x_1 加上一个特定的常数而使得构造交互项的另一个自变量 x_2 的作用变得显著或不显著，同时保持模型的 R^2 不变（Cohen，1978）。这也就意味着：

（1）如果某个自变量是交互项涉及变量中的低次项（如上例中的 x_2），则该自变量在统计上是否显著并不能作为将该变量纳入或剔除出回归模型的依据，因为这种显著（或不显著）是可以通过对另一个低次项加上某个特定常数（如上例中的 $z_1 = x_1 + c$）而人为构造得到。

（2）对于模型低次项的检验必须在对交互项（高次项）的检验之前完成，而不能同时进行。研究者在尝试将自变量放入回归模型时，一般先检验低次项对于因变量是否有作用。在低次项作用显著的情况下，可以进一步验证由这些低次项构造的交互项（或高次项）对于因变量的作用是否显著。这样做的原因在于当模型中存在交互项（高次项）时，对构造这些交互项（高次项）的低次项进行统计检验的结果是不确定的。

从另一个角度来看，对交互项涉及变量的低次项加上一个常数其实相当于改变了该低次项的原点。由于社会科学中处理的变量很多是定距层次或该层次以下的变量，[①] 而这些变量的共同特征是没有固定的零点或原点而可以人为设定，这就要求模型的拟合结果并不应随自变量原点设置的不同而发生改变。例如，前面讨论过的模型（13－2）与模型（13－32）有相同的模型估计值 $\hat{y}$。考虑到 R^2 等于模型估计值 $\hat{y}$ 与 y 间相关系数的平方，两个模型必然具有同样的 R^2。更进一步来说，由于模型的 F 值取决于样本个数、待估参数个数以及 R^2 这些在两个模型估计过程中都保持不变的参数，两个模型的 F 值也是相同的。因此，在保留交互项所涉及变量的所有低次项的情况下，原点变换前后的两个模型对于因变量

---

① Cleary 和 Kessler（1982）讨论了当低次项为分类变量时，在模型中去掉低次项会引起的因果推断谬误。

的估计结果和模型的拟合效果是相同的。相反，假如模型中去掉了涉及交互项的低次项，我们对构成交互项的自变量加上一个常数后能否得到相同的估计结果呢？不妨设对某个模型估计后得到以下结果：

$$\hat{y} = ax_1x_2 \tag{13-34}$$

现在令 $z_1 = x_1 + b$ 且 $z_2 = x_2 + c$，将 z_1 和 z_2 带入上式，有：

$$\hat{y} = a(z_1 - b)(z_2 - c) = abc - acz_1 - abz_2 + az_1z_2 \tag{13-35}$$

从直观上来看，式（13－34）与式（13－35）在函数形式上并不相同，模型（13－35）对 y 的估计结果将随常数 b 和 c 的不同而发生改变。同时，这两个等式也提醒我们，即便 x_1 和 x_2 是定比层次的变量（即有确定的零点），式（13－34）的估计结果也不一定无偏。因为 b 和 c 可能产生于测度 x_1 和 x_2 时的系统误差。

当模型中包含涉及交互项（或高次项）的所有低次项时，对低次项进行线性变换并不会也不应该影响交互项（或高次项）偏回归系数的 t 值。这是由于把所有低次项放入模型后，交互项对因变量的作用实际上是在控制了所有低次项对因变量作用后的净作用。这种净作用不会随着对低次项进行的线性变换而改变（Allison，1977；Cohen，1978）。所以，为了使回归模型对交互项的估计保持一致，我们需要将交互项（或高次项）的所有低次项都放入模型。

当然，我们可以用 F 检验来同时检验交互项（或高次项）和全部或部分低次项的显著性。如在模型（13－2）中，我们可检验 x_2 和 x_1x_2 的系数——β_2 和 β_3——是否都为 0。

13.5 构造交互项时需要注意的问题

13.5.1 如何解决交互项与低次项间的共线性问题？

由于交互项通常由模型中的两个或多个自变量相乘得到，所以交互项与构成它的自变量低次项间常常存在着较强的相关关系，从而导致多重共线性问题。例如，在 CHIP88 数据中构造工作年限 *exp* 与受教育年限 *edu* 的交互项 *exp·edu*，我们会发现工作年限 *exp* 与交互项 *exp·edu* 的相关系数高达 0.753。在这种情况下，由于不能把交互项或低次项剔除出模型，我们一般先通过“对中”处理，即将低次项减去其样本均值①后再构造交互项，同时将减去均值后的低次项代入回归模型。即令：

$$exp^* = exp - \overline{exp} = exp - 19.719 \tag{13-36}$$

$$edu^* = edu - \overline{edu} = edu - 10.671 \tag{13-37}$$

再将 exp^*、edu^* 和它们的交互项 $exp^* \cdot edu^*$ 代入回归模型。此时，我们发现解释变量 exp^* 与交互项 $exp^* \cdot edu^*$ 的相关系数仅为 -0.094，基本消除了交互项与低次项间的相关性。对此，也可以从这两个自变量的散点图上发现这一点，图13-2即为“对中”处理前后变量 exp 与交互项 $exp \cdot edu$ 之间关系的散点图。图中的 A 为“对中”处理前两变量的散点图，横轴为 exp，纵轴为 $exp \cdot edu$；B 为“对中”处理后两变量的散点图，横轴为 exp^*，纵轴为 $exp^* \cdot edu^*$。

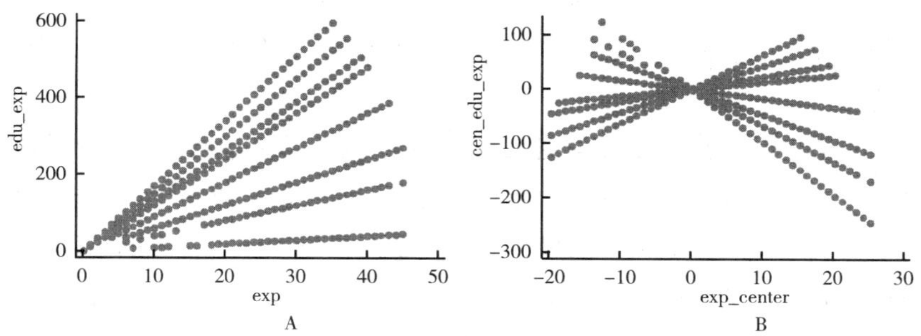

图 13-2　“对中”处理前后变量 *exp* 与交互项 *exp·edu* 关系的散点图

13.5.2　高次交互项的使用

理论上，交互项在回归模型中可以被视作高次项，其次数等于参与构造交互项的自变量个数。在 13.2.3 节中，我们也讨论了引入自变量与其自己的乘积作为交互项的情况。从数据拟合的角度来看，在回归模型中引入高次交互项（高次项）可以得到更好的模型拟合效果。我们可以用一个 $n-1$ 次（拉格朗日）多项式去“完美”拟合包含 n 个不重复样本点的数据集，即该多项式所对应的拟合曲线可以通过所有 n 个样本点（Mathews & Fink，1999）。然而，前面章节已

① 上节中我们讨论了在保留模型低次项的情况下，这种变换不会对模型的估计结果产生影响。

讲过，我们要慎重考虑在回归模型中引入三次以上（不含三次）的交互项（或高次项）。这是由于我们使用回归模型的主要目的并不是为了得到“完美”的数据拟合结果，而是为了对现实生活中的现象做出合理而简洁的解释。多数情况下，回归模型中三次以上高次项的存在会使我们难以对回归模型的结果做出合理的解释。

13.6 本章小结

我们在本章中结合不同层次的自变量讨论了交互项在回归模型中的设置、作用和意义；同时，我们给出了利用嵌套模型来检验交互项的存在以及利用“对中”来处理因纳入交互项所引起的多重共线性问题的方法。在引入交互项前，我们一般先要检验构成交互项的自变量对于因变量的作用是否显著。在低次项作用显著的情况下，我们可以进一步检验交互项（或高次项）对于因变量的作用是否显著。

本章与上一章“虚拟变量与名义自变量”一样，都是回归分析中与实际应用联系较为紧密的内容。读者在学习本章的内容时，应该牢记回归分析的目的并不是为了得到最优的数据拟合效果，而是为了能得出正确且合理的结论，从而能证实或证伪研究中的理论假设。结合本章的具体内容，我们需要注意：第一，我们应尽量在模型中保留交互项（或高次项）的低次项，否则很有可能产生似是而非的结论（Cleary & Kessler，1982）；第二，虽然引入交互项（或高次项）能增加回归模型的拟合效果，但为了能对回归结果做出合理的解释，我们一般不在模型中引入三次以上的交互项。

我们不可能在本章讨论与“交互项”有关的所有细节。读者需要在使用交互项的研究实践中不断总结，同时要善于联系回归分析中其他方面的内容，如方差分析、虚拟变量、固定效应模型等，才能逐步体会其中的奥妙。

参考文献

Aiken，Leona S. & Stephen G. West. 1991. *Multiple Regression：Testing and Interpreting Interactions*. Newbury Park，CA：Sage.

Allison，Paul D. 1977. “Testing for Interaction in Multiple Regression.” *American Journal of*

Sociology 83: 144 - 153.

Cleary, Paul D. & Ronald C. Kessler. 1982. "The Estimation and Interpretation of Modifier Effects." *Journal of Health and Social Behavior* 23: 159 - 169.

Cohen, Jacob. 1978. "Partialed Products are Interactions; Partialed Powers are Curve Components." *Psychological Bulletin* 85: 858 - 866.

Mathews, J. H. & K. D. Fink. 1999. *Numerical Methods Using MATLAB*. Upper Saddle River, NJ: Prentice Hall.

Mincer, Jacob. 1974. *Schooling, Experience, and Earnings*. New York: Columbia University Press.

Xie, Yu & Emily Hannum. 1996. "Regional Variation in Earnings Inequality in Reform-Era Urban China." *American Journal of Sociology* 101: 950 - 992.

第14章 异方差与广义最小二乘法

前面已经讲到，最小二乘估计作为BLUE所需的假定之一就是独立同分布假定。该假定意味着所有单位的误差方差相等。然而，在实际研究中，我们经常会遇到误差项具有异方差（heteroscedasticity）的情形。异方差存在的常见情形包括：(1) 因变量存在测量误差，并且该误差的大小随模型中因变量或自变量的取值而变化；(2) 分析单位为省份、城市、单位等聚合单元（aggregate units），而因变量的取值由构成这些聚合单元的个体的值得到；(3) 因变量反映的社会现象本身就包含某种差异的趋势性，比如，低收入家庭间的消费水平差异比高收入家庭间的消费水平差异要小；(4) 另外，异方差还可能源于模型所含自变量与某个被遗漏的自变量之间的交互效应。虽然在异方差存在的情况下，最小二乘估计仍是无偏且一致的，但是，它不再具有BLUE特性，即它不再是所有估计中具有最小方差的无偏估计。在存在异方差的情况下，为了得到最佳线性无偏估计BLUE，可以采用广义最小二乘法（generalized least squares，简称GLS）进行参数估计。本章将介绍异方差与广义最小二乘法的有关内容。

14.1 异方差

在第5章“多元线性回归”中，我们讨论过利用常规最小二乘法（OLS）对回归系数进行估计时所依赖的一系列假定。其中，A2假定，即回归模型误差的

i. i. d. 假定，规定了回归模型的误差项应该满足：

A2. 1 假定：不同样本单位的误差项相互独立，即 $Cov(\varepsilon_i, \varepsilon_j) = 0$，其中 $i \neq j$；

A2. 2 假定：各样本单位误差项的方差是相等的，即 $Var(\varepsilon_i) = \sigma^2 > 0$。

我们可将 $Cov(\varepsilon_i, \varepsilon_j)$ 视作 $n \times n$ 协方差矩阵 $Var(\boldsymbol{\varepsilon})$ 的第 (i, j) 个元素。则 A2 假定也可以写成：

$$Var(\boldsymbol{\varepsilon}) = \sigma^2 \mathbf{I}_n = \begin{bmatrix} \sigma^2 & 0 & \cdots & 0 & 0 \\ 0 & \sigma^2 & \cdots & 0 & 0 \\ \vdots & \vdots & \ddots & \vdots & \vdots \\ 0 & 0 & \cdots & \sigma^2 & 0 \\ 0 & 0 & \cdots & 0 & \sigma^2 \end{bmatrix} \tag{14-1}$$

根据协方差矩阵的定义，A2. 1 假定保证了误差的协方差矩阵 $Var(\boldsymbol{\varepsilon})$ 在主对角线外的元素全部为0，而 A2. 2 假定则保证了 $Var(\boldsymbol{\varepsilon})$ 在主对角线上的元素全部等于 σ^2。此时，由于误差的协方差矩阵与单位矩阵 $\mathbf{I}_n$ 存在一个固定比例 σ^2，我们也把 A2 假定称为球面方差假定，并把满足 A2 假定的误差称为球面误差。然而，如果回归模型的误差并不满足 A2 假定，我们是否仍可以用常规最小二乘法对模型的系数进行估计呢？本章就来讨论和回答这一问题。

与 A2. 1 假定和 A2. 2 假定相对应，不满足 A2 假定的非球面误差包括两种情形，即自相关（autocorrelation）和异方差。自相关指的是不同样本单位的误差间存在着相关关系，并不相互独立。以数理统计的语言来表达，这就意味着当 $i \neq j$ 时，$Cov(\varepsilon_i, \varepsilon_j)$ 并不一定等于0，因而违背了 A2. 1 假定。当不同样本单位间的误差存在自相关现象（但仍满足 A2. 2 假定）时，误差的协方差矩阵可以写作：

$$Var(\boldsymbol{\varepsilon}) = \sigma^2 \Omega = \sigma^2 \begin{bmatrix} 1 & \rho_{1,2} & \cdots & \rho_{1,n-1} & \rho_{1,n} \\ \rho_{1,2} & 1 & \cdots & \rho_{2,n-1} & \rho_{2,n} \\ \vdots & \vdots & \ddots & \vdots & \vdots \\ \rho_{1,n-1} & \rho_{2,n-1} & \cdots & 1 & \rho_{n-1,n} \\ \rho_{1,n} & \rho_{2,n} & \cdots & \rho_{n-1,n} & 1 \end{bmatrix} \tag{14-2}$$

其中，$\rho_{i,j}$ 代表第 i 个样本和第 j 个样本单位误差间的相关系数，且 $\rho_{i,j}$ 不全为 0。

异方差指的是不同样本点上误差的方差并不完全相等。同样，以数理统计的语言来表达，这就意味着至少对某些 i，$Var(\varepsilon_i)=\sigma_i^2\neq\sigma^2$，因而违背了 A2.2 假定，即同方差假定。当存在异方差（但仍满足 A2.1 假定）时，误差的协方差矩阵可以写作：

$$Var(\boldsymbol{\varepsilon}) = \sigma^2\mathbf{W} = \begin{bmatrix} \sigma_1^2 & 0 & \cdots & 0 & 0 \\ 0 & \sigma_2^2 & \cdots & 0 & 0 \\ \vdots & \vdots & \ddots & \vdots & \vdots \\ 0 & 0 & \cdots & \sigma_{n-1}^2 & 0 \\ 0 & 0 & \cdots & 0 & \sigma_n^2 \end{bmatrix} \tag{14-3}$$

此时，某个样本点 i 所对应误差的方差不再是定值 σ^2，而是 σ_i^2（其中 $i=1,2,\cdots,n$）。

由于异方差和自相关现象可以同时在数据中出现，也有学者将 $Var(\boldsymbol{\varepsilon})\neq\sigma^2\mathbf{I}_n$ 所包含的上述两种情况统称为“异方差”，此时的异方差就相当于前面所说的非球面误差。当对“异方差”采用这种广义的定义时，式（14－3）中的 $\mathbf{W}$ 不再是一个对角线矩阵，而成为一个对称矩阵$\boldsymbol{\Psi}$，即有：

$$Var(\boldsymbol{\varepsilon}) = \sigma^2\,\boldsymbol{\Psi} = \begin{bmatrix} \sigma_1^2 & Cov(\varepsilon_2,\varepsilon_1) & \cdots & Cov(\varepsilon_{n-1},\varepsilon_1) & Cov(\varepsilon_n,\varepsilon_1) \\ Cov(\varepsilon_1,\varepsilon_2) & \sigma_2^2 & \cdots & Cov(\varepsilon_{n-1},\varepsilon_2) & Cov(\varepsilon_n,\varepsilon_2) \\ \vdots & \vdots & \ddots & \vdots & \vdots \\ Cov(\varepsilon_1,\varepsilon_{n-1}) & Cov(\varepsilon_2,\varepsilon_{n-1}) & \cdots & \sigma_{n-1}^2 & Cov(\varepsilon_n,\varepsilon_{n-1}) \\ Cov(\varepsilon_1,\varepsilon_n) & Cov(\varepsilon_2,\varepsilon_n) & \cdots & Cov(\varepsilon_{n-1},\varepsilon_n) & \sigma_n^2 \end{bmatrix} \tag{14-4}$$

然而，不论采取哪种定义，本章中要介绍的广义最小二乘法对“异方差”现象的处理都是适用的。

14.2 异方差现象举例

假设我们用某地劳动者月收入的对数对其每周工作小时数进行回归，且其误差的概率密度如图 14－1 所示。可见，随着每周工作小时数的不断增加，模型预测误差的方差在不断增大。这有可能是由于回归模型中忽略掉了某些重要的自变量（如劳动者的身体状况、工作类型、教育背景等）造成的。

在实际研究中，虽然我们缺乏足够丰富的数据对每个样本单位的误差进行估

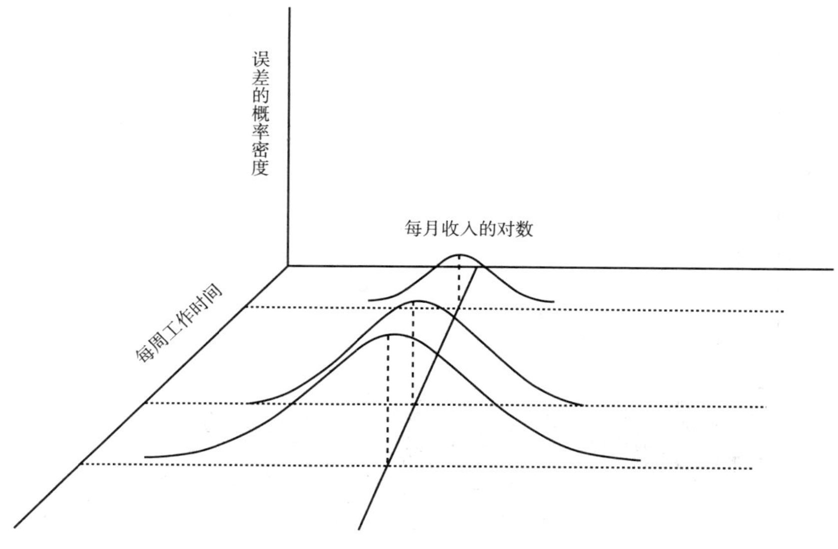

图 14－1　异方差现象的图形表示

计，但我们可以在一定的区间里用 e_i^2 的均值来估计 σ_i^2，并通过数据的散点图来直观地判断是否存在异方差现象。① 例如，我们用 CHIP88 数据中劳动者月收入的对数对其工龄进行回归后，利用模型残差的平方 e_i^2 与工龄（年）做散点图，得到图 14－2（见下页）。从图中我们可以发现，模型的残差有随工龄的增加而减小的趋势。这一趋势就是异方差现象的直观证据。下面我们就来讨论异方差现象的影响以及如何解决异方差现象所引发的问题。

14.3　异方差情况下的常规最小二乘估计

根据第 5 章的内容，我们知道，当模型满足包括假定 A1、A2 在内的若干假定时，利用常规最小二乘法（OLS）所得到的估计具有 BLUE 性质。然而，在同方差假定不能得到满足的情况下，OLS 估计值是否仍然具有这些性质呢？

---

① 当样本数量较多时，这一近似往往是成立的。有兴趣的读者可以参阅 Malinvaud（1980）中的有关内容。此外，计量经济学中亦有不少文献介绍了对异方差进行统计检验的方法，如 Breusch-Pagan-Godfrey 检验、White 检验等，感兴趣的读者可以参阅 Gujarati（2004）或 Greene（2008）中的有关章节。

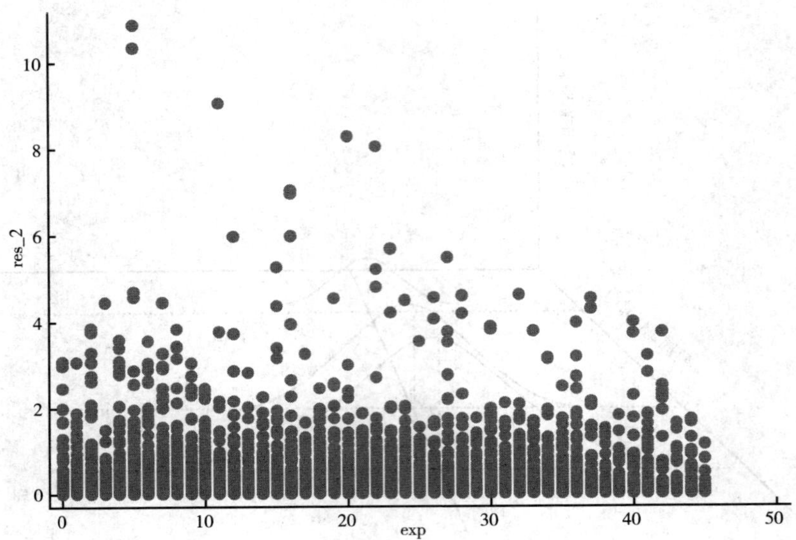

图 14 -2　某地区劳动者月收入对数残差的散点图（常规最小二乘估计）

显然，即便在出现异方差的情况下，只要 A1 假定：

$$E(\varepsilon_i \mid X) = 0 \quad (i = 1,2,\cdots,n) \tag{14-5}$$

仍然成立，就可以保证最小二乘估计的无偏性：

$$\begin{aligned} E(\mathbf{b}) &= E[E(\mathbf{b} \mid \mathbf{X})] \\ &= E\{E[(\mathbf{X}'\mathbf{X})^{-1}\mathbf{X}'\mathbf{y} \mid \mathbf{X}]\} \\ &= E\{E[(\mathbf{X}'\mathbf{X})^{-1}\mathbf{X}'(\mathbf{X}\boldsymbol{\beta} + \boldsymbol{\varepsilon}) \mid \mathbf{X}]\} \\ &= E\{E[(\mathbf{X}'\mathbf{X})^{-1}\mathbf{X}'\mathbf{X}\boldsymbol{\beta} \mid \mathbf{X}] + E[(\mathbf{X}'\mathbf{X})^{-1}\mathbf{X}'\boldsymbol{\varepsilon} \mid \mathbf{X}]\} \\ &= E\{\boldsymbol{\beta} + (\mathbf{X}'\mathbf{X})^{-1}0\} \\ &= \boldsymbol{\beta} + 0 \end{aligned} \tag{14-6}$$

因此，即使在出现异方差的情况下，OLS 估计仍然是无偏的（unbiased）。同时，根据大数定理的有关内容，我们可以知道，只要模型被正确设定，OLS 估计仍然具有一致性（consistency）。

然而，在出现异方差的情况下，由于高斯－马尔科夫定理（Gauss-Markov Theorem）成立的条件无法满足，OLS 估计值 **b** 的方差不再是所有无偏估计中方差最小的那一个，即常规最小二乘估计失去了有效性（efficiency），从而不再具有 BLUE 性质。

另一方面，当出现异方差时，OLS 估计值的方差实际上应由下式推导出：

$$
\begin{aligned}
Var(\mathbf{b}) &= E[Var(\mathbf{b} \mid \mathbf{X})] \\
&= E\{Var[(\mathbf{X}'\mathbf{X})^{-1}\mathbf{X}'\mathbf{y} \mid \mathbf{X}]\} \\
&= E\{Var[(\mathbf{X}'\mathbf{X})^{-1}\mathbf{X}'(\mathbf{X}\boldsymbol{\beta} + \boldsymbol{\varepsilon}) \mid \mathbf{X}]\} \\
&= E\{Var[(\mathbf{X}'\mathbf{X})^{-1}\mathbf{X}'\boldsymbol{\varepsilon} \mid \mathbf{X}]\} \\
&= E\{(\mathbf{X}'\mathbf{X})^{-1}\mathbf{X}'Var[\boldsymbol{\varepsilon}]\mathbf{X}(\mathbf{X}'\mathbf{X})^{-1} \mid \mathbf{X}\}
\end{aligned}
\tag{14-7}
$$

在出现异方差的情况下，我们可以把误差的方差写成：

$$Var(\boldsymbol{\varepsilon}) = \sigma^2 \boldsymbol{\Psi} \neq \sigma^2 \mathbf{I}_n \tag{14-8}$$

则 OLS 估计值的方差为：

$$Var(\mathbf{b}) = \sigma^2 (\mathbf{X}'\mathbf{X})^{-1}\mathbf{X}' \boldsymbol{\Psi} \mathbf{X}(\mathbf{X}'\mathbf{X})^{-1} \tag{14-9}$$

此时，前面章节中所给出的 $\sigma^2(\mathbf{X}'\mathbf{X})^{-1}$ 不再是 OLS 估计值的方差，我们不能再继续用它构建置信区间和进行包括 t 检验在内的统计推断。

相应地，我们通常有两种方法来处理模型中出现的异方差。

（1）即使我们无法得到方差最小的无偏估计值，我们至少应该重新计算存在异方差情况下 OLS 估计值的方差，即 $\sigma^2(\mathbf{X}'\mathbf{X})^{-1}\mathbf{X}'\boldsymbol{\Psi}\mathbf{X}(\mathbf{X}'\mathbf{X})^{-1}$，从而保证对 OLS 估计值统计推断的正确性。然而，由于式（14－4）中矩阵 $\boldsymbol{\Psi}$ 的形式未知，$Var(\mathbf{b})$ 较难从样本中计算得到。幸运的是，White（1980）证明了①在大样本中，

$$Var(\mathbf{b}^*) = (\mathbf{X}'\mathbf{X})^{-1} nS_0 (\mathbf{X}'\mathbf{X})^{-1} = (\mathbf{X}'\mathbf{X})^{-1}\left(\sum_{i=1}^{n} e_i^2 \mathbf{x}_i \mathbf{x}_i'\right)(\mathbf{X}'\mathbf{X})^{-1} \tag{14-10}$$

是对 OLS 估计方差 $Var(\mathbf{b})$〔即 $\sigma^2(\mathbf{X}'\mathbf{X})^{-1}\mathbf{X}'\boldsymbol{\Psi}\mathbf{X}(\mathbf{X}'\mathbf{X})^{-1}$〕更具一般性的一致估计量，在存在异方差时也适用。其中，e_i 是第 i 个样本所对应的 OLS 估计残差，$\mathbf{x}_i' = [x_{i1}, x_{i2}, \cdots, x_{iK}]$。所以，White 的这一发现也给出了计算稳健标准误②的一种方法。在大样本情况下，即使我们不对矩阵 $\boldsymbol{\Psi}$ 的形式做出任何假定

① 由于该定理的数学证明超出了本书所要讨论的范围，本章不再进行推导。有兴趣的读者可以阅读 White（1980）。

② 稳健标准误（robust standard error）即怀特异方差－修正标准误（White's heteroscedasticity corrected standard errors）。在 Stata 软件中，我们在回归命令的后边加上 robust，就可以通过该方法计算出各回归系数的稳健标准误，例如：reg y x1 x2，robust。

(所以也不需要球面方差假定 A2)，我们仍能够通过样本计算得到 $Var(\mathbf{b})$ 的估计值，从而得以对总体进行统计推断。

（2）除了通过上述特定方法重新计算 OLS 估计量的方差之外，也可以考虑选用常规最小二乘法之外的其他参数估计方法。那么，我们能否找到一种估计方法，使它的估计量在出现异方差时仍然具有 BLUE 性质呢？这就涉及下一节要介绍的广义最小二乘法（GLS）。

14.4 广义最小二乘法

广义最小二乘估计的基本思想是通过一定的转换使原本不满足同方差假定的模型在转换后满足同方差假定，从而使 OLS 估计量仍然具有 BLUE 性质。下面我们给出广义最小二乘法的构造和计算方法。

假设在回归模型

$$\mathbf{y} = \mathbf{X\beta} + \boldsymbol{\varepsilon} \tag{14-11}$$

中，误差项 $\boldsymbol{\varepsilon}$ 出现异方差现象且 $Var(\boldsymbol{\varepsilon}) = \sigma^2 \boldsymbol{\Psi}$，其中 $\boldsymbol{\Psi}$ 已知。需要注意的是，不论采用异方差的广义或狭义定义，$\boldsymbol{\Psi}$ 都是一个实对称正定矩阵（positive definite matrix)。我们总可以找到一个 $n \times n$ 矩阵 $\mathbf{T}$，使得：

$$\boldsymbol{\Psi}^{-1} = \mathbf{T'T} \tag{14-12}$$

现在将矩阵 $\mathbf{T}$ 左乘 $\mathbf{y}$、$\mathbf{X}$ 和 $\boldsymbol{\varepsilon}$，即令：

$$\begin{aligned} \tilde{\mathbf{y}} &= \mathbf{Ty} \\ \tilde{\mathbf{X}} &= \mathbf{TX} \\ \tilde{\boldsymbol{\varepsilon}} &= \mathbf{T}\boldsymbol{\varepsilon} \end{aligned} \tag{14-13}$$

并构造新的回归模型：

$$\tilde{\mathbf{y}} = \tilde{\mathbf{X}}\boldsymbol{\beta} + \tilde{\boldsymbol{\varepsilon}} \tag{14-14}$$

可以证明，新的回归模型（14－14）满足经典线性回归模型的所有假定。模型（14－14）满足了 A1 假定，因为[①]：

---

① 式（14－15）的第二个等号是因为 X 与 TX 包含的信息相同。第三个等号用到了概率论中的一个命题，即：$E[f(x)y \mid x] = f(x)E(y \mid x)$。

$$\begin{aligned} E(\tilde{\boldsymbol{\varepsilon}} \mid \tilde{\mathbf{X}}) &= E(\mathbf{T}\boldsymbol{\varepsilon} \mid \mathbf{TX}) \\ &= E(\mathbf{T}\boldsymbol{\varepsilon} \mid \mathbf{X}) \\ &= \mathbf{T}E(\boldsymbol{\varepsilon} \mid \mathbf{X}) \\ &= 0 \end{aligned} \tag{14-15}$$

更重要的是，模型（14－14）满足了包括同方差假定在内的球面方差 A2 假定，因为：

$$\begin{aligned} Var(\tilde{\boldsymbol{\varepsilon}}) &= E(\tilde{\boldsymbol{\varepsilon}}\tilde{\boldsymbol{\varepsilon}}') \\ &= E(\mathbf{T}\boldsymbol{\varepsilon}\boldsymbol{\varepsilon}'\mathbf{T}') \\ &= \mathbf{T}E(\boldsymbol{\varepsilon}\boldsymbol{\varepsilon}')\mathbf{T}' \\ &= \mathbf{T}Var(\boldsymbol{\varepsilon})\mathbf{T}' \\ &= \mathbf{T}\sigma^2\boldsymbol{\Psi}\mathbf{T}' \\ &= \sigma^2\mathbf{T}\mathbf{T}^{-1}\mathbf{T}'^{-1}\mathbf{T}' \\ &= \sigma^2\mathbf{I}_n \end{aligned} \tag{14-16}$$

在模型（14－14）满足经典线性回归模型所有假定的情况下，我们对其直接进行 OLS 估计，就可以得到模型（14－14）的广义最小二乘估计值 $\hat{\boldsymbol{\beta}}_{GLS}$ 和方差 $Var(\hat{\boldsymbol{\beta}}_{GLS})$，即：

$$\begin{aligned} \hat{\boldsymbol{\beta}}_{GLS} &= (\tilde{\mathbf{X}}'\tilde{\mathbf{X}})^{-1}\tilde{\mathbf{X}}'\tilde{\mathbf{y}} \\ &= [(\mathbf{TX})'(\mathbf{TX})]^{-1}(\mathbf{TX})'\mathbf{Ty} \\ &= (\mathbf{X}'\mathbf{T}'\mathbf{TX})^{-1}\mathbf{X}'\mathbf{T}'\mathbf{Ty} \\ &= (\mathbf{X}'\boldsymbol{\Psi}^{-1}\mathbf{X})^{-1}\mathbf{X}'\boldsymbol{\Psi}^{-1}\mathbf{y} \end{aligned} \tag{14-17}$$

同时，GLS 估计的方差为：

$$\begin{aligned} Var(\hat{\boldsymbol{\beta}}_{GLS}) &= \sigma^2(\tilde{\mathbf{X}}'\tilde{\mathbf{X}})^{-1} \\ &= \sigma^2(\mathbf{X}'\mathbf{T}'\mathbf{TX})^{-1} \\ &= \sigma^2(\mathbf{X}'\boldsymbol{\Psi}^{-1}\mathbf{X})^{-1} \end{aligned} \tag{14-18}$$

显然，在满足 A1 假定和 A2 假定的情况下，由 OLS 估计得到的 $\hat{\boldsymbol{\beta}}_{GLS}$ 肯定具有 BLUE 性质，即 $\hat{\boldsymbol{\beta}}_{GLS}$ 是 $\boldsymbol{\beta}$ 的所有线性无偏估计值中最优的，这也就意味着 $\sigma^2(\mathbf{X}'\boldsymbol{\Psi}^{-1}\mathbf{X})^{-1}$ 在 $\boldsymbol{\beta}$ 的所有线性无偏估计值的方差中是最小的。

下面，让我们更细致地讨论 $\hat{\boldsymbol{\beta}}_{GLS}$ 的性质。我们可以证明 $\hat{\boldsymbol{\beta}}_{GLS}$ 就是对于 $\boldsymbol{\beta}$ 的无偏估计，这是因为：

$$\begin{aligned} E(\hat{\boldsymbol{\beta}}_{GLS}) &= E[(\mathbf{X}'\boldsymbol{\Psi}^{-1}\mathbf{X})^{-1}\mathbf{X}'\boldsymbol{\Psi}^{-1}\mathbf{y}] \\ &= E[(\mathbf{X}'\boldsymbol{\Psi}^{-1}\mathbf{X})^{-1}\mathbf{X}'\boldsymbol{\Psi}^{-1}(\mathbf{X}\boldsymbol{\beta}+\boldsymbol{\varepsilon})] \\ &= E[\boldsymbol{\beta}+(\mathbf{X}'\boldsymbol{\Psi}^{-1}\mathbf{X})^{-1}\mathbf{X}'\boldsymbol{\Psi}^{-1}\boldsymbol{\varepsilon}] \\ &= \boldsymbol{\beta}+E[(\mathbf{X}'\boldsymbol{\Psi}^{-1}\mathbf{X})^{-1}\mathbf{X}'\boldsymbol{\Psi}^{-1}\boldsymbol{\varepsilon}] \\ &= \boldsymbol{\beta} \end{aligned} \tag{14-19}$$

即使在出现异方差的情况下，转换后的模型也将满足以下条件：

$$E(\tilde{\boldsymbol{\varepsilon}} \mid \tilde{\mathbf{X}}) = 0 \tag{14-20}$$

$$Var(\tilde{\boldsymbol{\varepsilon}}) = \boldsymbol{\sigma}^2 \mathbf{I}_n \tag{14-21}$$

因此，高斯－马尔科夫定理就保证了估计量$\hat{\beta}_{GLS}$比另一估计量$\hat{\beta}_{OLS}$更有效，虽然二者同为β的线性无偏估计量。

本节中，我们介绍了可以通过广义最小二乘法得到具有 BLUE 性质的估计量。然而，这一方法的实际应用价值是有限的。这主要是因为广义最小二乘法假定矩阵$\boldsymbol{\Psi}$是已知的。实际上，矩阵$\boldsymbol{\Psi}$不仅经常是未知的，而且由于它是一个$n \times n$的实对称矩阵，我们在对其结构不做出任何假定的情况下是不可能利用n个样本点对其进行估计的。因此，在实际应用中，通常需要对矩阵$\boldsymbol{\Psi}$的结构做出假定。对矩阵$\boldsymbol{\Psi}$的结构可做的常见假定有：

（1）同方差假定：$\sigma_i^2 = \sigma^2$； （14－22）

（2）正比于某个解释变量x_i：$\sigma_i^2 = x_i\sigma^2$； （14－23）

（3）反比于样本个数n_i：$\sigma_i^2 = \sigma^2/n_i$。 （14－24）

下面我们就以假定（3）为例，结合实例来讨论广义最小二乘法的一种特例，即加权最小二乘法（weighted least squares，简称 WLS）。

14.5 加权最小二乘法

假设模型（14－11）的误差$\boldsymbol{\varepsilon}$满足式（14－3）中的$Var(\boldsymbol{\varepsilon}) = \boldsymbol{\sigma}^2\mathbf{W}$，这里，矩阵$\mathbf{W}$已知，且为式（14－4）中对称矩阵$\boldsymbol{\Psi}$的一种特例，即对角线矩阵：

$$\mathbf{W} = \begin{bmatrix} v_1 & 0 & \cdots & 0 & 0 \\ 0 & v_2 & \cdots & 0 & 0 \\ \vdots & \vdots & \ddots & \vdots & \vdots \\ 0 & 0 & \cdots & v_{n-1} & 0 \\ 0 & 0 & \cdots & 0 & v_n \end{bmatrix} \tag{14-25}$$

则有：

$$\sigma_i^2 = \sigma^2 v_i \tag{14-26}$$

与广义最小二乘法中的情形一样，现在我们利用矩阵$\mathbf{W}$构造一个加权矩阵

$\mathbf{T}_w$ 满足 $\mathbf{T}_w'\mathbf{T}_w = \mathbf{W}^{-1}$，即矩阵 $\mathbf{T}$ 为：

$$\mathbf{T}_w = \begin{bmatrix} \frac{1}{\sqrt{v_1}} & 0 & \cdots & 0 \\ 0 & \frac{1}{\sqrt{v_2}} & \cdots & 0 \\ \vdots & \vdots & \ddots & \vdots \\ 0 & 0 & \cdots & \frac{1}{\sqrt{v_n}} \end{bmatrix} \tag{14-27}$$

将 $\mathbf{T}_w$ 分别左乘向量 $\mathbf{y}$ 和 $\mathbf{X}$，则有：

$$\mathbf{T}_w\mathbf{y} = \begin{bmatrix} y_1/\sqrt{v_1} \\ y_2/\sqrt{v_2} \\ \vdots \\ y_n/\sqrt{v_n} \end{bmatrix} \text{以及} \mathbf{T}_w\mathbf{X} = \begin{bmatrix} 1/\sqrt{v_1} & x_{11}/\sqrt{v_1} & \cdots & x_{1k}/\sqrt{v_1} \\ 1/\sqrt{v_2} & x_{21}/\sqrt{v_2} & \cdots & x_{2k}/\sqrt{v_2} \\ \vdots & \vdots & \cdots & \vdots \\ 1/\sqrt{v_n} & x_{n1}/\sqrt{v_n} & \cdots & x_{nk}/\sqrt{v_n} \end{bmatrix} \tag{14-28}$$

用 $\mathbf{T}_w\mathbf{X}$ 对 $\mathbf{T}_w\mathbf{y}$ 进行回归，我们就可以得到简单线性回归中的加权最小二乘估计量 $\hat{\boldsymbol{\beta}}_{WLS}$：

$$\begin{aligned} \hat{\boldsymbol{\beta}}_{WLS} &= (\mathbf{X}'\mathbf{T}_w'\mathbf{T}_w\mathbf{X})^{-1}\mathbf{X}'\mathbf{T}_w'\mathbf{T}_w\mathbf{y} \\ &= (\mathbf{X}'\mathbf{W}^{-1}\mathbf{X})^{-1}\mathbf{X}'\mathbf{W}^{-1}\mathbf{y} \end{aligned} \tag{14-29}$$

如果我们只有一个自变量 x，则公式简化为：

$$\hat{\beta}_{1,WLS} = \frac{\sum_{i=1}^{n} w_i(x_i - \bar{X})(y_i - \bar{Y})}{\sum_{i=1}^{n} w_i(x_i - \bar{X})^2} \text{其中}, w_i = 1/v_i$$

由此可见，加权最小二乘法的基本想法是对方差较小的样本赋予较大的权数，从而使估计更为可靠。此时的 $\hat{\boldsymbol{\beta}}_{WLS}$ 具有 BLUE 性质。

例如，我们利用 CHIP88 数据在地区层面建立回归模型①来研究受教育年限

---

① 此外，我们构建了一个虚拟的数据集以便于读者理解基于聚合单元所建模型与基于个体所建模型的不同。读者可以通过 Stata 中的数据编辑功能来查看这两种模型所使用的不同数据结构，并结合本章所附的关于该虚拟数据集的 Stata 代码来理解加权最小二乘估计法。

对劳动者收入对数的影响。以分组数据（grouped data）中每组（各地级市）劳动者的平均受教育年限（*medu*）为自变量，以每组（各地级市）劳动者的收入对数的均值（*mlogearn*）为因变量进行 OLS 回归，得到（括号内为系数估计的稳健标准误）：

$$\widehat{mlogearn} = \underset{(.461)}{7.079} + \underset{(.044)}{0.033}medu \tag{14-30}$$

然而，如果我们在个体层面建立回归模型，以每个劳动者的平均受教育年限为自变量、其收入的对数为因变量进行 OLS 回归，得到（括号内为系数估计的标准误）：

$$\widehat{logearn} = \underset{(.012)}{7.256} + \underset{(.001)}{0.017}edu \tag{14-31}$$

显然，基于地区层面和个人层面所建立的两个模型的回归模型系数相差很大。在实际研究中，我们有时会错误地将在宏观层面得到的结论直接推广到微观层面，这通常会导致"生态学谬误"（ecological fallacy），即错误地认为在宏观层面成立的结论在个体层面也成立。例如，我们在普查数据中可能会观察到受过高等教育的人其收入普遍较高。但具体到某个人来说，其收入不一定仅由他是否受过高等教育决定，因为其他变量，如工作时间、职业、家庭背景等都会对其收入造成影响，而这些变量可能与宏观层面上的自变量（这里是平均受教育年限）有关。这也说明了生态学谬误是由忽略（未观察到的）变量偏误所导致的（谢宇，2006：205～213）。①

而从系数估计的标准误来看，分组数据中的因变量的值来自不同的组，即为基于不同样本量的均值〔如上式（14－30）中地区分组劳动者收入对数的均值〕。可以想见，来自大样本量均值的随机误差要小于来自小样本量均值的随机误差，从而存在异方差现象。这种现象可以表示为式（14－24）中的 $\sigma_i^2=\sigma^2/n_i$。由于在不同地区所调查的劳动者样本数目 n_i 不同，我们可以认定在模型（14－30）中很可能存在异方差现象，因而研究者此时可以采用稳健标准误来进行统计推断。此外，式（14－25）中矩阵 **W** 的形式在此处可以由 $\sigma_i^2=\sigma^2/n_i$ 给出，这里，矩阵 **W** 中的对角线元素为 v_i，即 $1/n_i$。因此，我们可以利用 14.5 节介绍的加权最小二

---

① 感兴趣的读者也可以将该部分内容与本书第 16 章"多层线性模型介绍"的内容联系起来。利用空间差异建立的多层线性模型来观察个体层面和地区层面的方差分量及其解释比例。

乘法得到具有 BLUE 性质的估计量 $\hat{\boldsymbol{\beta}}_{WLS}$。我们对模型（14－30）中的劳动者按其所在地区分组，并将每组的劳动者人数 n_i 作为权重 w_i（即$\frac{1}{v_i}$）进行加权最小二乘估计。具体说来，该模型可以通过如下方式得到加权最小二乘法估计量 $\hat{\boldsymbol{\beta}}_{WLS}$：

首先构造以下三个新变量：

$$mlogearn^* = mlogearn\sqrt{n_i} \tag{14-32}$$

$$medu^* = medu\sqrt{n_i} \tag{14-33}$$

$$intercept^* = \sqrt{n_i} \tag{14-34}$$

与模型（14－30）相同，*mlogearn* 与 *medu* 分别代表了某地区 i 的劳动者收入对数和受教育年限的均值，而 n_i 则为该地区劳动者的人数。然后，用新构造的 $intercept^*$ 和 $medu^*$ 对 $mlogearn^*$ 进行回归，我们就可以得到加权最小二乘估计值 $\hat{\boldsymbol{\beta}}_{WLS}$①，结果如下：

$$\begin{aligned}\widehat{mlogearn}^* &= 7.283 + 0.015medu^* \\ &\quad (.391)\,(.037)\end{aligned} \tag{14-35}$$

值得注意的是，此处的加权最小二乘估计的标准误要小于模型（14－30）中所得到的稳健标准误，从而进一步说明了 $\hat{\boldsymbol{\beta}}_{WLS}$所具有的 BLUE 性质。

14.6　本章小结

与前面两章的内容不同，本章主要从理论角度来探讨误差项出现异方差情形下线性回归模型的估计问题。尤其需要注意的是，与任何数学或统计模型一样，线性回归模型估计结果的正确性与可靠性也需要建立在一系列的假定之上。虽然我们在研究中都希望自己所处理的数据能满足包括同方差在内的一系列假定，但实际上这样的情况很少发生。实践中，我们通常通过各种各样的统计手段来放宽对于回归模型的经典假定，如广义最小二乘法、分层线性模型等，将原本不符合线性回归模型经典假定的数据“变得”符合假定。另一方面，读者也要认识到异方差现象的出现并非就意味着模型参数的估计是错误的。换言之，异方差很少

① 加权最小二乘估计量在 Stata 软件中也可以通过对回归模型设置 aweight 得到。

成为推翻某个模型的理由。甚至有学者认为，只有当 σ_i^2 的最大值比其最小值大十倍以上时，我们才需要去关心异方差所引起的问题。[①] 同时，我们可以通过灵敏度分析（sensitivity analysis）来估计异方差现象对于模型估计结果的影响。

从技术角度来看，对于异方差现象进行处理的最大困难在于矩阵Ψ是未知的，并且不可能由 n 个样本估计出 $n \times n$ 维的实对称矩阵Ψ。这时，通常采取的策略有两种。一是在样本量较大时计算无偏 $\hat{\beta}_{OLS}$ 的稳健标准误。虽然 $\hat{\beta}_{OLS}$ 此时并不具有 BLUE 性质，但我们仍可以利用稳健标准误进行统计推断。二是对矩阵Ψ的结构“冒险”做出如式（14－22）至式（14－24）的某种限制并对矩阵Ψ的形式进行估计，从而得出具有 BLUE 性质的 GLS 估计值 $\hat{\beta}_{GLS}$。虽然很多学者在实证研究中较多采用第一种策略，但这两种方法互有优劣，读者需要根据对研究对象的了解和数据的实际情况进行取舍。

参考文献

Fox, John. 1997. *Applied Regression Analysis: Linear Models, and Related Methods*. Thousand Oaks, CA: Sage Publications.

Greene, William. 2008. *Econometric Analysis* (Sixth Edition). Upper Saddle River, N. J.: Pearson/Prentice Hall.

Gujarati, Damodar. 2004. *Basic Econometrics*. New York: McGraw-Hill.

Malinvaud, Edmond. 1980. *Statistical Methods of Econometrics* (Third Edition). Amsterdam, Holland: North-Holland.

White, Halbert. 1980. “A Heteroskedasticity-Consistent Covariance Matrix Estimator and a Direct Test for Heteroskedasticity.” *Econometrica* 48: 817－838.

谢宇，2006，《社会学方法与定量研究》，北京：社会科学文献出版社。

附录：加权最小二乘回归使用的 Stata 代码

某地区劳动者月收入对数残差的散点图（常规最小二乘估计）：

```
reg logearn exp
predict yhat
```

① 有兴趣的读者可以参见 Fox（1997：307）。

```
gen res = logearn-yhat
gen res_2 = res^2
scatter res_2 exp
```

加权最小二乘估计：

```
egen m_edu = mean(edu), by(geo)
egen m_logearn = mean(logearn), by(geo)
egen weight = count(logearn)if edu! = . &logearn! = .,by(geo)
by m_logearn, sort: gen nvals_m_logearn = _n == 1
reg logearn edu
reg m_logearn m_edu if nvals_m_logearn, robust
gen m_logearn_star = m_logearn*sqrt(weight)
gen m_edu_star = m_edu*sqrt(weight)
gen const = sqrt(weight)
reg m_logearn_star m_edu_star const if nvals_m_logearn, nocon
reg m_logearn m_edu[aweight = weight]if nvals_m_logearn
```

加权最小二乘估计（虚拟数据集）：

```
reg y x
reg y x1, robust
gen y2 = y*sqrt(n)
gen x2 = x*sqrt(n)
gen const = sqrt(n)
gen x1_2 = x1*sqrt(n)
reg y2 x1_2 const, noc
reg y x1[aweight = n]
```

注意：在 Stata 软件中，analytical weight（aweight）加权方式一般不会改变样本总量，适合于处理聚合数据的情况。实际上，aweight 命令的取值即相当于式（14－26）$\sigma_i^2 = \sigma^2 v_i$ 中的 $1/v_i$。而 frequency weight（fweight）则适合于处理个体数据以及有重复样本的情况。读者在 Stata 软件中输入“help weight”就能看到各种加权方式的详细说明。

第15章

纵贯数据的分析

到目前为止，本书所介绍的主要是针对截面数据（cross-sectional data）的回归分析方法。截面数据常常通过选取代表总体某个时点的样本来获得。在社会科学研究中，此类数据很常见。比如，前面一直提到的中国居民收入调查（CHIP），它收集的数据其实就是1988年3～4月这一截面上我国居民家庭户及其成员基本情况的信息。再如，我国每间隔10年进行的人口普查，也是对普查时点（标准时点通常是逢整10年的11月1日零时）这一截面上我国人口数量和结构的一个反映。一般来说，截面数据通常适用于探索性和描述性研究。但是，在实际研究中，它也被用来进行解释性研究，讨论社会现象之间的因果关系。

然而，因果关系成立的必要条件之一就是现象的发生存在先后时序，即原因应该先于结果。显然，除非包含回顾性信息，否则，截面数据所包含的变量信息反映的都是调查时点处的状态和行为，通常并不包含时间的先后。为了克服这一不足，社会科学研究者也会考虑选择在不同时间点对同一总体进行重复观测。在有些研究中，重复观测是针对同一样本进行的，这在研究方法上被称为追踪研究（panel study）。由于这类调查在技术上比较复杂而且成本很高，因此，此类调查数据在国内并不多见。到目前为止，国内研究者经常提到的追踪研究主要有两个。一个是由中国疾病预防控制中心营养与食品安全所（原中国预防医学科学院营养与食品卫生研究所）与美国北卡罗来纳大学人口中心合作进行的“中国健康与营养调查”（China Health and Nutrition Survey，简称CHNS），该调查项目从1989年开始，针对同一样本人群进行追踪调查，到目前为止已进行了 7 次调查。[①] 另一个是由北京大学老龄健康与家庭研究中心承担的“中国老年人健康长寿影响因素调查”（China Longitudinal Healthy Longevity Survey，以下简称 CLHLS）项目。该项目从 1998 年开始进行基线调查，到目前为止已经进行了 5 次追踪调查。[②] 在另一些研究中，重复观测则是针对同一总体在不同时期分别抽取的不同样本，这在研究方法上被称为趋势研究（trend study），或汇合的截面数据（pooled cross-sectional data）。比如，前面提到的 CHIP 数据在 1988 年的调查之后，1995 年又在绝大部分相同的城市进行了第二次调查，这样就构成了一个最简单的趋势数据。更典型地，中国人民大学与香港科技大学于 2003 年开始合作进行的“中国综合社会调查”（China General Social Survey，简称 CGSS），每一两年进行一次调查，但每次抽取的样本不同，因而历次调查实际上也构成了一个趋势研究。[③] 在调查研究方法论上，追踪研究和趋势研究统称为纵贯研究（longitudinal study）。相应地，这两类数据一般被称作纵贯数据（longitudinal data）。

由于截面数据和纵贯数据在数据结构和所包含信息等方面存在实质性差别，前面所介绍的适用于截面数据的方法难以满足分析纵贯数据的要求，这制约着我们对纵贯数据的分析和利用。因此，本章将介绍适用于纵贯数据的分析方法。首先对追踪数据的统计分析模型进行介绍，然后对趋势数据的分析方法进行介绍。

15.1　追踪数据的分析

15.1.1　追踪数据的结构

标识截面数据只需使用一个下标 i（$i=1, 2, \cdots, N$）。而追踪数据（panel data）往往需要同时使用两个下标：一个表示样本案例，记为 i（$i=1, 2, \cdots, N$），另一个表示不同的调查时点，记为 t（$t=1, 2, \cdots, T$）。显然，此时的观

① 该追踪研究的 7 次调查数据已经公布，供研究者免费使用，有关“中国健康与营养调查”的详细信息，请参见该项目的主页：http://www.cpc.unc.edu/projects/china。

② 该项目的前 4 次调查数据已经公布，供研究者免费试用，有关“中国老年人健康长寿影响因素调查”项目的详细信息，请参见该项目的主页：http://www.pku.edu.cn/academic/ageing/html/detail_project_1.html；或 http://www.geri.duke.edu/china_study/index.htm。

③ 目前已经公布了 2003 年和 2005 年的调查数据，供研究者免费使用。有关“中国综合社会调查”的详细信息，请参见该项目的主页：http://www.chinagss.org/。

测总数不再是 N，而是 NT。假设我们只关注两个变量——Y 和 X，这种数据的大体结构可用表 15－1 简单地加以展示。

表 15－1 追踪数据数据结构的简单示意

	1		2		…	t		…	T	
1	y_{11}	x_{11}	y_{12}	x_{12}	…	y_{1t}	x_{1t}	…	y_{1T}	x_{1T}
2	y_{21}	x_{21}	y_{22}	x_{22}	…	y_{2t}	x_{2t}	…	y_{2T}	x_{2T}
3	y_{31}	x_{31}	y_{32}	x_{32}	…	y_{3t}	x_{3t}	…	y_{3T}	x_{3T}
…	…	…	…	…	…	…	…	…	…	…
i	y_{i1}	x_{i1}	y_{i2}	x_{i2}	…	y_{it}	x_{it}	…	y_{iT}	x_{iT}
…	…	…	…	…	…	…	…	…	…	…
N	y_{N1}	x_{N1}	y_{N2}	x_{N2}	…	y_{Nt}	x_{Nt}	…	y_{NT}	x_{NT}

表 15－1 对追踪数据的数据结构进行了简单的示意。注意，有些变量的取值在不同时点的测量结果通常是不变的，比如性别、民族等，此类变量被称作时间独立变量（time-independent variable）或时间恒定变量（time-invariant variable）。而有些变量的取值则可能会随着观测时点的推移而变化，比如同一观测案例 i 在不同时点 t 上的年龄或收入等，此类变量被称作时间依赖变量（time-dependent variable）或时变变量（time-varying variable）。

由此我们看到，追踪数据所包含的信息至少可以分解成两个最基本的维度：时间维度 t 和个体或案例维度 i。从时间维度来看，可以将追踪数据看成 T 个截面数据，每个截面都包含着个体之间的差异（heterogeneity）。从个体或案例维度来看，可以将追踪数据看成 N 个时间序列的汇合，每个时间序列都反映着个体内的变化（change）。[①] 尽管我们可以从不同角度来理解追踪数据在结构上所表现出来的特征，但是上述两个维度其实是同时存在于追踪数据中的。换句话说，追踪数据相当于截面数据和时间序列数据两者的综合，同时具备两者各自的属性。具体而言，追踪数据既包含反映个体之间差异的信息，也包含个体自身变化的信息。这使得追踪数据在探究因果关系方面具有独特的优势。然而，分析追踪数据有一定的复杂性，因为我们需要同时兼顾时间序列数据和截面数据的不同属性。前面介绍的针对截面数据的统计方法通常无法直接应用于追踪数据的分

① 追踪数据与时间序列数据之间的主要差异在于：时间序列的分析单位是时点（time points），而追踪数据的分析单位是个体（the individual）（Markus，1979：7）。

析，需要做出一定的调整。本节将主要介绍适用于处理纵贯数据的基本方法，更多、更详细的内容请参阅有关专著，比如 Baltagi（2002）、Hsiao（2003）等。

15.1.2　追踪数据的优势和局限性

一般而言，社会科学研究者采用追踪数据进行相关研究的目的大致可分为两类。一类是对未被观测到的异质性（unobserved heterogeneity）进行控制；另一类是对变化的趋势或过程加以描述和分析。

Baltagi（2002）、Hsiao（2003）等认为使用追踪数据有许多优点：

- 可以控制个体异质性（individual heterogeneity）；
- 提供更丰富的信息和更高的变异性（variability），减少变量之间发生共线性的可能，同时增加自由度以及提高估计的效率（efficiency）；
- 能够更好地对动态变化进行分析；
- 能够更好地识别和测量纯粹截面数据和纯粹时间序列数据中难以识别的效应（effects）；
- 允许建构和检验更复杂的行为模型，而这一点是纯粹截面数据和时间序列数据无法实现的。

当然，追踪数据也是有局限性的。这些局限性主要表现在调查设计通常要复杂得多，数据的采集变得更加困难，成本也更高。此外，由无回答（nonresponse）和样本规模的选择性缩减（self-selective attrition）等问题所带来的偏差，也会增加对追踪数据分析和结果理解的难度与复杂性。

15.1.3　基本分析模型

假定在一项追踪调查中，基线调查共抽取了 N 个个体，在接下来的一段时间内等时间间隔地对这些个体进行 $T-1$ 次追踪测量。y_{it} 和 x_{kit} 表示对这些个体不同时点特征的重复测量，其中，i 表示个体，$i=1$，2，…，N；t 表示时间，$t=1$，2，…，T；k 表示自变量，$k=1$，2，…，K。那么，第 i 个个体的数据可表示为①：

---

① 请注意，表 15－1 给出的往往是研究者最初看到的原始数据的结构，这种数据被称作宽格式数据（wide-format data），即以案例为记录单位，每个案例在数据表中只有一条记录。但是，统计软件在处理追踪数据时大多接受的是长格式数据（long-format data），即以每一次观测为记录单位，因此每个案例在数据表中会有多条记录，如此处采用矩阵形式所表示的那样。所以，对于追踪数据的处理，首先要做的就是将宽格式数据转换成长格式数据。Stata、SAS、SPSS 等软件都能方便地进行这两种数据格式之间的相互转换。

$$\mathbf{y}_{it} = \begin{pmatrix} y_{i1} \\ y_{i2} \\ \vdots \\ y_{iT} \end{pmatrix}; \mathbf{x}_{it} = \begin{pmatrix} x_{1i1} & x_{2i1} & \cdots & x_{Ki1} \\ x_{1i2} & x_{2i2} & \cdots & x_{Ki2} \\ \vdots & \vdots & \cdots & \vdots \\ x_{1iT} & x_{2iT} & \cdots & x_{KiT} \end{pmatrix}; \boldsymbol{\varepsilon}_{it} = \begin{pmatrix} \varepsilon_{i1} \\ \varepsilon_{i2} \\ \vdots \\ \varepsilon_{iT} \end{pmatrix}$$

其中，$\mathbf{y}$ 表示因变量，$\mathbf{x}$ 表示自变量，$\boldsymbol{\varepsilon}$ 表示随机误差项。对此数据，可以用矩阵形式将其表示成最为一般的回归模型：

$$y_{it} = \alpha_{it} + \boldsymbol{\beta}_{it}' \underline{\mathbf{x}}_{it} + \varepsilon_{it}, \; i = 1,2,\cdots,N \qquad t = 1,2,\cdots,T \tag{15-1}$$

这里，α_{it} 和 $\boldsymbol{\beta}_{it}' =$ （b_{1it}，b_{2it}，⋯，b_{Kit}）分别为 1×1 和 $1 \times K$ 的常数向量，表示截距和斜率系数，且它们都随着 i 和 t 的不同而不同。当然，在具体的操作中我们需要对它们做更为具体的设定。$\underline{\mathbf{x}}_{it}' =$ （x_{1it}，x_{2it}，⋯，x_{Kit}）为自变量向量。式（15－1）考虑到了追踪数据分析需要研究的各种效应，包括个体效应和时间效应。但此模型只具有描述性价值，它既不能通过估计得到也不能用来进行预测。这是因为这里一共只有 NT 个观测值，而待估的截距系数有 NT 个、斜率参数有 NKT 个，显然，该模型可用的自由度小于待估参数的数目，如果不做进一步的参数限制，模型是无法识别的。基于对截距系数和回归系数的不同假设或参数限制，这个模型可以发展出各种不同的分析模型。

同质性截距与同质性斜率

最简单的模型就是忽略数据中每个个体 i 可能具有的特定效应。也就相当于假定，同一个体 i 在不同时点 t 的测量可当作不同的个体。这样一来就可以将 T 个截面堆积（pooling）起来变成 NT 个案例。换句话说，追踪数据此时可被视作截面数据来处理。此时，得到的模型为：

$$y_{it} = \alpha + \boldsymbol{\beta}' \underline{\mathbf{x}}_{it} + \varepsilon_{it} \tag{15-2}$$

这可以看成是对 NT 个“不同”案例进行线性回归，也被称为汇合回归（pooled regression）（Hsiao，2003）。由于该模型只有一套截距系数和回归系数，因此认为不同个体具有同质性截距和同质性斜率。该模型最大的特点就是简单。但是，它太过简单，完全忽略了个体特征的差异，从而明显忽略了数据结构特征及其所包含的丰富信息，因而显得很幼稚。因为该模型可能会有忽略变量偏误（omitted-variable bias），即一些未考虑到的个体特征变量可能会同时影响到自变量和因变量。

采用新的标注方法，我们设：

$$\bar{\mathbf{x}} = \frac{1}{NT}\sum_{i=1}^{N}\sum_{t=1}^{T}\mathbf{x}_{it} \tag{15-3}$$

$$\bar{y} = \frac{1}{NT}\sum_{i=1}^{N}\sum_{t=1}^{T}y_{it} \tag{15-4}$$

$\bar{\mathbf{x}}$ 和 $\bar{y}$ 分别是 $\mathbf{x}$ 和 y 的总平均值。模型（15－1）中，α 和 $\boldsymbol{\beta}'$ 的最小二乘估计可根据式（15－5）计算得到[①]：

$$\begin{aligned}\hat{\boldsymbol{\beta}}' &= T_{xx}^{-1}T_{xy}\\ \hat{\alpha} &= \bar{y} - \hat{\boldsymbol{\beta}}'\bar{\mathbf{x}}\end{aligned} \tag{15-5}$$

其中，

$$\begin{aligned}T_{xx} &= \sum_{i=1}^{N}\sum_{t=1}^{T}(\mathbf{x}_{it}-\bar{\mathbf{x}})(\mathbf{x}_{it}-\bar{\mathbf{x}})'\\ T_{xy} &= \sum_{i=1}^{N}\sum_{t=1}^{T}(\mathbf{x}_{it}-\bar{\mathbf{x}})(y_{it}-\bar{y})\end{aligned} \tag{15-6}$$

这里，T_{xx} 和 T_{xy} 分别表示 $\mathbf{x}$ 与 $\mathbf{x}$ 之间和 $\mathbf{x}$ 与 y 之间的交叉乘积矩阵（cross-product matrix）的总和。

此模型的残差平方和为 $SSE = T_{yy} - T_{xy}'T_{xx}^{-1}T_{xy}$，这里，$T_{yy} = \sum_{i=1}^{N}\sum_{t=1}^{T}(y_{it}-\bar{y})^2$。由于待估计的参数为 $1+K$ 个，因此，此残差平方和的自由度应为 $NT-(1+K)$。

异质性截距与同质性斜率

模型（15－2）的不足之处在于完全忽略了个体效应（individual-specific effect）或者说个体特殊性的存在，忽略这种特殊性往往会导致忽略变量偏误的问题。因此，更为合理的模型应当能够考虑到这种个体效应的存在并对其加以控制。为了捕捉由个体特征产生的特殊效应，我们假定每一个个体都有一个自己的截距系数，但所有个体具有相同的斜率，即模型具有异质性截距与同质性斜率：

$$y_{it} = \alpha_i + \boldsymbol{\beta}'\mathbf{x}_{it} + \varepsilon_{it} \tag{15-7}$$

其中，α_i 对每一个个体而言都是特定的常数。此模型与模型（15－2）的差别在于它的截距系数不再是唯一的，而是有 N 个。正是通过这 N 个截距系数，不同

① 这一点读者可以自己试着加以证明，此处省略。

个体之间的差别才得以在模型中反映出来。在不同领域，这一模型的名称并不唯一，通常称其为固定效应模型（fixed effects model）或经典协方差分析模型。[①]请注意，该模型主要利用了追踪数据中个体本身的变异（within-individual variation）信息，但忽略了个体间固定的差异（between-individual variation）。

为了体现模型（15－7）中的 N 个截距系数，我们可以将该模型以矩阵形式表示为（为简便起见，假设只有一个自变量 $\mathbf{x}$）：

$$\begin{pmatrix} \mathbf{y}_1 \\ \mathbf{y}_2 \\ \vdots \\ \mathbf{y}_N \end{pmatrix} = \begin{pmatrix} \mathbf{i} & 0 & \cdots & 0 \\ 0 & \mathbf{i} & \cdots & 0 \\ \vdots & \vdots & \cdots & \vdots \\ 0 & 0 & \cdots & \mathbf{i} \end{pmatrix} \begin{pmatrix} \alpha_1 \\ \alpha_2 \\ \vdots \\ \alpha_N \end{pmatrix} + \begin{pmatrix} \mathbf{x}_1 \\ \mathbf{x}_2 \\ \vdots \\ \mathbf{x}_N \end{pmatrix} \times \boldsymbol{\beta} + \begin{pmatrix} \boldsymbol{\varepsilon}_1 \\ \boldsymbol{\varepsilon}_2 \\ \vdots \\ \boldsymbol{\varepsilon}_N \end{pmatrix} \qquad (15-8)$$

其中，$\mathbf{y}_i$，$\mathbf{x}_i$，$\boldsymbol{\varepsilon}_i$ 都是 $T \times 1$ 的向量，$\mathbf{i}$ 为 $T \times 1$ 的单位向量。

很明显，固定效应模型（15－8）中有 N 个截距系数和 K 个斜率系数，因而待估计参数的个数总共为 $N+K$ 个。我们可以采用两种方式对这些参数进行估计。

第一种方式是虚拟变量回归，即对 N 个个体形成 N 个虚拟变量。我们可以将这些虚拟变量的设计矩阵表示为：

$$\mathbf{D} = (\mathbf{d}_1 \quad \mathbf{d}_2 \quad \cdots \quad \mathbf{d}_N) \qquad (15-9)$$

其中，$\mathbf{d}_i$ 为 $TN \times 1$ 的虚拟变量向量（其元素对应第 i 个个体为1，否则为0）。然后将矩阵 $\mathbf{D}$ 中的 $N-1$ 个虚拟变量向量和其他的协变量（covariate）一起纳入回归方程，采用常规最小二乘法（OLS）进行估计。

但是，这一方式明显受到观测案例数 N 的影响。当 N 很大时，虚拟变量的个数也变得非常多，设计矩阵式（15－9）将变得非常庞大。此时，直接使用OLS方法估计的计算量就会变得非常大。幸运的是，我们可以采用被称作均值离差法（mean deviation method）的替代算法来得到完全一样的有关自变量 $\mathbf{x}$ 斜率的参数估计结果。具体过程如下：首先计算出每一个体 i 的各个变量（包括因变量和自变量）在 T 个时点上的个体平均值（individual-specific mean），然后用各变量在不同时点上的原始观测值减去各自的个体平均值，得到相应的离差

① 不同学者可能会采用不同的名称，比如 Hsiao（2003）将其称为个体均值或单元格均值修正回归模型（individual-mean or cell-mean corrected regression model）。

(deviation)，最后以因变量的离差为因变量、自变量的离差为自变量进行回归。注意，与常规最小二乘法估计相比，均值离差法得到的回归系数估计是正确的，但系数的标准误和 p 值却是不对的。因为自由度的计算基于所设定模型中的变量数目，而均值离差法中并没有纳入表示个体差异的一组虚拟变量。修正标准误和 p 值时我们需要将常规最小二乘法报告的自由度再减去（$N-1$）(Judge et al.，1985)。虽然均值离差法在计算上要比虚拟变量更经济，但是它不能给出反映不同个体的各个虚拟变量的系数。不过，这些虚拟变量的系数在实际研究中几乎不受研究者关注，所以实际上并没有什么损失。

不论采用哪种方式，我们都可以用如下的公式估计模型参数：

$$\begin{aligned} \boldsymbol{\beta}' &= W_{xx}^{-1} W_{xy} \\ \hat{\alpha}_i &= \bar{y}_i - \boldsymbol{\beta}'\bar{\mathbf{x}}_i,\ i = 1,2,\cdots,N \end{aligned} \qquad (15-10)$$

其中，

$$W_{xx} = \sum_{i=1}^{N}\sum_{t=1}^{T}(\mathbf{x}_{it} - \bar{\mathbf{x}}_i)(\mathbf{x}_{it} - \bar{\mathbf{x}}_i)'$$

$$W_{xy} = \sum_{i=1}^{N}\sum_{t=1}^{T}(\mathbf{x}_{it} - \bar{\mathbf{x}}_i)(y_{it} - \bar{y}_i)$$

$\bar{\mathbf{x}}_i = \frac{1}{T}\sum_{t=1}^{T}\mathbf{x}_{it}$ 为按个体 i 分别计算的每个自变量 $\mathbf{x}$ 的个体平均值

$\bar{y}_i = \frac{1}{T}\sum_{t=1}^{T}y_{it}$ 为按个体 i 分别计算的因变量 $\mathbf{y}$ 的个体平均值

这里，W_{xx}和 W_{xy}分别表示 $\mathbf{x}$ 与 $\mathbf{x}$ 之间和 $\mathbf{x}$ 与 y 之间的交叉乘积矩阵，W 代表“组内”(within-group)。

可以证明，这些估计也是最小二乘估计。此模型的残差平方和为 $SSE = W_{yy} - W_{xy}' W_{xx}^{-1} W_{xy}$，这里，$W_{yy} = \sum_{i=1}^{N}\sum_{t=1}^{T}(y_{it} - \bar{y}_i)^2$。另外，由于该模型的待估参数有 $N+K$ 个，因此，此残差平方和的自由度应为 $NT-(N+K)$。

与对 NT 个案例进行常规线性回归的模型（15－2）相比，固定效应模型的最大优点在于它考虑到了个体之间的差异，控制了个体层次上未被观测到的异质性，并且估计方法也显得相对简单。但是，它也存在一些明显的缺点：一是模型在估计 N 个截距参数时消耗了过多的自由度；二是它将斜率系数在个体之间设定为固定的，即认定自变量的作用在个体间是不变的，而这在很多时候可能并不符合实际情况，有些研究的目的本身就在于检验自变量的作用是否随着个体的不同而不同。

同质性截距与异质性斜率

在上述固定效应模型中，我们假定每一个个体都有一个特定的截距系数，并假定斜率系数对所有个体在所有时点上都一样。那么，我们能否设定这样一个模型：所有个体都有一个共同的截距系数，但斜率系数随着个体的不同而不同。即：

$$y_{it} = \alpha + \boldsymbol{\beta}_i' \mathbf{x}_{it} + \varepsilon_{it} \tag{15-11}$$

显然，该模型包含同质性截距与异质性斜率，但它并不是一个有意义的模型。通常，我们先允许截距参数随个体的不同而变化，之后才允许斜率参数随个体的不同而变化。所以在实际研究中，模型（15－11）并不是一个好的模型，因此，这里也不做进一步的介绍。

异质性截距与异质性斜率

前面讲到，固定效应模型存在两个不足：自由度较小和自变量作用同质的限制性假设。通过式（15－12），我们可以放松固定效应模型中包含的自变量作用同质的限制性假设：

$$y_{it} = \alpha_i + \boldsymbol{\beta}_i' \mathbf{x}_{it} + \varepsilon_{it} \tag{15-12}$$

在这个模型中，不仅截距参数可以随着个体的不同而不同，而且斜率参数也可以随着个体的不同而不同。这就相当于假定对每一个体都有一个回归模型。在这一意义上，这一模型可被称为非限制性模型，或完全交互模型。

估计模型（15－12）中的参数有两种不同的方式：一种方式是用 $N-1$ 个虚拟变量表示个体的特殊效应，并在模型中加入 α 和 β 的交互项；另一种方式是对每一个个体在 T 个时点上的观测数据分别进行回归，共得到 N 个回归模型。上述两种方式所得到的点估计都是一样的，所不同的是前一种方式对误差项 ε 的方差 σ^2 做了同质假设从而使得估计效率更高。

下面我们给出该模型的截距参数和斜率参数的估计公式：

$$\begin{aligned} \hat{\boldsymbol{\beta}}_i &= W_{xx,i}^{-1} W_{xy,i} \\ \hat{\alpha}_i &= \bar{y}_i - \hat{\boldsymbol{\beta}}_i \bar{\mathbf{x}}_i \end{aligned} \tag{15-13}$$

其中，

$$W_{xx,i} = \sum_{t=1}^{T}(\mathbf{x}_{it} - \bar{\mathbf{x}}_i)(\mathbf{x}_{it} - \bar{\mathbf{x}}_i)'$$

$$W_{xy,i} = \sum_{t=1}^{T}(\mathbf{x}_{it} - \bar{\mathbf{x}}_i)(y_{it} - \bar{y}_i)$$

$\bar{\mathbf{x}}_i = \frac{1}{T}\sum_{t=1}^{T}\mathbf{x}_{it}$ 为按个体 i 分别计算的每个自变量 $\mathbf{x}$ 的个体平均值

$\bar{y}_i = \frac{1}{T}\sum_{t=1}^{T}y_{it}$ 为按个体 i 分别计算的因变量 $\mathbf{y}$ 的个体平均值

这里，$W_{xx,i}$和 $W_{xy,i}$分别表示按个体 i 计算的 $\mathbf{x}$ 与 $\mathbf{x}$ 之间和 $\mathbf{x}$ 与 y 之间的交叉乘积矩阵。

模型（15－12）的残差平方和为 $\mathrm{SSE} = \sum_{i=1}^{N}(W_{yy,i} - W'_{xy,i}W^{-1}_{xx,i}W_{xy,i})$，这里，$W_{yy,i} = \sum_{t=1}^{T}(y_{it} - \bar{y}_i)^2$。模型中的截距和斜率参数都随着个体的不同而不同，这就需要估计 N 个截距参数和 $N \times K$ 个斜率参数。因此，模型的待估参数总共为（$N + N \times K$）个。这样一来，此残差平方和的自由度应为 $NT - (N + N \times K)$ 个。值得注意的是，为了保证模型（15－12）是可识别的，应满足 $T > K + 1$。一般地，作为一个较好的模型，T 应当至少是（$K + 1$）的 10 倍。

15.1.4　模型的比较与选择

对于同一追踪数据，研究者基于对个体效应和时间效应的不同假定，可能采用不同的模型。如果研究者根据理论或经验研究结论提出了明确的研究假设，并清楚地对个体效应和时间效应进行了设定，那么模型的选择就变得十分简单明了。但是，当不存在很强的理论假设时，该如何对模型进行选择呢？此时，我们可以通过统计检验的办法来对不同模型进行比较，从而选出一个更合适的模型。

从原理上讲，统计检验主要是对回归系数的属性进行两方面的检验：一是回归斜率系数的同质性；二是回归截距系数的同质性。这一检验过程可以分为三个步骤（Hsiao，2003）：

（1）检验不同个体 i 在不同时点 t 之间的斜率和截距是否同时不变，即斜率和截距是否同时具有同质性；

（2）检验回归斜率是否相同；

（3）检验回归截距是否相同。

如果接受了整体同质性假定，即肯定了步骤（1）的结果，那么就不必继续进行步骤（2）和（3）。但是，如果拒绝了整体同质性假定，即否定了步骤（1）的结果，接下来需要进行步骤（2）以检验回归斜率是否具有同质性。如果回归斜率同质性假定遭到拒绝，就进行步骤（3）来检验回归截距是否具有同质性。

模型的比较和选择涉及统计模型设定的一个重要问题——在精确性（accuracy）和简约性（parsimony）之间寻求一种平衡（Xie，1998）。精确性是指所得到的模型要能够尽可能好地拟合观测数据；简约性则是指尽量节省模型的自由度或者说保持尽可能大的模型自由度。从以上对各个模型的介绍来看，由于不同模型对追踪数据所包含信息的利用程度不同，其精确性肯定也会有所差别。利用程度越充分，需要估计的模型参数也就越多，则势必消耗更多的自由度，从而使模型变得更不简洁。在没有很强的理论假设的情况下，我们可以借助统计工具来对可能的模型加以比较，从而做出选择。但在实际研究中，我们又不能过分依赖这种纯统计的方式，必须在精确性和简约性之间进行认真的权衡。

对于上述检验过程，Hsiao（2003）指出可以从不同的维度进行操作。研究者广泛使用的方法是协方差分析（analysis of covariance）。有关这一方法的介绍请参见其有关追踪数据分析方面的著作（Hsiao，2003：14－26）。考虑到模型之间存在的具体关系，这里我们将采用之前一直使用的嵌套模型检验的思路来对前面讨论过的模型进行比较，从而说明研究者如何选择一个合适的模型。

根据前面章节提到的嵌套模型的定义，本章所介绍的四个模型之间也存在明显的嵌套关系。在四个模型中，异质性截距与异质性斜率模型（15－12）的约束条件最少，因为它对每一个个体 i 都建立一个回归方程。通过增加一些不同的约束条件，从模型（15－12）可以得到其他三个模型：增加回归斜率系数相等而截距参数不相等这一假定，即得到异质性截距与同质性斜率模型（15－7）；增加回归截距相等而斜率参数不相等这一假定，即得到同质性截距与异质性斜率模型（15－11）；同时增加回归斜率参数相等和截距参数相等这两个假定，即得到同质性截距与同质性斜率模型（15－2）。但是，由于模型（15－11）在实际研究中并不是一个好模型，因此我们只需要考虑其他两个模型，并且不难看出：

- 模型（15－2）与模型（15－7）嵌套。通过这对嵌套模型，可以检验在给定同质性斜率的条件下，截距是否存在异质性。

- 模型（15－7）与模型（15－12）嵌套。通过这对嵌套模型，可以检验在给定异质性截距的情况下，斜率是否存在异质性。

下面，我们以举例的方式来说明如何以嵌套模型检验的方式来选择合适的模型。为简便起见，假设我们研究 100 名男女中学生 i（$i=1, 2, \cdots, 100$）的交流能力对数学成绩的效应，每年对他们进行一次观测，连续追踪 10 年，共进行 10 次观测（$t=1, 2, \cdots, 10$），那么总的观测数为 $NT=100\times10=1000$。假如我们有两个自变量，交流能力和家庭收入，即 $K=2$。根据三个模型计算，得到表 15－2 所示的统计信息。

表 15－2　100 名男女中学生的交流能力对数学成绩不同回归模型的拟合结果

模型设定	SST	SSR	SSE	DF_{SSE}	R^2
(1)同质性截距,同质性斜率	100	10	90	997	10%
(2)异质性截距,同质性斜率	100	50	50	898	50%
(3)异质性截距,异质性斜率	100	60	40	700	60%

检验 1：在给定同质性斜率的条件下，截距是否存在异质性？

对此，可以对嵌套模型（1）与模型（2）进行 F 检验。根据前面章节有关嵌套模型检验的介绍，我们有：

$$
\begin{aligned}
F_{(99,\,898)} &= [(SSE_1 - SSE_2)/(DF_{SSE_1} - DF_{SSE_2})]/(SSE_2/DF_{SSE_2}) \\
&= [(90-50)/(997-898)]/(50/898) \\
&= (40/99)/0.06 \\
&= 0.40/0.06 \\
&= 6.67
\end{aligned}
$$

F 值远远大于 1，在 0.05 水平下是统计显著的，即可以认为，在给定同质性斜率的条件下，截距存在异质性。也就是说，模型（2）显著地优于模型（1）。

我们肯定了在给定同质性斜率的条件下截距存在异质性，即接受了模型（2），接下来应该考虑斜率是否存在异质性的问题。

检验 2：在给定异质性截距的条件下，斜率是否存在异质性？

对此，可以对嵌套模型（2）与模型（3）进行 F 检验。同样，根据前面章节的介绍，我们有：

$$
\begin{aligned}
F_{(198,\,700)} &= [(SSE_2 - SSE_3)/(DF_{SSE_2} - DF_{SSE_3})]/(SSE_3/DF_{SSE_3}) \\
&= [(50-40)/(898-700)]/(40/700) \\
&= (10/198)/0.06 \\
&= 0.05/0.06 \\
&= 0.83
\end{aligned}
$$

该 F 值小于 1，表明结果在统计上显然是不显著的。因此，在给定异质性截距的条件下，斜率不存在异质性，即接受模型（2）。

因此，通过上述两步检验，我们最终的结论是接受模型（2），即认为截距有异质性但斜率是同质性的。所以，我们应当采用固定效应模型（2）来对交流能力与家庭收入对数学成就（成绩）的影响进行建模。

以上我们着重讨论了随个体无约束变化的模型，即固定效应模型和完全交互模型。实际上，我们还可以考虑随机效应模型。有些计量经济学学者推荐用 Hausman 检验来确定到底应采用固定效应模型还是随机效应模型，但这在社会学研究中很少使用（Halaby，2004）。本书不就此方面的内容进行详细介绍，感兴趣的读者可参考相关的计量经济学教科书，比如 Baltagi（2002）、Hsiao（2003）等。

15.1.5 追踪数据分析应用举例

本节将使用前面提到的“中国老年人健康长寿影响因素调查”项目（CLHLS 项目）1998 年、2000 年、2002 年和 2005 年共计四次调查的数据，来举例说明追踪数据基本分析模型的应用。需要说明的是，我们不再注重模型之间的比较，而是突出不同模型设定之间的差异。

研究关注点

21 世纪以来，健康老龄化成为社会科学中的重要研究问题之一。自评完好作为健康老龄化的组成部分也迅速成为老龄学研究者的重要话题，国内外均有学者对此展开研究（李强等，2004）。

从测量的角度来看，自评完好可以分为积极自评和消极自评两个方面。为方便起见，这里我们将采用前面提到的 CLHLS 项目已有的四次调查数据来讨论年龄和生活自理能力（activities of daily living，以下简称 ADL）是如何影响高龄老人的积极自评的。由于使用了追踪数据，这里使用的数据分析方法与国内一些现有的研究不同。

数据说明与变量测量

1998 年 CLHLS 项目进行了基线调查，并于 2000 年、2002 年和 2005 年进行了三次跟踪调查。调查涉及辽宁、吉林、黑龙江、河北、北京、天津、山西、陕西、上海、江苏、浙江、安徽、福建、江西、山东、河南、湖北、湖南、广东、广西、四川、重庆共 22 个省、市、自治区，这些地区的人口约占全国的 85%。

项目通过随机选取县、县级市或区实施调查。在被选中的调查地区，该项目对所有存活百岁老人在其自愿的前提下进行入户访问，并以相同的方式就近入户访问 80~89 岁及 90~99 岁老人各一名。为了保证不因样本量太小而失去代表性及研究意义，该项目并没有按照等比例的抽样方法选取样本，而是采用了如下操作思路：入户访问调查的 80~89 岁及 90~99 岁老人人数均与百岁老人被访人数大致相同，而 80~99 岁的各单岁男、女被访人数亦大致相同。从 2002 年开始，除调查 80 岁及以上高龄老人外，项目还新增了 4894 位 65~79 岁老人的子样本，这使得样本的年龄范围扩大到了 65 岁及以上的所有年龄。为了保证调查的连续性与不同时点上的可比性，在各次追踪调查中按同性别、同年龄的原则对死亡老人就近进行递补。为简单起见，我们将采用平衡数据进行分析，即只选择 1998 年、2000 年、2002 年和 2005 年四次调查均参加的老人，共有 1051 人。具体而言，如果年龄、日常生活自理能力和积极自评的任一变量在任何一次调查中出现缺失值，那么我们就将该老人从样本中排除。此外，还要求研究对象的年龄不低于 80 岁。因此，最终进入分析样本的高龄老人为 799 名。①

CLHLS 项目的基线调查与随后追踪调查的问卷内容包括：老人个人及家庭的基本状况，社会、经济背景及家庭结构，对本人健康状况与生活质量状况的自我评价，性格心理特征，认知功能，生活方式，日常活动能力，经济来源，经济状况，生活照料，生病时的照料者，能否得到及时治疗与医疗费用支付者等 90 多个问题共 180 多个子项。② CLHLS 项目每一次调查均采用 7 个问题来测量自评完好，其中积极自评包括"我不论遇到什么事情都能想得开"、"我喜欢把我的东西弄得干净、整洁"、"我自己的事情自己说了算"和"我现在老了，但与年轻时一样快活"共四个问题。被调查者对各个问题的评价分为 5 个等级："1 = 很像"、"2 = 像"、"3 = 有时像"、"4 = 不像"和"5 = 很不像"。③ 通过对这四个

---

① 在实际研究中，如果缺失数据量超过 5%，有必要对变量出现的缺失值进行一定的处理。

② 除了按上述问卷内容访问前次调查被访、本次调查仍然存活的老人外，该项目还访问了 1998~2000 年间、2000~2002 年间、2002~2005 年间以及将访问 2005~2008 年间死亡老人的家属，以此搜集死亡老人的死亡时间、死因、临终前一段时间的健康与痛苦状况、临终前主要经济来源、人均收入、医疗费开支与支付者等信息。有关该项目的详细研究设计请参见：中文网站 http://www.pku.edu.cn/academic/ageing/html/detail_project_1.html 或英文网站 http://www.geri.duke.edu/china_study/index.htm。

③ 请注意，另外还有一项是"8 = 无法回答"，对此，我们简单地将其编码为缺失值。在实际研究中我们需要对其做进一步的考虑。

问题的回答进行反向编码并求和，我们得到了每位老人在每一次调查时的积极自评得分，形成一个取值范围为 1～20 的变量，分值越大意味着积极自评越高。对于日常生活自理能力，CLHLS 项目基于 Katz 量表，在每一期调查中对每位被访者均收集了反映生活自理能力的六个项目，包括洗澡、穿衣、室内活动、上厕所、吃饭和控制大小便，每一项均按照“1＝完全自理”、“2＝部分自理”和“3＝完全依赖”的模式进行编码。类似地，我们也将每一项进行了反向编码，然后将每一项的分值相加，变成一个取值范围为 1～18 的变量，分值越大意味着自理能力越强。① 为简明起见，我们将积极自评得分和日常生活自理能力得分这两个合成指标近似地视为定距变量加以处理。其中，积极自评得分为因变量，日常生活自理能力得分为解释变量。另外，被访者的年龄为每一次调查时的周岁年龄，并作为解释变量纳入模型。注意，为简便起见，我们在这里并没有考虑数据加权的问题。

模型与结果

考虑到变量均为定距测度变量，在讨论年龄和日常生活自理能力是如何影响高龄老人的积极自评时，可以采用线性回归进行处理。先从前面提到的同质性截距和同质性斜率模型开始，即：

$$pv_{it} = \beta_0 + \beta_1 age_{it} + \beta_2 adl_{it} + \varepsilon_i \qquad (15-14)$$

这意味着，我们假定对同一个体 i 在不同时点上的测量是相互独立的，而不考虑数据本身包含的重复测量结构。② 模型（15－14）的参数估计结果如下：

```
. reg pv age adl

      Source |       SS       df       MS              Number of obs =    3196
-------------+------------------------------           F(  2,  3193) =  109.09
       Model |  1721.86624     2  860.933119           Prob > F      =  0.0000
    Residual |  25199.7642  3193  7.89219049           R-squared     =  0.0640
-------------+------------------------------           Adj R-squared =  0.0634
       Total |  26921.6305  3195  8.42617542           Root MSE      =  2.8093
```

① 现有的许多研究中，研究者一般会先将 ADL 的六个项目处理成表示“不能完全自理”和“能够完全自理”的二分变量，比如顾大男、曾毅（2004）、王德文等（2004）。这里，我们没有采用这种方式。

② 即式（15－13）中的下标被省略。

```
------------------------------------------------------------------------------
          pv |     Coef.   Std.Err.       t    P>|t|    [95% Conf. Interval]
-------------+----------------------------------------------------------------
         age |  -.0688616   .0086191    -7.99   0.000   -.0857612   -.051962
         adl |   .3073259   .0302579    10.16   0.000     .247999   .3666529
       _cons |   15.33179    1.02907    14.90   0.000    13.31408   17.34949
------------------------------------------------------------------------------
```

但是，追踪数据是对同一组个体进行的重复测量，因此并不满足线性回归模型所要求的误差项 ε_i 相互独立；相反，总是可以看到，对于同一个体而言，其误差项往往存在一定程度的相关。我们计算出模型（15－14）误差项的估计值，并将其转换成宽格式，[①] 从而得到每次调查的残差估计值。表 15－3 给出了每次调查时点上残差之间的相关矩阵。从中可以看到，误差项之间的相关系数均为正数，且时间间隔越大，误差之间的相关越弱。

表 15－3　四个观测时点上残差估计值之间的相关矩阵（$N=799$，$T=4$）

	e_0	e_1	e_2	e_3
e_0	1.000			
e_1	0.246	1.000		
e_2	0.225	0.264	1.000	
e_3	0.085	0.182	0.190	1.000

由于我们采用的是大样本数据，尽管误差相互独立的假定并不满足，模型（15－14）的参数估计结果仍然具有一致性（consistency）。但是，此处 OLS 回归系数的标准误估计值不再是有效的。从统计上讲，我们此时可以使用一种被称作“稳健标准误”的方法来对标准误加以调整。这种方法考虑到同一个体误差之间存在相关的情况，并可以得到标准误的三明治估计（sandwich estimator for the standard errors）。当然，这种处理实际上是将误差之间的相关作为一种干扰因素（nuisance）加以对待。其实，我们可以将误差之间的相关明确地纳入模型中来，而不是简单地将其视作干扰因素。最简单的方法就是将积极自评的总误差分解成相互独立的两部分：一部分存在于老年人个体之间，它不随时间变动，但是反映

① 参见本章 267 页脚注①。

不同老人的个体特性效应，用 ζ_i 表示；另一部分存在于对老年人不同时点的观测之间，它会随着老人以及观测时点的不同而发生变化，用 ξ_{it} 表示。那么，模型（15－14）就变成了：

$$\begin{aligned} pv_{it} &= \beta_0 + \beta_1(age)_{it} + \beta_2(adl)_{it} + (\zeta_i + \xi_{it}) \\ &= (\beta_0 + \zeta_i) + \beta_1(age)_{it} + \beta_2(adl)_{it} + \xi_{it} \end{aligned} \tag{15-15}$$

这意味着，每一位老年人将分别有一个截距来表示老人的个体效应，而年龄和日常生活自理能力这两个变量的系数在不同老人之间仍然是同质的。我们先考虑随机效应模型，它把模型中的 ζ_i 作为随机截距。[①] 对此模型，参数估计结果如下：

```
. xtreg pv age adl, i(id) mle nolog

Random-effects ML regression                    Number of obs      =      3196
Group variable: id                              Number of groups   =       799

Random effects u_i ~ Gaussian                   Obs per group: min =         4
                                                               avg =       4.0
                                                               max =         4

                                                LR chi2(2)         =    225.09
Log likelihood  = -7762.9923                    Prob > chi2        =    0.0000

------------------------------------------------------------------------------
          pv |      Coef.   Std.Err.      z    P>|z|     [95% Conf. Interval]
-------------+----------------------------------------------------------------
         age |  -.0772765   .0100099    -7.72   0.000    -.0968955   -.0576575
         adl |   .3327587   .0305819    10.88   0.000     .2728193    .3926982
       _cons |   15.63891   1.141069    13.71   0.000     13.40245    17.87536
-------------+----------------------------------------------------------------
    /sigma_u |   1.226386   .0664516                       1.10282    1.363796
    /sigma_e |    2.52708   .0365671                      2.456416    2.599776
         rho |     .19062   .0185133                      .1564728    .2289931
------------------------------------------------------------------------------
Likelihood-ratio test of sigma_u=0: chibar2(01)= 143.40 Prob>=chibar2 = 0.000
```

这里，/sigma_u 表示不同老人截距之间（实际上就是 ζ_i）的标准差，为1.226；/sigma_e 表示观测时点层次上（即 ξ_{it}）的标准差，为2.527；rho 表示同一老人的任意两次调查总残差之间的相关程度，它实际上就是 $1.226^2/(1.226^2+$

① 所谓随机截距，指的是 ζ_i 的估计值会随着老人的不同而变化，且服从一个特定的分布。实际应用中，该分布通常被假定为正态分布。

2.527²)①。通过比较模型（15－14）和（15－15）中对应系数的标准误，可以看出，汇合回归存在低估标准误的问题。

在控制日常生活自理能力的情况下，年龄每增加 1 岁，高龄老人的积极自评就平均下降 0.077 分；在控制年龄的情况下，高龄老人的日常生活自理能力得分每提高 10 分，其积极自评就平均上升 3.328 分。但是，这些效应不是老年人个体之间的比较（因为日常生活自理能力可能会随着时间的推移而发生变化）。

如果我们纯粹只是想要得到自变量在不同老人之间的效应（即组间效应），我们可以考虑首先根据每位老人在四次调查中所得到的数据求出积极自评、年龄和日常生活自理能力三个变量的个体平均值，然后以这些平均值作为变量进行回归：

$$\begin{aligned}\overline{pv}_{i\cdot} &= \frac{1}{n_i}\sum_{1}^{n_i}(pv_{it}) = \frac{1}{n_i}\sum_{1}^{n_i}[\beta_0 + \beta_1 age_{it} + \beta_2 adl_{it} + (\zeta_i + \xi_{it})] \\ &= \beta_0 + \beta_1\overline{age}_{i\cdot} + \beta_2\overline{adl}_{i\cdot} + \zeta_i + \bar{\xi}_{i\cdot}\end{aligned} \quad (15-16)$$

请注意，由于因变量和自变量均采用个体均值或组均值（group mean），回归系数中有关老年人四次调查之间的变异（即组内变异）完全被消除了，因此模型（15－16）主要反映了老人之间的差异（即组间效应）。此模型的参数估计结果如下：

```
. xtreg pv age adl, i(id) be

Between regression (regression on group means) Number of obs      =    3196
Group variable: id                             Number of groups   =     799

R-sq:  within  = 0.0805                        Obs per group: min =       4
       between = 0.0548                                       avg =     4.0
       overall = 0.0632                                       max =       4

                                               F(2,796)           =   23.05
sd(u_i + avg(e_i.))=  1.752715                 Prob > F           =  0.0000
------------------------------------------------------------------------------
        pv |     Coef.   Std.Err.       t    P>|t|    [95% Conf.  Interval]
-----------+------------------------------------------------------------------
       age |  -.0584904   .0119603    -4.89   0.000    -.0819678  -.0350129
       adl |   .1958232   .0584478     3.35   0.001     .0810932   .3105531
     _cons |   16.34506   1.643808     9.94   0.000     13.11835   19.57177
------------------------------------------------------------------------------
```

① 请注意，这是个控制了年龄和日常生活自理能力的条件组内相关系数。它意味着在估计模型（15－14）时，将四次调查模型残差相关矩阵的非对角线元素全部设定为 0.191，这相当于将表 15－3 中的相关矩阵加以修匀后的结果。

与模型（15－15）相比：在控制了日常生活自理能力的情况下，积极自评得分随年龄增长而下降的幅度有所减弱，年龄变量的回归系数从－0.077变为－0.058；在控制年龄的情况下，日常生活自理能力对积极自评的促进作用也有所减弱，日常生活自理能力变量的回归系数由前一模型中的0.333变成了这里的0.196。请注意，这些系数反映的纯粹是不同老人之间年龄和日常生活自理能力差异对积极自评的影响，即组间效应。

在追踪数据中，除了有组间效应之外，还存在组内效应，即对同一老人不同调查时点之间效应的比较。对此，我们可以将模型（15－15）减去模型（15－16）得到：

$$pv_{it} - \overline{pv}_{i.} = \beta_1(age_{it} - \overline{age}_{i.}) + \beta_2(adl_{it} - \overline{adl}_{i.}) + (\xi_{it} - \bar{\xi}_{i.}) \qquad (15-17)$$

这里，我们用同一位老人每次调查的观测值减去该老人四次调查的平均值（即组均值）。注意，如果用一个表示老年人特定个体效应的截距 α_i 来取代模型（15－15）中的随机截距 ζ_i，我们也可以得到与模型（15－17）相同的组内估计，即所谓的固定效应模型。只不过此时需要用799个虚拟变量来标识每一位老人，并去掉模型（15－15）中的总截距 β_0。但在实际研究中，出于对计算效率的考虑，通常更多的是采用模型（15－17）来进行参数估计。这也就是前面提到的采用均值离差法估计固定效应模型。该模型的参数估计结果如下：

```
. xtreg pv age adl, i(id) fe

Fixed-effects (within) regression             Number of obs      =      3196
Group variable: id                            Number of groups   =       799

R-sq:  within  = 0.0809                       Obs per group: min =         4
       between = 0.0545                                      avg =       4.0
       overall = 0.0618                                      max =         4

                                              F(2,2395)          =    105.34
corr(u_i, Xb)  = -0.2071                      Prob > F           =    0.0000
------------------------------------------------------------------------------
          pv |      Coef.   Std.Err.       t    P>|t|     [95% Conf. Interval]
-------------+----------------------------------------------------------------
         age |  -.1305563   .0181025     -7.21   0.000    -.1660545  -.0950581
         adl |   .3618901   .0361096     10.02   0.000     .2910808   .4326994
       _cons |   19.87368   1.887931     10.53   0.000     16.17154   23.57583
-------------+----------------------------------------------------------------
```

```
    sigma_u |  1.8114107
    sigma_e |  2.5220317
        rho |  .34030896   (fraction of variance due to u_i)
------------------------------------------------------------------------------
F test that all u_i=0:     F(798, 2395) =     1.96         Prob > F = 0.0000
```

表 15-4 不同模型设定的参数估计（$N=799$，$T=4$）

	模型(15-14) 汇合线性回归		模型(15-15) MLE 随机截距		模型(15-16) 组间效应		模型(15-17) 组内效应	
	估计值	标准误	估计值	标准误	估计值	标准误	估计值	标准误
固定部分								
常数项	15.332	1.029	15.639	1.141	16.345	1.644	19.874	1.888
年龄	-0.069	0.009	-0.077	0.010	-0.058	0.012	-0.131	0.018
ADL	0.307	0.030	0.333	0.031	0.196	0.058	0.362	0.036
随机部分								
/sigma_u			1.226	0.066			1.811	
/sigma_e			2.527	0.037			2.522	

表 15-4 将不同模型设定所对应的参数估计结果进行了整理。不同的模型反映着研究者在研究假设和研究关注点上的差异，而不同的模型也会得出不同的参数估计值及其标准误。就参数估计值的标准误而言，组内效应也就是固定效应模型情况下的标准误值最大。这是因为固定效应估计只利用了个体内变异（within-individual variation）而基本上忽略了任何与个体间变异（between-individual variation）有关的信息。如此处理的原因在于，个体间变异可能受到个体未被观测到的特征的干扰。固定效应估计的目的就在于排除这些个体上未被观测到的特征的干扰，来得到所关注参数的无偏估计值。用统计学术语来说，就是牺牲效率来减少偏差。因此，追踪数据的分析要求研究者首先明确自己的研究目的，然后据此来设定相应的模型。

15.2 趋势分析

15.2.1 趋势分析简介

在本章的导言部分我们曾提到，与追踪研究（panel study）相比，趋势分析（trend analysis）最明显的区别之一在于虽然二者都是针对同一个研究总体，但不同时期所选取的样本对象是不同的。在社会科学研究中，由于包含了明确的时间变动信息，这类研究也经常被认为比较适用于对社会现象过程的了解。

假设针对同一总体，我们在不同时点 t 上选取不同样本来对个体的收入水平进行研究，但不同时点被选取的样本个体并不完全相同。同时，假定样本规模为 n_t，不同时点个体的收入水平记为 y_{it}（这里 i 指的是不同时点上的不同个体且 $i=1, 2, \cdots, n_t$；t 表示不同的调查时点且 $t=1, 2, \cdots, T$）。请注意，如果将不同时点的调查样本整理为汇合数据（pooled data），样本量应为 $\sum_{t=1}^{T} n_t$。

相对于追踪数据而言，趋势分析要简单得多。因为趋势分析主要关注时间变量和其他自变量之间的交互作用，而这种作用实际上反映了由时间变动所带来的效应。换句话说，趋势分析主要是在刻画时间效应。下面我们将结合具体研究实例，简要地说明如何在实际研究中进行趋势分析。

15.2.2 趋势分析实例

本节中，我们将以 Hauser 和 Xie 2005 年发表在《社会科学研究》(*Social Science Research*)上的一篇论文（Hauser & Xie，2005）为例来说明如何在实际研究中进行趋势分析，以此展示趋势分析的应用。

研究关注点

Hauser 和 Xie（2005）的论文主要是讨论当代中国城市收入不平等的时间和空间变异。他们具体分析了人力资本和政治资本的收入回报在这一时期如何变化，以及这些变化在经历不同经济增长率的城市（city）之间是如何不同的。尽管该研究对这两个问题的分析是基于同一套数据，但是二者之间还是存在一定的差异。前者是趋势分析，主要刻画时间效应；后者则属于第 16 章将要讲到的多层分析（multi-level analysis），主要刻画组效应或背景效应（contextual effect）。这里，我们只关注该文中与本节主题直接相关的趋势分析的部分。

数据及分析思路

该研究仍然采用来自中国家庭户收入调查项目（CHIP）的数据，不过，他们这一次不仅用到了前面一直被用来举例分析的 1988 年城市样本个体数据（以下简称 CHIP88 数据），还用到了 1995 年的数据（以下简称 CHIP95 数据）。需要注意的是，该项目在这两年中进行调查的城市有所不同，1988 年共调查了 55 个城市，而 1995 年则增加到了 63 个城市，并且对同一城市在两个调查年份所选取的家庭户也不同。Hauser 和 Xie（2005）的研究基于在两个年份都进行了调查的 35 个城市。另外，分析中只包含年龄在 20～59 岁的那部分样本，且排除了 1988 年时收入低于 100 元以及收入为缺失值的个体。这样，最终用于分析的样本量情况为：1988 年为 12885 人，1995 年为 7536 人。

在研究思路上，Hauser 和 Xie 首先对 1988 年和 1995 年两个不同时期（period）分别估计了修正的人力资本模型。其次，他们进一步探索了个体层次基线（baseline）收入模型的含义，并将不平等水平在整体上分解为三个部分：收入决定因素分布的变化所导致的部分、由这些决定因素的回报的变化所导致的部分以及未被基线模型解释的剩余部分。最后，他们还对收入决定因素的回报在地区间的变异进行了探索，并用城市层次的经济增长指标对其加以解释。考虑到本节的主题，这里仅试图重现他们在第一步中进行的分析。

模型及结果

上面已经指出，这里的分析只涉及 Hauser 和 Xie（2005）一文所提到的三步研究思路中的第一步。如前所述，它所针对的问题就是：收入决定因素在时间维度上存在何种变化趋势？对应原文中的研究问题，即人力资本和政治资本的作用在 1988 年和 1995 年之间发生了何种变化？

谢宇和韩怡梅在 1996 年的文章（Xie & Hannum，1996）中采用对 Mincer（1974）的经典人力资本模型进行修正所得到的修正人力资本模型，忽略表示第 t 个时期第 i 个人的下标，该模型可表示为：

$$logY = \beta_0 + \beta_1 X_1 + \beta_2 X_2 + \beta_3 X_2^2 + \beta_4 X_4 + \beta_5 X_5 + \beta_6 X_1 X_5 + \varepsilon \qquad (15-18)$$

其中，

$logY$ 表示收入的对数，收入指的是个体每年所得的各种来源的收入之和；[①]

X_1 表示受教育年限[②]，作为对人力资本的测量；

① 考虑到通货膨胀的影响，1995 年的收入按照 1988 年的情况进行了调整。因此，下面所有的分析都是可比的。

② 通过转换类别测量水平的教育成就变量得到。这一转换相当于认定在其他因素不变的情况下，收入是教育的线性函数，Hauser 和 Xie（2005）在文中给出了使用教育水平的线性形式的 4 个理由，具体内容请参见原文。

X_2 表示工作经历，以调查时点的年龄和首次工作时年龄之间的差值作为近似测量；

X_2^2 表示工作经历的平方；

X_4 表示中国共产党党员身份，用来作为对政治资本的测量，其中 1 表示党员，0 表示非党员；

X_5 表示性别，其中 1 表示女性，0 表示男性；

X_1X_5 表示教育与性别的交互项，即允许教育回报因性别的不同而不同；

β 为回归系数，用于测量某个自变量变化一个单位所带来的收入对数的变化量，也就是每一自变量在收入方面带来的“回报”；

ε 表示未被基线模型（baseline model）所解释的残差。

与 Mincer（1974）的经典模型相比，修正的人力资本模型主要是考虑到与西方社会相比，中国社会存在的两个特殊之处：一是政治资本的重要性，这通过党员身份这一虚拟变量进行测量；二是包括了女性并考虑男女在受教育机会和教育回报上的差异，这通过教育和性别之间的交互项来刻画。

为了更简便地表达，我们将模型（15－18）以矩阵形式重新表示为：

$$logY = \boldsymbol{\beta}'\mathbf{X} + \varepsilon \tag{15－19}$$

这里，$\mathbf{X}' = [1 \quad X_1 \quad X_2 \quad X_2^2 \quad X_4 \quad X_5 \quad (X_1X_5)]$，$\boldsymbol{\beta}' = [\beta_0 \quad \beta_1 \quad \beta_2 \quad \beta_3 \quad \beta_4 \quad \beta_5 \quad \beta_6]$。在模型（15－18）的设定中，我们对每一个时期（即 1988 年和 1995 年）分别估计得到一组回归参数的估计值，它们是分时期的（period-specific）。该模型可以等价地表示为：

$$logY = \boldsymbol{\beta}^{*\prime}\mathbf{X} + \boldsymbol{\delta}'\mathbf{S} + \varepsilon \tag{15－20}$$

其中，$\mathbf{S} = t\mathbf{X}$，t 是一个表示调查年份的虚拟变量，1 表示 1995 年，0 表示 1988 年；$\boldsymbol{\delta}$ 是一个参数向量，代表每一个收入决定因素 $\mathbf{X}$ 与时间 t 之间的交互效应。注意，在模型（15－20）中，$\boldsymbol{\beta}^{*\prime}$ 向量表示在 1988 年时每一个自变量的回归系数。因此，我们将该模型称作汇合分析（pooled analysis）模型。对以上两种模型设定，我们均可采用 Stata 来分别计算其参数的估计值。

<u>对于 1988 年 CHIP 数据的模型估计：</u>

```
. reg  logY  x1 x2 x22 x4 x5 x1x5 if  t==0

      Source |        SS           df       MS              Number of obs   =     12885
```

```
-----------+------------------------------          F(  6, 12878)   =   706.26
      Model |  623.632202      6   103.9387          Prob > F        =   0.0000
   Residual |  1895.22532  12878  .147167675         R-squared       =   0.2476
-----------+------------------------------          Adj R-squared   =   0.2472
      Total |  2518.85752  12884  .195502757         Root MSE        =   .38362

------------------------------------------------------------------------------
       logY |      Coef.   Std.Err.        t    P>|t|    [95% Conf.   Interval]
-----------+------------------------------------------------------------------
         x1 |   .0197848   .0015939    12.41   0.000     .0166605     .022909
         x2 |   .0442854   .0012393    35.73   0.000     .0418562    .0467147
        x22 |  -.0006631   .0000297   -22.34   0.000    -.0007213   -.0006049
         x4 |   .0612991   .0089939     6.82   0.000     .0436696    .0789285
         x5 |  -.3645443   .0253793   -14.36   0.000    -.4142915   -.3147971
       x1x5 |   .0226549   .0022764     9.95   0.000     .0181928     .027117
      _cons |   6.752952   .0217671   310.24   0.000     6.710286    6.795619
------------------------------------------------------------------------------
```

对于 1995 年 CHIP 数据的模型估计：

```
. reg  logY  x1 x2 x22 x4 x5 x1x5 if  t==1

     Source |      SS          df       MS           Number of obs   =     7536
-----------+------------------------------          F(  6,  7529)   =   307.04
      Model |  485.162334      6   80.860389          Prob > F        =   0.0000
   Residual |  1982.81837   7529  .263357467         R-squared       =   0.1966
-----------+------------------------------          Adj R-squared   =   0.1959
      Total |  2467.9807     7535  .327535594         Root MSE        =   .51318

------------------------------------------------------------------------------
       logY |      Coef.   Std.Err.        t    P>|t|    [95% Conf.   Interval]
-----------+------------------------------------------------------------------
         x1 |    .036624   .0029409    12.45   0.000      .030859    .0423891
         x2 |   .0498141    .002219    22.45   0.000     .0454642     .054164
        x22 |  -.0008448   .0000552   -15.31   0.000     -.000953   -.0007366
         x4 |   .1297126   .0151144     8.58   0.000     .1000841     .159341
         x5 |  -.5748415   .0510058   -11.27   0.000     -.674827    -.474856
       x1x5 |   .0370888   .0041641     8.91   0.000      .028926    .0452515
      _cons |   6.881937   .0436392   157.70   0.000     6.796391    6.967482
------------------------------------------------------------------------------
```

对于1988年和1995年CHIP数据的汇合分析:

```
. reg  logY  x1 x2 x22 x4 x5 x1x5  t tx1 tx2 tx22 tx4 tx5 tx1x5

      Source |       SS       df       MS              Number of obs =   20421
-------------+------------------------------           F( 13, 20407) =  757.90
       Model |  1872.34748    13  144.026729           Prob > F      =  0.0000
    Residual |  3878.04368 20407  .190034972           R-squared     =  0.3256
-------------+------------------------------           Adj R-squared =  0.3252
       Total |  5750.39116 20420  .281605836           Root MSE      =  .43593

------------------------------------------------------------------------------
        logY |      Coef.   Std.Err.      t    P>|t|     [95% Conf.  Interval]
-------------+----------------------------------------------------------------
          x1 |   .0197848   .0018112    10.92   0.000     .0162347    .0233349
          x2 |   .0442854   .0014083    31.45   0.000      .041525    .0470459
         x22 |  -.0006631   .0000337   -19.66   0.000    -.0007292    -.000597
          x4 |   .0612991   .0102202     6.00   0.000     .0412666    .0813315
          x5 |  -.3645443   .0288397   -12.64   0.000    -.4210724   -.3080162
        x1x5 |   .0226549   .0025868     8.76   0.000     .0175846    .0277252
           t |    .128984   .0445644     2.89   0.004     .0416341    .2163339
         tx1 |   .0168392   .0030857     5.46   0.000      .010791    .0228875
         tx2 |   .0055286    .002353     2.35   0.019     .0009166    .0101407
        tx22 |  -.0001817   .0000577    -3.15   0.002    -.0002949   -.0000685
         tx4 |   .0684135   .0164102     4.17   0.000     .0362481    .1005789
         tx5 |  -.2102972    .052048    -4.04   0.000    -.3123154   -.1082789
       tx1x5 |   .0144338   .0043822     3.29   0.001     .0058445    .0230232
       _cons |   6.752952   .0247349   273.01   0.000      6.70447    6.801435
------------------------------------------------------------------------------
```

为了便于比较和解释上述三个模型估计得到的结果，我们将其整理成表15－5的形式。表15－5给出了模型中每个参数的估计值和对应的标准误，并注明了统计上是否显著。

表15－5 地区同质性假定下1988年和1995年收入对数（*logY*）的模型

自变量	1988年		1995年		1995年相对于1988年	
	β	*S. E.*	β	*S. E.*	δ	*S. E.*
截　距	6.753	0.022***	6.882	0.044***	0.129	0.045**
受教育年限(x_1)	0.020	0.002***	0.037	0.003***	0.017	0.003***
工作经历(x_2)	0.044	0.001***	0.050	0.002***	0.006	0.002*

续表 15 - 5

自变量	1988 年		1995 年		1995 年相对于 1988 年	
	β	*S. E.*	β	*S. E.*	δ	*S. E.*
工作经历的平方(x_2^2)	-6.63×10^{-4}	2.97×10^{-5}***	-8.45×10^{-4}	5.52×10^{-5}***	-1.82×10^{-4}	5.77×10^{-5}**
党员(1 = 是)(x_4)	0.061	0.009***	0.130	0.015***	0.068	0.016***
性别(1 = 是)(x_5)	-0.365	0.025***	-0.575	0.051***	-0.210	0.052***
性别与受教育年限交互项(x_1x_5)	0.023	0.002***	0.037	0.004***	0.014	0.004***
残差均方根	0.384		0.513			
自由度 *df*	12878		7529			
判定系数 R^2(%)	24.8		19.7			

注：(1) 1988 年和 1995 年的样本量分别为 $N = 12885$ 和 $N = 7536$。因变量为年度总收入（以 1988 年的元来表示）的自然对数。

(2) * 表示 $p < 0.05$，** 表示 $p < 0.01$，*** 表示 $p < 0.001$。

表 15 - 5 呈现了分别对应于 CHIP88 和 CHIP95 的 β 向量的估计值以及汇合 CHIP88 和 CHIP95 两个时点数据的 **δ** 向量的估计值。它完全再现了 Hauser 和 Xie (2005) 文中给出的估计结果。

1988 ~ 1995 年，尽管跨越了不同的职业生涯时期，但工作经历的平方的回归系数估计值始终都是负的，这与收入回报的人力资本理论相吻合。也就是说，工作经历在个体职业生涯的初期对收入具有正向作用，但在接近职业生涯末期时其作用会变小，如下图 15 - 1 所示。

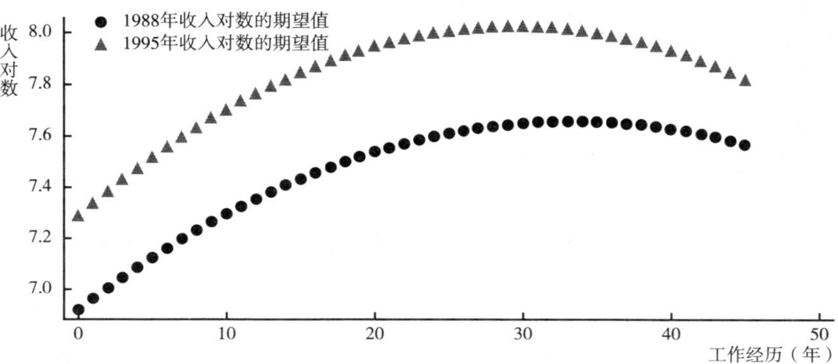

图 15 - 1　工作经历对收入回报的影响：1988 年和 1995 年

注：控制了教育、党员、性别和性别 × 教育的影响。

另外，通过求解$\partial logY/\partial X_2=0$可以得到回报最高的工作年限。通过计算，Hauser 和 Xie（2005）发现，1988 年和 1995 年回报最高的工作年限分别是 33.2 年和 29.6 年。不过，考虑到每一时期的数据仍属于截面数据，工作年限的这种情况可能仅仅反映了某种队列变化。假定不存在队列变化，那么我们得到的估计值预示着与 1988 年相比，1995 年的收入回报有着很大的提高。

受教育年限的系数β_1表明，男性受教育年限在 1988 年时的年度回报率是 2.0%〔即 exp(0.020)〕，而这一回报率到 1995 年时几乎翻了一倍，达到 3.8%〔即 exp(0.037)〕。再来看系数δ_1，它表示的是 1988～1995 年间受教育年限的收入回报的变化。对该系数的统计检验表明，男性受教育年限的收入回报在此期间几乎翻了一番，这一变化在 0.001 水平上统计显著。同样地，系数δ_6表示的是 1988～1995 年间性别与受教育年限两者的交互作用所发生的变化。将β_1和δ_1、β_6和δ_6综合起来看，我们发现女性受教育年限的收入回报率大幅提高，从 1988 年时的 4.4%〔即 exp(0.020 + 0.023)〕上升到 1995 年时的 7.7%〔即 exp(0.020 + 0.023 + 0.017 + 0.014)〕，而这几乎是相同年份男性回报率的 2 倍。这一受教育年限在收入回报上的性别差异可由图 15－2 直观地呈现出来。

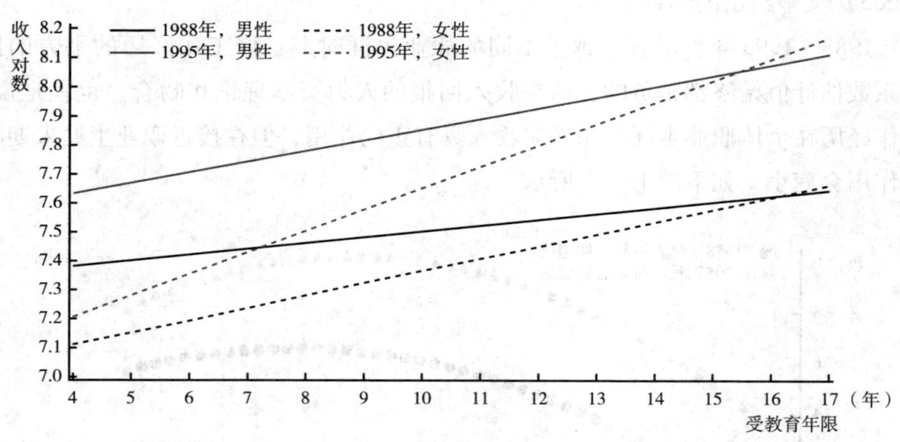

图 15－2　受教育年限收入回报的性别差异：1988 年和 1995 年

注：控制了工作年限和党员年份的影响。

图 15－2 中的四条线分别表明了男性和女性在 1988 年和 1995 年时受教育年限的收入回报。其中受教育程度低的群体，其收入的性别差异最大。这可能反映了受教育程度低的男性和女性可获得的工作类型有所不同。女性相比男性更高的

教育回报率反映出，对于受到高等教育的工作者而言，收入的性别差异在缩小。在表 15－5 中，系数 δ_5 代表性别效应发生的变化，可以看到其估计值为负。对于受教育年限最少的那部分工作者而言，收入的性别差异在继续扩大。这一发现支持了其他学者（Shu & Bian，2002；2003）此前有关经济改革可能加剧劳动力市场中的性别不平等的结论。

下面我们来看党员身份对收入回报的影响及其随时间推移而出现的变化。与党员身份变量对应的系数为 β_4，其估计结果表明，在控制教育、工作经历和性别作用的情况下，党员在 1988 年和 1995 年比非党员在收入回报率上分别高出大约 6.3%〔即 exp(0.061)〕和 13.9%〔即 exp(0.130)〕。也就是说，党员身份的收入回报在这七年间有了大幅提高，翻了一倍还多。这一发现与中国的政治资本在改革时代的重要性正在下降这一预测并不一致。相反，Hauser 和 Xie（2005）发现在经济改革快速推进时期，入党的好处不但依然存在，而且不论被访者受教育程度的高低、工作经历的长短、是男性还是女性，党员的相对优势都有所扩大。比如，男性非党员在 1988 年时只需要多接受大约 3 年的教育就能得到等同于与其具有相同工作经历的男性党员的收入，然而到了 1995 年，同一男性非党员则需要多接受 3.5 年的教育。对此，一个可能的解释是党员身份也许可以被看作是一种能力，它代表了人力资本中未被观测到的方面（Gerber，2000；2001）。因而，党员身份回报的明显提高反映的可能是对某些能力回报的提高。

我们看到，通过趋势分析，Hauser 和 Xie（2005）揭示了 1988～1995 年间收入决定因素重要性的诸多变化：教育的收入回报对男女两性都有显著提高；收入的性别差异在扩大；党员身份的收入回报也翻了番。也就是说，在个体层次上，收入决定因素的确存在统计上的显著变化。

15.3　本章小结

由于将时间因素考虑进来，纵贯数据在社会科学研究中具有非常高的价值，它有助于研究者讨论存在于个体行为和社会现象中的因果关系。本章简要介绍了分析纵贯数据的基本方法和思路。

近年来，纵贯数据，尤其是追踪数据分析在理论和应用两个方面都有了迅猛的发展。这一领域的研究者在基本分析模型的基础上发展出了能够对更为复杂的数据特征进行处理的新模型，比如动态追踪数据模型（dynamic panel data model）、离散数据模型（discrete data model）、非平衡数据模型（unbalanced data model）等。另外，还有一种被称作“增长曲线模型”（growth-curve model）的方法，它将观测时点 $t(t=1, 2, \cdots, T)$ 作为层 1 单位、每个个体 i（$i=1, 2, \cdots, N$）作为层 2 单位，由此，追踪数据实际上可以被看作是 N 个个体在 T 个时点上的增长轨迹。也就是说，追踪数据可以转化成“增长曲线”，并采用多层模型的思路对其加以分析。这种模型可以被纳入多层模型部分进行介绍。因此，接下来，我们将在下一章中介绍多层线性模型的基本原理。

参考文献

Baltagi, Badi. H. 2002. *Econometric Analysis of Panel Data*. New York: Wiley.

Gerber, Theodore P. 2000. "Membership Benefits or Selection Effects? Why Former Communist Party Members Do Better in Post-Soviet Russia." *Social Science Research* 29: 25 – 50.

Gerber, Theodore P. 2001. "The Selection Theory of Persisting Party Advantages in Russia: More Evidence and Implications (Reply to Rona-Tas and Guseva)." *Social Science Research* 30: 653 – 671.

Halaby, Charles N. 2004. "Panel Models in Sociological Research: Theory into Practice." *Annual Review of Sociology* 30: 507 – 544.

Hauser, Seth M. & Yu Xie. 2005. "Temporal and Regional Variation in Earnings Inequality: Urban China in Transition Between 1988 and 1995." *Social Science Research* 34: 44 – 79.

Hsiao, Cheng. 2003. *Analysis of Panel Data* (Second Edition). Cambridge University Press.

Judge, Geroge G., William E. Griffiths, E. Carter Hill, Helmut Lütkepohl, & Tsoung-Chao Lee. 1985. *The Theory and Practice of Econometrics* (Second Edition). New York: Wiley.

Markus, Gregory B. 1979. *Analyzing Panel Data*. Beverly Hills, Calif.: Sage Publications.

Mincer, Jacob. 1974. *Schooling, Experience and Earnings*. New York: Columbia University Press.

Shu, Xiaoling & Yanjie Bian. 2002. "Intercity Variation in Gender Inequalities in China: Analysis of a 1995 National Survey." *Research in Social Stratification and Mobility* 19: 267 – 307.

Shu, Xiaoling & Yanjie Bian. 2003. "Market Transition and Gender Gap in Earnings in Urban China." *Social Forces* 81: 1107 – 1145.

Xie, Yu. 1998. "The Essential Tension between Parsimony and Accuracy." *Sociological Methodology* 231 – 236, edited by Adrian Raftery. Washington, D. C.: The American Sociological Association.

Xie, Yu & Emily Hannum. 1996. "Regional Variation in Earnings Inequality in Reform-Era Urban China." *American Journal of Sociology* 101: 950 – 992.

顾大男、曾毅，2004，《高龄老人个人社会经济特征与生活自理能力动态变化研究》，《中国人口科学》S1 期。

李强、Denis Gerstorf、Jacqui Smith，2004，《高龄老人的自评完好及其影响因素》，《中国人口科学》S1 期。

王德文、叶文振、朱建平、王建红、林和森，2004，《高龄老人日常生活自理能力及其影响因素》，《中国人口科学》S1 期。

第16章

多层线性模型介绍

社会研究应该基于社会理论。社会理论告诉我们：人与人之间是有差异的，而且总是生活在一定的社会环境（social context）中，其表现和行为方式总是随着其置身于其中的社会环境的变化而变化。在更一般的意义上，社会研究经常会涉及个体与社会环境之间的互动关系。个体会受到其所属的团体氛围或社会环境的影响；反过来，团体氛围或社会环境的属性也会受到作为它们构成要素的个体的影响。个体与社会环境之间的这种互动关系决定了社会研究所用数据中的多层结构（multi-level structure）。比如，在教育研究中，学生隶属于不同的学校，当我们试图对学生成绩进行研究时，我们可以得到有关学生特征的变量信息，同时也能得到反映学校特征的变量信息。再比如，在追踪研究中，对同一个体进行不同时点的测量，可以得到个体在不同时点上的变量信息，同时我们还可以获得该个体不随时间发生变化的变量信息（如家庭背景、性别、出生地等）。数据所具有的这种多层结构使得前面介绍的 OLS 回归无法胜任数据分析的任务。比如，由于受到学校环境的共同影响，一般来讲，就读于同一所学校的学生之间的异质性要小于就读于不同学校的学生之间的异质性。而这就违背了 OLS 回归技术的经典假定——误差项独立和同方差。

在多层模型出现之前，面对具有多层结构的数据，先前的处理方法通常是首先将所有的变量汇总（aggregation）或分解（disaggregation）到某个层次上，然后采用常规多元回归、方差分析等“标准”的统计方法进行分析。但是，对从属于不同层次上的变量仅考虑将其在某个单一层次上进行处理是不够的，这可能会带来一些问题。首先，如果忽略了上一层分析单位，我们就不能解释背景和处境对个体行为的影响；同时，这种个体主义的视角（individualistic approach）没有考虑到从属于同一上层分析单位的不同个体之间的同质性要高于从属于不同上层分析单位的不同个体之间的同质性，从而违背了常规最小二乘法关于同分布和无序列相关这两个假定，存在损失效率的问题。其次，如果忽略个人层次的观测，仅仅依赖上层分析单位的数据，那么当我们试图将这种基于汇总数据方法（aggregated data approach）得到的结论推论到个体层次时，可能会导致方法论上的生态学谬误（ecological fallacy）（Robinson，1950）。再次，如果模型设定不够清楚明确，那么层 2 的抽样误差可能很大，从而导致不可靠的斜率估计值。最后，假如强制采用同质性模型（homogeneity model），我们就没有办法将参数变异与抽样变异区分开来。比如，在有关中国收入分化的研究中，如果我们忽略地区差异而将中国看作一个同质性整体的话，就不仅在方法论上存在缺陷，而且在理论上也是一种浪费（Xie & Hannum，1996）。

对于多层结构数据而言，变量的变异同样可以区分为组内变异和组间变异两个部分。如果完全忽略组间变异的话，残差分布有可能出现异方差，采用常规最小二乘法所得到的参数估计值尽管仍是无偏和一致的，但不再是最有效的。同时，我们也失去了使用组层面自变量的机会。相反，完全忽略组内变异使我们损失了大量可能很重要的变异，从而导致误差。作为一种特例，生态学谬误的根源就在于组内变异的流失。因此，对于具有多层结构的数据，所采用的分析方法应该同时兼顾组内变异和组间变异。近年来，多层线性模型的出现与发展恰好能够方便地做到这一点。本章将对这一方法的基本原理进行介绍。

16.1 多层线性模型发展的背景

本章所介绍的多层线性模型最早主要起源于教育学。时至今日，它在不同领域的文献中有了不同的称呼。比如，社会学研究者称其为多层线性模型（multilevel models），教育学研究者将其称为分层线性模型（hierarchical linear models），计量经济学者往往称其为随机系数回归模型（random-coefficient regression models），统计学家则更多地称其为混合效应模型（mixed effect models）和随机效应模型（random-effects models），而发展心理学研究者多称其为增长曲线模型（growth-curve models）。另外，多层线性模型有一个特例，被习惯称作协方差成分模型（covariance components models）。尽管名称繁多，但多层线性模型大体上包括两个方面的来源：情景分析（contextual analysis）和混合效应模型。

情景分析关注社会情景对个体行为的影响。长期以来，这一直是困扰社会科学研究者的一个难题。20 世纪 50 年代，Robinson（1950）对当时主要依赖汇总数据（aggregate data）来研究个体行为的流行做法提出了质疑，他认为这可能混淆汇总效应和个体效应从而导致生态学谬误。随后，一些学者开始在组内回归和组间回归之间做出明确的区分，也有一些学者开始探索将一个层次上的回归截距和斜率作为更高层次上的结果加以处理。另一方面，在 20 世纪 80 年代之前，混合效应模型被运用到方差分析和回归分析中来，系数被假定为具有固定效应或随机效应。进入 20 世纪 80 年代后，情景分析和随机效应模型两者终于汇集形成了多层线性模型。相关研究者认为，在情景分析的建模中，个体和情景作为不同的变异来源，在建模中都应被作为随机影响加以设定。与此同时，统计方法和算法也在 20 世纪 80 年代出现了突破性的发展，比如，EM 算法的扩展应用、采用迭代再加权最小二乘法估计协方差成分方法的出现、Fisher 得分算法的问世等。这使得具有嵌套随机系数的回归模型成为可能。到 20 世纪 80 年代末，多层线性模型的基础已经建立起来。今天，随着多层结构数据的逐渐普及以及计算机技术的迅猛发展，多层线性模型不断出现方法上的创新，并在教育学、社会学、心理学等社会科学中产生了许多具有创造性的应用。

16.2 多层线性模型的基本原理

16.2.1 工作逻辑

多层线性模型的分析思路其实比较简单。它首先将多层结构数据在因变量上的总变异明确区分成组内（within-group）和组间（between-group）两个层次，然后分别在不同的层次上引入自变量来对组内变异和组间变异加以解释。最简单的多层线性模型由一个组内方程和一个组间方程构成，同时将组内方程的部分或全部参数作为结果变量由组间方程来加以解释。

以教育研究中有关学习成绩的研究为例，其中，学生为组内（即层 1）分析单位，学校作为组间（即层 2）分析单位。组内模型将就读于学校 j 的学生 i 的学习成绩表示为不同学生的背景特征 x_{ijk}（比如，性别、家庭 SES 等）和随机误

差 ε_{ij}的函数：

$$y_{ij} = \beta_{j0} + \beta_{j1}x_{ij1} + \beta_{j2}x_{ij2} + \cdots + \beta_{jk}x_{ijk} + \varepsilon_{ij} \quad (16-1)$$

这里，回归系数 β_{jk}反映的是在学校 j 内的结构关系，表明每所学校学生的学习成绩是如何受到学生层次变量影响的。

与同质性模型（比如常规线性回归模型）相比，多层线性模型明显的不同之处就在于，它还会进一步探究式（16－1）中的结构关系如何在不同学校之间变化。即通过组间模型，将式（16－1）中的一些或全部结构参数 β_{jk}表示为学校层次变量 W_{pj}和随机误差 μ_{jk}的函数：

$$\beta_{jk} = \gamma_{0k} + \gamma_{1k}W_{1j} + \cdots + \gamma_{pk}W_{pj} + \mu_{jk} \quad (16-2)$$

这里，$k \in (0, 1, 2, \cdots, K)$，回归系数 γ_{pk}表示学校层次的某变量 W_p（比如学校教学环境、师资实力等）如何改变学校内结构关系中第 k 个学生层次变量对学生学习成绩的影响（包括截距），这体现为学校特征如何影响学校内学生的学习成绩。加上一些对方差协方差结构的假定，上述式（16－1）和式（16－2）共同定义了一个多层次模型。式（16－1）实际上是针对就读于同一所学校学生的学生成绩进行回归，取得不同学校的模型参数（即回归截距和每个学生背景变量的斜率）估计值；然后，式（16－2）分别以这些得到的回归截距和斜率作为因变量进行回归。简单地说，所谓多层线性模型实际上可以概括为对层 1 回归截距和斜率系数的再回归。

这种“回归的回归”的思路其实早在 20 世纪 70 年代的元分析（meta analysis）中就已经出现了（Glass，1976）。换用多层线性模型的思路来看，在元分析中，研究者所收集来的针对同一主题所做的回归分析属于组内模型，而研究者针对这些研究结果所进行的元分析回归则属于组间模型。它们的共同点在于都让组内模型的系数在不同组之间发生变动。但是，多层线性模型和元分析之间的差别也是显而易见的。在多层线性模型中，研究者同时具有学生和学校两个层次上的数据，可以同时建立组内模型和组间模型。但是，在元分析中，研究者没有学生层次的数据，只能建立组间模型进行分析，而组内模型的分析是由其他研究者事先基于原始数据完成的。在这一意义上，也许我们可以将元分析视为组间模型分析，或“穷人”的多层线性模型。

实际上，先前常见的模型（诸如同质性模型、生态学模型和元分析等）都可以看成是本章所介绍的多层线性模型的种种特例。

16.2.2 参数估计方法

尽管多层线性模型可以简单地视为一种“回归的回归”，但是实际上式(16－2)中的结果变量 β_{jk} 并不能够通过直接观测得到。将式（16－2）代入式（16－1）所得到的组合模型包含学生和学校两个层次上的随机误差，这一复合残差结构使得模型估计变成了一个复杂的问题，这也是过去一段时间以来制约多层线性模型应用的一个瓶颈所在。随着统计方法和算法在20世纪80年代的突破性发展，诸如EM算法、Bayes方法都被用来对多层线性模型进行求解。不过，本书并不打算对多层线性模型的参数估计原理进行详细介绍，有兴趣的读者可以参考Goldstein（1995）与Raudenbush和Bryk（2002）等的专著。这里我们只是简要提及可以用于对多层线性模型参数进行估计的一些常见方法。

多层线性模型通常使用最大似然估计（maximum likelihood estimation，简称MLE）方法来估计模型的方差协方差。但是，在具体应用中，最大似然估计方法又分成完全最大似然法（full maximum likelihood，简称FML）和限制性最大似然法（restricted maximum likelihood，简称REML）两种。两者之间的差别在于它们对模型残差项的考虑有所不同。REML包含了所有来源的残差，而且它常被用于估计高层次上的单位数量偏少的模型（Kreft & Leeuw，1998；Raudenbush & Bryk, 2002）。而在进行模型比较时通常采用FML方法进行模型估计。

此外，迭代广义最小二乘法（iterative generalized least squares，简称IGLS)、限制性迭代广义最小二乘法（restricted iterative generalized least squares，简称RIGLS）以及经验贝叶斯估计方法（empirical Bayes estimator）（Lindley & Smith，1972）等也是对多层线性模型进行参数估计的重要方法。其中，经验贝叶斯估计方法在某些层2单位样本量较小的情况下特别适用。这是因为它是一种收缩估计(shrinkage estimator)，即可以全部从样本中“借取”信息来对样本量较小的层2单位进行统计估计（Gelman et al.，2003)，从而使得模型的参数估计值向基于整个样本计算出来的参数估计值靠近。

目前，许多统计软件都能对多层线性模型进行估计，包括诸如HLM、LISREL、MLwin、Mplus等专门软件，也包括诸如R、SPSS、Stata、SAS等通用软件。但需要注意的是，不同软件在默认估计方法的选择上存在不同的偏好，比如在Stata、SAS和HLM中，REML估计是默认选择；而MLwin则主要应用IGLS和RIGLS进行参数估计。因此，采用不同软件进行模型参数估计时，可能会在结果上存在一定的差异，尤其是对于随机效应的估计而言，情况更是如此。

16.3　模型的优势与局限

对于具有多层结构的数据而言，采用多层线性模型经常是更为恰当的选择。与其他方法（主要是前面章节讲的常规线性回归模型）相比，它具有以下一些优点：

第一，可以做跨层比较；

第二，可以控制来自上层或更高层的差异效应；

第三，使研究者能够分解出被估计参数 β_{kj} 的真实变异和抽样变异。由式（16－2）可以得到：

$$\underset{\substack{\Downarrow \\ \text{总观测方差}}}{\underline{Var(\hat{\beta}_{jk})}} = \underset{\substack{\Downarrow \\ \text{参数方差}}}{\underline{Var(\beta_{jk})}} + \underset{\substack{\Downarrow \\ \text{抽样方差}}}{\underline{Var(\varepsilon_{jk})}} \tag{16－3}$$

这里，参数 β_{jk} 的总观测方差被明确区分为参数方差和抽样方差两部分。

但是，和其他的统计方法一样，多层线性模型也存在局限。比如，由于涉及不同分析层次的变量，它的参数数目比较多，这使得模型不如前面介绍的常规线性回归模型那么简约；为了确保模型参数估计的稳定性，多层线性模型往往要求较大的样本规模；多层线性模型还经常会涉及层 2（或层 2 以上）分析单位的数量较少的情形，这时，尽管以层 1 单位计算的整体样本量很大，但层 2 的方差成分和标准误估计以及层际交互效应估计很可能会出现偏差（Hox，2002）。另外，多层线性模型也无法处理变量测量误差的问题。

16.4　多层线性模型的若干子模型

前面我们对多层线性模型的基本原理做了简要的介绍。但是，多层线性模型并不像常规线性回归模型那样是个单一的模型。在多层线性模型这一术语下，通过考虑不同的模型设定，它实际上包含了从最简单到最复杂的各种子模型。本节对主要的一些子模型加以介绍。需要说明的是，这里的介绍只考虑包含两层数据且每个层次均只包含一个解释变量的情况。但是，这里所介绍的内容可以方便地扩展到包含两层及两层以上的数据且每一层上的解释变量均为多个的情况。

16.4.1 零模型

在多层线性模型分析中，零模型（null model）是最简单的模型，它构成了多层线性模型分析的起点。零模型也被称为截距模型（intercept model）。顾名思义，所谓零模型也即是层1（式16－1）和层2（式16－2）都不包含任何解释变量的模型，即：

层1模型：

$$y_{ij} = \beta_{0j} + \varepsilon_{ij} \tag{16-4}$$

层2模型：

$$\beta_{0j} = \gamma_{00} + \mu_{0j} \tag{16-5}$$

其中，假定

$$\varepsilon_{ij} \overset{iid}{\sim} N(0, \sigma^2)$$
$$\mu_{0j} \overset{iid}{\sim} N(0, \tau_{00})$$
$$Cov(\varepsilon_{ij}, \mu_{0j}) = 0$$

这里，γ_{00}表示样本整体中因变量的总平均值（grand mean），μ_{0j}是与第j个层2单位相联系的随机效应。注意，这里其实还不需要假定跨层误差项服从多元正态分布（multivariate normality assumption）。相对于随后的模型，这是一个特例。另外，到目前为止，根据满足独立同分布情况下的高斯－马尔科夫定理，只要样本规模足够大，我们其实仍不需要做正态性假定。将式（16－5）代入（16－4），可以得到组合模型：

$$y_{ij} = \gamma_{00} + \mu_{0j} + \varepsilon_{ij} \tag{16-6}$$

这里，由于分组效应被解释为随机效应，因此，式（16－6）实际上等价于具有随机效应的单因素方差分析模型，在统计学中也被称作随机效应模型（random effect model）。对其两边求方差，则有：

$$Var(y_{ij}) = Var(\mu_{0j} + \varepsilon_{ij}) = \tau_{00} + \sigma^2 \tag{16-7}$$

至此，我们已经可以初步看到多层线性模型中的零模型其实是将结果变量的方差区分为组间方差和组内方差两个部分。在这一意义上，零模型也被称为方差成分模型（variance component model）。根据这两部分方差成分估计值，可以计算得到组内相关系数（intra-class correlation coefficient，简称 ICC）：

$$\rho = \tau_{00}/(\tau_{00} + \sigma^2) \tag{16-8}$$

这一指标测量了层 2 单位之间的差异在层 1 结果变量的总方差中所占的比例。如果计算得到的ρ很小，则表明层 2 单位之间的相对差异不大，即我们仍然可以采用常规线性回归方法进行统计建模，而无须采用多层线性模型；反之，则需要采用多层线性模型。① 在这一意义上，零模型被认为是多层线性模型分析的起点。

16.4.2 均值作为结果的模型

从上面对零模型的介绍中我们已经知道，组内相关系数实际上反映的是层 2 组别的变异对结果变量总变异所具有的影响。一旦我们可以肯定这一影响足够大，那么接下来可能就需要考虑层 2 的哪些特征能够解释不同组别均值的差异。或者说，我们可以通过层 2 分组的哪些特征来预测不同组的均值。这就变成了以均值作为结果的模型，其设定如下：

层 1 模型：

$$y_{ij} = \beta_{0j} + \varepsilon_{ij} \tag{16-9}$$

层 2 模型：

$$\beta_{0j} = \gamma_{00} + \gamma_{01} W_j + \mu_{0j} \tag{16-10}$$

其中，假定，

$$\varepsilon_{ij} \overset{iid}{\sim} N(0, \sigma^2)$$
$$\mu_{0j} \overset{iid}{\sim} N(0, \tau_{00})$$
$$Cov(\varepsilon_{ij}, \mu_{0j}) = 0$$

将式（16－10）代入式（16－9）中，得到组合模型：

---

① 有些学者建议用组内相关系数大于 0.059 作为经验法则（Cohen，1988）。也有学者依据层 2 随机效应参数的统计检验结果来决定是否有必要进行多层线性模型分析，而不是依据组内相关系数的大小进行决策。

$$y_{ij} = \gamma_{00} + \gamma_{01} W_j + \mu_{0j} + \varepsilon_{ij} \tag{16-11}$$

因此，所谓均值作为结果的模型，其实就是层 1 模型不包含任何解释变量，然后在层 2 模型中以层 2 的解释变量来对层 1 模型中截距项的差异进行解释。

值得注意的是，与零模型中将 μ_{0j} 作为随机效应不同，式（16－10）中的 μ_{0j} 具有不同的含义，它现在表示的是残差，即某组 β_{0j} 与其模型得到的（$\gamma_{00} + \gamma_{01} W_j$）的差：

$$\mu_{0j} = \beta_{0j} - \gamma_{00} - \gamma_{01} W_j \tag{16-12}$$

其所对应的方差 τ_{00} 也被称为层 2 残差方差，它表示在控制了 W_j（反映了层 2 特征）的情况下 β_{0j} 的条件方差。

16.4.3 随机系数模型

在均值作为结果的模型中，只有层 1 的截距系数（即均值）被视为在层 2 上是随机的。一般来说，在多层线性模型中，层 1 模型都会包含一个甚至多个斜率系数，我们可将这些斜率系数全部或部分地设定为在层 2 单位之间随机变化。这就涉及随机系数模型（random-coefficient model）的设定问题。在这一模型中，层 1 模型中的截距和一个或多个斜率系数均被设定为是随机的，但是层 2 模型并不引入解释变量来对其截距和斜率系数中存在的变异加以解释。在不失一般性的情况下，这里的讨论假设层 1 只有一个解释变量。

在详细介绍此模型之前，我们需要先介绍多层线性模型中一个非常重要的术语——对中（centering）。我们在前面的章节中曾经提到，回归模型截距的含义是当所有自变量取值均为 0 时，因变量 y 的均值。但是，这一均值并不一定有实际意义。比如，如果就学习成绩对智商进行回归，此时截距表示的是智商为零时的平均成绩，事实上，人的智商不可能为零。此时，截距项就没有任何实际意义。为了使模型的截距变得有意义，一个常见的处理方法是将自变量减去某一个数值，通常是减去该变量的均值，这被称为所谓的"对中"。在前面的一些章节我们曾经提到过这个概念。对中在多层线性模型中具有特别重要的作用。因为对中与不对中以及基于组均值（group mean）还是总均值（overall mean）进行对中的选择都将会直接影响到模型中有关参数含义的解释，这部分内容将在随后的 16.5 节进行介绍。在这里，我们选择以组均值进行对中，并且只考虑层 1 解释变量只有一个的情况，则随机系数模型可以公式化为：

层 1 模型：

$$y_{ij} = \beta_{0j} + \beta_{1j}(x_{ij} - \bar{x}_{\cdot j}) + \varepsilon_{ij} \tag{16-13}$$

其中，$\bar{x}_{\cdot j}$表示解释变量 x_{ij}在第 j 组中的均值。

层 2 模型：

$$\beta_{0j} = \gamma_{00} + \mu_{0j} \tag{16-14a}$$

$$\beta_{1j} = \gamma_{10} + \mu_{1j} \tag{16-14b}$$

其中，

γ_{00}表示层 2 所有单位的回归截距的平均值；

γ_{10}表示层 2 所有单位的回归斜率的平均值；

μ_{0j}表示层 2 模型在回归截距上与单位 j 有关的调整量；

μ_{1j}表示层 2 模型在回归斜率上与单位 j 有关的调整量；

并假定

$$\varepsilon_{ij} \overset{iid}{\sim} N(0, \sigma^2)$$

$$\begin{pmatrix} \mu_{0j} \\ \mu_{1j} \end{pmatrix} \sim N\left(\begin{pmatrix} 0 \\ 0 \end{pmatrix}, \begin{pmatrix} \tau_{00} & \tau_{01} \\ \tau_{10} & \tau_{11} \end{pmatrix} \right)$$

$$Cov(\varepsilon_{ij}, \mu_{pj}) = 0, \qquad p = 0,1$$

将式（16－14a）和式（16－14b）代入式（16－13），可得到组合模型：

$$y_{ij} = \gamma_{00} + \gamma_{10}(x_{ij} - \bar{x}_{\cdot j}) + \mu_{0j} + \mu_{1j}(x_{ij} - \bar{x}_{\cdot j}) + \varepsilon_{ij} \tag{16-15}$$

注意，由于层 2 各个模型中均未包含解释变量，因此，τ_{00}表示层 1 所有截距的无条件方差，τ_{11}表示层 1 所有斜率的无条件方差，τ_{01}表示层 1 所有截距与斜率之间的无条件协方差。

通过式（16－14a）和式（16－14b）的设定，层 1 模型的回归系数在层 2 不同的单位之间呈现出随机的变化，因此，该模型被称为随机系数模型。当针对固定效应参数 γ_{00}和 γ_{10}的统计检验显著时，表示研究总体中固定（或平均）效应不为 0。对于随机效应τ_{00}和τ_{11}也可以进行统计检验，如果不能拒绝$\tau_{00}=0$ 和$\tau_{11}=0$ 的原假设，则意味着研究总体中各个层 2 单位的回归线的截距和斜率大致相等。此时，可以取消式（16－14a）和式（16－14b）中的随机项 μ_{0j}和 μ_{1j}。

另外，根据式（16－15）可以看到，多层线性模型的误差项包括三个部分：

即层 1 的误差 ε_{ij}、层 2 截距模型的误差 μ_{0j} 以及层 2 斜率模型的误差 μ_{1j} 与层 1 解释变量的乘积 $\mu_{1j}(x_{ij}-\bar{x}_{\cdot j})$。这一误差项的结构明显比常规线性回归模型的结构要复杂得多。

16.4.4 完全模型

完全模型（full model）也就是在随机系数模型的基础上，层 2 的全部或部分模型中也纳入了表示组特征的解释变量。因此，完全模型也被称为以截距和斜率作为结果的模型，这是最具一般性的多层线性模型。为了表述和解释的方便且不失一般性，这里仍然假设层 1 和层 2 都仅有一个解释变量；同时，我们仍对层 1 的解释变量用组均值进行对中，则完全模型的具体设定如下。

层 1 模型：

$$y_{ij} = \beta_{0j} + \beta_{1j}(x_{ij} - \bar{x}_{\cdot j}) + \varepsilon_{ij} \tag{16-16}$$

其中，$\bar{x}_{\cdot j}$ 表示解释变量 x_{ij} 在第 j 组中的均值。

层 2 模型：

$$\beta_{0j} = \gamma_{00} + \gamma_{01} W_j + \mu_{0j} \tag{16-17a}$$

$$\beta_{1j} = \gamma_{10} + \gamma_{11} W_j + \mu_{1j} \tag{16-17b}$$

其中，

γ_{00} 表示层 2 所有单位的回归截距的平均值；

γ_{01} 表示层 2 解释变量对回归截距的影响；

γ_{10} 表示层 2 所有单位的回归斜率的平均值；

γ_{11} 表示层 2 解释变量对回归斜率的影响；

μ_{0j} 表示层 2 模型在回归截距上与单位 j 有关的调整量；

μ_{1j} 表示层 2 模型在回归斜率上与单位 j 有关的调整量；

同时假定

$$\varepsilon_{ij} \overset{iid}{\sim} N(0, \sigma^2)$$

$$\begin{pmatrix} \mu_{0j} \\ \mu_{1j} \end{pmatrix} \sim N\left(\begin{pmatrix} 0 \\ 0 \end{pmatrix}, \begin{pmatrix} \tau_{00} & \tau_{01} \\ \tau_{10} & \tau_{11} \end{pmatrix} \right)$$

$$Cov(\varepsilon_{ij}, \mu_{pj}) = 0, \quad p = 0,1$$

将式（16－17a）和式（16－17b）代入式（16－16），可得到组合模型：

$$y_{ij} = \gamma_{00} + \gamma_{10}(x_{ij} - \bar{x}_{.j}) + \gamma_{01}W_j + \gamma_{11}(x_{ij} - \bar{x}_{.j})W_j + \mu_{0j} + \mu_{1j}(x_{ij} - \bar{x}_{.j}) + \varepsilon_{ij} \qquad (16-18)$$

这里，等号右边的截距项 γ_{00}、层 1 的解释变量 x_{ij}、层 2 的解释变量 W_j 与层 1 和层 2 的层际交互作用 $x_{ij}W_j$ 这四项都属于固定效应；误差项由三项构成：层 1 的误差 ε_{ij}、层 2 截距模型的误差 μ_{0j} 和层 2 斜率模型的误差 μ_{1j} 与层 1 解释变量的乘积 $\mu_{1j}(x_{ij} - \bar{x}_{.j})$。

对于完全模型而言，层 1 模型要探讨的是每一个层 2 单位内部的层 1 因变量受自变量影响的结构关系，更重要的是，层 2 模型试图通过层 2 解释变量解释层 1 自变量在不同层 2 单位里作用大小的变异，从而刻画宏观情景对微观个体行为或态度结果的影响。

16.5 自变量对中的问题

读者现在对对中这一概念应该已经很熟悉了。对中的主要目的是使截距系数变得有实质含义。自变量对中与否将对多层线性模型参数估计值含义的解释产生实质性影响，对中的具体形式有助于将统计结果恰当地与研究所关注的理论问题联系起来。前面提到，自变量的对中方式主要有两种：以总均值对中和以组均值对中。① 我们下面分别对其进行介绍。

16.5.1 以总均值对中

将层 1 自变量 x_{ij} 以总均值对中可表示为（$x_{ij} - \bar{x}_{..}$），这里，$\bar{x}_{..}$ 为变量 x_{ij} 的样本总均值。对于 16.4.3 节中的随机系数模型，如果将式（16－13）中的自变量 x_{ij} 以样本总均值对中，则有：

$$y_{ij} = \beta_{0j} + \beta_{1j}(x_{ij} - \bar{x}_{..}) + \varepsilon_{ij} \qquad (16-19)$$

然后将第 j 个层 2 单位的因变量与自变量的组均值 $\bar{y}_{.j}$ 和 $\bar{x}_{.j}$ 代入式（16－19），那么

① Raudenbush 和 Bryk（2002）在更一般的意义上讨论了自变量对中方式的问题。他们提到的对中方式有四种：自变量的自然测量、组均值对中、总均值对中和基于自变量的其他有实质含义的取值对中。

$$\beta_{0j} = \bar{y}_{\cdot j} - \beta_{1j}(\bar{x}_{\cdot j} - \bar{x}_{\cdot\cdot}) \quad (16-20)$$

这意味着，如果对层 1 自变量以总均值进行对中，那么，截距项 β_{0j}就是第 j 个层 2 单位的调整均值（adjusted mean），即控制 $\bar{x}_{\cdot j} - \bar{x}_{\cdot\cdot}$ 后第 j 个层 2 单位在因变量上的均值。[①] 此时，$Var(\beta_{0j}) = \tau_{00}$为第 j 个层 2 单位的调整均值的方差。

在统计学上，对层 1 自变量以总均值对中得到的模型与不做对中处理时的模型是等价线性模型（equivalent linear model）（Kreft & Leeuw，1998）。也就是说，两个模型具有相同的预测值、残差和拟合优度，但它们的参数估计值并不相等。这是因为以总均值对中相当于将自变量观测值同时减去一个常数（即该自变量的样本总均值），前面我们就已经知道，这种改变自变量 0 值位置的转换只会导致回归参数估计值的改变，而并不会改变模型的预测值、残差以及模型的拟合优度。

16.5.2 以组均值对中

将层 1 自变量 x_{ij}以组均值对中可表示为（$x_{ij} - \bar{x}_{\cdot j}$），这里，$\bar{x}_{\cdot j}$为第 j 个层 2 单位中的所有个体在变量 x_{ij}上的均值。同样，对于 16.4.3 节中的随机系数模型，将式（16 – 13）中的自变量 x_{ij}以组均值对中，即：

$$y_{ij} = \beta_{0j} + \beta_{1j}(x_{ij} - \bar{x}_{\cdot j}) + \varepsilon_{ij} \quad (16-21)$$

然后将第 j 个层 2 单位的因变量和自变量的组均值 $\bar{y}_{\cdot j}$和 $\bar{x}_{\cdot j}$代入式（16 – 19），则

$$\begin{aligned}\beta_{0j} &= \bar{y}_{\cdot j} - \beta_{1j}(\bar{x}_{\cdot j} - \bar{x}_{\cdot j}) \\ &= \bar{y}_{\cdot j}\end{aligned} \quad (16-22)$$

这意味着，如果对层 1 自变量以组均值进行对中，那么，截距项 β_{0j}就是对应的第 j 个层 2 单位的未调整均值（unadjusted mean）。此时，$Var(\beta_{0j}) = \tau_{00}$为各层 2 单位的因变量均值的方差。

当层 1 自变量以组均值对中时，层 2 单位在自变量 x_{ij}上的组均值 $\bar{x}_{\cdot j}$就被从原始取值中分离出去了。这会影响到组均值作为层 2 单位的自变量纳入层 2 模型中（王济川等，2008：26）。[②] 实际上，自变量的组均值代表层 2 单位的背景效应（contextual effect），因此，层 2 模型中纳入组均值作为自变量的做

① 这和协方差分析（analysis of covariance）时的情况一样。

② 这一问题在以总均值对中的情况下并不存在。

法能够帮助处理诸如群体情景是否或如何对个体行为造成影响这样的研究问题。

16.5.3 虚拟变量的对中

我们已经知道，对于只包含对应某个名义变量的一组虚拟变量的回归模型，截距项表示参照组在因变量上的均值（即组均值）。现在来考虑对虚拟变量的对中问题。假设自变量 z 为表示性别的虚拟变量，且 1 = 男性、0 = 女性。那么，变量 z 的均值 $\bar{z}$ 就是样本中男性的比例。对中后，得到 $z-\bar{z}$。当 $z=0$ 即样本个体为女性时，对中之后的变量是该样本中男性所占比例的负数，即 $z-\bar{z}=0-\bar{z}=-\bar{z}$；当 $z=1$ 即样本个体为男性时，对中之后的变量是该样本中女性的比例，即 $z-\bar{z}=1-\bar{z}$。

在多层线性模型中，层 1 的虚拟变量也可以或需要进行对中处理，而且也可以有总均值和组均值两种对中方式。仍以前述性别虚拟变量 z 为例。如果将性别虚拟变量 z 以样本总均值 $\bar{z}_{..}$ 对中，那么当 $z_{ij}=0$ 即样本个体为女性时，对中之后就得到了该样本中男性所占比例的负数，即 $z_{ij}-\bar{z}_{..}=0-\bar{z}_{..}=-\bar{z}_{..}$；当 $z_{ij}=1$ 即样本个体为男性时，对中之后就得到了该样本中女性所占的比例，即 $z_{ij}-\bar{z}_{..}=1-\bar{z}_{..}$。和自变量为连续变量时的情形一样，在对层 1 性别虚拟变量 z 以总均值对中后，截距项 β_{0j} 就是因变量在第 j 个层 2 单位的调整均值（adjusted mean），只不过，这时是对层 2 单位之间男性比例的差别进行调整。

如果将性别虚拟变量 z 以组均值 $\bar{z}_{.j}$ 对中，那么当 $z_{ij}=0$ 即样本个体为女性时，对中之后就得到了第 j 个层 2 单位中男性所占比例的负数，即 $z_{ij}-\bar{z}_{.j}=0-\bar{z}_{.j}=-\bar{z}_{.j}$；当 $z_{ij}=1$ 即样本个体为男性时，对中之后就得到了第 j 个层 2 单位中女性所占的比例，即 $z_{ij}-\bar{z}_{.j}=1-\bar{z}_{.j}$。与自变量为连续变量时的情形一样，在对层 1 性别虚拟变量 z 以组均值对中后，截距项 β_{0j} 仍然是第 j 个层 2 单位在因变量上的均值。

当然，对虚拟变量的对中也带来了复杂性。在对多层线性模型的结果进行解释时，研究者必须考虑到变量是否对中和以何种方式对中，尤其是涉及多个虚拟变量时应更加注意。

16.5.4 层 2 模型中自变量的对中

在层 2 模型中，自变量的对中并没有像在层 1 模型中那么重要。因为不管是否对层 2 自变量进行对中以及不管采用何种方式对中，都很容易对层 2 模型中的系数进行解释。但是，如果层 2 模型中包含很多自变量，尤其当包含自变量的高次项或交互项时，将自变量以总均值对中将有助于减少多重共线性，而且能够提高模型运行的速度，减少模型估计不易收敛等问题（Hox，2002）。

总之，变量对中的基本要求是使所研究的变量具有准确的实质含义，或者是使统计结果与研究问题密切关联起来。考虑到不同的对中方式将得到不同的实质解释，研究者应根据研究目的考虑是否对变量进行对中以及如何对中的问题。特别要注意的是，对中也会影响到对 β_{0j}、$Var(\beta_{0j})$ 以及对与 β_{0j} 有关的协方差的解释（Raudenbush & Bryk，2002）。

16.6 应用举例

接下来，我们将以谢宇和韩怡梅论文（Xie & Hannum，1996）中有关中国收入不平等地区变异的研究为例来说明多层线性模型的应用。

16.6.1 研究背景

改革开放以来，中国经济的飞速增长与改革前的经济不稳定和平均主义思想形成了鲜明的对比。这也引起了社会科学家对经济改革如何影响收入和财富分配问题的极大兴趣，对这一问题的关注产生了丰富的研究成果。许多研究虽然都仅建立在地区性数据资料的基础上，但却往往用其来对全中国的情况进行推论。这种推论方式忽视了中国巨大的地区差异，而把中国看作一个同质整体。这种做法在数据资料很少的情况下是可以理解的。但是，在数据条件具备的情况下，研究中国经济改革时很有必要考虑地区差异的现实。中国各地区的经济活动在很大程度上是由各地的自然资源、政府政策和人力资源等因素决定的，更重要的是，中国的工业经济改革是分地区进行的。从上述背景出发，谢宇和韩怡梅（Xie & Hannum，1996）采用 1988 年中国居民收入调查（CHIP）数据中城市居民的调查数据，以各地区改革步伐的不均衡为前提，研究了经济改革的成功与个人收入决定因素之间的关系。

16.6.2 数据及分析思路

前面曾经提到，CHIP 数据是以户作为调查单位的。所以，谢宇和韩怡梅做了一个简化假定，即忽略来自同一家庭的各成员之间的相似性，把所有 20 ~ 59 岁参加工作的人都当作独立的观测值来分析。考虑到中国特殊的国情（比如党员身份的重要性、女性也普遍就业等），他们首先对 Mincer（1974）提出的经典人力资本模型进行了修正。接着，他们考虑了地区间异质性的事实，以城市作为层 2 分析单位，建立多层线性模型，着重讨论了各城市人力资本模型中的参数如何受到城市经济增长因素的影响。

16.6.3 模型及分析

1. 同质性模型

之前，许多有关中国收入决定因素的研究都一再突出党员身份作为一种政治优势对于收入的重要意义。另外，与美国等许多国家不同，中国的女性也普遍就业。考虑到这样两个特殊性，谢宇和韩怡梅对经典人力资本模型做了如下修正：

$$T = logY = \beta_0 + \beta_1 x_1 + \beta_2 x_2 + \beta_3 x_2^2 + \beta_4 x_4 + \beta_5 x_5 + \beta_6 x_1 x_5 + \varepsilon \qquad (16-23)$$

这里，Y 表示总收入（单位：元），x_1 表示受教育年限，x_2 表示工作年限（即工龄），x_4 为表示党员身份的虚拟变量（1 表示党员），x_5 为表示性别的虚拟变量（1 表示女性），ε 表示其他未能包括在模型中的收入影响因素。式（16－23）可以采用最小二乘法进行参数估计，下面给出了模型估计结果：

```
. regress  LogY  x1 x2 x22 x4 x5 x1x5

    Source |       SS         df        MS         Number of obs  =    15862
-----------+------------------------------         F(  6, 15855)  =   964.09
     Model |  788.715237       6   131.45254       Prob > F       =   0.0000
  Residual |  2161.80592   15855 .136348529        R-squared      =   0.2673
-----------+------------------------------         Adj R-squared  =   0.2670
     Total |  2950.52116   15861 .186023653        Root MSE       =   .36925

---------------------------------------------------------------------------
      logY |      Coef.   Std.Err.        t    P>|t|   [95% Conf.  Interval]
-----------+---------------------------------------------------------------
        x1 |   .0218089   .0013745    15.87    0.000    .0191147   .0245031
        x2 |   .0458373   .0010741    42.68    0.000    .0437319   .0479426
       x22 |  -.0006929   .0000254   -27.28    0.000   -.0007427  -.0006431
        x4 |   .0728278   .0077844     9.36    0.000    .0575696    .088086
        x5 |  -.3438367   .0212482   -16.18    0.000   -.3854855  -.3021878
      x1x5 |   .0216614   .0019168    11.30    0.000    .0179043   .0254185
     _cons |   6.685011   .0189664   352.47    0.000    6.647835   6.722187
---------------------------------------------------------------------------
```

这一结果与谢宇和韩怡梅论文（Xie & Hannum，1996）中基于地区间同质性假定的模型 2 的估计结果相对应。由此，我们可以看到：（1）教育对男性收入的回报率仅为 2.2%（即 x_1 的系数 0.022），明显低于国际标准；（2）工龄平方的回归系数 β_3（即 x_2^2 的系数）为负值，这说明收入会先随着工龄的增加而先增加然后再下降，验证了人力资本理论中有关工作经历的作用为“倒 U 形”的假说；（3）回归系数 β_4（即 x_4 的系数 0.073）显著地大于零，这意味着，在其他条件相同的情况下，党员比非党员的收入高 7.3%，这体现了党员身份在中国是一种政治优势的事实；（4）性别和教育的交互作用系数（即 x_1x_5 的系数 0.022）为正值，这表明女性的教育回报率要高于男性的教育回报率，具体而言，女性的教育回报率为 4.5%，是男性的 2 倍（2.2%）。这可能是由于收入的性别差距在低受教育水平上表现得很大，但是，随着受教育水平的上升，这一差距却在缩小。从图 16-1 可以看出，代表女性教育回报率的回归线明显要比代表男性教育回报率的回归线更陡峭；但同时我们也可以清楚地看到，随着受教育年限的增加，两条回归线之间的差距越来越小。

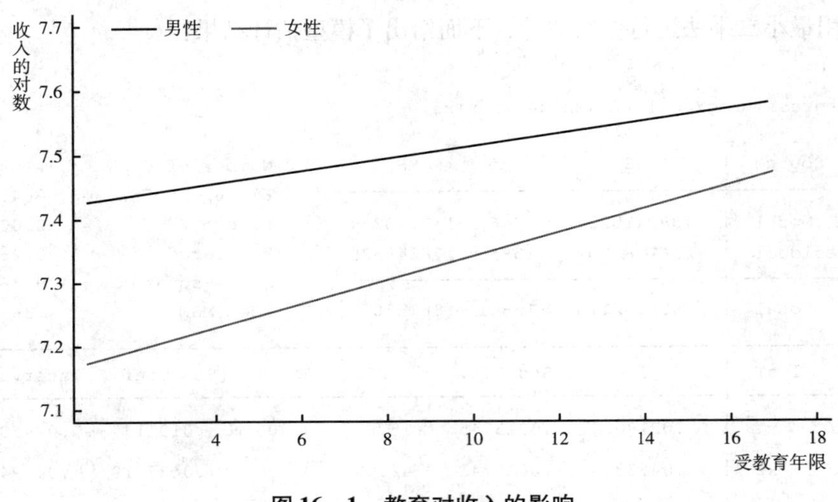

图 16-1　教育对收入的影响

2. 地区异质性模型

尽管同质性模型已经根据中国特殊的国情对 Mincer（1974）提出的人力资本模型进行了较好的修正，但是，众所周知，中国最大的国情之一就是地区之间在社会经济发展上表现出不平衡性。因此，同质性模型将中国作为一个整体来对待在方法论上是行不通的，在理论上也存在浪费问题。方法论上行不通是因为收入决定因素存在地区差异；理论上的浪费则表现为，实际上，研究者可以利用收入决定因素的地区差异来检验有关经济改革和收入不平等之间关系的理论。所以，以前面的同质性模型作为起点，谢宇和韩怡梅（Xie & Hannum，1996）进一步建立了同时包含个体和城市两个分析层次的多层次模型，来讨论收入决定因素的地区性差异是不是由于地区间的经济增长所致。他们所建立的多层次模型如下。

对于生活在城市 k 中的个体 i（$i = 1, 2, 3, \cdots, n_k$）而言，个体层面的模型：

$$\begin{aligned} logY_{ik} = \beta_{0k} + \beta_{1k}x_{1ik} + \beta_{2k}x_{2ik} + \beta_3 x_{2ik}^2 + \beta_{4k}x_{4ik} + \\ \beta_{5k}x_{5ik} + \beta_6 x_{1ik}x_{5ik} + \varepsilon_{ik} \end{aligned} \quad (16-24)$$

城市层面的模型：

$$\beta_{0k} = \alpha_0 + \lambda_0 z_k + \mu_{0k} \quad (16-25a)$$

$$\beta_{1k} = \alpha_1 + \lambda_1 z_k + \mu_{1k} \quad (16-25b)$$

$$\beta_{2k} = \alpha_2 + \lambda_2 z_k + \mu_{2k} \quad (16-25c)$$

$$\beta_3 = \alpha_3 \quad (16-25d)$$

$$\beta_{4k} = \alpha_4 + \lambda_4 z_k + \mu_{4k} \quad (16-25e)$$

$$\beta_{5k} = \alpha_5 + \lambda_5 z_k + \mu_{5k} \quad (16-25f)$$

$$\beta_6 = \alpha_6 \quad (16-25g)$$

并假定，

$$\varepsilon_{ik} \overset{iid}{\sim} N(0, \sigma^2)$$

$$\begin{pmatrix} \mu_{0k} \\ \mu_{1k} \\ \mu_{2k} \\ \mu_{4k} \\ \mu_{5k} \end{pmatrix} \sim N\left(\begin{pmatrix} 0 \\ 0 \\ 0 \\ 0 \\ 0 \end{pmatrix}, \begin{pmatrix} \tau_{00} & 0 & 0 & 0 & 0 \\ 0 & \tau_{11} & 0 & 0 & 0 \\ 0 & 0 & \tau_{22} & 0 & 0 \\ 0 & 0 & 0 & \tau_{44} & 0 \\ 0 & 0 & 0 & 0 & \tau_{55} \end{pmatrix} \right)$$

$$Cov(\varepsilon_{ik}, \mu_{pk}) = 0, \qquad p = 0,1,2,4,5$$

这里，城市层面变量 z 测量经济增长，即 1985 年和 1988 年之间各城市工业总产值（$GPVI$）的变化：

$$z = \log(GPVI_{1988}/GPVI_{1985})$$

注意：式（16－24）中的收入决定因素与式（16－23）完全相同。与式（16－23）相比，式（16－24）最明显的不同就在于，x_1、x_2、x_4 和 x_5 所对应的回归系数 β_{1k}、β_{2k}、β_{4k}和 β_{5k}，以及截距系数 β_{0k} 可以随着城市 k 的不同而出现变化，而城市间的系统性差别则用 z 来加以解释。①

将城市层面各模型代入式（16－24），可以得到组合模型：

$$
\begin{aligned}
logY_{ik} = {} & \alpha_{0k} + \alpha_{1k}x_{1ik} + \alpha_{2k}x_{2ik} + \alpha_3 x_{2ik}^2 + \alpha_{4k}x_{4ik} + \alpha_{5k}x_{5ik} + \\
& \alpha_6 x_{1ik}x_{5ik} + \lambda_0 z_k + \lambda_1 x_{1ik}z_k + \lambda_2 x_{2ik}z_k + \lambda_4 x_{4ik}z_k + \lambda_5 x_{5ik}z_k + \\
& (\mu_{0k} + \mu_{1k}x_{1ik} + \mu_{2k}x_{2ik} + \mu_{4k}x_{4ik} + \mu_{5k}x_{5ik} + \varepsilon_{ik})
\end{aligned}
\qquad (16-26)
$$

通过式（16－26），可以很清楚地看到收入决定因素作为经济增长的函数是如何在不同城市之间出现变动的。具体而言，谢宇和韩怡梅（Xie & Hannum，1996）采用这一模型来检验两个研究假设：

（1）经济增长越快则教育的回报越高；

（2）经济增长越快则党员身份的回报越低。

这个模型可以借助不同的统计软件选用迭代最小二乘法、最大似然估计、约束最大似然估计或贝叶斯估计方法估计得到。下面提供了采用 Stata 对该模型进行估计的结果：

```
. xtmixed  LogY x1 x2 x22 x4 x5 x1x5  z  x1z x2z  x4z x5z || geo:  x1 x2 x4 x5, variance

Mixed-effects REML regression                   Number of obs          =      15862
Group variable: geo                             Number of groups       =         55

                                                Obs per group: min =             80
                                                               avg =          288.4
                                                               max =           1096

                                                Wald chi2(11)          =    3881.49
Log restricted-likelihood = -5047.1926          Prob > chi2            =     0.0000

------------------------------------------------------------------------------
        LogY |      Coef.   Std.Err.          z    P>|z|    [95% Conf. Interval]
-------------+----------------------------------------------------------------
          x1 |   .0286923   .0030175       9.51   0.000     .0227782   .0346064
          x2 |   .0446643   .0012925      34.56   0.000      .042131   .0471975
         x22 |  -.0006348    .000023     -27.64   0.000    -.0006798  -.0005898
```

① 对于其他两个参数并没有设定会随着城市的不同而变动，这样处理是因为高于二次项的层 1 自变量和层 2 自变量的交互项回归系数难以解释（Xie & Hannum，1996）。

```
        x4 |   .0707847   .0193451     3.66   0.000     .0328689   .1087005
        x5 |  -.3321051   .0286145   -11.61   0.000    -.3881884  -.2760218
      x1x5 |   .0209705   .0017363    12.08   0.000     .0175674   .0243735
         z |   .6845196   .1180724     5.80   0.000     .4531019   .9159372
       x1z |  -.0167192   .0058833    -2.84   0.004    -.0282502  -.0051882
       x2z |  -.0035209   .0018051    -1.95   0.051    -.0070588   .0000169
       x4z |   .0289786   .0397114     0.73   0.466    -.0488542   .1068114
       x5z |  -.0094757    .043273    -0.22   0.827    -.0942893   .0753379
     _cons |   6.384296   .0605111   105.51   0.000     6.265696   6.502895
------------------------------------------------------------------------------

------------------------------------------------------------------------------
  Random-effects Parameters  |   Estimate   Std. Err.     [95% Conf. Interval]
-----------------------------+------------------------------------------------
geo: Independent             |
                     var(x1) |   .0000317    .0000124      .0000147   .0000682
                     var(x2) |   2.73e-06    1.24e-06      1.12e-06   6.66e-06
                     var(x4) |   .0009756    .0006053      .0002892   .0032911
                     var(x5) |   .0029904    .0008908      .0016679   .0053615
                  var(_cons) |   .0243275    .0055443      .0155635   .0380267
-----------------------------+------------------------------------------------
               var(Residual) |   .1075053    .0012164      .1051475    .109916
------------------------------------------------------------------------------
LR test vs. linear regression:     chi2(5) =  2498.91    Prob > chi2 = 0.0000

Note: LR test is conservative and provided only for reference
```

上述结果还原了谢宇和韩怡梅一文（Xie & Hannum，1996）表 4 中的模型估计结果。上半部分结果对应着表 4 中的“微观层次系数”和“微观－宏观交互系数”部分的结果，下半部分有关随机效应参数的结果对应着表 4 中的“宏观层次方差成分”和“微观层次方差成分”部分的结果。①

首先，模型截距估计值的指数为 exp(6.384) = 592.3，也就是说，对于居住在一个未经历经济增长城市的受教育年限和工作经历都为零的男性非党员而言，平均的总收入为 592.3 元。其次，通过设定截距在不同城市之间发生变动，该截距包含一个结构成分（由 z 的回归系数来体现，即模型中的 λ_0）和一个随机成分〔由 var(_cons) 的估计值体现，即模型中的 μ_{0k}〕。z 的回归系数为 0.685，且显著地大于零。考虑到数据中 z 的取值范围为 0.19 到 1.16，z 对 6.384 这一基线

① 表中的随机效应参数和原文有出入，其中的差别可能是采用软件的不同所致，不同的软件在随机效应的估计上存在细微的差异。

截距的贡献在0.130（即0.685×0.19）和0.795（即0.685×1.16）之间变动。这表明经济增长对收入水平的高低具有非常重要的影响。再次，在控制经济增长因素的情况下，对于男性，受教育年限对总收入的效应为0.029；对于女性，受教育年限对总收入的效应为0.050。谢宇和韩怡梅（Xie & Hannum，1996）惊讶地发现，教育对总收入的效应和经济增长之间呈负向相关，因为λ_1（即x_1z的回归系数）为-0.017。在观测到的变异中，z对基线教育效应0.029的贡献在-0.003和-0.020之间。尽管经济增长的这一负向影响并没有改变教育效应的符号，但是它导致教育效应下降了约三分之二。这一结果与经济增长越快则教育的回报越高的假设相背离。另外，由于x_4z和x_5z的回归系数统计不显著，可以认为党员身份和性别对总收入的效应也与城市的经济增长不相关。

谢宇和韩怡梅（Xie & Hannum，1996）将式（16-26）作为分析收入决定因素的地区性差异的基本框架。这个一般性的模型包含几个特例，它们对应着前面提到的多层线性模型的不同子模型。

（1）如果城市层面每个模型中的λ都等于零，那么，上述模型就成了随机系数模型。此时，收入决定因素的作用并不会随着城市经济的增长而呈现为系统性的模式，而只是随机地在不同城市间发生变化。以下是针对这一模型的估计结果：

```
. xtmixed LogY x1 x2 x22 x4 x5 x1x5 || geo:  x1 x2 x4 x5, variance

Mixed-effects REML regression                   Number of obs      =     15862
Group variable: geo                             Number of groups   =        55

                                                Obs per group: min =        80
                                                               avg =     288.4
                                                               max =      1096

                                                Wald chi2(6)       =   3744.91
Log restricted-likelihood = -5046.4709          Prob > chi2        =    0.0000

------------------------------------------------------------------------------
        LogY |      Coef.   Std.Err.      z    P>|z|     [95% Conf. Interval]
-------------+----------------------------------------------------------------
          x1 |    .021483   .0015286    14.05   0.000      .018487    .024479
          x2 |   .0430818   .0010055    42.85   0.000     .0411111   .0450525
         x22 |  -.0006332    .000023   -27.57   0.000    -.0006782  -.0005881
          x4 |   .0833386   .0083644     9.96   0.000     .0669447   .0997324
          x5 |   -.334467   .0205343   -16.29   0.000    -.3747136  -.2942204
        x1x5 |   .0208758   .0017361    12.02   0.000     .0174731   .0242785
       _cons |   6.696344   .0316028   211.89   0.000     6.634404   6.758285
------------------------------------------------------------------------------
```

```
------------------------------------------------------------------------------
  Random-effects Parameters  |   Estimate   Std. Err.     [95% Conf. Interval]
-----------------------------+------------------------------------------------
geo: Independent             |
                     var(x1) |   .0000348     .000013      .0000168    .0000722
                     var(x2) |   3.12e-06    1.31e-06      1.37e-06    7.10e-06
                     var(x4) |   .0008496    .0005702       .000228    .0031656
                     var(x5) |   .0028849    .0008626      .0016056    .0051837
                  var(_cons) |   .0372841    .0080975      .0243588    .0570678
-----------------------------+------------------------------------------------
               var(Residual) |   .1075222    .0012166      .1051639    .1099333
------------------------------------------------------------------------------
LR test vs. linear regression:    chi2(5) =   3391.34   Prob > chi2 = 0.0000

Note: LR test is conservative and provided only for reference
```

从上面给出的结果，我们可以看到，截距系数以及受教育年限、工作经历、党员和性别的回归系数在不同城市之间的随机效应是显著的。[①] 这意味着，有可能也有必要找到一些城市层面的因素对这些系数随城市不同而出现的变异进行解释。这也就是谢宇和韩怡梅（Xie & Hannum，1996）在地区异质性模型的层 2 模型中加入反映城市经济增长水平的变量 z 的统计证据。实际上，在分层线性模型建模的实践中，如果没有明确的理论假设，通常的做法是先建立随机系数模型，借助对各个层 2 模型随机效应参数的统计检验，确定在完全模型分析中哪些层 2 模型需要设置随机效应项。如果随机效应统计性显著，则在对应的层 2 模型中设置随机效应，同时纳入层 2 解释变量对其加以解释；否则，就没有必要设置随机效应，也可以不必纳入层 2 解释变量。

（2）如果城市层面每个模型中的 λ 都等于零，且 α_{1k}、α_{2k}、α_3、α_{4k}、α_{5k} 和 α_6 也全都为零，那么，上述模型就成了方差成分模型或零模型。此时，只有由截距项体现的总收入水平在城市之间随机变动。以下是针对这一情况的模型估计结果：

```
. xtmixed  LogY || geo: , variance

Mixed-effects REML regression                   Number of obs      =     15862
Group variable: geo                             Number of groups   =        55

                                                Obs per group: min =        80
                                                               avg =     288.4
                                                               max =      1096
```

① 因为它们的 95% 置信区间并没有跨越零值。

```
                                                  Wald chi2(0)         =          .
Log restricted-likelihood = -7981.6957            Prob > chi2          =          .

------------------------------------------------------------------------------
        LogY |      Coef.   Std.Err.       z    P>|z|     [95% Conf.  Interval]
-------------+----------------------------------------------------------------
       _cons |   7.421519   .0256968   288.81   0.000     7.371154   7.471884
------------------------------------------------------------------------------

------------------------------------------------------------------------------
  Random-effects Parameters  |   Estimate    Std. Err.     [95% Conf.  Interval]
-----------------------------+------------------------------------------------
geo: Identity                |
                 var(_cons)  |   .0355516    .0070025      .0241657   .0523021
-----------------------------+------------------------------------------------
              var(Residual)  |   .1579178    .0017763      .1544743    .161438
------------------------------------------------------------------------------
LR test vs. linear regression: chibar2(01) =  2381.53 Prob >= chibar2 = 0.0000
```

基于这一估计结果，个体层次的标准差为0.158，而城市层次的标准差为0.036。[①] 由此，我们可以计算得到一个组内相关系数：$\rho = 0.036/(0.036 + 0.158) = 0.186$。也就是说，个体层次总收入的差异有大约18.6%是由城市之间的差异造成的。由此，我们看到，城市层次的特征在相当大的程度上影响着个体总收入的差异。而且，同时基于个体和城市层次进行分析的零模型相对于线性回归的检验结果也极为统计性显著（见上述Stata输出结果的最后一行）。所以，我们在采用CHIP数据对个体总收入进行建模时就不得不考虑个体与城市两个层次之间的数据存在着嵌套关系这一事实。

（3）如果城市层面每个模型中的λ和μ都等于零，且个体层次模型中的每个β在不同城市之间都一样，那么，上述模型就可以简化成常规线性回归模型进行分析，也就是同质性模型。这与前面大部分章节采用常规线性回归模型所进行的分析一样。但由于个体层次总收入的差异有大约18.6%是由城市之间的差异造成的，而且城市之间的差异是统计性显著存在的，因此我们就不能忽视地区差异对收入及其决定因素的极大影响，即我们应该对CHIP数据内存在的分层结构予以认真考虑。

16.7 本章小结

本章介绍了适用于多层结构数据的多层线性模型的基本原理、参数估计方法

① 请注意，默认状态下，Stata给出的是随机效应项的标准差，而HLM则直接给出其方差。这里，我们在xtmixed命令的后面增加了variance，所以直接给出了随机效应项的方差。搞清楚这一点才不至于导致算错组内相关系数。

及其主要的子模型，我们还在最后提供了一个实际研究作为范例。

作为对异质性进行统计分析的重要模型，多层线性模型不仅具有方法论上的重要含义，同时还有很深的理论来源。因此，多层线性模型在越来越多的场合得到运用。目前，它已经可以被用来处理结果变量为分类变量的数据，前一章提到，它可以处理追踪数据，也可以被应用于交互分类的数据。

参考文献

Cohen, John. 1988. *Statistical Power Analysis of the Behavioral Sciences* (Second Edition). Hillside, N. J.: Eribaum.

Gelman, Andrew, John B. Carlin, Hal S. Stern, & Donald B. Ruben. 2003. *Bayesian Data Analysis* (Second Edition). London: CRC Press.

Glass, Gene V. 1976. "Primary, Secondary and Meta-anlaysis of Research." *Educational Researcher* 5: 3-8.

Goldstein, Harvey. 1995. *Multilevel Statistical Models* (Second Edition). London: E. Arnold; New York: Halsted Press.

Hox, Joop. 2002. *Multilevel Analysis: Techniques and Applications.* Mahwah, NJ: Lawrence Erlbaum Associates.

Kreft, Ita & Jan De Leeuw. 1998. *Introducing Multilevel Modeling.* Thousand Oaks, CA: Sage Publications.

Lindley, D. V. & A. F. M. Smith. 1972. "Bayes Estimates for the Linear Model." *Journal of the Royal Statistical Society* 34: 1-41.

Mincer, Jacob. 1974. *Schooling, Experience and Earnings.* New York: Columbia University Press.

Raudenbush, Stephen W. & Anthony S. Bryk. 2002. *Hierarchical Linear Models: Applications and Data Analysis Methods* (Second Edition). Thousand Oaks: Sage Publications. [〔美〕Stephen W. Raudenbush、Anthony S. Bryk, 2007，《分层线性模型：应用与数据分析方法》（第 2 版），郭志刚等译，北京：社会科学文献出版社。]

Robinson, William S. 1950. "Ecological Correlations and the Behavior of Individuals." *American Sociological Review* 15: 351 - 357.

Xie, Yu & Emily Hannum. 1996. "Regional Variation in Earnings Inequality in Reform-Era Urban China." *American Journal of Sociology* 101: 950-992.

王济川、谢海义、姜宝法，2008，《多层统计分析模型——方法与应用》，北京：高等教育出版社。

第17章

回归诊断

回归分析的主要目的之一是建立因变量和自变量之间的关系。我们往往采用常规最小二乘法（OLS）来估计反映这些关系的参数。在前面对简单回归和多元回归的讨论中，我们一再强调最小二乘法需要借助一些假定才能使所得的回归系数估计具有 BLUE 性质。其中，关键的假定包括：

（1）模型设定假定（A0），因变量被表达成矩阵 **X** 的线性组合加上误差项。数学表达如下：

$$\mathbf{y} = \mathbf{X}\boldsymbol{\beta} + \boldsymbol{\varepsilon} \tag{17-1}$$

（2）正交假定（A1），即误差项 ε 与自变量矩阵 **X** 中的每一 **x** 变量都不相关。数学表达如下：

$$\begin{aligned} &E(\varepsilon) = 0 \\ &Cov(x_1, \varepsilon) = 0 \\ &Cov(x_2, \varepsilon) = 0 \\ &\cdots \\ &Cov(x_{p-1}, \varepsilon) = 0 \end{aligned} \tag{17-2}$$

（3）独立同分布假定（A2），即误差项相互独立且具有相同的方差分布。数学表达如下：

$$E(\varepsilon_i, \varepsilon_j) = 0,\quad i \neq j;\quad 且\ Var(\varepsilon_i) = \sigma^2 \tag{17-3}$$

（4）正态分布假定（A3），即误差项服从正态分布。数学表达如下：

$$\varepsilon_i \sim N(0, \sigma^2) \qquad (17-4)$$

这些有关模型的假定是预先强加的，在一般情况下也是不可检验的。在实际研究中，如果这些假定得不到满足，回归结果的可信度就会受到怀疑。比如，分析小样本数据时，如果违背了正交假定，我们就无法对回归参数的估计值做出无偏估计；如果违背了独立同分布假定，回归系数常规最小二乘法（OLS）的估计值的标准误就存在问题，所得到的估计值就不再具有有效性（efficiency）；等等。

另一方面，在具体的数据处理中，分析人员可能发现某些观测案例在自变量（或其组合）或因变量的取值上明显不同于其他大多数观测案例。这种取值有两种不同的情形：异常值（outlier）和高杠杆率点或影响观察值（leverage points or influential observations）。无论是异常值还是影响观察值都会导致回归模型对绝大多数观测案例拟合欠佳。

由于建模所需的一些假设可能不合理或者可能存在对回归关系造成影响的异常观测案例，我们经常需要对拟合得到的回归模型进行细致的诊断。这有助于对一些假定的合理性做出恰当评价，并对可能存在的问题进行细致的检查，这构成了回归分析中至关重要的一个步骤。本章将介绍与回归诊断有关的基本内容，更详细的内容可参见 Belsley、Kuh 和 Welsch（1980）。

在详细介绍之前，需要说明的两点是：第一，回归分析中两个最重要的假定——模型设定假定（A0）和正交假定（A1）难以从经验上加以检验，我们必须基于合理的研究设计建立模型。因此，模型检验并不能真正解决我们依赖这些假定所产生的问题。不过，在模型如何拟合观测数据这一具体问题上，模型检验可能是有用的。第二，本部分没有涉及与时间序列数据回归分析有关的回归诊断技术，这主要是考虑到本书所介绍的内容主要针对截面数据。另外，多重共线性问题也属于回归诊断的重要内容之一，但是，前面第 10 章已有专门介绍，这里就不再重复。下面我们以本书一直使用的 CHIP88 数据为例，对回归诊断进行介绍。

17.1　因变量是否服从正态分布

先来考虑因变量的分布形态。其实我们真正关心的是回归模型中的残差是否服从正态分布（我们将在下节中进行讨论）。但在实际研究中，研究者经常考虑因变量是否服从正态分布。为确定因变量（或其他变量）是否服从正态分布，我们可以通过图示的办法给出一些直观的判断。比如，我们基于 CHIP88 数据中的个人总收入变量 *earn* 创建了如图 17-1 所示的直方图。

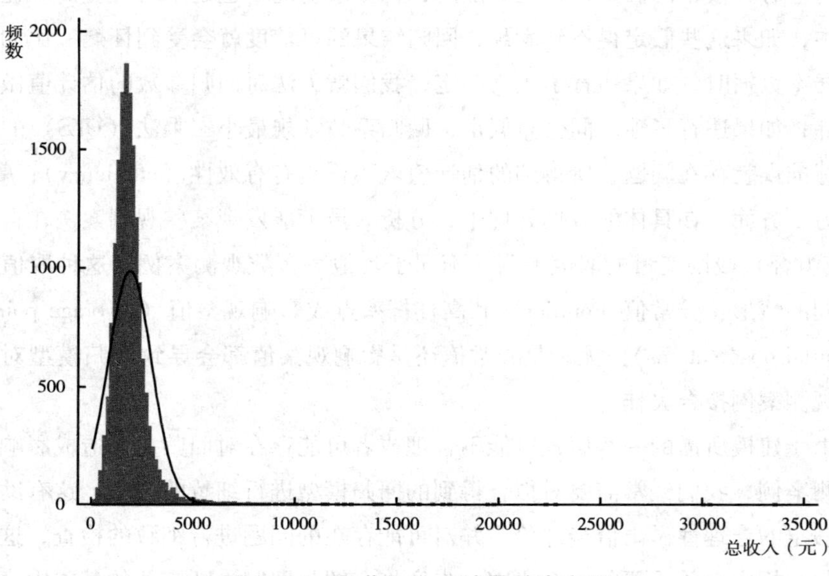

图 17-1　总收入 *earn* 变量的直方图

熟悉直方图的读者一眼就能看出来，图 17-1 只是在常规直方图的基础上额外添加了一条曲线。这样一来，图 17-1 就包含了两个分布，分别由竖条和平滑线表示。条形代表总收入 *earn* 变量的真实分布。很明显，绝大部分人的总收入都不超过 5000 元，超过 5000 元的人极为少见。平滑的钟形曲线代表一种假设的分布，即如果总收入 *earn* 变量服从正态分布的话，数据将是如何分布的。从中我们看到，曲线右边的尾巴拖得非常长。因此，我们大体上可以判断出，总收入 *earn* 变量的分布呈现为右偏态。当然，也可以通过计算变量的偏度和峰度系数来对其是否满足正态性做出评价。下面给出了总收入 *earn* 变量详细的描述性统计结果，其中包含了偏度和峰度信息。

```
. sum  earn, detail

                              总收入
-------------------------------------------------------------
            Percentiles      Smallest
      1%      503.9999             50
```

```
      5%          836            139
     10%       1030.8          154.8                  Obs              15862
     25%         1362            180        Sum of Wgt.              15862

     50%       1735.4                                Mean           1871.346
                             Largest          Std. Dev.            1077.32
     75%       2164.8       29996.41
     90%       2707.2       30062.43           Variance            1160618
     95%       3193.2       30355.18           Skewness           9.655644
     99%         5004       33673.78           Kurtosis           199.5185
```

在上述结果的右下角，可以看到总收入 *earn* 变量的偏度（skewness）系数为 9.66、峰度（kurtosis）系数为 199.52。偏度系数被用来测量一个变量分布是否朝着某个方向减少。如果偏度系数等于零，则意味着该变量的分布是对称的；如果小于零，则意味着变量的分布是左偏或负偏态的；如果大于零，则意味着变量的分布是右偏或正偏态的。总收入 *earn* 变量的偏度系数明显大于零，因此它的分布是右偏或正偏态的。

下面给出了总收入 *earn* 变量的偏度系数和峰度系数的统计检验结果。

```
. sktest earn

                   Skewness/Kurtosis tests for Normality

                                                         ----- joint -----
    Variable |  Pr(Skewness)   Pr(Kurtosis)   adj chi2(2)     Prob>chi2
-------------+---------------------------------------------------------
        earn |      0.000          0.000                .             .
```

请注意，与其他统计量的统计检验不同，Stata 并没有先给出检验统计量（比如 t 比率或者 F 值），而是直接给出了概率。将这一结果和前面的偏度系数结果综合起来看，skewness =9.66，$p<0.001$，因此，总收入 *earn* 变量的分布不是正态的。

在回归分析中，当因变量右偏时，通常可以对其进行对数转换来使其接近正态性。图 17 -2 就是我们先将总收入 *earn* 变量做对数转换，得到变量 *logearn*，再画出的该变量的直方图及相应的正态分布曲线。

我们看到，经过取对数转换，总收入 *earn* 变量分布的偏态有较为明显的改变，已经非常接近正态分布了。这也是我们在本书的例子中一直使用总收入的对数而不是总收入本身作为因变量的原因所在。当然，对变量做对数转换只是减弱变量分布偏态的一种方法。实际研究中，因变量分布出现偏态往往是数据中存在

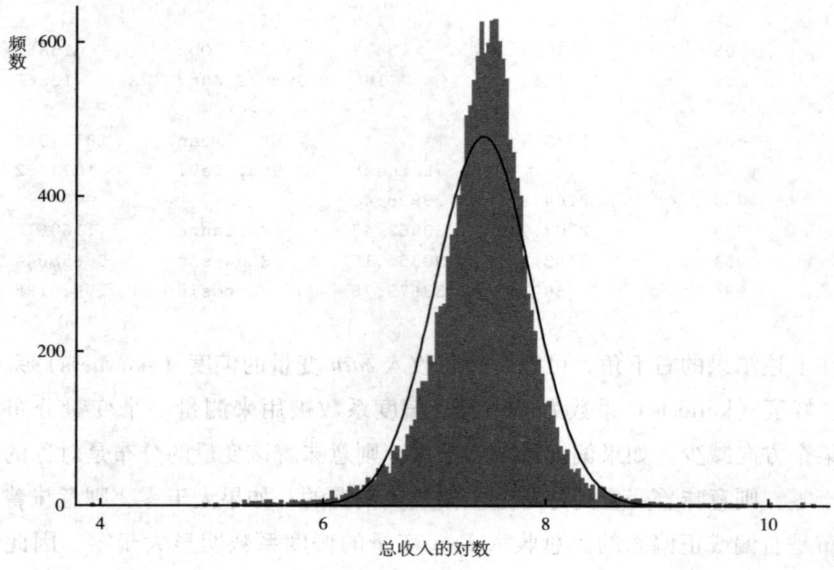

图 17-2　总收入的对数 *logearn* 变量的直方图

异常值造成的，因此，当因变量不满足正态分布时，也可以尝试使用稳健回归（robust regression）方法。

17.2　残差是否服从正态分布

所谓残差，就是回归预测值和观测值之间的差值，即：$\mathbf{e} = \mathbf{y} - \mathbf{Xb} = \mathbf{y} - \hat{\mathbf{y}}$。回归分析中，我们需要假定误差项服从正态分布。那么，我们如何来判断这一假定是否得到满足呢？对此，我们可以采用两种图示的方式进行直观的观察。

17.2.1　分位数－分位数图

分位数－分位数图（quantile-quantile plot），也称作 Q－Q 图，原本是用于比较两个样本以确定它们是否来自同一总体的有用工具。基于这种想法，我们可以将样本的分位数和所期望的正态分布的分位数进行比较，从而确定样本数据是否服从正态分布。在回归分析中，这可以被用来检验残差是否服从正态分布。下图 17－3 就是用受教育年限、工作经历、工作经历的平方、党员和性别变量对总收入的对数进行回归后所得残差的分位数－分位数图。如果残差服从正态分布的话，那么，由两个分位数对应点所构成的线应该和图中的 45°直线极为接近甚至重合在一起；相应地，对正态性偏离越严重的话，该线与 45°直线的偏离也越明显。

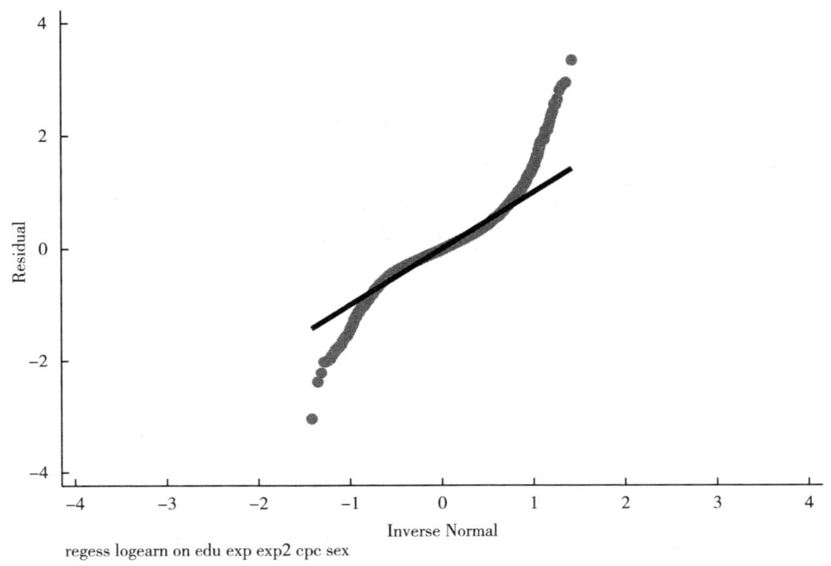

图 17 －3　总收入的对数 *logearn* 的回归残差 Q－Q 图

图 17－3 显示，越是靠近残差分布的两端，残差的分位曲线越是偏离 45°直线，但是中间部分几乎和直线重合。这表明，残差不太符合正态分布，且存在一定程度的异方差性。

17.2.2　残差对拟合值图

顾名思义，残差对拟合值图（residual-vs-fitted plot）就是用某一次回归所得到的残差与拟合值作图。这相当于给出每个案例的残差值在每一个拟合值上的散点图。这样，就可以直观地看到残差的分布形态，包括是否服从正态分布以及不同拟合值上残差的方差是否相等。图 17－4 给出了用受教育年限、工作经历、工作经历的平方、党员和性别变量对总收入的对数进行回归后所得到的残差对拟合值图。①

---

① 如果采用 Stata 软件进行数据处理的话，可以用两种方式得到残差对拟合值图。第一种方法是，先做回归分析，然后用 **predict** 命令将回归拟合值和残差存成两个新变量，然后用散点图的画图命令对两个变量画图。第二种方法要简单得多，也是先做回归分析，然后使用 **rvfplot** 命令直接给出残差对拟合值图。

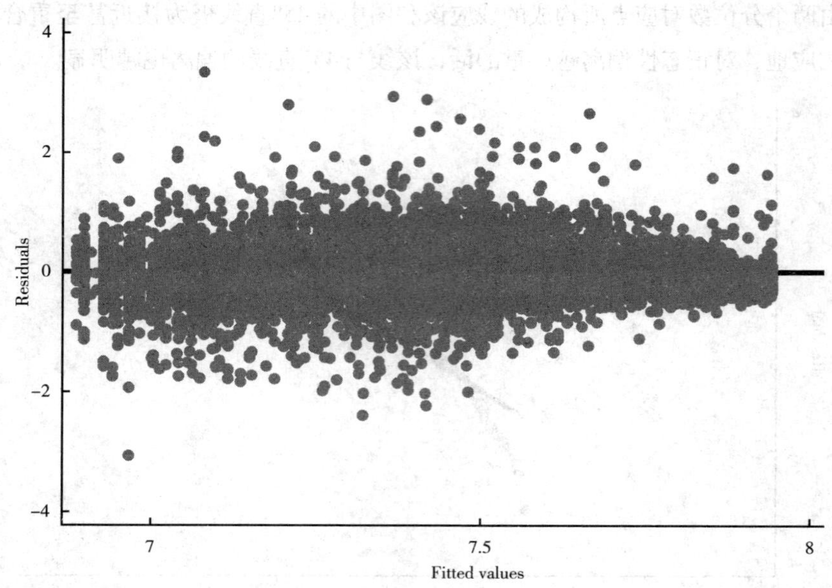

图 17－4 总收入的对数 *logearn* 的残差对拟合值图

图 17－4 显示，残差大体上围绕零值线上下对称地分布着，这意味着残差在不同拟合值点上大致呈对称分布。同时还可以看到，几乎不存在有曲线关系的迹象。值得注意的是，个别拟合值的残差明显远离绝大部分拟合值，这意味着可能存在下面将要讲到的异常值。另外，我们大致能看到，随着拟合值的增大，残差的方差有变小的趋势，这预示着异方差性问题的存在。

实际上，上述图形只是提供了对回归残差的一个概要描述。为了更详细地对残差进行研究，我们还可以画出残差与回归模型中每一解释变量的关系图（Hamilton，2006）。这样我们就可以进一步看到残差在每一解释变量不同取值上的分布情况，从而发现是否存在有一定规律的异方差性。

17.3 异常观测案例

异常观测案例有两种——异常值或影响观察值。识别出这些异常观测案例并了解它们所产生的影响是回归诊断的又一个重要内容。考虑到异常值和影响观察值的不同，下面对其分别加以介绍。

17.3.1　影响观察值及其诊断：

1. 何谓影响观察值

在第 5 章中，我们将 $\mathbf{H}=\mathbf{X}(\mathbf{X}'\mathbf{X})^{-1}\mathbf{X}'$称作帽子矩阵（hat matrix），或预测矩阵（prediction matrix）。因为 $\hat{\mathbf{y}}=\mathbf{H}\mathbf{y}$。这样一来，我们可以将残差重新表述为：$\mathbf{e}=\mathbf{y}-\hat{\mathbf{y}}=\mathbf{y}-\mathbf{H}\mathbf{y}=(\mathbf{I}-\mathbf{H})\mathbf{y}$。

在上述采用帽子矩阵表述的预测值等式中，帽子矩阵中的对角线元素被定义为杠杆作用（leverages），因为其中的每一个元素 h_{ii}测量了第 i 个观测案例的影响。h_{ii}具有如下性质：

（1）取值范围在 0 和 1 内；

（2）所有 h_{ii}的和等于自变量的个数，即$\sum h_{ii}=p$，这里，p 为回归模型中自变量的个数；

（3）h_{ii}的取值越大，对应的 y_i 在决定 $\hat{y}$ 上就越重要，注意：$\hat{y}$ 是由回归模型中所有的观测案例决定的拟合值；

（4）h_{ii}的取值越大，残差 e_i 就越小。

从图形上看，h_{ii}测量了第 i 个观测案例与所有观测案例在自变量矩阵 $\mathbf{X}$ 上的平均值之间的距离，如下图 17－5 所示。请注意，图中，两条不同回归线的差异实际上是由一个影响观察值造成的。也就是说，变量 x_1 和 x_2 的取值只在一个案例上（即图中的 A 处）有所不同。因为这一点的 h_{ii}值很大，杠杆作用也很大。

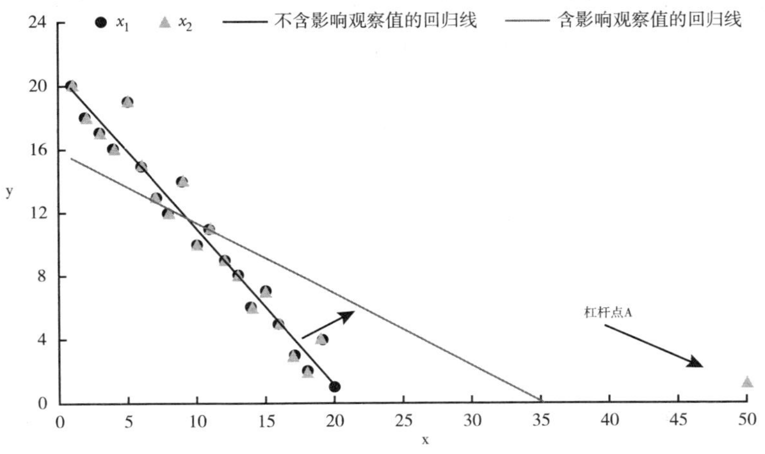

图 17－5　影响观察值对回归分析的影响

从这一例子可以看出，h_{ii}仅由自变量矩阵 **X** 决定。

这一例子也说明，如果观测案例在自变量的取值上明显不同于其他大多数观测案例，h_{ii}值会很大，这种观测案例被称作高杠杆率点（leverage points）或影响观察值（influential observations）。

2. 影响观察值的测量

实际上，帽子矩阵对角线上的元素 h_{ii}取值越大，对应的 y_i 在决定 $\hat{y}$ 上就越重要。也就是说，h_{ii}表明了观测案例 i 影响回归系数的潜力。因此，当其在自变量矩阵 **X** 上的取值出现异常时，该观测案例就会表现出具有较高的杠杆作用。测量这种杠杆作用的方法主要有 Cook 距离（Cook's distance）、*DFITS*（又叫 *DFFITS*）和 *DFBETA* 等统计量指标。

（1）Cook 距离统计量

观测案例 i 的 Cook 距离是指，基于全部观测案例得到的所有估计值与未包含观测案例 i 所得的所有估计值之间的平均差异。它实际上测量了每个观测案例对所有回归估计值的影响。那些远远偏离自变量矩阵 **X** 平均值或者具有很大残差的观测案例往往倾向于会有很大的 Cook 距离。因此，在实际分析中，我们不想在数据中有 Cook 距离很大的观测案例，比如大于 $2K/n$，这里，K 表示估计系数的个数（包含常数项），n 为样本量。因为这意味着，如果删除该观测案例的话，回归系数将出现很大的变化。

下面给出了我们对总收入的对数 *logearn* 进行回归后所得到的 Cook 距离。根据前面提到的 Cook 距离大于 $2K/n$ 的经验法则，这里我们应该关注那些 Cook 距离大于 0.00075653（即 2×6/15862）的案例。

```
. quietly regress  logearn edu exp exp2 cpc sex
. predict CookD, cooksd
. list  ID logearn edu exp  exp2 cpc sex CookD if  CookD>0.00075653
```

	ID	logearn	edu	exp	exp2	cpc	sex	CookD
15670.	11993	8.720297	12	7	49	0	1	.0007569
（中间省略）								
15853.	15685	5.481472	6	32	1024	1	1	.0030548
15854.	15496	10.32072	12	20	400	1	0	.0030733
15855.	12498	10.01682	6	16	256	0	1	.0032119

```
15856. |   5733   8.856176   15    0      0   0   1   .0039232 |
15857. |  11413   10.03294   12   16    256   1   1   .0039265 |
15858. |  11370   10.03294   12   16    256   1   1   .0039265 |
15859. |  11950   3.912023    9    5     25   0   1   .0044292 |
       |-------------------------------------------------------|
15860. |    848   10.31103   13   11    121   1   1   .0056509 |
15861. |  12406   9.724337    9   42   1764   1   0   .0056593 |
15862. |   6063   10.42447    9    5     25   0   0    .005861 |
       +-------------------------------------------------------+
```

一共有 193 个案例的 Cook 距离大于 0.00075653。其中，ID 号为 6063 案例的 Cook 距离最大，接近 0.006。

（2）*DFITS* 统计量

与 Cook 距离一样，$DFITS_i$ 也测量了观测案例 i 对整体的回归模型产生了多大影响，或者观测案例 i 对一套预测值产生了多大影响。但与 Cook 距离不同，$DFITS_i$ 并不关心排除观测案例 i 情况下的所有预测值，而只关心观测案例 i 的预测值；也就是说，我们要对使用全部观测案例所取得的案例 i 的估计值和使用排除观测案例 i 后所得到的案例 i 的估计值进行比较。同时，我们还用标准误作为测量因子（scaling factor）。一般地，如果我们发现以下关系成立的话，就认为观测案例 i 是一个影响观察值：

$$|DFITS_i| > 2\sqrt{K/n}$$

这里，K 为估计系数的个数（包括常数项），n 为样本量。

同样，我们计算了对总收入的对数 *logearn* 进行回归后所得到的 *DFITS* 统计量信息。根据前面提到的 *DFITS* 统计量的判断经验法则，这里我们应该关注那些 *DFITS* 统计量取值大于 0.03889794（即 $2\times\sqrt{6/15862}$）的案例。

```
. quietly regress  logearn edu exp exp2 cpc sex
. predict DFITS, dfits
. list  ID logearn edu exp  exp2 cpc sex  DFITS if abs(DFITS)>0.03889794

       +-------------------------------------------------------+
       |    ID    logearn   edu   exp   exp2   cpc   sex      DFITS |
       |-------------------------------------------------------|
                          （中间省略）
15853. |  15685   5.481472    6   32   1024   1   1  -.1355035 |
15854. |  15496   10.32072   12   20    400   1   0   .1360085 |
```

```
15855. |  12498   10.01682    6   16    256    0    1   .1390685 |
15856. |   5733   8.856176   15    0      0    0    1   .1535485 |
15857. |  11413   10.03294   12   16    256    1    1   .1537176 |
       |----------------------------------------------------------|
15858. |  11370   10.03294   12   16    256    1    1   .1537176 |
15859. |  11950   3.912023    9    5     25    0    1  -.1633631 |
15860. |    848   10.31103   13   11    121    1    1   .1844958 |
15861. |  12406   9.724337    9   42   1764    1    0   .1844488 |
15862. |   6063   10.42447    9    5     25    0    0    .188004 |
       +----------------------------------------------------------+
```

一共有 845 个案例的 *DFITS* 统计量大于 0.03889794，其中，最小值为 -0.1633631，最大值为 0.188004。

（3）*DFBETA* 统计量

与 Cook 距离和 *DFITS* 测量不同，*DFBETA* 关注的是将观测案例 i 排除出回归分析后，自变量 x 的系数的变化程度（用标准误作为尺度进行衡量）。我们应更加关注符合以下条件的案例：

$$|DFBETA| > 2/\sqrt{n}$$

这里，n 表示样本量。

下面给出了基于受教育程度、工作经历、工作经历的平方、党员和性别变量对收入的对数 *logearn* 进行回归所得的 *DFBETA* 统计量的取值。由于样本规模较大，我们没办法完全将它们展示出来。因此，我们给出它们的描述性统计结果。

```
. quietly regress  logearn edu exp exp2cpc sex
. dfbeta
                              DFedu:  DFbeta(edu)
                              DFexp:  DFbeta(exp)
                             DFexp2:  DFbeta(exp2)
                              DFcpc:  DFbeta(cpc)
                              DFsex:  DFbeta(sex)
. sum  DFedu DFexp DFexp2 DFcpc DFsex

    Variable |       Obs        Mean    Std. Dev.       Min        Max
-------------+--------------------------------------------------------
       DFedu |     15862   -8.15e-09    .0078801   -.0985674   .1064606
       DFexp |     15862   -6.03e-09    .0087576   -.1241193   .1039458
      DFexp2 |     15862    1.15e-08    .0085575   -.0930783   .1381735
       DFcpc |     15862    1.21e-07     .006963    -.097406   .1473038
       DFsex |     15862   -9.60e-08    .0081052   -.0863339    .094936
```

17.3.2　异常值及其诊断

另一类异常观测案例和因变量有关系，它反映了模型拟合的失败，这就是异常值，即那些特别偏离回归模型的观测案例。因此，异常值的残差一般会很大。那么，我们如何对其加以测量呢？对于异常值，统计上经常通过计算两种残差来加以识别：标准化残差（standardized residual）和学生化残差（studentized residual）。

标准化残差

一个最为直接的度量残差大小的做法就是将观测案例 i 的回归残差除以其估计的标准误，即：

$$z_i = e_i / \sqrt{\text{MSE}}$$

这就被称作标准化残差。之所以被称为标准化残差，原因就在于 MSE 被当作误差方差 $Var(\varepsilon_i)$ 的估计值，且残差的均值为零。

根据线性回归的假定，我们期望 z_i 近似地服从标准正态分布，即 $z_i \sim N(0, 1)$。

学生化残差

使用 MSE 作为观测案例 i 残差方差的估计值只是一种近似。即使球面方差假定（A2）成立，残差方差在具体的案例中也可能随自变量的不同而改变。我们可以改进对残差方差的度量。将残差的协方差矩阵记为：

$$Var(\mathbf{e}) = \sigma^2(\mathbf{I} - \mathbf{H})$$

这里，$\mathbf{H}$ 为帽子矩阵，$\mathbf{H} = \mathbf{X}(\mathbf{X}'\mathbf{X})^{-1}\mathbf{X}'$。观测案例 i 的方差为：

$$Var(e_i) = \sigma^2(1 - h_{ii})$$

这里，h_{ii} 为帽子矩阵对角线上的第 i 个元素，并且，$0 \leqslant h_{ii} \leqslant 1$。因此定义

$$r_i = \frac{e_i}{\sqrt{\text{MSE}(1 - h_{ii})}}$$

为学生化分布，且 r_i 近似地服从自由度为 $n-p-1$ 的 t 分布。

学生化残差的平均值接近于0，方差为 $\left(\sum_{i=1}^{n} r_i^2\right)/(n-p-1)$。

评判残差的准则

根据上面的计算公式，可以推出，在数据规模较大的数据集中，标准化残差和

学生化残差应当差别不大。但是，残差多大才算是大呢？对此，没有绝对的评判准则。经验上，我们期望标准化残差或学生化残差分布的95%都在 -2 到 2 之间。也就是说，极少的标准化残差或学生化残差可能会在 -2 到 2（甚或 -3 到 3）的取值范围之外。我们一般不能接受标准化残差或学生化残差超出 -5 到 5 的取值范围。

17.4 本章小结

本章结合 CHIP88 数据的分析对回归诊断的内容进行了简要介绍。一方面，我们介绍了如何借助残差图进行残差分析，以检验回归模型本身所要求的假定条件是否得到满足，从而对回归结果的合理性做出评价；另一方面，我们介绍了两类对回归模型存在威胁的异常观测案例，即异常值和影响观察值，以及相应的度量指标。需要强调的是，在实际研究中，回归诊断的工作应该先于回归模型和回归系数的解释。

参考文献

Belsley, David A., Edwin Kuh, & Roy E. Welsch. 1980. *Regression Diagnostics: Identifying Influential Data and Sources of Colinearity*. New York: Wiley.

Hamilton, Lawrence. 2006. *Statistics with STATA Updated for Version 9*. Belmont, CA: Duxbury/Thomson Learning.

第 18 章

二分因变量的 logit 模型

前面的大部分章节一直都在讨论与线性回归有关的内容。虽然线性回归在社会科学定量研究中有着非常广泛的应用，然而该方法的应用在很多情况下会受到限制。比如，线性回归要求因变量为定距变量（interval variable），而如我们在有关虚拟变量的第 12 章中曾经提到的，实际研究中的因变量可能是名义变量（nominal variable）。比如，社会学和人口学研究者往往研究失业、迁移、结婚、死亡、犯罪等问题。这些问题有一个明显的共同点，那就是因变量只能在两个可能的数值中取值，要么“是”或“发生”，要么“否”或“未发生”。在统计方法上，这种仅具有两类可能结果的数据被称作二分类数据（binary data），所对应的变量也被称作二分变量（binary variable）。通常，二分变量所表示的两种可能结果被描述为成功和失败。一般来说，研究所关注的那类结果被视为“成功”，通常被编码为 1；而另一类则被视为“失败”，通常被编码为 0。所以，社会和生物科学研究者常常习惯于将二分变量称作 0 - 1 变量。

如果因变量为定类或定序变量，线性回归方法一般就不再适用。作为定类变量的一个典型类型，我们在对二分因变量进行分析时也需要进行特殊的处理。因此，本章将介绍适用于对二分因变量进行分析的统计方法。值得注意的是，对于二分因变量，研究者的目的在于估计和预测成功或失败的概率是如何受到协变量的影响的。①

① 这与前面介绍的线性回归直接针对观测变量进行分析很不一样。在对二分因变量进行统计分析时，所观测到的是某一事件是否发生，即 $y_i = 1$ 或 $y_i = 0$；然而，统计模型中的因变量却是发生某一事件的概率，即 $\Pr(y_i = 1)$。

18.1 线性回归面对二分因变量的困境

对于二分因变量，如果我们采用多元线性回归进行分析的话，就得到了线性概率模型（linear probability model）。但我们知道，线性回归方法通常要求因变量具有定距测量尺度，为连续变量；另外一个重要的假定是要求因变量对应于不同自变量的误差项 ε_i 要有相同的方差，即方差齐性（homosedasticity）。而采用最小二乘法去估计线性概率模型会违背这些假定，其结果不再具有最佳线性无偏估计的特性。尽管此时因变量表示的是发生某一观测事件的概率，但该模型仍然存在很大的问题，包括模型的误差项呈现出异分布性以及预测值超出合理范围的荒谬性。

18.1.1 误差项ε_i的异分布性

在绝大多数情况下，二分变量数据都以个体作为分析单位。此时就相当于每个个体只进行一次试验，并且试验结果要么是1（成功），要么是0（失败）。这类试验被称作贝努里试验（Bernoulli trial）。贝努里试验只有一个表示成功概率的参数 p，其概率分布函数可表示为：

$$\Pr(y_i \mid p) = p^y(1-p)^{1-y} \tag{18-1}$$

由此可以得到，成功的概率为 $\Pr(y_i=1)=p$，失败的概率为 $\Pr(y_i=0)=1-p$。

按照线性回归的思路，为了估计成功的概率如何受到一组自变量和残差项的影响，我们可以建立以下模型：

$$y_i = \sum \beta_k x_{ik} + \varepsilon_i \tag{18-2}$$

此时，y_i 的期望值实际上变成了试验结果为成功时的条件概率，并且被表示为一组自变量的线性组合。即：

$$E(y_i) = \Pr(y_i = 1 \mid x_{i1}, x_{i2}, \cdots, x_{ik}) = \sum \beta_k x_{ik} \tag{18-3}$$

因此，式（18-3）也被称为线性概率模型。

根据式（18-2），当 $y_i=0$ 时，$\varepsilon_i=-\sum \beta_k x_{ik}$；当 $y_i=1$ 时，$\varepsilon_i=1-\sum \beta_k x_{ik}$。因此，我们可以求得误差项 ε_i 的期望值为：

$$\begin{aligned} E(\varepsilon_i) &= P(y_i = 0)(-\sum \beta_k x_{ik}) + P(y_i = 1)(1 - \sum \beta_k x_{ik}) \\ &= -[1 - P(y_i = 1)]P(y_i = 1) + P(y_i = 1)[1 - P(y_i = 1)] \\ &= 0 \end{aligned} \quad (18-4)$$

也就是说，此时线性回归中要求误差项均值为零的假定仍然能够得到满足。

对于误差项 ε_i 的方差，根据方差的计算公式，我们有：

$$\begin{aligned} Var(\varepsilon_i) &= E(\varepsilon_i^2) - [E(\varepsilon_i)]^2 \\ &= E(\varepsilon_i^2) - 0 \\ &= P(y_i = 0)(-\sum \beta_k x_{ik})^2 + P(y_i = 1)[1 - \sum \beta_k x_{ik}]^2 \\ &= [1 - P(y_i = 1)][P(y_i = 1)]^2 + \\ &\quad P(y_i = 1)[1 - P(y_i = 1)]^2 \\ &= P(y_i = 1)[1 - P(y_i = 1)][P(y_i = 1) + 1 - P(y_i = 1)] \\ &= P(y_i = 1)[1 - P(y_i = 1)] \\ &= (\sum \beta_k x_{ik})[1 - \sum \beta_k x_{ik}] \end{aligned} \quad (18-5)$$

显然，误差项 ε_i 的方差是自变量 x_k 的函数。因此，误差方差 $Var(\varepsilon_i)$ 必然会随着自变量 x_k 取值水平的变动而发生系统性变动。这意味着误差项 ε_i 呈现出异分布性，即因变量在不同的自变量 x_k 取值处具有不同的误差方差。这明显违背了线性回归中误差方差齐性的假定条件。因此，如果采用线性回归对二分因变量进行分析的话，所得参数估计值的 OLS 估计不再是最有效的。此时需要采用诸如前面提到的广义最小二乘法（generalized least squares，简称 GLS）等其他估计方法做一定的修正。

18.1.2　线性函数的荒谬性

在式（18-3）的模型设定中，我们并没有对每个自变量 x_k 的取值范围加以限定，对回归系数 β_k 和误差项 ε_i 同样也没有做具体限定。因此，从理论上讲，$E(y_i)$可以在（$-\infty$，$+\infty$）这一区间内任意取值。但实际上，不论是将 $E(y_i)$ 作为概率还是作为实际的取值加以理解，其取值都只能在［0，1］区间内。如果采用线性回归对二分因变量进行分析的话，由于建立的是线性函数，随着自变量取值的增大或减少，预测值将超过概率的合理取值范围。这显然是有问题的。

总之，当因变量为二分变量时，采用线性模型进行统计分析的做法是不恰当的。因此，介绍专门适用于处理二分因变量的统计模型是十分必要的，其中最为常见的是 logit 模型。这一模型源自统计学、生物统计学、经济学、心理学和社会学等诸多学科。当然，还有其他类似的模型可以用来处理二分因变量。比如，经济学家往往习惯用 probit 模型。不论是 logit 模型还是 probit 模型，我们都可以采用两种不同的方式加以介绍：一种被称作转换的方式（transformational approach），另一种被称作潜变量方式（latent variable approach）（Powers & Xie，2008）。[①]

18.2 转换的方式

转换的方式基于这样一种思路：样本数据与总体中被用来进行建模的变量之间存在一一对应的关系。当我们对被分析的数据按自变量进行分组时，我们就能非常清楚地理解这一思路。对于分组数据（grouped data），频数可以转换成比例（proportions）。这时，比例就成了对总体中条件概率的估计。在线性概率模型中，我们正是以这些根据样本数据转化得到的比例或经验概率作为因变量，使用常规最小二乘法（OLS）或广义最小二乘法（GLS）来进行建模的。然而，正如在上面我们所看到的，线性概率模型这一方法并不能保证预测的条件概率合理地处在［0，1］这一区间内。不过，这一不足在 logit 和 probit 模型里都可以避免，因为我们可以通过多次转换以确保将条件概率的估计值限定在合理的取值范围内。

18.2.1 Logit 模型

Logit 模型在社会科学和生物科学中都有着非常广泛的应用。Logit（或称 Logistic）转换可以理解为成功对失败的发生比率（odds）的对数，这一点本节将更为详细地加以描述。成功概率 p 的 logit 转换可以表示为：

$$\text{logit}(p_i) = \log(\frac{p_i}{1 - p_i}) = \eta_i \tag{18-6}$$

式（18－6）给出了 logit 转换的定义。用一般化线性模型的术语来讲，就是给定了一个 logit 链接函数（logit link function）。进一步可以将式（18－6）表示为一组自变量的线性组合：

① 有关这两种方式背后哲学差异的详细阐述，请参见鲍威斯和谢宇（Powers & Xie，2008）有关分类数据统计模型一书的第一章第二节。

$$\text{logit}(p_i) = \eta_i = \sum_{k=0}^{K} \beta_k x_{ik} \quad (18-7)$$

通过简单的运算，我们可以求出概率 p_i：

$$p_i = \frac{\exp\left(\sum_{k=0}^{K} \beta_k x_{ik}\right)}{1 + \exp\left(\sum_{k=0}^{K} \beta_k x_{ik}\right)} \quad (18-8)$$

这就是 logit 的概率密度函数。

通过式（18－8），并结合图 18－1（图中 z 代表 $\sum_{k=0}^{K} \beta_k x_{ik}$），我们不难看出，对于任何 x 和相应 β 的所有可能取值，logit 转换都能确保概率 p_i 在［0，1］区间内合理地取值。而且，根据式（18－6）可以得出：当 p_i 趋近于 0 时，对应的 $\text{logit}(p_i)$ 将趋近于负无穷；当 p_i 趋近于 1 时，对应的 $\text{logit}(p_i)$ 将趋近于正无穷。也就是说，logit 转换克服了概率取值超出［0，1］区间的问题。

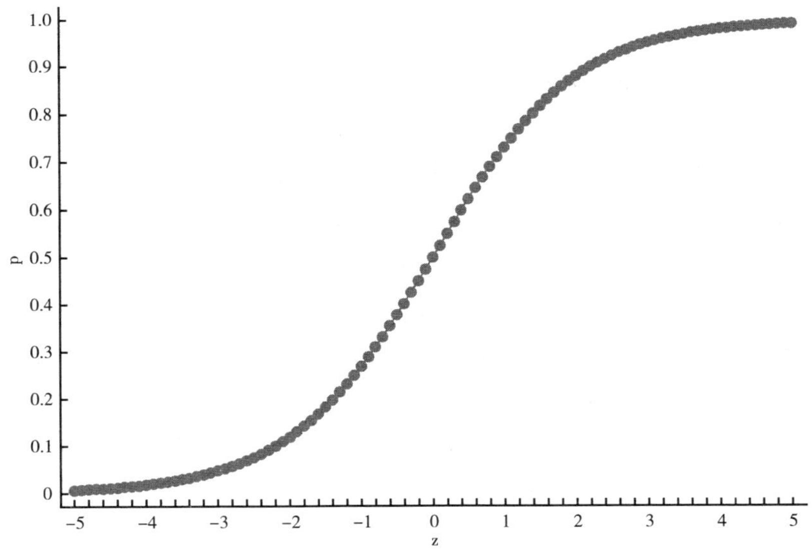

图 18－1　Logit 模型的概率函数曲线

发生比率、发生比率比和相对风险

Logit 模型的着重点从事件的发生概率转移到了事件的发生比率。这里，发生比率（odds）被定义为出现某一结果的概率与出现另一结果的概率之比

(ratio)。比如，我们用 p 来表示成功的概率，而 $1-p$ 就表示失败的概率，那么成功的发生比率就是比值 $\omega = p/(1-p)$。由式（18－6）可以清楚地看出，对于 logit 转换而言，这一比值其实就是 logit 的反对数，即 $\exp(\eta)$。

我们可以对发生比率这一概念加以扩展。当我们比较某一群体相对于另一群体时，我们用发生比率比（odds ratio）为测量指标。设想我们有一组包含失业信息的数据，分别取自男性和女性这两个群体，其中男性的失业概率为 p_1，女性的失业概率为 p_2。以女性作为参照组，将性别转换为虚拟变量并以此建模，我们将得到 $\text{logit}(\hat{p}_1) = \beta_0 + \gamma$ 和 $\text{logit}(\hat{p}_2) = \beta_0$。这里，$\gamma$ 可被看作是性别虚拟变量的回归系数。那么，可以得到男性相对于女性的失业发生比率比为：

$$\begin{aligned}\theta &= \omega_1/\omega_2 = \frac{p_1/(1-p_1)}{p_2/(1-p_2)} \\ &= \frac{\exp(\beta_0+\gamma)}{\exp(\beta_0)} \\ &= \frac{\exp(\beta_0)\exp(\gamma)}{\exp(\beta_0)} \\ &= \exp(\gamma)\end{aligned} \tag{18-9}$$

由此，我们可以清楚地看到：如果发生比率比 θ 小于 1，就意味着男性的失业发生比率小于女性；如果 θ 等于 1，就意味着男性与女性具有相同的失业发生比率；如果 θ 大于 1，就意味着男性的失业发生比率要大于女性。更一般地，$\exp(\gamma)$ 表示一个群体相对于另一个群体"成功"经历某个事件的相对发生比率，或者说它实际上就是不同群体的发生比率之比。

与发生比率比密切相关的一个概念是相对风险（relative risk）。它被定义为某一暴露期（exposure interval）内的相对发生概率。风险是指所关注事件在某一给定时期内的发生概率。设想，我们有一个样本数据，含两个规模相等（各有 25 人）的试验组别，其中，试验组服用某种试验药物，控制组服用安慰剂。假设试验组中有 2 人感染了该药物所针对的疾病，而控制组中有 3 人感染了该疾病，那么试验组的患病风险为 $r_t = 2/25$ 或 0.08，控制组的患病风险为 $r_c = 3/25$ 或 0.12。这样一来，我们就能够计算出试验组相对于控制组的相对患病风险：

$$\rho = \frac{r_t}{r_c} = \frac{0.08}{0.12} = 0.67$$

这意味着，试验组的患病风险大约只是控制组的三分之二。或者说，控制组的患病风险几乎是试验组的 1.5 倍（即 1/0.67 = 1.50）。

当事件发生的概率很小时，发生比率比常被用来近似地表示相对风险。比如，在本例中，我们可以计算得到试验组相对于控制组的患病发生比率比为：

$$\theta = \frac{r_t/(1-r_t)}{r_c/(1-r_c)} = \frac{0.08/(1-0.08)}{0.12/(1-0.12)} = 0.64$$

其中的原因就在于，当 r_t 和 r_c 很小时，$(1-r_t)$ 和 $(1-r_c)$ 都接近于1，故此时的发生比率比接近于相对风险。

18.2.2 Probit 模型

在二分因变量的统计建模中，probit 模型提供了对 logit 模型的一种替代选择。在上面的介绍中，我们已经知道，logit 模型是通过对事件发生概率 p 进行 logit 转换之后得到的。同样，这里事件发生概率 p 的非线性函数也可以通过 probit 转换，得到一个关于 p 的单调函数，且该函数与自变量呈线性关系。

以 p_i 表示第 i 个观测案例发生某一事件的概率，它由以下标准累计正态分布函数（standard cumulative normal distribution function）给出：

$$p_i = \int_{-\infty}^{\eta_i} \frac{1}{\sqrt{2\pi}} exp\left(-\frac{1}{2}u_i^2\right)du_i \tag{18-10}$$

注意，式（18-10）与式（18-8）应当是可比的。式（18-10）往往被记作 $p_i = \Phi(\eta_i)$，其中，$\Phi(\cdot)$ 表示标准正态分布的累计分布函数（cumulative distribution function）。通过求标准累计正态分布函数的反函数，我们就得到了 probit 转换（也称 normit 转换），即：

$$\eta_i = \Phi^{-1}(p_i) = \text{probit}(p_i) \tag{18-11}$$

同样地，式（18-11）也给出了一个 probit 链接函数（probit link function）的形式。Probit 模型一般被写作：

$$\Phi^{-1}(p_i) = \eta_i = \sum_{k=0}^{K} \beta_k x_{ik} \tag{18-12}$$

或等价地写作：

$$p_i = \Phi\left(\sum_{k=0}^{K} \beta_k x_{ik}\right) \tag{18-13}$$

图 18 -2 $\left(\text{注意，图中 } z = \sum_{k=0}^{K} \beta_k x_{ik}\right)$示意性地给出了式（18 - 13）所定义函数的图形表达。从中不难看到，对于 x 和相应 β 的所有可能取值，概率 p_i 始终处于［0，1］区间内。这意味着，probit 转换也克服了概率取值超出［0，1］区间的问题。同时还可以看出，在这里，p_i 和自变量之间也呈现非线性关系。

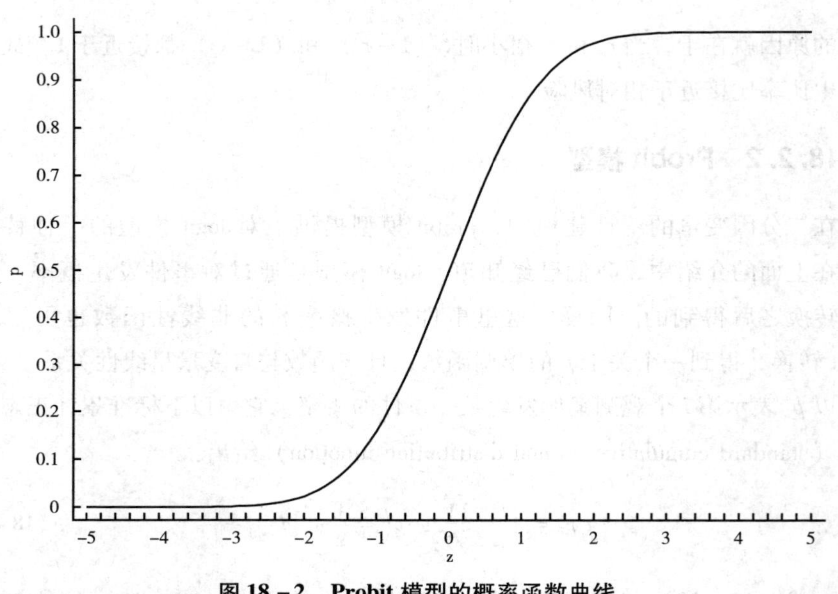

图 18 -2　Probit 模型的概率函数曲线

18. 2. 3　Logit 模型与 probit 模型的关系

通过不同的转换，logit 模型和 probit 模型都能避免线性模型在处理二分因变量时存在的最大问题，即预测值取值范围的荒谬性。图 18 - 3 $\left(\text{注意，图中 } z = \sum_{k=0}^{K} \beta_k x_{ik}\right)$给出了这两种转换之间的关系。

很明显，logit 转换和 probit 转换所得到的结果非常相似。实际上，两者均是对事件发生概率 p 的一种非线性单调转换，只不过它们在转换过程中采用了不同的函数而已。通常，logit 估计值约是 probit 估计值的 1. 8 倍。① 另外，细心的读

① 这是因为对于 logit 模型，其残差的方差为 $\pi^2/3$，标准差为 $\pi/\sqrt{3} = 1.8138$；而对于 probit 模型，其残差的标准差为 1。其中的原因将在 18. 3 节加以说明。

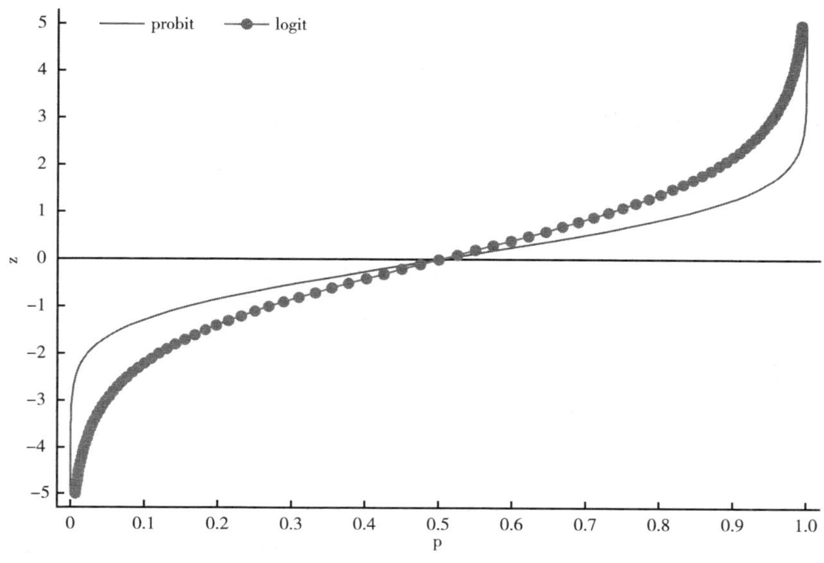

图 18－3　Logit 转换与 probit 转换的比较

者从图 18－3 中不难发现，当 p 处于 0.2 到 0.8 之间时，这两种转换基本上都属于线性的；当 p 超出这一范围时，两者呈现出高度的非线性。非线性的意义是，如果我们将 p 作为自变量 x 的函数来进行建模的话，那么 x 对 p 的作用不是固定不变的，而是将随着 x 取值的变化而变化。这一点与线性回归时的情况极为不同。

18.3　潜变量方式

Logit 模型和 probit 模型也都可以被看作潜变量模型（latent variable models）。此类模型假设，在观测到的二分因变量 y_i（比如，某一就业适龄女性有无工作）背后，存在一个未被观测到的或潜在的连续因变量（unobserved or latent continuous dependent variable）y_i^*，它表示个体 i 是否出现 $y=1$ 的潜在特质。如果该潜在的因变量 y_i^* 大于 0，那么观测到的因变量 y_i 就等 1，否则观测到的因变量 y_i 就等于 0。① 我们可以将其表述为：

① 其实，用 0 作为界限是非常任意的。这是因为对于下面模拟潜在因变量的方程式（18－15）中的截距，使用任何的恒量作为界限都会给我们带来同样的结果。见鲍威斯和谢宇（Power & Xie，2008：57）。

$$y_i = \begin{cases} 1, 若\ y_i^* > 0 \\ 0, 其他 \end{cases} \tag{18-14}$$

潜在的因变量 y_i^* 可被表示为 x_{ik} 与残差 ε_i 的线性函数：

$$y_i^* = \sum_{k=0}^{K} \beta_k x_{ik} + \varepsilon_i \tag{18-15}$$

其中，$x_{i0}=1$。对于式（18－15），如果假定残差 ε_i 服从标准正态分布，且满足独立同分布（即 i. i. d.）假定，那么式（18－14）和式（18－15）就构成了 probit 模型的一般形式。此时，残差 ε_i 的均值为 0，方差为 1。如果假定残差 ε_i 服从标准 logistic 分布，且满足独立同分布假设，那么就得到了 logit 模型。此时，残差 ε_i 的均值为 0，方差为 $\pi^2/3$。在这里我们看到，probit 模型与 logit 模型的残差项均具有零均值和固定方差。我们需要对 ε_i 的方差进行标准化，因为二分因变量 y_i 本身不含有尺度信息。换句话说，式（18－15）中 β_k 的绝对大小是不可确定的（unidentifiable），但它们之间的相对大小是可以被估计的。由于标准化的不同，logit 模型的残差方差比 probit 模型的更大，且前者是后者的 $\pi^2/3$ 倍。借助这一关系，我们可以在 logit 模型参数估计值和 probit 模型参数估计值之间便利地进行转换。

通过上面的介绍，我们了解了 logit 模型与 probit 模型之间的相似之处和内在关联。然而在实际研究中，研究者并不知道 logit 模型和 probit 模型两者中哪一个是适合的模型。不过，出于概率分布函数简洁性（simplicity）的考虑，同时考虑到 logit 模型中对数发生比率比（log-odds-ratios）在解释形式上的便利性，许多学者选择 logit 模型。相比之下，正态分布没有简洁的封闭表达（closed-form expression），probit 模型也得不到发生比率比。

18.4 模型估计、评价与比较

18.4.1 模型估计

对于 logit 模型和 probit 模型，通常采用最大似然估计方法来对模型参数进行估计。在满足 i. i. d. 假定并已知随机变量参数分布的情况下，最大似然估计是最佳无偏估计（best unbiased estimator，简称 BUE），它是所有可能的无偏估计中最有效的估计量。

一旦我们假定了模型随机部分的分布，也就是误差项的分布，就可以应用最大似然估计方法对模型参数进行估计。在应用最大似然估计之前，需要先建立一个似然函数（likelihood function）。通过这一函数，观测数据出现的概率可以被表述成未知模型参数的函数。而模型参数的最大似然估计也就是使模型能够以最大概率再现样本观测数据的估计。

对于一个规模为 n 的样本，由于各观测之间相互独立且遵循同一分布，其联合分布可以表示成边际分布的连乘积。我们以 logit 模型为例，其似然函数为：

$$
\begin{aligned}
L &= \prod p_i^{y_i}(1-p_i)^{(1-y_i)} \\
&= \prod \left[\left(e^{\sum_{k=0}^{K}\beta_k x_{ik}}\right)/\left(1+e^{\sum_{k=0}^{K}\beta_k x_{ik}}\right)\right]^{y_i}\left[1/\left(1+e^{\sum_{k=0}^{K}\beta_k x_{ik}}\right)\right]^{(1-y_i)}
\end{aligned}
\tag{18-16}
$$

这被称作 n 个观测的似然函数。但是一般来说，要想直接实现 $L(\theta)$ 函数的最大化比较困难。替代的做法是使该函数的自然对数最大，以此来间接实现最大化。由于 $\ln[L(\theta)]$ 为 $L(\theta)$ 的单调递增函数，所以，使 $\ln[L(\theta)]$ 取得最大值的 θ 值也同样使得 $L(\theta)$ 取得最大值。因此，对式（18-16）取自然对数，可得：

$$
\begin{aligned}
\log L = &\sum y_i \cdot \log\left[\left(e^{\sum_{k=0}^{K}\beta_k x_{ik}}\right)/\left(1+e^{\sum_{k=0}^{K}\beta_k x_{ik}}\right)\right] + \\
&\sum (1-y_i)\cdot \log\left[1/\left(1+e^{\sum_{k=0}^{K}\beta_k x_{ik}}\right)\right]
\end{aligned}
\tag{18-17}
$$

通过对式（18-17）实现最大化，我们可以求出对应的一套回归参数 β_k 的最优解。以谢宇的博士学位论文（Xie，1989）中对 1972 年高中生职业选择问题的调查数据分析为例，表 18-1（见下页）给出了两个 logit 模型的参数估计结果，因变量为“学生是否打算成为一名科学家”（y=1 代表“是”，否则 y=0）。有关这些参数估计值的解释将在下一节加以阐述。

18.4.2 模型评价与比较

在求得一组回归参数的估计值后，接下来需要做的就是根据模型对数据的拟合情况给出一个评价，这便涉及模型拟合优度的测量。前面已经讲到，对于常规线性回归而言，判定系数 R^2 表示观测到的因变量方差中被模型解释掉的比例，因

表 18－1 Logit 模型的估计系数

变量	模型 2		模型 3	
	系数	标准误	系数	标准误
常数项	－5.147	0.322	－8.468	0.471
性别（参照类：男性）				
女性	－0.296	0.093	－0.253	0.099
父母特征				
父亲的 SEI（$\times 10^{-2}$）	0.662	0.195	0.507	0.198
母亲的 SEI（$\times 10^{-2}$）	（同上）		（同上）	
母亲为家庭妇女	0.342	0.129	0.231	0.131
父亲为科学家	0.694	0.272	0.606	0.279
母亲为科学家	（同上）		（同上）	
父亲的受教育程度	0.067	0.013	0.04	0.013
母亲的受教育程度	（同上）		（同上）	
种族（参照类：白人）				
黑人	0.644	0.163	1.078	0.173
亚裔	0.678	0.359	0.381	0.365
其他	－0.381	0.227	－0.13	0.231
宗教（参照类：新教）				
天主教	0.433	0.105	0.486	0.107
犹太教	0.992	0.198	0.764	0.203
其他宗教	－0.223	0.293	0.025	0.296
无宗教信仰	0.246	0.21	0.349	0.214
家庭结构				
孩次	0.01	0.045	0.029	0.045
兄弟姐妹数	－0.108	0.035	－0.105	0.035
学业成绩				
班级排序（$\times 10^{-2}$）			1.202	0.232
数学成绩（$\times 10^{-2}$）			5.903	0.737

注：样本规模为 13453。两个模型都包括用于标注缺失值的虚拟变量。模型拟合优度的统计量参见表 18－2。

此我们可以采用它来对模型的拟合优度进行评价。但是，对于 logit 模型和 probit 模型而言，二分因变量 y_i 本身不含有尺度信息，残差的方差都是人为设定的固定值。

因此，我们无法构造出一个完全等价于判定系数 R^2 的统计量。但是，我们还是可以采用以下统计量对 logit 模型和 probit 模型拟合数据的情况进行评价。

皮尔逊 χ^2 统计量

对于分组数据，通过考虑观测频数 y_i（即在 n_i 中等于 1 的次数）和对应的基于给定模型的期望频数 $n_i\hat{p}_i$，可以构造出皮尔逊 χ^2 统计量：

$$\chi^2 = \sum_i \frac{(y_i - n_i\hat{p}_i)}{n_i\hat{p}_i(1 - \hat{p}_i)} \tag{18-18}$$

该统计量的自由度为总单元格数减去模型中参数的个数。χ^2 值越小，表明观测频数与期望频数之间的一致性越高，即模型拟合优度越好；χ^2 值越大，则表明观测频数与期望频数之间的一致性越低，即模型的拟合优度越差。注意，除非数据事先按照固定单元格加以分类，否则，这一方法通常是不可取的。所以，一般不推荐采用皮尔逊 χ^2 统计量来对模型拟合优度进行评价。

对数似然比统计量

从上面对模型最大似然估计方法的简单介绍中可以看出，似然函数值的对数 $\log L$ 与样本规模有关，因此不能把它单独作为拟合优度指标加以使用。也就是说，较大的对数似然值在一定程度上与较大的样本规模有关。通常，针对同一数据可能拟合得到多个模型，而这些竞争模型会得到不同的对数似然值。因此，当我们进行模型拟合评价时，通常会着眼于某一模型相对于另一模型对同一数据的拟合是否更佳。

在模型拟合评价中，有三个模型特别重要，即零模型（null model）、饱和或完全模型（saturated or full model）以及当前模型（current model）。零模型只包含截距项 β_0，我们以 L_0 表示其似然函数值；饱和模型包含了每一单元格的参数，所得的拟合值可以精确地还原观测数据，我们以 L_f 表示其似然函数值；当前模型所包含的参数个数介于零模型和完全模型之间，以 L_c 表示其似然函数值。对当前模型拟合优度的评价就可以通过比较 L_c 和 L_f 之间的大小来得出。当 L_c 远小于 L_f 时，表明当前模型对数据的拟合不够；而当 L_c 与 L_f 相对接近时，则表明当前模型拟合较好。统计软件通常报告的模型拟合优度的统计量是对数似然比（log-likelihood ratio）或离差（deviance）G^2，后者测量了当前模型偏离完全模型的程度，其计算公式如下：

$$\begin{aligned} G^2 &= -2\log(L_c/L_f) \\ &= -2(\log L_c - \log L_f) \end{aligned} \tag{18-19}$$

不过，对于个体数据而言，完全模型的似然函数值 L_f 等于1，那么对应的似然函数的对数 $\log L_f$ 就等于0。所以，此时式（18－19）可以简化成：

$$G^2 = -2\log L_c$$

同样地，由于其大小与样本规模有关，对数似然比也不能单独作为拟合优度指标被使用。不过，利用它对一组存在嵌套关系的模型进行比较可选出拟合最好的模型。

模型χ^2 统计量

许多统计软件的输出结果可能还会提供 $-2\log L_0$ 的值，它是零模型的对数似然函数值的 -2 倍。此外，统计软件还会提供一个被称作模型χ^2（model χ^2）的指标。与离差（G^2）不同，模型χ^2 将当前模型的拟合情况与零模型进行比较，即：

$$\begin{aligned} \text{Model}\,\chi^2 &= -2\log(L_0/L_c) \\ &= -2(\log L_0 - \log L_c) \end{aligned} \tag{18-20}$$

模型χ^2 统计量评价了相对于零模型拟合度，当前模型中所增加的参数对模型拟合度的改善程度。如果零模型成立的话，在大样本条件下，该统计量服从χ^2 分布，其自由度等于当前模型中参数的个数与零模型中参数的个数之差（即 $K-1$）。

嵌套模型比较

我们在上面提到，一般不能单独使用似然比统计量对模型的拟合情况做出评价，但是可以通过比较存在嵌套关系模型的相对拟合情况来确定哪个模型拟合更佳。而这就涉及对嵌套模型进行对数似然比检验。

两个嵌套模型之间的对数似然比统计量之差（这里记为 ΔG^2）服从χ^2 分布，其自由度等于两个模型的自由度之差，即：

$$\Delta G^2 = G_r^2 - G_u^2, \qquad DF = DF_r - DF_u$$

这里，G_r^2 表示约束模型（restricted model）的对数似然比（离差），而 G_u^2 表示无约束模型（unrestricted model）的对数似然比（离差）。请注意，这里的自由度 DF 测量的是残差的自由度。但是有些统计软件报告的是回归的自由度，此时残差的自由度需要根据 $DF^{reg_u} - DF^{reg_r}$ 进行计算。容易看出，ΔG^2 也等于无约束模型的模型χ^2减去约束模型的模型χ^2。

下面仍以谢宇的博士学位论文（Xie，1989）中对 1972 年高中生职业选择问题调查数据的分析为例，来说明如何采用对数似然比来对嵌套模型的拟合度进行比较。模型的因变量为“学生是否有计划做一名科学家”（$y=1$ 代表有计划，否则 $y=0$），据此拟合了表 18－2 中的三个模型。

表 18－2　不同 logit 模型的描述及拟合度统计量

模型	描 述	L^2	DF
1	1 ＋ 性别 ＋ 父母 ＋ 种族 ＋ 宗教 ＋ 家庭	4041.4	13429
2	模型 1 ＋ 下列约束： 父亲 SEI 的影响＝母亲 SEI 的影响 父亲遗传的影响＝母亲遗传的影响 父亲教育的影响＝母亲教育的影响	4044.2	13432
3	模型 2 ＋ 成绩	3856.4	13428

注：1 代表常数项；性别代表所属性别；父母代表父母特征（包括 SEI、遗传和教育）；种族代表所属种族；宗教代表所属宗教；家庭代表家庭结构；成绩代表学业成绩。有关类别的定义参见表 18－1 中的有关说明。所有模型都包括标注缺失值的虚拟变量。L^2 是对数似然比统计量，DF 一栏表示相应的自由度。

我们先来看模型 1 与模型 2。显然，它们之间存在嵌套关系。模型 2 为约束模型，约束条件包括：父亲的与母亲的 SEI（社会经济地位指数）、遗传以及教育所带来的效应相同。因此，我们可以通过比较两个模型各自的对数似然比来判断模型 1 与模型 2 孰优孰劣：

$$\chi^2 = G_r^2 - G_u^2 = 4044.2 - 4041.4 = 2.8$$

对应的自由度 $DF = DF_r - DF_u = 13432 - 13429 = 3$。通过查$\chi^2$分布表，我们知道在 0.05 的显著性水平下 $\chi^2_{(3)} = 7.815 > 2.8$，统计不显著。因此，模型 1 与模型 2 之间在对数据的拟合上并不存在显著差别。但是，由于模型 2 更为简约，因此我们认为模型 2 要好于模型 1。

在表 18－2 中所呈现的三个模型中，模型 2 与模型 3 之间也具有嵌套关系。因为相对于模型 2，模型 3 放弃了学业成绩对因变量没有影响的假设。因此，就模型 2 与模型 3 进行的检验就相当于对学业成绩是否有影响进行检验，对应的自由度 $DF = DF_r - DF_u = 13432 - 13428 = 4$。而这四个约束条件分别是：班级排名的效应等于0，数学成绩的效应等于0，班级排名缺失的效应等于0以及数学成绩缺失的效应等于0。我们发现由这4个自由度带来的模型拟合效果的改进是显著的。

$$\chi^2 = 4044.2 - 3856.4 = 187.8$$

18.5 模型回归系数解释

在对模型的拟合进行评价之后，我们会选取一个拟合较优的模型。接下来，研究者的关注点就可以转向对这些参数估计的解释。类似于线性回归系数，logit模型和probit模型的回归系数也可以解释成自变量变化一个单位带来的因变量的变化幅度。但是由于logit模型和probit模型都是广义线性模型（generalized linear models），对观测的因变量进行非线性的logit或probit转换，会造成自变量对两种模型中因变量的影响是非线性的。因此，针对线性回归系数的那套解释方式在这里就不大适用。下面我们将介绍三种不同的对模型参数估计值进行解释的方式（Powers & Xie，2008）。

18.5.1 以发生比率比的方式解释logit参数估计值

以一具体情况为例。设 y_i 表示个体是否参与投票，并假设它受到收入和性别的影响，其中，收入是以千元作为测量单位的连续变量 x_i，而性别是虚拟变量 d_i（1表示女性，0表示男性）。在实际的样本中，如果个体 i 参与投票，我们相应地观测到 $y_i=1$；相反，则观测到 $y_i=0$。我们可以建立以下logit模型来分析收入和性别如何影响个体的投票行为：

$$\text{logit}[\Pr(y_i = 1)] = \log(\frac{p_i}{1-p_i}) = \log(\omega_i) = \beta_0 + \beta_1 x_i + \beta_2 d_i$$

假设该模型得到了以下最大似然估计值：

$$\widehat{\text{logit}[\Pr(y_i = 1)]} = \log(\frac{\hat{p}_i}{1-\hat{p}_i}) = \log(\hat{\omega}_i) = -1.92 + 0.012x_i + 0.67d_i$$

对于表示个体性别的虚拟变量，计算其发生比率比：

$$\begin{aligned}\hat{\theta} &= \frac{\hat{\omega}_{d=1}}{\hat{\omega}_{d=0}} = \frac{\Pr(y_i = 1 \mid d_i = 1)/\Pr(y_i = 0 \mid d_i = 1)}{\Pr(y_i = 1 \mid d_i = 0)/\Pr(y_i = 0 \mid d_i = 0)} \\ &= \exp(b_2) = \exp(0.67) = 1.95\end{aligned}$$

在这里，1.95 的意思是：在控制了收入的情况下，女性参与投票的发生比率几乎是男性的 2 倍。更一般地，对于虚拟变量而言，其回归系数的指数 $\exp(b_2)$ 揭示了关注组的发生比率与参照组的发生比率之间的倍数关系。

对于连续变量，发生比率的解释就不那么直接明了了。在我们假设性别不变的情况下，如果收入增加 1000 元，那么在发生比率上会体现出什么样的变化呢？首先，通过取指数，有：

$$\hat{\omega}_i = \exp(a + b_1 x_i + b_2 d_i)$$

然后，以 $x_i + 1$ 代替上式中的 x_i，得到：

$$\begin{aligned} \hat{\omega}_i^* &= \exp[a + b_1(x_i + 1) + b_2 d_i] \\ &= \exp(a + b_1 x_i + b_2 d_i + b_1 \times 1) \\ &= \hat{\omega}_i \cdot \exp(b_1 \times 1) \end{aligned}$$

通过简单的恒等变换，得到：

$$\frac{\hat{\omega}_i^*}{\hat{\omega}_i} = \exp(b_1 \times 1) = \exp(0.012) = 1.01$$

这就是说，在性别相同的情况下，收入每增加 1000 元，投票的发生比率将是原来的 1.01 倍；或者也可以说，收入每增加 1000 元，投票的发生比率将比之前上升 1%，即 $\frac{1.01-1}{1} \times 100\% = 1\%$。更一般地，针对自变量为连续变量的情况，我们可以认为对应回归系数的指数实际上表明了该自变量每上升一个单位所带来的发生比率的倍数变化。

18.5.2　以边际效应的方式进行解释

对于 probit 模型，我们无法采用发生比率比对其进行解释。因此，常常见到有研究者通过连续概率的边际效应来报告自变量对因变量的影响。与线性回归系数的解释类似，边际效应表达了自变量每一单位的变化所带来的因变量的变化。对于 logit 模型和 probit 模型的潜变量方式而言，潜变量模型被设定为线性的，那么自变量 x_{ik} 一个单位的变化将会造成潜因变量 β_k 个单位的变化。比如，对于模型：

$$y_i^* = \beta_0 + \beta_1 x_i + \beta_2 d_i + \varepsilon_i$$

自变量 x_i 每一单位的变化所带来的 y_i^* 的变化可由偏导数给出：

$$\frac{\partial y_i^*}{\partial x_i} = \beta_1$$

不过，我们往往想知道自变量对事件发生概率的边际效应。第 k 个自变量的边际效应可以表示为：

$$\frac{\partial \Pr(y_i = 1 \mid x_i)}{\partial x_{ik}} = \frac{\partial F(\mathbf{x}_i'\boldsymbol{\beta})}{\partial x_{ik}} = f(\mathbf{x}_i'\boldsymbol{\beta})\beta_k$$

这里，$F(\cdot)$ 为累计分布函数（cumulative distribution function），$f(\cdot)$ 为密度函数（density function）。第 k 个自变量的边际效应揭示了该自变量取值的变化所带来的事件发生概率的变化率（rate of change）。

对于 probit 模型，自变量 x_{ik}对事件发生概率 P 的边际效应为：

$$\frac{\partial p}{\partial x_{ik}} = \beta_k \phi(\mathbf{x}_i'\boldsymbol{\beta})$$

这里，ϕ 是在 $\mathbf{x}_i'\boldsymbol{\beta}$ 点处的正态分布密度。在实际应用中，可以代入样本中的变量平均值来计算，或者取样本中 P 的比例并折算 Φ 为 ϕ。而对于 logit 模型，边际效应则为：

$$\frac{\partial p}{\partial x_{ik}} = \beta_k \Lambda_i (1 - \Lambda_i)$$

这里，$\Lambda_i = \exp(\mathbf{x}_i'\boldsymbol{\beta}) / [1 + \exp(\mathbf{x}_i'\boldsymbol{\beta})]$。

请注意：只有当自变量为连续变量时，边际效应的概念才可行。而对于自变量全部为离散变量的情况，我们可以直接对不同组求预测概率。

18.5.3 结合预测概率图形进行解释

作为计算边际效应方式的替代，我们可以画出某变量取值范围内的预测概率，从而对该变量的效应做出评价。比如，如果我们想知道个体参与投票的概率如何随着收入水平发生变化，我们可以将其他所有协变量的取值固定在某一个水平上，然后计算出不同收入水平下参与投票的预测概率。在此基础上，我们进一步以收入水平作为横轴、预测概率作为纵轴画图。这样一来，所关注变量的效应就能够直观地展示出来。值得一提的是，这种预测概率与图形结合的方式在自变量为分类变量时也适用。

18.6　统计检验与推断

至此，我们已经介绍完了参数估计、拟合优度评价以及模型结果解释的内容。社会定量研究的目的是通过对小规模样本的考察来推论研究总体的情况，而这就需要对参数估计值进行统计检验。与常规线性回归采用 t 检验或 F 检验来对单个参数或多参数进行统计检验一样，我们也可以对 logit 模型和 probit 模型进行单一参数检验和多参数的联合检验。

18.6.1　单一参数检验

1. Wald 检验

对于模型中某个自变量参数估计值的统计检验，我们可以采用 Wald 统计量。为了得到 Wald 统计量，必须先计算 Z 统计量。通过前面有关线性回归的介绍，我们知道，Z 统计量其实就是某个自变量所对应的回归系数与其标准误的比，即：

$$Z = b_{ik}/se_{b_{ik}}$$

之后，通过将 Z 统计量取平方即可得到 Wald 统计量：

$$\text{Wald} = (b_{ik}/se_{b_{ik}})^2$$

在零假设条件 H_0：$\beta_{ik}=0$ 下，自变量 x_{ik}的 Wald 统计量在大样本情况下服从自由度为 1 的渐进χ^2 分布。[①] 因此，Wald 卡方统计量的值就能够表示模型中自变量 x_{ik}的作用是否显著地不等于 0。比如，对于表 18－1 中模型 2 的性别变量，可以计算出其对应的 Wald 卡方统计量为：

$$\text{Wald} = (-0.296/0.093)^2 = 3.183^2 = 10.131$$

通过查看χ^2 分布表，我们知道，当显著性水平 $\alpha=0.01$ 时，自由度为 1 的χ^2 临界值为 6.635，小于 10.131。因此我们可以认为，在 0.01 的显著性水平上，当其他条件不变时，男性和女性在是否计划成为科学家这一问题的回答上存在显著差别。Wald 统计量检验依靠的是最大似然估计方法的大样本性质。其实，在大

① 因此，在有的教科书中，Wald 统计量也被称作 Wald 卡方统计量。

样本情况下，我们可以直接用 Z 检验来作为个别自变量参数估计值的统计检验。

但是，有学者指出，使用 Wald 统计量来检验单个参数是否统计显著时存在一些问题。比如，Agresti（1996）曾指出，对于样本规模较小的情况，似然比检验要比 Wald 检验更可靠。

2. 似然比检验

如果两个模型之间只相差一个自变量，那么，似然比检验也可以用来对多出来的那个自变量的回归参数估计值进行检验。如果我们基于表 18－2 中的模型 2 建构一个新的模型，即从模型中去掉性别变量，则这一新的模型和原模型 2 存在嵌套关系：相对于模型 2，新模型放弃了性别变量对因变量的影响。因此，对模型 2 与这一新模型之间进行的检验就相当于对性别变量对因变量是否有影响进行检验。

18.6.2 多参数检验

1. Wald 检验

除了能对单个参数的估计值进行统计检验，Wald 检验也可以广义化地用于检验多个约束的情况。待检验的零假设可以表示为：

$$\mathrm{H}_0:\mathbf{R}\boldsymbol{\beta}_r = \mathbf{q}$$

这里，$\boldsymbol{\beta}_r$ 为待检验模型参数的向量，$\mathbf{R}$ 为各元素的值为 0 或 1 的约束矩阵（restriction matrix），而 $\mathbf{q}$ 为各元素的取值均为 0 的常数矩阵。假设我们想要对 $\beta_5=0$ 和 $\beta_6=0$ 这样两个约束条件同时进行检验，这实际上等价于检验下列假设矩阵：

$$\mathrm{H}_0:\begin{pmatrix}1 & 0\\0 & 1\end{pmatrix}\begin{pmatrix}\beta_5\\\beta_6\end{pmatrix} = \begin{pmatrix}0\\0\end{pmatrix}$$

这可以通过 Wald 统计量来进行检验：

$$\mathrm{Wald} = (\mathbf{Rb_r} - \mathbf{q})'[\mathbf{R}Var(\mathbf{b_r})\mathbf{R}']^{-1}(\mathbf{Rb_r} - \mathbf{q})$$

其自由度等于约束矩阵 $\mathbf{R}$ 中的行数，亦即约束条件的数目。

2. 似然比检验

18.4.2 节介绍的嵌套模型似然比检验也可以用于对多个约束条件进行检验，而这也是最为常用的联合检验多个参数估计值的方法。

设 M_1 为具有较多约束的模型，对应的似然函数值为 L_1；而 M_2 表示具有较少约束的模型，对应的似然函数值为 L_2，且 M_1 嵌套于 M_2。那么，似然比卡方统计量为：

$$-2(\log L_1 - \log L_2)$$

该统计量服从 χ^2 分布，自由度等于大模型 M_2 中参数个数 K_2 与小模型 M_1 中参数个数 K_1 之差。

请注意，Wald 统计量和似然比统计量都利用了大样本性质。因此，就相同数据、相同模型做相同的假设检验，它们的结果未必完全相同，但随样本量增加它们会逐渐趋于相等。这意味着，统计检验的结果可能会因为检验时所选统计量的不同而不同。当然，这不是我们想看到的情况。

18.7　本章小结

社会科学研究中，只具有两类结果的社会现象普遍存在。统计学将这种数据称为二分类数据。这种数据的特点在于它只在 0 和 1 上取值。此时，用 OLS 方法所做的统计推论是不准确的，同时还会出现事件发生概率的预测值超出[0, 1]区间的荒谬结果。

针对二分类数据，本章结合实例介绍了适用于此类数据分析的两种常见模型：logit 模型和 probit 模型。这两种模型都具有很好的扩展性，可扩展至因变量为定序变量和多分类定类变量的情况。我们介绍了如何对 logit 模型和 probit 模型进行评价、比较以及如何解释这类模型的参数并对其进行统计检验。

参考文献

Agresti, Alan. 1996. *An Introduction to Categorical Data Analysis*. New York: Wiley.

Powers, Daniel A. & Yu Xie. 2008. *Statistical Methods for Categorical Data Analysi* (Second Edition). Howard House, England: Emerald. [〔美〕丹尼尔·A. 鲍威斯、谢宇，2009，《分类数据分析的统计方法》(第 2 版)，任强等译，北京：社会科学文献出版社。]

Xie, Yu. 1989. *The Process of Becoming a Scientist*. Doctoral Dissertation. University of Wisconsin-Madison.

词 汇 表

奥卡姆剃刀定律（Occam's razor）：也称简约原则（Law of Parsimony），是由14世纪英国神学家和哲学家William of Ockham提出的，主要是指“如无必要，勿增实体”（Entities should not be multiplied needlessly），也可以理解为“对于现象最简单的解释往往比复杂的解释更正确”，或者“如果有两种类似的解决方案，选择最简单的”。

暴露时期（exposure interval）：即暴露在经历所关注事件中的时间长度。

贝努里试验（Bernoulli trial）：若随机试验中某事件是否发生的可能结果只有两个，则称这种试验为贝努里试验。

备择假设（alternative hypothesis）：也称作研究假设，相对于零假设而言，它是指在研究过程中希望得到支持的假设，通常记作 H_1 或 H_a。

背景效应（contextual effect）：指个体所处社会或群体环境对其态度或行为的影响。

比例（proportions）：变量的某个类别在样本中出现的次数在整个样本量中所占的比重。

边际效应（marginal effects）：自变量取值上的一个很小的变化量所造成的因变量的变化。

变异性（variability）：指事物的属性或能力的变化或差异。社会科学中，它往往是指研究对象间由于测量造成的或本身就存在的质或量上的差异。

标准差（standard deviation）：方差的正平方根，与随机变量有相同的量纲。

标准分（standardized score）：连续随机变量标准化后的取值叫标准分，即将变量取值减去该变量的均值后除以标准差所得的取值

标准化残差（standardized residual）：用于诊断异常值的一个统计量。即将观测案例 i 的回归残差除以其估计的标准误，即 $z_i = e_i / \sqrt{\text{MSE}}$，其中 MSE 为残差均方。之所以被称为标准化残差，原因就在于 MSE 被当作误差方差 $Var(\varepsilon_i)$ 的估计值，且残差的均值为零。

标准化随机变量（standardized random variable）：将随机变量以某种方式标准化之后得到的随机变量。例如，将正态随机变量各取值减去其期望后除以其标准差所得的变量就是标准化的正态随机变量。

标准误（standard error，*S. E.*）：抽样分布的标准差称作标准误。

标准误的三明治估计（sandwich estimator for the standard errors）：也称作 Huber – White 估计，由 Huber、White 等分别独立推导出的估计方差的方法，该方法得到的标准误估计值不大受到误差项不满足独立同分布情形的影响。

标准正态分布（standardized normal distribution）：标准化的正态分布。其期望为 0，标准差为 1。

泊松分布（Poisson distribution）：是二项分布的极限分布，在二项分布中事件发生的概率非常小，而试验次数非常大的情况下，由事件可能发生的次数 x 及各次数可能出现的极限概率 $\frac{\lambda^x}{x!}e^{-\lambda}$ 组成的分布。泊松分布为离散型随机变量分布，其随机变量取值为一切非负整数，分布的期望与方差相等。泊松分布适合于研究瞬时发生概率趋近于 0 的稀少事件。

参数估计（parameter estimation）：基于样本数据来估计总体的参数值，这是进行统计推断的手段之一。

参数检验（parametric test）：参数检验是在总体分布形式已知的情况下，对总体分布的参数如均值、方差等进行推断的方法。先基于样本计算出检验统计量，然后判断在一定的显著性水平下，该统计量取值是否落入特定分布的拒绝域，如果是则说明该统计量与总体参数间有着显著的差异。

参数值（parameter）：描述总体数量特征的指标，常常是未知的。

参照组（reference group）：被排除出回归模型的那个虚拟变量所对应的类别，亦即所有虚拟变量取值全部为零的类别。

残差对拟合值图（residual-vs-fitted plot）：用某一次回归所得到的残差与拟

合值作图。这相当于给出每个案例的残差值在每一个拟合值上的散点图。这样，就可以直观地看到残差的分布形态，包括是否服从正态分布以及不同拟合值上残差的方差是否相等。

残差均方（mean square error，MSE）：参数估计值与参数真值之差平方的期望值。

残差平方和（sum of squares error，SSR）：因变量观察值与对应的回归模型预测值的离差平方和。是观察值落在回归线（面）之外而引起的，是模型中各自变量对因变量线性影响之外的其他因素对因变量总平方和的影响。

残差项（residual）：指回归拟合值或预测值与观测值之差。

测度参数（scale parameter）：测度参数的值确定了一个随机变量概率分布的离散度。如果取值越大，表明对应的概率分布越离散。

测度转换（rescaling）：对于随机变量 X，如果令 $X^* = a + bX$，则 X^* 被称为 X 的测度转换，其中，a 代表位置参数，b 代表测度参数。当然，测度转换也可以是非线性的，常见的比如取对数、求倒数等。

测量（measurement）：对事物的特征或属性进行量化描述，对非量化实物进行量化的过程。社会科学中往往通过一些操作化指标对研究对象在某些概念（如特征）上的取值进行测量。

测量类型（level of measurement or scale type）：由心理学家 Stanley Smith Stevens 在 1946 年《科学》杂志上发表的《测量等级理论》一文中提出。它分为四种类型：定类测量、定序测量、定距测量、定比测量。

常规最小二乘法（ordinary least squares，OLS）：线性回归中求解参数的常用方法。该方法的基本思路为：根据从总体中随机抽出的一个样本，在平面直角坐标系中找到一条直线 $\hat{y}_i = b_0 + b_1 x_i$，使得观测值 y_i 和拟合值 $\hat{y}_i$ 之间的距离最短，即两者之间残差（$e_i = y_i - \hat{y}_i$）的平方和（记为 D）最小。

常规最小二乘估计（ordinary least squares estimation）：一种估计方法，又称最小平方法，是一种数学优化方法。它通过最小化误差的平方和寻找数据的最佳拟合函数。利用最小二乘法可使得到的预测数据与实际数据之间的误差平方和在各种估计中最小。

超几何分布（hypergeometric distribution）：在总体规模较小的情况下，如果从只有两种可能取值（如 a 和非 a）的总体中随机抽出 n 个样本，那么每个被抽中的对象出现 a 的概率将不再恒定，不再满足二项分布的独立试验条件，此时由事件 a 可能出现的次数及每一可能次数发生的概率组成的分布为超几何分布。当总体规模趋向无穷大时，超几何分布趋向于二项分布。

成比例假设（proportional hypothesis）：回归分析中，假设某两个自变量 X_1 和 X_2 的回归系数存在如下关系，即 $\beta_1 - a\beta_2 = 0$，其中，a 为某一常数。这类假设被称作成比例假设。

抽样分布（sampling distribution）：对于某一总体，我们可以得到若干个规模为 n 的随机样本，基于这些样本计算得到不同的反映某同一特征（即参数）的统计量（比如期望或方差），这些取值不同的统计量即构成抽样分布。

处理（treatment）：也称作干预。

处理前异质性（pre-treatment heterogeneity）：社会研究中，研究对象在接受试验处置之前在行为或状态上存在的差异或不同。比如，若将上大学作为一种试验处置的话，就读于同一班级的学生之间在考取大学的可能性上就存在差异。

处理前异质性偏误（pre-treatment heterogeneity bias）：社会研究中，如果忽略研究对象之间未观察到的处理前异质性，所得到的估计值就会有偏，我们将由此所产生的偏误称为处理前异质性偏误。

处理效应异质性（treatment-effect heterogeneity）：社会研究中，研究对象在对试验处置的反应上存在的差异或不同，比如，同样是上同一所大学，但不同个体大学毕业之后所得到的收入却并不相同。

处理效应异质性偏误（treatment-effect heterogeneity bias）：如果假设试验处置对两组不同研究对象的影响相同，而实际上可能不同，那么由此产生的偏误叫处理效应异质性偏误。

Cook 距离统计量（Cook's distance statistic）：用于诊断的一个统计量。观测案例 i 的 Cook 距离反映基于全部观测案例得到的所有估计值与未包含观测案例 i 所得的所有估计值之间的平均差异。它实际上测量了每个观测案例对所有回归估计值的影响。那些远远偏离自变量矩阵 **X** 的平均值或者具有很大残差的观测案例往往倾向于具有更大的 Cook 距离。

单尾检验（one-tailed test）：也称为单侧检验，它在进行假设时不仅对原假设是否成立进行了设定，还同时考虑了变化的方向。拒绝域只位于统计量分布的一侧，如当进行右侧单边检验时，拒绝域位于右侧，样本统计量只有大于临界值时才能拒绝原假设。

单位矩阵（identity matrix）：这是一种特殊的对角矩阵。具体而言，对角元素都为 1 的对角矩阵被定义为单位矩阵。一般用字母 **I** 来表示单位矩阵。

等价线性模型（equivalent linear model）：在多层线性模型中，对层 1 自变量以总均值对中得到的模型与不做对中处理时的模型之间具有相同的预测值、残差和拟合优度，因此，这两种情形下的模型属于等价线性模型。

***DFBETA* 统计量**（*DFBETA* statistic）：用于诊断影响观察值的一个统计量。它表明，如果将观测案例 i 排除出回归分析，那么自变量矩阵 **X** 中每个 **x** 上的系数将变化多少个标准误。

***DFITS* 统计量**（*DFITS* statistic）：用于诊断影响观察值的一个统计量。$DFITS_i$ 测量了观测案例 i 对整体的回归模型产生了多大影响，或者观测案例 i 对一套预测值产生了多大影响。$DFITS_i$ 关注的是观测案例 i 的预测值，而且使用排除观测案例 i 时所得到估计值的标准误作为测量因子。

递归模型（recursive model）：一种特殊的路径模型，模型中的所有外生变量对于所有因变量来说都是前置变量，而每个因变量对于任何出现在后面因果链上的其他因变量来说都是前置变量。

第Ⅰ类错误（type Ⅰ error），也称 α 错误，在零假设正确的情况下将其否定而出现的错误。

第Ⅱ类错误（type Ⅱ error）：也称 β 错误，在假设检验中没有否定本来是错误的零假设。因此，这类错误又叫做纳伪错误。

点估计（point estimation）：即用样本计算出来的一个数对未知参数进行估计。

迭代广义最小二乘法（iterative generalized least squares，IGLS）：先假定一个偏差的初始值，第一步是根据偏差的初始值，用常规最小二乘法来估计回归参数。第二步是用第一步得到的回归参数，重新估计偏差的值。重复进行第一步和第二步，直到满足收敛的要求。

迭代期望定律（law of iterated expectations，LIE）：条件期望的期望等于非条件期望，即：$E(Y)=E_x[E(Y|X)]$。

定距变量（interval variable）：是一种尺度变量，按对象的特征或测量序列间的距离排序的变量。

定量变量（quantitative variable）：相对于定性变量，指各取值之间的距离可精确测量的变量，包括定距变量和定比变量。

定量社会研究（quantitative social research）：社会科学研究者对某一社会现

象的数量属性及其与其他社会现象之间的数量关系进行的系统性的经验考察。定量社会研究的目的在于基于某一理论或假设建立或发展统计模型来对相应的社会现象进行概要描述或对其成因加以解释。

定性变量（qualitative variable）：见分类变量。

定序变量（ordinal variable）：也称等级变量。这种变量的取值可以按照某种逻辑顺序排列出高低大小，存在一定的等级、次序或强度差异，但次序之间的距离并不具有统一的可精确测量性。定序变量本身的数字编码无法进行数学运算，只能用作比较大小。

动力因（efficient cause）：亚里士多德提出的事物形成的四种原因之一，指的是改变事物的动力及起因。比如，桌子出现的动力因就是工匠，因为正是他们的劳动才将木材变成桌子。

动态追踪数据模型（dynamic panel data model）：包含因变量的滞后项作为解释变量的追踪数据分析模型。

独立同分布假定（assumption of independent identical distributed errors）：或称 i. i. d. 假定，假定一般线性模型中的随机误差项独立（彼此独立且独立于自变量）并且服从零均值等方差的同质性分布。

独立样本（independence sample）：从不同总体中分别抽出的不存在相关性的样本。

对称矩阵（symmetric matrix）：这是一种特殊的方阵。在这类方阵中，对于所有 i，j，矩阵的第 i 行第 j 列元素与矩阵的第 j 行第 i 列元素相等。

对角矩阵（diagonal matrix）：对角矩阵是指除主对角线元素之外，其他元素均为 0 的方阵。

对数似然比（log likelihood ratio）：这是一般化线性回归中进行模型比较和评价时经常用到的统计量之一。对于存在嵌套关系的模型，对数似然比就等于两个模型似然值之比的对数的 -2 倍。

对中（centering）：以变量的观测值减去其平均值。更一般地，我们也可以针对任一有意义的取值而不仅仅局限于以均值进行对中。

多层线性模型（multilevel models）：也称分层线性模型（hierarchical linear models），在这种模型中，解释变量被明确区分成不同层次，其目的在于揭示不同分析层次解释变量的层际交互效应对结果变量的影响，从而揭示出宏观背景对微观行为的影响。

多项式（polynomial）：由常数和一个或多个变量通过加、减、乘及变量的正整数次幂构成的表达式。

多项式回归模型（polynomial regression model）：就是利用多项式对数据进行回归拟合，其中最常见的是曲线回归模型。当真实的曲线响应函数是多项式函数时，或者当真实的曲线响应函数未知（或很复杂）而多项式函数能够很好地对其加以近似（approximation）时，可以考虑应用多项式回归模型来对数据进行拟合。

多元回归模型（multiple regression model）：包含多个自变量的回归模型，用于分析一个因变量与多个自变量之间的关系。它与一元回归模型的区别在于，多元回归模型体现了统计控制的思想。

二点分布（two-point distribution）：即0－1分布，指只有两种可能取值（如，是或否）的随机变量仅发生一次时的概率分布。

二分变量（dichotomous variable）：即只有两种可能取值的变量，如性别。

二分类数据（binary data）：在统计方法上，将仅具有两类可能结果的数据称为二分类数据。

二项分布（binomial distribution）：如果在相同的条件下进行 n 次相互独立的试验，每次试验都只有两种结果，事件 a 出现或不出现。如果出现的可能为 $P(a)$，则不出现的概率为 $1-P(a)$，那么从理论上讲，n 次试验中事件 a 可能出现的次数及每一可能次数发生的概率组成的分布就是二项分布。它被表示为 $b(n, p)$，其中 n 为独立试验的次数，p 为事件 a 在每次试验中出现的概率。当 n 和 p 确定时，二项分布就唯一地被确定了。

F 分布（F distribution）：两个服从卡方分布的独立随机变量除以各自的自由度后相除得到的新的随机变量的分布为 F 分布。

发生比率（odds）：被定义为出现某一结果的概率与不出现该结果的概率之比。

发生比率比（odds ratio）：即发生比率之比，它表达的是某一群体相对于另一群体“成功”经历某一事件的几率。

反事实问题（counterfactual issue）：在社会科学研究中，我们不可能在同一个体上同时观察到受到和不受到某一干预 t 的两个结果 $Y^t(u)$ 和 $Y^c(u)$，也就不可能观察到干预 t 对于个体 u 的效应。因此，对某个个体 u 存在着一个反事实的结果（counterfactual effect）。我们只能得到个体 u 受到干预的数据 $Y^t(u)$，或者没有受到干预的数据 $Y^c(u)$，但不能同时得到这两个数据。

方差（variance）：用来衡量随机变量与其期望的偏差程度，或者说衡量随机变量的离散程度的统计量。样本中各数据与样本平均数的差的平方和的平均数叫做样本方差。

方差分析（analysis of variance）：简称 ANOVA，主要研究变量分布的离散属性及其来源，用于两个及两个以上样本平均值差别的显著性检验。方差分析在统计中的重要作用在于：首先，它提供了一种分析与检验多变量间复杂关系的重要方法；其次，这种分析方法的适用面广，可用于各种测量层次的自变量。根据自变量的个数，方差分析可分为单因素方差分析、双因素方差分析、三因素方差分析等。

方差分析编码（ANOVA coding）：见效应编码。

方差膨胀因子（variance inflation factor，*VIF*）：回归分析中反映自变量之间存在多重共线性程度的统计量之一，它等于容许度的倒数。对于某个自变量 x_k，其方差膨胀因子可定义为：$VIF_{x_k}=1/TOL_{x_k}=1/(1-R_{x_k}{}^2)$，这里，$TOL_{x_k}$为变量 x_k 的容许度，$R^2_{x_k}$为自变量 x_k 与模型中其他自变量之间的复相关系数。

方差齐性（homosedasticity）：即因变量对应于不同自变量的误差项 ε_i 有相同的方差。

方阵（square matrix）：具有相同行数和列数的矩阵就是方阵。方阵是一张正方形的数表。$n \times n$ 维方阵称为 n 阶方阵。

非参数检验（nonparametric test）：非参数检验是统计分析方法的重要组成部分，它与参数检验共同构成统计推断的基本内容。它是在总体分布形态未知或信息较少的情况下，利用样本数据对总体分布形态而非总体分布形态的参数进行推断的方法。由于非参数检验方法在推断过程中不涉及有关总体分布的参数，因而被称为“非参数”检验。

非递归模型（nonrecursive model）：指不满足递归模型假设条件的路径模型。

非平衡数据（unbalanced data）：在追踪调查中，并非所有个体在所有观测时点都被进行重复观测所得到的数据。

非奇异（nonsingular）：当 $n \times n$ 维方阵 $\mathbf{A}$ 的秩等于 n 时，称这个矩阵为非奇异矩阵，有时也称作满秩矩阵。

分块矩阵（block matrix）：从一个矩阵中抽取若干行、若干列位置上的元素并按原有顺序排成的新矩阵即构成了这个矩阵的某一子矩阵。可以利用子矩阵把一个矩阵分成若干块，而这种由子矩阵组成的矩阵就是分块矩阵。

分类变量（categorical variable）：也称为定性变量或属性变量，只包含有限个可能取值或类别的变量，比如性别、职业等。分类变量也可以由随机变量来描述，比如男性和女性的数量，从事某一职业人口占整个人口的比例，等等。

分位数－分位数图（quantile-quantile plot）：也称作 Q－Q 图，原本是用于比较两个样本以确定它们是否来自同一总体的有用工具。基于这种想法，我们可以将样本的分位数与所期望的正态分布的分位数进行比较，从而确定样本数据是否服从正态分布。在回归分析中，这可以被用来检验残差是否服从正态分布。

分组数据（grouped data）：基于两个或更多个分类变量的交互分类得到的汇总数据。

峰度（kurtosis）：也称作峰态，是描述某变量所有取值分布形态陡缓程度的统计量，它以正态分布作为标准进行比较。

否定域（region of rejection）：与接受域相对，如果检验统计量落在了这个区域内，则否定零假设，接受备择假设。在零假设成立的情况下，否定域范围内的统计量取值被认为是小概率事件，出现的概率通常小于 5%。如果在一次抽样中出现这样的统计量取值，合理的结论是零假设并不成立。

辅助回归（auxiliary regression）：探究忽略变量偏误的一种方法，它是将被忽略的自变量 x_{p-1} 作为因变量，对纳入回归模型中的其他自变量 x_1，…，$x_{(p-2)}$ 进行回归。

附加平方和（extra sum of squares，ESS）：附加平方和是指通过在已有的回归模型中增加一个或多个自变量而减少的残差平方和，或增加的回归平方和。只有当两个模型嵌套时才能计算附加平方和。

复相关系数（multiple correlation coefficient）：度量复相关程度的指标。它是一个变量同时与数个变量之间的相关程度，可利用单相关系数和偏相关系数求得。复相关系数越大，表明变量之间的线性相关程度越高。

概率（probability）：概率，又称或然率、机会率或几率、可能性，是数学概率论的基本概念，它是一个在 0 到 1 之间的实数，是对随机事件发生的可能性的度量。

概率分布（probability distribution）：随机变量的理论分布，即随机变量的所有可能取值及每一种取值的概率形成的数对的集体。

概率密度函数（probability density function）：对于随机变量 X，如果存在一

个非负函数 $f(x)$ 使得对于任意实数 a 和 b（$a<b$）有 $P(a<x\leqslant b)=\int_a^b f(x)\,dx$ 且 $\int_{-\infty}^{+\infty} f(x)\,dx=1$，则该非负函数 $f(x)$ 被称作随机变量 X 的概率密度函数。

干预组（treatment group）：也称试验组或处置组，试验中被施以试验刺激的被试。

高杠杆率点（leverage points）：那些在自变量的取值上明显不同于其他大多数观测案例的案例。

高斯－马尔科夫定理（Gauss-Markov Theorem）：在统计学中，高斯－马尔科夫定理陈述的是：在误差的均值等于零、方差相等且不存在相关的线性回归模型中，回归系数的最佳线性无偏估计（BLUE）就是最小方差估计。

工具变量法（instrumental variables）：回归分析中，当某个自变量与随机误差项相关时，寻找一个与该自变量高度相关，但与随机误差项不相关的变量，用该变量替代模型中的自变量，进行模型的参数估计。这一替代变量被称作工具变量，而这种采用工具变量得到一致性估计量的方法被称作工具变量法。

估计（estimation）：以样本结果通过抽样分布规律对总体特征（参数）进行的推测。

固定效应模型（fixed effect model）：放弃解释组间差异，将其看作是固定不变的差异，而只关注组内差异。此模型假定各组之间的差别可以由常数项的差别来说明，在回归分析中直接体现为截距项的不同。当多个研究结果合并后的总效应具有同质性时，可使用固定效应模型。

观测值（observed values）：直接观察测量得到的变量取值。

广义线性模型（generalized linear models）：统计学上，广义线性模型是一种被广泛应用的回归模型。此模型族假设随机变量的分布函数与系统性变异可经由一链接函数建立起来，从而获得具有解释意义的函数。Peter Mccullagh 与 John Nelder 在 1989 年出版的 *Generalized Linear Models* 一书中介绍了广义线性模型的原理、估计方法及其应用，该书被视为广义线性模型的代表性文献。

广义最小二乘法（generalized least squares，GLS）：模型参数估计方法中的一种，其基本思想是通过一定的转换使原本不满足同方差假定的模型在转换后满足包括同方差假定在内的一系列假定，从而使最小二乘估计量仍然具有最佳线性无偏估计的性质。

过度识别模型（over-identified model）：对于可识别的路径模型，如果相关系数的数量大于路径系数的数量，并且能根据相关系数解出路径系数，则模型为过度识别模型。

行向量（row vector）：仅由一行元素构成的矩阵。

Hausman 检验（Hausman test）：也称作 Hausman 设定检验，最先由 Jerry Hausman 提出，用于对一种估计量相对于另一替代估计量的有效性进行检验。

后处理协变量（post-treatment covariate）：指出现在作为实验处理的自变量 x 之后的协变量。

后置变量（postdetermined variable）：指变量值在实验处理或干预后确定的变量。

忽略变量偏误（omitted-variable bias）：回归模型设定中，由于忽略了某些本该纳入却未被纳入的相关自变量，而该自变量又与模型中其他自变量存在相关，导致回归参数估计值存在一定的误差，则这一误差被称作忽略变量偏误。偏误的方向取决于被忽略变量对因变量效应的方向以及该自变量与已纳入模型中自变量之间关系的方向；而偏误的大小则直接取决于该被忽略自变量对因变量的效应的大小以及与模型中其他自变量之间相关关系的强弱，它们之间的相关性越强，则忽略变量偏误越大。

互斥性和完备性（mutually exclusive and complete）：在进行问卷定类测量题题器设计时，对题目的各个选项的要求之一，即要求各个选项之间互相排斥，并且所有选项应该涵括所有可能的分类。这样每个选项都能而且只能代表一个类别。

回归（regression）：发生倒退或表现倒退，常指趋于接近或退回到中间状态。在线性回归中，回归指各个观察值都围绕、靠近估计直线的现象。

回归平方和（sum of squares regression，SSR）：通过回归模型计算得到的因变量预测值与因变量观察值的均值的离差平方和。这是由自变量变化引起的，是回归模型所解释的部分。

回归诊断（regression diagnostics）：由 G. Box 提出，数据统计分析是将假想的统计模型应用于数据，并用现实数据验证该模型的稳妥性的过程。Box 把后者的程序叫做模型诊断，在回归分析中，这被称为回归诊断。回归诊断包括：对因变量的分布形态、残差分析、异常值、高杠杆率点、多重共线性问题等的考察与分析。

汇合回归（pooled regression）：完全忽略嵌套结构数据中的组间变异而进行

的回归分析。对于追踪数据而言，汇合回归也就相当于假定，同一个体 i 在不同时点 t 的测量可当作不同的个体来处理，因此将 T 个截面堆积起来变成 NT 个案例进行回归。

汇总数据（aggregate data）：通过将微观分析单位的数据信息汇总到更为宏观的分析单位所得到的数据形式。

混合效应模型（mixed effects models）：生物统计研究领域对多层模型的称呼，因为这种模型拟合结果既可以包含固定效应参数也可以包含随机效应参数。

加权最小二乘法（weighted least squares，WLS）：异方差结构已知情况下的广义最小二乘法，其基本想法是对方差较小的样本赋予较大的权数，从而使估计更为可靠。

假设检验（hypothesis testing）：基于样本数据来检验关于总体参数的假设，这是进行统计推断的手段之一。

间接效应（indirect effect）：结构方程中原因变量通过中介变量对结果变量产生的效应。也就是说，原因变量的变化引起中介变量的变化，再通过这个中介变量的变化引起的结果变量的变化量即间接效应。该变化量反映间接效应的大小和作用方向。注意，当中介变量保持不变时，间接效应为零。

检验效能（power of test）：指备择假设（研究假设）为真时一个统计检验拒绝零假设的概率，即 $1-\beta$。

简化型方程（reduced form）：一组所有自变量都是外生变量的方程组。

交叉乘积矩阵（cross-product matrix）：也称作叉积矩阵，即两个矩阵相乘之后所得到的矩阵。

交互项（interaction term）：在操作上，交互项就是两个或多个（一般不多于三个）自变量的乘积。在回归模型中引入交互项后，参与构造交互项的各自变量对因变量的作用依赖于交互项中其他自变量的取值。

交互效应（interaction effect）：也称为调节效应（mediation effect）或条件效应（conditional effect），指一个自变量对因变量的效应依赖于另一个自变量的取值。回归分析中通常设定相应的交互项来探究某个自变量的条件效应。

阶跃函数（step function）：也称为分段常数函数，它是由实数域一些半开区间上的指示函数（indicator function）的有限次线性组合形成的函数。

阶跃函数回归（step function regression）：采用阶跃函数对观测数据进行回归拟合的一种方法。

接受域（region of acceptance）：检验统计量的样本空间中拒绝域之外的部分，如果基于样本计算得到的统计量取值落在这个范围内，我们就不推翻零假设。

结构方程（structural equation）：一组包含内生变量作为自变量并根据理论推导出的方程组。

截距（intercept）：函数与 y 坐标轴的相交点，即回归方程中的常数项。

截距虚拟变量（intercept dummy variable）：回归模型中只影响回归直线截距而不影响其斜率的虚拟变量。在模型设定上，即仅包括虚拟变量本身，而不涉及它与模型中其他自变量的交互项。

截面数据（cross-sectional data）：指在某个时点收集的不同对象的数据，基于它，我们研究的是某一时点上的某种社会现象。

近似多重共线性（approximate multicollinearity）：当数据矩阵中一个或几个自变量列向量可以近似地表示成其他自变量列向量的线性组合时，就会出现近似多重共线性问题。此时，模型仍是可以估计的，只是参数估计值的标准误过大，从而会造成统计检验和推论的不可靠。

经验贝叶斯估计量（empirical Bayes estimator）：有时也被称作收缩估计量，是多层线性模型参数估计的一个重要方法，它利用本分析单位的样本与整体样本数据计算出最佳加权平均参数估计值，然后将这个估计值作为某个分析单位的经验贝叶斯参数估计值，因此该估计量特别适用于某些高层次单位样本量较小的情况。

矩估计（method of moments）：获取参数估计值的另一种方式。利用样本矩来估计总体中相应的参数。

矩阵（matrix）：矩阵是指纵横排列的二维数据表格，最早被应用于由方程组的系数及未知量所构成的方阵。

矩阵的秩（rank of matrix）：在矩阵中，线性无关的最大行数等于线性无关的最大列数，这个数目就是矩阵的秩。

聚合单元（aggregate units）：经由对更低层次分析单元进行合并得到的更高层次的分析单元。

均方（mean square，MS）：离差平方和除以相应的自由度即可得到均方。实际上，一般的样本方差就是一个均方，因为样本方差等于平方和 $\sum [y_i - \bar{Y}]^2$ 除以其自由度 $n-1$。在回归分析中，研究者感兴趣的是回归均方（mean square regression，简称 MSR）和残差均方（mean square error，简称 MSE）。

均值离差法（mean deviation method）：求解固定效应模型参数的一种替代方法。首先计算出每一个体 i 的各个变量（包括因变量和自变量）在 T 个时点上的个体平均值，然后用各变量在不同时点上的原始观测值减去各自的个体平均值，得到相应的离差，最后以因变量的离差为因变量、自变量的离差为自变量进行回归。

卡方分布（chi-square distribution）：k 个独立且同时服从标准正态分布的随机变量的平方和服从自由度为 k 的卡方分布。

可识别模型（identifiable model）：能够根据相关系数 ρ 解出路径系数 p 的路径模型。

控制组（control group）：试验中没有被施以试验刺激的被试，但我们要求它在除试验刺激之外的其他方面与干预组一样，从而通过对控制组与干预组的比较来发现试验刺激的效果。

累积概率分布（cumulative probability distribution）：一个离散型随机变量 X 的累积概率分布是指对于所有小于等于某一取值 x_i 的累积概率 P（$X \leqslant x_i$）。

离散变量（discrete variable）：只有有限个自然数或整数取值的变量，比如某个季度的犯罪案件数、某个区域某年内的自杀人数等。

离散数据（discrete data）：取值不连续的变量所构成的数据。

连续变量（continuous variable）：在一定区间内可以任意取值的变量，其数值是连续不断的，相邻两个数值可做无限分割，即可取无限个数值，比如身高、体重等。

链接函数（link function）：在转换的方式下，分类因变量的期望被变换成自变量的一个线性函数，此类变换函数被统称为链接函数。

列向量（column vector）：仅由一列元素构成的矩阵。

灵敏度分析（sensitivity analysis）：统计建模中，通过改变有关的模型设定或假定来探究不同设定或假定对于模型结果的影响。

零假设（null hypothesis，H_0）：又称虚无假设，与研究假设相对，是研究中希望推翻的假设。根据假设检验的证伪规律，通常将与希望得到支持的研究假设相反的假设作为零假设。

零模型（null model）：也称作截距模型（intercept model），它是多层线性模型的一个特例，在这一模型中不包含任何层次上的解释变量。

路径分析（path analysis）：一种探索和分析多变量之间因果关系的统计方法，通常用图形来表示变量间的关系。该方法的优势在于能够分解变量之间的各种效应。路径分析促进了社会分层、社会流动理论的发展。

路径系数（path coefficients）：它反映着自变量对因变量的影响。

帽子矩阵（hat matrix）：也称预测矩阵（prediction matrix），即 $\mathbf{H} = \mathbf{X}(\mathbf{X}'\mathbf{X})^{-1}\mathbf{X}'$。在线性回归中，因为它能够实现观测值和预测值之间的转换，即给观测值戴上"帽子"，故称帽子矩阵。

幂等矩阵（idempotent matrix）：如果 n 阶方阵 $\mathbf{A}$ 满足 $\mathbf{A}^2 = \mathbf{A}$，则称矩阵 $\mathbf{A}$ 为幂等矩阵。

名义变量（nominal variable）：本身的编码不包含任何具有实际意义的数量关系，变量值之间不存在大小、加减或乘除的运算关系。

目的因（final cause）：亚里士多德提出的事物形成的四种原因之一，指的是事物存在或发生变化的原因，其中也包括有目的的行动。

内插值（interpolation）：指在某个数据区域内根据已有数据拟合出一个函数，然后在同一取值区域内根据这个函数对非观测值求得的新函数值。

内生变量（endogenous variables）：指由模型内部的因素所决定的已知变量。在路径分析中，内生变量就是那些既作为影响某些变量的自变量又作为受到某些变量影响的因变量的变量。

拟合优度（goodness of fit）：指回归模型对观察数据的概括拟合程度，反映的是模型的效率，即模型在多大程度上解释了因变量的变化。

逆矩阵（inverse of matrix）：在线性代数中，对于一个 n 阶方阵 $\mathbf{A}$，若存在一个 n 阶方阵 $\mathbf{B}$ 使得 $\mathbf{AB} = \mathbf{BA} = \mathbf{I}_n$，其中，$\mathbf{I}_n$ 为 n 阶单位矩阵，则称 $\mathbf{A}$ 是可逆的，且 $\mathbf{B}$ 是 $\mathbf{A}$ 的逆矩阵，记为 $\mathbf{A}^{-1}$。

***p* 值**（*p*-value）：它是一个概率，是我们在假设检验中进行检验决策的依据，表明某一事件发生的可能性大小。通常以 p 值小于 0.05 或 0.01 作为统计显著的标准，其含义是说，样本中所观测到的差异或变量间的关系由抽样误差所导致的概率小于 0.05 或 0.01。

判定系数（coefficient of determination）：回归平方和占总平方和的比例，记为 R^2。通常我们把它理解为回归方程解释掉的平方和占其总平方和的比例。判定系数被用来作为对方程拟合优度进行测量的指标，取值在［0，1］之间，值越大表明回归方程的解释能力越强。

判定系数增量（incremental R^2）：在原有回归模型的基础上，通过加入新的自变量所带来的判定系数的增加量。

配对样本（paired sample）：与独立样本相对，它是由彼此之间存在相关性的成对案例构成的样本。

偏差（deviation）：指具体取值和某个特定值的差，表示对某个特定值的偏离程度。既然偏差是一种偏离，必然要先设定一个标准。这个标准就是某个特定的值，至于是哪个特定值，则根据研究的需要而定，通常是指定平均值作为标准。

偏度（skewness）：也称作偏态，是对数据分布偏斜方向和程度的度量，反映数据分布非对称程度的特征。

偏回归图（partial regression plot）：也称附加变量图（added-variable plot）或调整变量图（adjusted variable plot），用来展示在控制其他自变量的条件下，某个自变量 x_k 对因变量的净效应，从而反映出该自变量与因变量之间的边际关系。因此，偏回归图也被用来反映自变量 x_k 对于进一步减少残差的重要性，并为是否应将自变量 x_k 加入到回归模型中提供相关信息。

偏误（bias）：统计估计中的估计值和真实值之间的差。

偏效应（partial effect）：在控制其他变量的情况下，或者说在其他条件相同的情况下，各自变量 X 对因变量 Y 的净效应（net effect）或单独效应（unique effect）。

偏最小二乘回归（partial least squares regression）：通常用于曲线拟合，它通过最小化误差平方和找到一组数据的最佳函数形式。相对于常规多元线性回归，偏最小二乘回归的特点是：（1）能够在自变量存在严重相关的条件下进行回归建模；（2）允许在样本点个数少于变量个数的条件下进行回归建模；（3）在最终模型中将包含原有的所有自变量；（4）更易于辨识系统信息与扰动（甚至一些非随机性的扰动）；（5）在偏最小二乘回归模型中，每一个自变量的回归系数将更容易解释。

频数（frequency）：变量的每一个取值在样本中出现的次数。

平衡数据（balanced data）：在追踪调查中，所有个体在所有观测时点都被进行重复观测所得到的数据。

平均处理效应（average treatment effect）：假设总体为 U，实验处理或干预 t 对总体 U 的平均效应 T 就是干预 t 作用和不作用在个体 u 上所得结果 $\mathbf{y}^t(u)$ 和

$\mathbf{y}^c(u)$ 之差的期望值，即 $T = E(\mathbf{y}^t - \mathbf{y}^c)$。

期望（expectation）：用来表示随机变量集中趋势的理论值，等于随机变量所有可能取值以其概率为权重的加权平均数。之所以被称为期望，是因为它是我们所期望出现的均值，也就是说出现这种均值的可能性比较大。

奇异（singular）：如果 $\mathbf{A}$ 的秩小于 n，那么这个矩阵就是奇异矩阵。

恰好识别模型（just-identified model）：对于可识别的路径模型，如果相关系数和路径系数的数量相等，并且能根据相关系数解出路径系数，则模型为恰好识别模型。

前处理协变量（pre-treatment covariate）：指出现在作为实验处理的自变量 x 之前的协变量。

前置变量（predetermined variable）：指变量值在实验处理或干预前确定的变量。

潜变量方式（latent variable approach）：分类数据处理的一种哲学观点。这种方式的关键假定在于：某个观测到的分类变量背后存在一个连续的、未被观测到的或潜在的变量，一旦该潜在变量越过某个门槛值，观测到的分类变量就会取一个不同的值。在这一方式下，研究者的理论兴趣多在于自变量如何影响潜在的连续变量，而并不在于自变量如何影响观测到的分类变量。

潜变量模型（latent variable models）：将分类因变量理解为潜在的连续因变量的实现，并基于这一思路进行的统计模型建构。比如，对于二分因变量 y_i，此模型假定，其背后存在一个未被观测到的或潜在的连续因变量 y_i^*，它表示个体 i 出现 $y = 1$ 的潜在特质。

欠识别模型（under-identified model）：当模型中需要求解的路径系数数量超过相关系数的数量时，就不能根据相关系数求解出路径系数，则该模型为欠识别模型。

嵌套模型（nested models）：如果一个模型（模型一）中的自变量为另一个模型（模型二）中自变量的子集或子集的线性组合，我们就称这两个模型是嵌套模型。模型一称为限制性模型（restricted model），模型二称为非限制性模型（unrestricted model）。限制性模型嵌套于非限制性模型中。

情景分析（contextual analysis）：在社会研究的很多情况下，把更为宏观的社会或群体结构特征明确地纳入模型中是很有必要的，情景分析就是一种将微观个体层次和分组层次解释变量同时纳入模型进行分析的研究方法。

区间估计（interval estimation）：与点估计相对，指通过样本计算出一个范围来对未知参数进行估计。

趋势研究（trend study）：在纵贯研究中，如果重复观测是针对同一总体在不同时期分别抽取的不同样本进行的，则此类研究就属于趋势研究。

扰动项（disturbance）：观测项中未被结构项解释的剩余部分。一般地，扰动项又包含三部分：被忽略的结构因素（包括结构项的差错）、测量误差和随机干扰。

人口普查（census）：是对一个国家的所有居民进行数据统计的过程。人口普查以自然人为对象，主要普查人口和住房以及与之相关的重要事项。通常每10年进行一次，在逢“0”的年份实施。人口普查可以是将所有的数据都集中起来的全部普查，也可以是利用统计方法进行的抽样调查。

容许度（tolerance，TOL）：回归分析中反映自变量之间存在多重共线性程度的统计量之一。对每一个变量 x_k，定义容许度 $TOL_{x_k}=1-R^2_{x_k}$，这里，$R^2_{x_k}$ 为自变量 x_k 与模型中其他自变量之间的复相关系数。显然，当 TOL_{x_k} 越小、越接近0时，多重共线性问题就越严重。当 TOL_{x_k} 严格等于0时，也就是 $R^2_{x_k}$ 严格等于1时，就意味着完全多重共线性的存在。

三步计算法（three-step estimation）：回归分析中估计忽略变量的偏回归系数的一种替代方法。由这种计算法得到的被忽略变量的回归系数估计值与真实模型中用一步回归所得到的该变量的回归系数估计值是相同的。

社会调查（social survey）：社会科学研究者借助事先设计好的调查问卷收集与某个总体有关的定量信息的一种科学活动。

社会分组（social grouping）：谢宇提出的社会研究的三个基本原理之一，即根据社会结果对研究对象所做的分组。社会分组能减少社会结果的差异性，但是组内差异永远是存在的。

社会统计学（social statistics）：统计学在社会科学研究中的应用，即使用统计测量方法对社会环境中的人类行为进行研究。

生态学谬误（ecological fallacy）：这是社会科学研究中较为常见的方法论谬误之一。将汇总层次上的结论应用到更低层次的分析单位通常会造成研究结果与事实不相符。由于生态学研究以由情况不同的个体“聚合”而成的群体作为观测和分析单位，我们将这种错误称为生态学谬误。

时变变量（time-varying variable）：也称作时间依赖变量（time-dependent

variable)，它的取值会随着时间的推移而变化，比如婚姻状态。

时间独立变量（time-independent variable）：也称作时间恒定变量（time-invariant variable），它的取值不会随着时间的推移而变化，比如性别。

时间稳定性（temporal stability）：个体 u 未受到干预情况下，观测到的结果 $Y^{c}(u)$ 不随时间变化。

识别问题（identification problem）：一件事情的发生可能是由不同的原因造成的，那么是否能够确定到底是由其中哪一个或哪几个原因造成的，则是一个识别问题。识别问题也指模型中的系数是否能被唯一地估计出来。就路径分析而言，识别问题也就是是否可以根据相关系数 ρ 解出路径系数 p。

收缩估计量（shrinkage estimator）：即通过从全部样本数据“借”来的信息来支持样本量较小组群的统计估计。

数量矩阵（scalar matrix）：一种特殊的对角矩阵。在这类对角矩阵中，主对角线上的元素都相等。

双尾检验（two-tailed test）：也称双侧检验，拒绝域位于统计量分布的两侧。此种检验在进行假设时只考虑了原假设成立还是不成立，并未设定变化的方向。比如，基于双尾检验，我们仅能研究今年的收成与去年相比是否变化，而并未研究是增加了还是减少了。

似然函数（likelihood function）：变量的观测值基于所有样本取值、模型参数及方差的联合概率。

随机变量（random variable）：即随机事件的数量表现。这种变量在不同的条件下由于偶然因素影响，可能取各种不同的值，具有不确定性和随机性，但这些取值落在某个范围的概率是一定的。

随机误差项（stochastic/random error term）：又称随机扰动项，是模型中的偶然误差。它区别于残差项。

随机系数模型（random-coefficient model）：多层线性模型的一个类别，在这一模型中，层 1 模型的回归系数在不同的层 2 单位之间呈现随机的变化。

随机性（randomness）：偶然性的一种形式，即具有某一概率的事件集合中各事件所表现出来的不确定性。具有随机性的事件在相同的条件下可以重复进行，且可以以多种方式表现出来，我们事先能够知道所有可能出现的形式及每种形式出现的概率，但无法确知某次出现的形式。

随机指派（random assignment）：即把个体随机分到干预组和控制组，从而保证这两组个体不仅在没有受到干预之前相等，而且处理效应也相等。因此，随机指派能够解决处理前异质性偏误和处理效应异质性偏误的双重问题。

***t* 分布**（*t* distribution）：又叫学生分布，最先由著名英国统计学家 William Sealy Gosset 于 1908 年提出，出于特殊的原因，他当初发表论文时使用了 student 这一笔名。后来由另一位著名的英国统计学家 Sir Ronald Aylmer Fisher 将该分布称为学生分布，并发展了 t 检验以及相关的理论。t 分布的概率密度函数为：$f(T=t)=\frac{\Gamma[(\nu+1)/2]}{\sqrt{\nu\pi}\Gamma(\nu/2)}(1+t^2/\nu)^{-(\nu+1)/2}$，这里，$\nu=n-1$ 称作自由度，Γ 为伽玛函数。

条件期望（conditional expectation）：当其他随机变量取特定值时某一随机变量的期望。

条件效应（conditional effect）：见交互效应。

调节变量（moderator variable）：指影响自变量和因变量之间关系的方向或强弱的定性或定量的变量。

调节效应（mediation effect）：见交互效应。

同质性（homogeneity）：分析单位（比如个体、群体或组织单元）之间在特征、属性或状态上的相似或相同。

同质性模型（homogeneity model）：自变量对所有个体的影响都相同的回归模型。

统计描述（statistical description）：选取一定的统计量对收集到的样本数据进行概括。

统计推断（statistical inference）：依据概率统计理论以样本信息对总体特征进行的推断，包括参数估计和假设检验两种类型。

统计显著性（statistical significance）：在统计学上，是指统计结果相对于设定的显著性水平而言显著地区别于某个特定的假设值。统计显著性是一种人为的设定，通常不是绝对的。

统计学（statistics）：基于系统收集到的数据，利用概率论建立数学模型进行定量的概括与分析，或进行推断与预测，从而为相关的决策提供参考依据的一门学科。统计学属于应用数学的一个分支，分为描述统计学和推断统计学。前者对给定数据进行概要描述，后者则基于给定数据建立一个用以解释其随机性和不确定性的统计模型并用其推论研究总体中的情况。

外插值（extrapolation）：指在某个数据区域内根据已有数据拟合出一个函数，在这个数据取值区域外根据这个函数对非观测值求得的新函数值。

外生变量（exogenous variables）：指由模型以外的因素所决定的已知变量，它是模型据以建立的外部条件。在路径分析中，外生变量就是那些只作为自变量存在的变量。

完全多重共线性（perfect multicollinearity）：当数据矩阵中一个或几个自变量列向量可以表示成其他自变量列向量的线性组合时，自变量矩阵 $\mathbf{X}'\mathbf{X}$ 会严格不可逆，就出现了完全多重共线性。当发生完全多重共线性时，将直接导致模型参数无解，即出现模型识别问题。

完全交互项（full interactions）：回归模型中包含了某个虚拟变量与其余所有解释变量的交互项。

完全模型（full model）：多层线性模型的一个子模型，也被称作以截距和斜率作为结果的模型。在这一模型中，层 1 和层 2 均纳入了相应的解释变量。注意，这是最具一般性的多层线性模型。

未被观测到的异质性（unobserved heterogeneity）：调查研究中个体在行为或态度上被忽略的或无法加以测量的差异。

位置参数（location parameter）：位置参数的值确定了一个随机变量概率分布的方位。如果位置参数值为正，则对应的分布往右平移；如果小于零，则对应的分布往左平移。

稳健标准误（robust standard error）：指采用那些不大依赖于硬性的、有时甚至是不大合理的误差独立同分布假定的估计方法，比如，通过方差的三明治估计得到的标准误。

稳健回归（robust regression）：它通过对经典最小二乘法中的目标函数进行修改来减小异常值对估计结果的影响。不同的目标函数定义了不同的稳健回归方法。常见的稳健回归方法有最小中位平方法（least median square）、*M* 估计法等。

问卷（questionnaire）：为收集适于分析的信息而设计的文件，其中包括许多对调查或实验对象的特征或者反应进行测量和描述记录的题目或其他形式的项目。它是常见的调查工具之一，也用于实验研究、实地调查和其他形式的观察。

Wright 的乘法原则（Wright's multiplication rule）：解读路径图的一种方法，由 Sewall Wright 提出，指的是任一复合路径的效应值都等于构成该复合路径的各相应路径系数的乘积。

无放回抽样（sampling without replacement）：与有放回的抽样相对，每抽取一个单位后该单位不再放回总体，而继续从剩余的总体中进行抽样的方法。

无回答（nonresponse）：社会调查中，总希望所有被调查者完全回答所有的问题，然而实际结果却往往不令人满意。有些被调查者拒绝回答，或者对部分问题采取回避的态度，这些情况都属于无回答，其中，前者被称作单位无回答（unit nonresponse），后者被称作项目无回答（item nonresponse）。

无偏性（unbiasedness）：当样本统计量的期望值等于总体真值时，该统计量具有无偏性。无偏性是选择估计量的首要标准。

物质因（material cause）：亚里士多德提出的事物形成的四种原因之一，指的是一个事物由其构成要素而形成的存在形式。从物质因的角度，我们可以将事物追溯至其构成要素，进而形成一个完整的复合体。比如，木材就是桌子的物质因。

误差（error）：指可以避免或不可避免的观测值和真实值之间的差。

显著性水平（significance level）：也称为显著度，是变量落在置信区间以外的可能性，等于 $1-\alpha$。

线性（linearity）：指自变量与因变量之间的关系为单调的一次函数关系，因变量取值随自变量变化的速率而不随自变量取值的大小不同而产生变异。另外，线性也指回归分析中因变量为各回归系数的线性组合。

线性概率模型（linear probability model）：因变量取值为 1 和 0，分别代表事件发生和不发生，我们直接采用常规最小二乘估计对其进行参数求解所得到的模型。

相等假设（equity hypothesis）：回归分析中，假设某两个自变量 X_1 和 X_2 的回归系数相等，即 $\beta_1-\beta_2=0$。这类假设被称作相等假设。

相对风险（relative risk）：被定义为某一时期或暴露期（exposure interval）内的一种概率。当事件发生的概率很小时，发生比率比常被用来近似地表示相对风险。

相关关系（correlation relationship）：一个变量的变化会伴随着另一个变量的变化，比如，夏天溺水死亡事件数增多和雪糕销售量增加。相关关系是没有因果方向的，因此并不是因果关系，但是，相关关系是构成因果关系的必要非充分条件之一。

相关条件（correlation condition）：判断回归模型中存在忽略变量偏误的条件

之一，指的是被忽略的自变量与已纳入模型中的关键自变量相关。

相关系数（correlation coefficient）：对两个随机变量之间线性相依程度的衡量，它与测量的单位无关，且取值落在［-1，1］这一区间。

相关自变量（relevant independent variable）：确实对因变量具有影响的自变量。模型设定中，遗漏相关自变量很可能会导致忽略变量偏误。

向量（vector）：又称矢量，既有大小又有方向的量。线性代数中的向量是指由 n 个实数组成的有序数组，$\mathbf{A}=(a_1 \quad a_2 \quad \cdots \quad a_i \quad \cdots \quad a_n)$称为 n 维向量，其中，a_i 为向量 $\mathbf{A}$ 的第 i 个元素。

效应编码（effect coding）：也称方差分析编码（ANOVA coding），对于一个名义变量的各个类别，我们将其编码为1、0或者 -1，以使这组虚拟变量的参照组为各分类的平均水平，而不是以其中一组的平均水平作为参照组。

效应幅度（size of effect）：指反映变量作用大小的具体数值。一个变量的系数可能在统计上显著地区别于0，但是该系数的值却不大，即效应幅度很小，从而不具有很大的实质性意义。

协变量（covariate）：指影响因变量的伴随变量。在实验设计中，则指实验者不进行操作处理但仍然需要加以考虑的因素，因为它会影响到实验结果。例如，在研究自变量 x 对因变量 y 的影响时，自变量 M 对因变量 y 也存在影响，则称自变量 M 为协变量。

协方差（covariance）：对两个随机变量之间线性相依程度的衡量。若随机变量 X 和 Y 的二阶矩存在，则称 $Cov(X,Y)=E\{[X-E(X)][Y-E(Y)]\}$为 X 与 Y 的协方差。亦可表示为 $Cov(X,Y)=E(XY)-E(X)E(Y)$。

协方差成分模型（covariance components models）：统计学文献中对多层线性模型的称呼，因为这种模型能够清楚地将结果变量的方差来源区分成组内和组间两个部分，并同时对不同层次协变量的影响加以控制。

协方差分析（analysis of covariance）：简单地讲，就是在控制某些定距自变量影响的情况下进行的方差分析。即将定距自变量作为协变量加以控制，在排除协变量对结果变量影响的条件下，分析结果变量在分类自变量不同类别之间是否存在差异。

斜率（slope）：即回归方程中各自变量的系数。它表示自变量一个单位的变化所引起的因变量的变化量，如果是线性模型，则在坐标图上表现为两个变量拟合直线之斜率。

斜率虚拟变量（slope dummy variable）：回归模型中不仅影响回归直线的截距而且还影响其斜率的虚拟变量。在模型设定上，这意味着模型不仅包括虚拟变量本身，而且还包括该虚拟变量与其他自变量的交互项。

形式因（formal cause）：亚里士多德提出的事物形成的四种原因之一，指的是一个事物是由什么样的形式构成的。它解释了构成一个事物的基本原则或法则。比如，一张桌子的实物出现之前的那张图纸构成了形式因。

虚拟编码（dummy coding）：依据名义变量各类别对其进行重新编码从而令其能够作为自变量纳入回归方程的编码方式。对于一个包含 J 个类别的名义变量，理论上可以得到 J 个取值为 0 或 1 的虚拟变量，但在回归分析中，通常只建构 $J-1$ 个虚拟变量。每一个虚拟变量对应着原名义变量的一个类别，如果属于该类别则虚拟变量取值为 1，否则取值为 0。

虚拟变量（dummy variable）：也称作指示变量（indicator），取值为 0 或 1 的变量，故也被称作 0－1 变量。

学生化残差（studentized residual）：用于诊断异常值的一个统计量，被定义为 $r_i=\frac{e_i}{\sqrt{\mathrm{MSE}\ (1-h_{ii})}}$。这里，$e_i$ 为观测案例 i 的回归残差，h_{ii} 为帽子矩阵对角线上的第 i 个元素，并且，$0\leqslant h_{ii}\leqslant 1$。$r_i$ 近似地服从自由度为 $n-p-1$ 的 t 分布。

研究假设（research hypothesis，H_1）：研究者根据经验事实和科学理论对所研究的问题的规律或原因做出的一种推测性论断和假定性解释，是在进行研究之前预先设想的、暂定的理论。简单地说，它是指在研究过程中希望得到支持的假设。

样本（sample）：通过某种方式从总体中选出的部分研究对象组成的子集，研究者通常希望通过对样本的研究来获得对总体的认识。

样本分布（sample distribution）：样本取值的概率分布，也就是样本在某变量各取值上出现的频率。

样本模拟估计式（sample analog estimator）：即样本统计量。

样本统计量（sample statistic）：对样本特征进行描述的样本取值的任意函数，如均值、众值等。它是随机变量。统计量的分布被称作抽样分布，通过抽样分布我们可以建立起样本特征与总体特征之间的联系。

样条函数（spline function）：也就是分段函数，可以分为直线样条函数、多项式样条函数或幂样条函数等，样条函数可以用来对任意连续函数进行非常好的近似，在数据处理、数值分析和统计学等领域有广泛应用。

样条函数回归（spline function regression）：使用特定分段函数或样条函数对数据进行拟合的方法，但相邻两段函数之间是连续的。

一阶模型（first-order model）：指各自变量均以一次项形式纳入的模型。

一致性（consistency）：是选择估计量的第三个标准。一致性表达的是，估计量以概率方式收敛于参数真值。

异常值（outlier）：指那些特别偏离回归模型的观测案例。异常值会造成模型拟合的失败。因此，当个体 i 的因变量观测值 y_i 是异常值时，一般它的残差应当会很大。

异方差（heteroscedasticity）：指的是不同样本点上误差的方差并不相等。

异质性（heterogeneity）：分析单位（比如个体、群体或组织单元）之间在特征、属性或状态上的差别或不同。

异质性偏误（heterogeneity bias）：一般地，在回归分析中，皆假设参数是固定的，如果忽略参数在截面或时序上的异质性，以截面、纵贯数据直接进行分析，可能导致所关注参数的估计是无意义的或缺乏一致性的，这种误差就叫做异质性偏误。

因变量（dependent variable）：也称为依变量或结果变量，它随着自变量的变化而变化。从实验设计的角度来讲，因变量也就是被试的反应变量，它是自变量造成的结果，是主试观测或测量的行为变量。

因果关系（causal relationship）：如果一个变量 Y 的变化是由另一个变量 X 的变化所引起的，而不是相反，那么这两个变量之间的关系就被称作因果关系。其中，引起其他变量出现变化的变量被称作自变量，而由此出现变化的变量则被称作因变量。

因果关系短暂性（causal transience）：控制或干预的效应是短暂的，个体 u 之前是否受过控制或干预不会影响到以后的控制或干预效应。

因子分析（factor analysis）：统计学中常用的降维方法之一，可在许多变量中找出隐藏的具有代表性的公因子，换言之，我们将具有相同本质的变量归为一个因子，从而达到减少变量数目的目的。此外，我们还可以通过因子分析检验变量间关系的假设。它最早由英国心理学家 C. E. Spearman 提出。Spearman 发现学生的各科成绩之间存在着一定的相关性，一门功课成绩好的学生，往往其他各科成绩也比较好，从而推想是否存在某些潜在的公因子，如某些一般智力条件影响着学生的学习成绩。

盈余假设（surplus hypothesis）：回归分析中，假设某两个自变量 X_1 和 X_2 的回归系数存在如下关系，即 $\beta_1 - \beta_2 = a$，其中，a 为某一常数。这类假设被称作盈余假设。

有放回抽样（sampling with replacement）：也称“重置抽样”、“回置抽样”、“重复抽样”，即从总体单位中抽取一个单位进行观察、记录后，再放回总体中，然后再抽取下一个单位，这样连续抽取样本的方法就叫做有放回抽样。

有关条件（relevance condition）：判断回归模型中存在忽略变量偏误的条件之一，指的是被忽略的自变量会影响因变量。

有效性（efficiency）：对总体参数进行估计时，在所有可能得到的无偏估计量中，抽样分布方差最小的无偏估计量就具有有效性，是选择估计量的另一个标准。

预测矩阵（prediction matrix）：见帽子矩阵。

预测值（predicted values）：根据估计的回归模型通过代入解释变量观察值后计算得到的因变量值。

元分析（meta analysis）：在此类分析中，针对同一主题的不同研究结果被整合起来加以再次分析，其目的在于揭示每一研究会对研究结果产生何种影响。在元分析中，由于所采用的数据不可得或者有意地被忽略了，每个研究所采用的数据不再被使用，而是直接基于研究结果进行分析，所以，百分比、均值、相关系数或者回归系数等往往成为这种分析的数据来源。

约束矩阵（restriction matrix）：这种矩阵常见于对多个回归参数进行联合统计检验时的情形。比如，采用约束矩阵，假设想要对 $\beta_5 = 0$ 和 $\beta_6 = 0$ 这样两个约束条件同时进行检验，这实际上等价于对下列假设矩阵进行检验：H_0：$\begin{pmatrix} 1 & 0 \\ 0 & 1 \end{pmatrix}\begin{pmatrix} \beta_5 \\ \beta_6 \end{pmatrix} = \begin{pmatrix} 0 \\ 0 \end{pmatrix}$，这里$\begin{pmatrix} 1 & 0 \\ 0 & 1 \end{pmatrix}$即为约束矩阵。

增长曲线模型（growth-curve model）：由 Potthoff 和 Roy 于 1964 年提出，包括了高斯 - 马尔科夫模型、多元线性模型和常见的所有正态增长曲线模型等。它描述变量随时间变化的规律性，从已经发生的行为或状态中寻找规律性，并用于对未来的变化趋势进行预测。但是，时间并不一定是行为或状态变化的原因，所以增长曲线模型并不属于因果关系模型。它采用回归分析的方法估计模型的参数。

正定矩阵（positive definite matrix）：设 $\mathbf{A}$ 为 n 阶实系数对称矩阵，若对于任意非零向量 $\mathbf{X}=(x_1 \quad x_2 \quad \cdots \quad x_n)$，都有 $\mathbf{X}'\mathbf{A}\mathbf{X}>0$，则称 $\mathbf{A}$ 为正定矩阵。

正交编码（orthogonal coding）：正交编码令各个虚拟变量的权重相互独立，即同时保证它们的权重之和以及每两个权重的乘积之和为零。

正交多项式（orthogonal polynomials）：由多项式构成的正交函数系的通称。正交多项式最简单的例子是勒让德多项式，此外还有雅可比多项式、切比雪夫多项式、拉盖尔多项式、埃尔米特多项式等，它们在微分方程、函数逼近等研究中都是极有用的工具。

正态分布（normal distribution）：又称为高斯分布（Gaussian distribution），是一个常被用到的连续型随机变量分布，其概率分布函数对应的曲线为钟形、单峰，并具有对称性。

直接效应（direct effect）：结构方程中原因变量不是通过中介变量而对结果变量产生的效应。

指示函数（indicator function）：有时候也称为特征函数，是定义在某集合 A 上的函数，表示其中有哪些元素属于集合 A 的某个子集。

置信区间（confidence interval）：在一定置信度水平下通过样本统计量所构造的参数的估计取值范围。

置信水平（confidence level）：也称为置信度，指对参数落在置信区间内的把握程度，置信水平越高，置信区间越大。

中介变量（intervening variable）：指在自变量 x（即处理变量）发生之后、因变量 y 产生之前发生的变量，这个变量难以预测甚至无法预测，但可能影响到因变量。

中心极限定理（Central Limit Theorem）：一种统计理论，它解释了为什么实际研究中遇到的许多随机变量都近似地服从正态分布。设$\{X_n\}$为独立同分布随机变量序列，若 $E[X_k]=\mu<\infty$，$D[X_k]=\sigma^2<\infty$，$k=1, 2, \cdots$，则$\{X_n\}$满足中心极限定理，当 n 足够大时，$p\{\sum_{i=1}^{n} X_j \leqslant x\} \approx \varphi\left(\frac{x-n\mu}{\sqrt{n}\sigma}\right)$。

主成分分析（principal component analysis）：将多个变量通过线性变换以选出较少数目重要变量的一种多元统计分析方法，它是统计建模中一种重要的维度简化技术。它的基本原理在于：设法将原来的变量重新组合成一组新的相互无关的综合变量，同时根据实际需要从中取出几个较少的总和变量以尽可能多地反映原来变量的信息。

主效应（main effect）：每个自变量对因变量的作用不受其他自变量取值的影响的那部分效应。

转换的方式（transformational approach）：分类数据处理的一种哲学观点。在这一观点中，分类数据被认为在本质上就是分类的，且应当基于这一观点加以建模。在这一方式下，统计建模意味着分类因变量在经过某种变换之后的期望值可以表示为自变量的一个线性函数。

转置（transpose）：对矩阵所做的一种行列变换，从而使得一个矩阵变成一个新的矩阵。具体而言：假设有一个 $n \times m$ 维的矩阵 $\mathbf{X}$，我们将其中的行变换成列、列变换成行，从而得到一个新矩阵。用 $\mathbf{X}'$表示这个新矩阵，它是一个 $m \times n$ 维的矩阵。矩阵转置其实就是把原矩阵的第 i 行第 j 列元素作为新矩阵的第 j 行第 i 列元素。简单地讲，就是对原矩阵进行行列对调。

追踪研究（panel study）：在纵贯研究中，如果重复观测是针对同一人群（或同一样本）进行的，则此类研究就属于追踪研究。

自变量（independent variable）：在一项研究中被假定作为原因的变量，能够预测其他变量的值，并且在数值或属性上可以改变。

自然多项式（natural polynomials）：自变量的简单多项式。

自我选择性缩减（self-selective attribution）：追踪调查中，样本的流失是因为个体拒绝继续接受后续调查造成的。

自相关（autocorrelation）：指不同样本单位的误差间存在着相关关系，并不相互独立。

自由度（degree of freedom）：在多元回归模型分析中，观测值的个数减去待估参数的个数即为自由度。

综合社会调查（General Social Survey）：最早由美国芝加哥大学的民意研究中心实施的一项面对面的问卷调查，始于 1972 年，针对随机选取的 18 岁以上的成年人进行调查，用于收集美国居民的人口特征以及与政府治理、民族关系和宗教信仰有关的态度方面的数据。

总均值（grand mean）：基于全部样本计算得到的均值。

总平方和（sum of squares total，SST）：即因变量观察值与其平均值的离差平方和，是需要解释的因变量的变异总量。

总体（population）：根据一定的目的和要求所确定的研究事物或现象的全体。

总体分布（population distribution）：总体中所有案例在某一变量各取值上出现的频率，即总体取值的概率分布。

总体回归方程（population regression function，PRF）：总体中的回归方程。

总效应（total effect）：结构方程中原因变量对结果变量的各直接效应和间接效应之和。

纵贯数据（longitudinal data）：根据纵贯研究设计在不同时点收集得到的数据。

纵贯研究（longitudinal study）：一种跨时段对同一现象进行观察和调查的研究方法，纵贯研究可以细分为趋势研究、队列研究和追踪研究三个子类型。

组间差异（between-group variation）：反映各组均值的差异，它体现了随机差异的影响与可能存在的处理因素的影响之和，用各组均值和总均值的偏差平方和来表示。

组均值（group mean）：基于不同分组样本计算得到的均值。

组内差异（within-group variation）：又叫随机差异，反映随机变异的大小，其值等于组内偏差的平方和。

组内相关系数（intra-class correlation coefficient，ICC）：多层模型分析中，根据组内和组间方差成分估计值得到的、反映高层次分析单位之间的差异在低层次分析单位结果变量的总方差中所占比例的一个统计量。

最大似然估计（maximum likelihood estimation，MLE）：一种使用广泛的参数估计方法，它通过最大化对数似然函数来求解参数估计值。最大似然估计常使用迭代算法，在进行估计时，会产生一套参数估计初始值，一次迭代之后得到的参数估计值作为下一次迭代的初始值，如此循环迭代，直到所得参数估计值与前一次所得估计值的差异足够小即出现收敛为止。

最佳线性无偏估计（best linear unbiased estimator，BLUE）：在满足所需假定条件的情况下，回归参数的常规最小二乘估计是所有无偏线性估计中方差最小的，因此，将其称作最佳线性无偏估计。

最终因变量（ultimate response variable）：模型中不影响其他变量的因变量。

参考文献

高惠璇，2005，《应用多元统计分析》，北京：北京大学出版社。

顾大男、曾毅，2004，《高龄老人个人社会经济特征与生活自理能力动态变化研究》，《中国人口科学》S1 期。

李强、Denis Gerstorf、Jacqui Smith，2004，《高龄老人的自评完好及其影响因素》，《中国人口科学》S1 期。

王德文、叶文振、朱建平、王建红、林和森，2004，《高龄老人日常生活自理能力及其影响因素》，《中国人口科学》S1 期。

王济川、谢海义、姜宝法，2008，《多层统计分析模型——方法与应用》，北京：高等教育出版社。

谢宇，2006，《社会学方法与定量研究》，北京：社会科学文献出版社。

张尧庭、方开泰，2006，《多元统计分析引论》，北京：科学出版社。

Aiken, Leona S. & Stephen G. West. 1991. *Multiple Regression: Testing and Interpreting Interactions*. Newbury Park, CA: Sage.

Allison, Paul D. 1977. "Testing for Interaction in Multiple Regression." *American Journal of Sociology* 83: 144 - 153.

Alwin, Duane F. & Robert M. Hauser. 1975. "The Decomposition of Effects in Path Analysis." *American Sociological Review* 40: 37 - 47.

Baltagi, Badi H. 2002. *Econometric Analysis of Panel Data*. New York: Wiley.

Belsley, David A., Edwin Kuh, & Roy E. Welsch. 1980. *Regression Diagnostics: Identifying Influential Data and Sources of Colinearity*. New York: Wiley.

Berry, William D. 1984. *Nonrecursive Causal Models*. Thousand Oaks, CA: Sage Publications.

Blau, Peter M. & Otis Dudley Duncan. 1967. *The American Occupational Structure*. New York: Wiley.

Cleary, Paul D. & Ronald C. Kessler. 1982. "The Estimation and Interpretation of Modifier Effects." *Journal of Health and Social Behavior* 23: 159 – 169.

Cohen, Jacob. 1978. "Partialed Products are Interactions; Partialed Powers are Curve Components." *Psychological Bulletin* 85: 858 – 866.

Cohen, John. 1988. *Statistical Power Analysis of the Behavioral Sciences* (Second Edition). Hillside, N. J.: Eribaum.

Duncan, Otis Dudley. 1975. *Introduction to Structural Equation Models*. New York: Academic Press.

Fox, John. 1997. *Applied Regression Analysis: Linear Models, and Related Methods*. Thousand Oaks, CA: Sage Publications.

Gelman, Andrew, John B. Carlin, Hal S. Stern, & Donald B. Ruben. 2003. *Bayesian Data Analysis* (Second Edition). London: CRC Press.

Gerber, Theodore P. 2000. "Membership Benefits or Selection Effects? Why Former Communist Party Members Do Better in Post-Soviet Russia." *Social Science Research* 29: 25 – 50.

Gerber, Theodore P. 2001. "The Selection Theory of Persisting Party Advantages in Russia: More Evidence and Implications (Reply to Rona-Tas and Guseva)." *Social Science Research* 30: 653 – 671.

Glass, Gene V. 1976. "Primary, Secondary and Meta-analysis of Research." *Educational Researcher* 5: 3 – 8.

Goldstein, Harvey. 1995. *Multilevel Statistical Models* (Second Edition). London: E. Arnold; New York: Halsted Press.

Goldthorpe, John H. 2001. "Causation, Statistics, and Sociology." *European Sociological Review* 17: 1 – 20.

Greene, William. 2008. *Econometric Analysis* (Sixth Edition). Upper Saddle

River, N. J. : Pearson/Prentice Hall.

Gujarati, Damodar. 2004. *Basic Econometrics*. New York: McGraw-Hill.

Halaby, Charles N. 2004. "Panel Models in Sociological Research: Theory into Practice." *Annual Review of Sociology* 30: 507 -544.

Hamilton, Lawrence. 2006. *Statistics with STATA: updated for version* 9. Belmont, CA: Duxbury/Thomson Learning.

Hauser, Seth M. & Yu Xie. 2005. "Temporal and Regional Variation in Earnings Inequality: Urban China in Transition Between 1988 and 1995." *Social Science Research* 34: 44 -79.

Heise, David R. 1975. *Causal Analysis*. New York: Wiley.

Holland, Paul W. 1986. "Statistics and Causal Inference (with discussion)." *Journal of American Statistical Association* 81: 945 -960.

Hox, Joop. 2002. *Multilevel Analysis: Techniques and Applications*. Mahwah, N. J. : Lawrence Erlbaum Associates.

Hsiao, Cheng. 2003. *Analysis of Panel Data* (Second Edition). Cambridge University Press.

Judge, Geroge G. , William E. Griffiths, E. Carter Hill, & Tsoung-Chao Lee. 1985. *The Theory and Practice of Econometrics* (Second Edition). New York: Wiley.

Kleinbaum, David G. , Lawrence L. Kupper, Azhar Nizam, & Keith E. Muller. 2007. *Applied Regression Analysis and Multivariable Methods* (Fourth Edition). Australia: Brooks/Cole.

Kreft, Ita & Jan De Leeuw. 1998. *Introducing Multilevel Modeling*. Thousand Oaks, CA: Sage Publications.

Kutner, Michael H. , Christopher J. Nachtsheim, John Neter, & William Li. 2004. *Applied Linear Regression Models* (Fourth Edition). Boston: McGraw-Hill/lrwin.

Lehmann, Erich. L. & George Casella. 1998. *Theory of Point Estimation* (Second Edition). New York: Springer.

Lindley, D. V. & A. F. M. Smith. 1972. "Bayes Estimates for the Linear Model." *Journal of the Royal Statistical Society* 34: 1 -41.

Malinvaud, Edmond. 1980. *Statistical Methods of Econometrics* (Third Edition). Amsterdam, Holland: North-Holland.

Markus, Gregory B. 1979. *Analyzing Panel Data*. Beverly Hills, Calif.: Sage Publications.

Mathews, J. H. & K. D. Fink. 1999. *Numerical Methods Using MATLAB*. Upper Saddle River, N. J.: Prentice Hall.

Mincer, Jacob. 1958. "Investment in Human Capital and Personal Income Distribution." *Journal of Political Economy* 66: 281 - 302.

Mincer, Jacob. 1974. *Schooling, Experience, and Earnings*. New York: Columbia University Press.

Powers, Daniel A. & Yu Xie. 2008. *Statistical Methods for Categorical Data Analysis* (Second Edition). Howard House, England: Emerald. [〔美〕丹尼尔·A. 鲍威斯、谢宇，2009，《分类数据分析的统计方法》（第2版），任强等译，北京：社会科学文献出版社。]

Raudenbush, Stephen W. & Anthony S. Bryk. 2002. *Hierarchical Linear Models: Applications and Data Analysis Methods* (Second Edition). Thousand Oaks: Sage Publications. [〔美〕Stephen W. Raudenbush、Anthony S. Bryk，2007，《分层线性模型：应用与数据分析方法》（第2版），郭志刚等译，北京：社会科学文献出版社。]

Shu, Xiaoling & Yanjie Bian. 2002. "Intercity Variation in Gender Inequalities in China: Analysis of a 1995 National Survey." *Research in Social Stratification and Mobility* 19: 267 - 307.

Shu, Xiaoling & Yanjie Bian. 2003. "Market Transition and Gender Gap in Earnings in Urban China." *Social Forces* 81: 1107 - 1145.

Suits, Daniel B. 1984. "Dummy Variables: Mechanics v. Interpretation." *The Review of Economics and Statistics* 66: 177 - 180.

Walker, Helen M. 1940. "Degrees of Freedom." *Journal of Educational Psychology* 31: 253 - 269.

White, Halbert. 1980. "A Heteroskedasticity-Consistent Covariance Matrix Estimator and a Direct Test for Heteroskedasticity." *Econometrica* 48: 817 - 838.

Robinson, William S. 1950. "Ecological Correlations and the Behavior of Individuals." *American Sociological Review* 15: 351 - 357.

Wold, Svante. 1974. "Spline Functions in Data Analysis." *Technometrics* 16: 1 - 11.

Wooldridge, Jeffrey M. 2009. *Introductory to Econometrics: A Modern Approach* (Fourth Edition). Mason, OH: Thomson/South-Western.

Xie, Yu. 1998. "The Essential Tension between Parsimony and Accuracy." *Sociological Methodology* 231 – 236, edited by Adrian Raftery. Washington, D. C.: The American Sociological Association.

Xie, Yu & Emily Hannum. 1996. "Regional Variation in Earnings Inequality in Reform-Era Urban China." *American Journal of Sociology* 101: 950 – 992.

Xie, Yu, James Raymo, Kimberly Goyette, & Arland Thornton. 2003. "Economic Potential and Entry into Marriage and Cohabitation." *Demography* 40: 351 – 367.

后　记

2007年夏季，我在北京大学—密歇根大学学院举办的“调查方法与定量分析实验室项目”中讲授了一门回归分析的课程，该课程的内容以其经验性和实用性在学员之中反馈颇佳。因此，在课程临近结束之时，我萌生了将课程讲义编写成书，以供广大高校学生和研究者学习与参考之用的想法。这就是本书的缘起。

本书的编写始于该课程结束前一周，王广州教授为初稿的撰写搭建了一个写作平台，并负责协调及分工。在写作的筹划阶段，我与撰写初稿的参与者进行了广泛而深入的研讨，包括如何以讲义为基础拟订写作大纲，以及如何结合中国的数据案例对大纲进一步细化。在确定了写作大纲后，参加回归分析课程的六位学员协助我撰写了此书的初稿。这些合作作者的分工如下：宋曦（第1~3章、第5章）、刘慧国（第4章、第10章）、王存同（第5~7章、词汇表）、李兰（第7~9章、第11章）、傅强（第12~14章）、巫锡炜（第6章、第15~18章、词汇表）。初稿完成以后，我与王广州、巫锡炜又对全部初稿反复做了细致的修改，力求全书在表述风格和形式上保持一致。此外，在定稿前，还有许多人参与了本书的润色与校对工作，他们是：於嘉（第1~18章以及词汇表）、赖庆（第1~18章）、穆峥（第1~18章以及词汇表）、周翔（第1~18章以及词汇表）、黄国英（第1~18章以及词汇表）、陶涛（第1~18章）、任强（第1~18章以及词汇表）、张春泥（第1~18章以及词汇表）、程思薇（第7~12章以及第14~18章）。

总之，本书的撰写是一个不断沟通、不断讨论与完善的过程。本书最终能与读者见面，既得益于本书编写小组成员的通力合作和不懈努力，也得益于当年“线性回归分析”暑期班上所有学员的热情参与、积极提问和认真研讨。事实上，我也从参与这门课程的同事和学生处获益良多，特别是我在北京大学的同事郭志刚教授、邱泽奇教授、任强副教授、周皓副教授和李建新教授，他们为我讲授这门课程提供了重要帮助。最后，再次感谢北京大学长江学者特聘讲座教授基金和密歇根大学 Fogarty 基金的资助。当然，由于时间和精力所限，本书在编写过程中难免会存在缺点和错误，恳请读者和同行批评指正。

图书在版编目(CIP)数据

回归分析/谢宇著．—修订本．—北京：社会科学文献出版社，2013.3（2023.2重印）
（社会学教材教参方法系列）
ISBN 978-7-5097-4289-1

Ⅰ．①回… Ⅱ．①谢… Ⅲ．①回归分析 Ⅳ．①O212.1

中国版本图书馆CIP数据核字（2013）第029670号

·社会学教材教参方法系列·
回归分析(修订版)

著　　者／谢　宇

出 版 人／王利民
项目统筹／童根兴
责任编辑／杨桂凤
责任印制／王京美

出　　版／社会科学文献出版社·群学出版分社（010）59367002
地址：北京市北三环中路甲29号院华龙大厦　邮编：100029
网址：www.ssap.com.cn
发　　行／社会科学文献出版社（010）59367028
印　　装／三河市尚艺印装有限公司

规　　格／开 本：787mm×1092mm　1/16
印 张：25　字 数：445千字
版　　次／2013年3月第2版　2023年2月第9次印刷
书　　号／ISBN 978-7-5097-4289-1
定　　价／45.00元

读者服务电话：4008918866